本科公共课系列教材

WULI HUAXUE

物理化学

—— 第3版 ——

主　编　杜　军　高文亮　商　波
副主编　冯　刚　刘成伦　范　兴　李　军

重庆大学出版社

内 容 提 要

本书根据全国重点院校工科物理化学教学大纲,并结合教学需要编写而成,主要讲述了作为专业先修课所应掌握的物理化学的基本知识部分,内容包括热力学第一定律、热力学第二定律、多组分系统热力学基础、化学平衡、相平衡、电化学、化学动力学基础、表面现象及胶体化学等。书中着重阐述基本概念、基本理论公式及其应用,每章节均列出了公式小结,便于总结复习;各章都安排有针对性较强的例题、思考题和习题,并附有习题答案。

本书可供高等院校环境、冶金、机械、能源、建筑、材料和生物工程等专业使用,也可作为其他相关专业的教材或科研人员的参考书。

图书在版编目(CIP)数据

物理化学 / 杜军,高文亮,商波主编. -- 3 版. -- 重庆 : 重庆大学出版社, 2024.9. -- (本科公共课系列教材).

ISBN 978-7-5689-4842-5

Ⅰ. O64

中国国家版本馆 CIP 数据核字第 2024XP4544 号

物 理 化 学

(第 3 版)

主　编　杜　军　高文亮　商　波
副主编　冯　刚　刘成伦　范　兴　李　军
责任编辑:杨粮菊　　版式设计:杨粮菊
责任校对:刘志刚　　责任印制:张　策

*

重庆大学出版社出版发行
出版人:陈晓阳
社址:重庆市沙坪坝区大学城西路 21 号
邮编:401331
电话:(023)88617190　88617185(中小学)
传真:(023)88617186　88617166
网址:http://www.cqup.com.cn
邮箱:fxk@cqup.com.cn(营销中心)
全国新华书店经销
重庆正光印务股份有限公司印刷

*

开本:787mm×1092mm　1/16　印张:17.5　字数:438 千
2008 年 2 月第 1 版　2024 年 9 月第 3 版　2024 年 9 月第 5 次印刷
印数:5 101—7 100
ISBN 978-7-5689-4842-5　定价:49.00 元

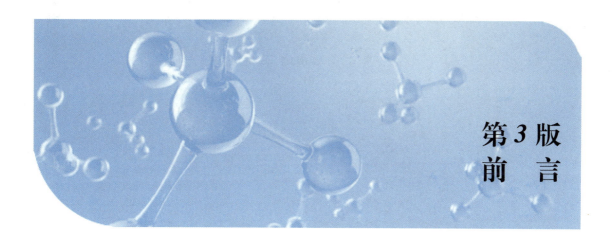

第3版 前言

本书是根据全国重点院校工科物理化学教学大纲并结合环境、冶金、机械、能源、建筑、材料和生物工程等专业的教学需要编写而成的。

本书在编写过程中,既保持了物理化学学科的系统性和逻辑性,同时也更加注重知识的难易适中和实用性,力求深入浅出,将抽象的理论知识与各专业领域的实际应用相结合,强化案例教学,以适应人才培养新形势的需要;例题及习题的选择均考虑了不同专业的特点及教学要求,以便教学过程中加以取舍。本书是编写小组多年教学实践和课程建设成果的集中体现,旨在与时俱进,结合新材料、新能源等领域的发展,力求在工科物理化学教材中及时引入各专业的实用案例和最新科研进展;编制的各章节均属教学基本要求,本书内容并不是物理化学学科的全部,未包含物质结构和量子化学等内容,是作为专业先修课所应掌握的物理化学的基本知识部分。

本书共8章,编写分工如下:绪论由重庆大学陶长元编写,第1章、第2章由重庆大学杜军编写,第3章、第4章由重庆大学商波编写,第5章由重庆大学刘成伦编写,第6章由重庆大学冯刚编写,第7章、第8章由重庆大学高文亮编写,全书由杜军统稿并审定。

由于编者水平及时间限制,书中不免有考虑不周之处,欢迎批评指正。

编 者
2024 年 5 月

目　录

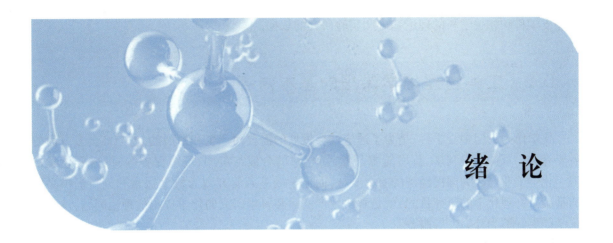

绪 论

0.1 何为物理化学

化学作为自然科学的中心学科,是研究物质性质及其变化规律的科学。从宏观层次上看,自然界中存在着的运动变化形态,按从低级到高级的次序,分别是机械运动、物理运动、化学运动和生物运动等。化学运动作为比物理运动更为高级的运动形式,必然包含或伴随着物理运动。如化学反应过程中可能包含或伴随着体积和压力的变化,以及热、电、光、磁效应等;同时温度、体积、压力、浓度、光、电、磁等物理因素的作用,也都可能引起化学变化或影响化学变化的进行。这种化学运动与物理运动同时包含或伴随发生的关系,为描述和研究化学变化提供了一种可能的方法和途径,即以对宏观物理变化的清楚认识为桥梁,来达到对化学变化的了解。从微观层次上看,物质是由分子、原子、离子等基本微粒构成的,分子是具有稳定化学性质的最小单位;化学变化表面上虽千差万别,但都是原子或原子基团的重新组合。因此,物质的宏观化学性质可归结为其分子的性质,而分子的性质由其内部的基本粒子的物理运动所决定;化学变化是分子结构和组成的变化,即分子的微观运动的变化。这样的认识,又为描述和深入研究化学变化提供了一种认识论和方法论,即通过对微观物理运动和变化的认识,来达到对化学变化的深入了解。

通过上述的分析可知,化学变化和物理变化之间一定存在紧密和不可分割的联系。人们在长期的实践过程中认识和研究这种联系,逐步形成了一门独立的化学分支学科——物理化学(Physical Chemistry)。物理化学学科具有鲜明的理论特色,也称为理论化学,其目的是通过物理学的思维、数学的逻辑,对化学变化的基本规律做出定量描述和理性推断,并对化学中总结、归纳出的经验知识和规律等做出更为深刻的描述和理解,从而把化学科学发展成为更为理性、更富严密性和逻辑性的知识系统。其次,物理化学也是一门实验的科学,在它的建立和发展过程中始终贯穿着一个明确的实际任务,即解决生产过程和科学研究中的实际问题。

物理化学作为一门独立的分支学科,于 19 世纪末由德国物理化学家奥斯特瓦尔德(W. Ostwald,1853—1932)等人全面建立起来。物理化学的建立和蓬勃发展,使化学从定性的描述逐渐成为具有严格数理逻辑的科学知识系统。物理化学是现代化学的基石,它是其他化学分支学科和相关学科的理论基础和实验研究的依据。

0.2 工科物理化学课程的基本内容

　　化学作为一门中心学科,是为了适应社会发展的需要而产生和发展的,它与社会多方面的需要有关。资源开发利用、新型能源开发、新材料的合成与应用、环境保护等,都需要化学知识。化学工业已成为国民经济的重要支柱,而化学的基础研究则为科学探索和创新提供必要的基础。物理化学的研究目的,就是解决生产实际和科学研究向化学提出的理论问题,从而使化学能更好地为社会发展服务。

　　大体上说,物理化学主要探讨和解决如下三方面的理论问题:

　　(1)化学反应的方向和限度问题。一个化学反应在指定的条件下能否进行,向什么方向进行,能进行到什么程度,外界条件如温度、压力、浓度等对化学反应有什么影响,等等。对这些问题的研究构成物理化学的一个分支,叫作化学热力学,它主要解决化学变化的方向以及与平衡有关的一些问题。

　　(2)化学反应的速率和机理问题。一个化学反应的速率有多大,反应是经过什么样的机理(历程)进行的,外界条件如温度、压力、浓度、催化剂等对反应速率有何影响,如何才能控制化学反应的速率,等等。对这些问题的研究构成物理化学的另一分支,叫作化学动力学。

　　(3)物质性质与其结构的关系问题。物质的性质是由物质的内部结构所决定的。深入了解物质内部的结构,不仅可以理解化学变化的内因,而且可以预见到在适当的外因作用下物质结构将发生的变化。关于物质性质与结构关系的研究构成了物理化学中的另一分支,叫作物质结构。现代社会的进步和科学技术的发展,不断向化学提出新的要求,要求能提供各种具有特殊性能的材料、具有特殊作用的新技术。如何合成出人们所需要的新材料、开发出所需要的新技术,如何认识物质化学变化的本质等,这些问题的解决都需要物质结构的知识。

　　上述三方面的问题往往是相互联系的,物理化学主要就是研究这几方面的问题。时至今日,构成物理化学的主要分支是化学热力学、化学动力学、量子化学、结构化学和统计物理化学等。但考虑到课程的具体分工情况,不将物质结构的知识包含在本课程中;同时,作为工科物理化学课程,主要涉及化学热力学和化学动力学以及相关的应用领域,如电化学、表面与胶体化学等。

0.3 物理化学课程的学习方法

　　物理化学发展到今日,其内容已极为丰富和深刻,并且还在不断地与众多的传统学科和新兴学科发生交叉融合,知识量以惊人的速度在飞速增长。因此,通过基础物理化学课程的学习,除获取一定的知识外,更为重要的是培养获取知识和拥有理论思维的能力,即通过物理化学课程的学习,培养出用物理化学观点和方法去研究和解决实际问题的能力。

为了学好物理化学课程,除把握通常的有效学习方法进行预习、抓住重点和及时总结等以外,初学者还应针对物理化学课程的特点和自己的学习经验,摸索出一套适合自身特点的学习方法。以下所建议的方法可供读者学习时参考。

(1)注重逻辑推理的思维方法。物理化学作为实验和理论相统一的一门学科,除化学知识外,还包含着很多的物理学和数学的知识,从而隐含着丰富的自然哲学思想和自然科学研究的逻辑推理的思维方法。因此,在学习过程中,重要的是认识和把握这些思维方法。

任何逻辑推理方法,最重要的是前提条件,推理的结论正确与否,实际已包含在前提条件的可靠性和逻辑的严密性之中。物理化学中逻辑推理的前提就是基本概念、基本假设和基本原理。如内能是根据对能量形式的考察而总结提出的基本概念,在能量守恒定律的基础上可得到热力学第一定律数学表达式,由此可推出一系列结论;熵是根据热机效率的讨论而提出的基本概念,在卡诺定理基础上可写出热力学第二定律的数学表达式,由此出发而得到一系列有用的结论。在物理化学中这种推理方法比比皆是,而且在推理过程中有思维的严密性,所得的结论都有一定的适用条件,这些适用条件是在推理过程中自然形成的。逻辑推理的思维方法广泛存在于物理化学的内容之中,在学习中应仔细领会,深入把握。

(2)强化数理基础训练,自己动手推导公式。物理化学课程中所涉及的相当多内容是用数学公式表示的,而且每个公式都有其适用条件。要求记住这些公式,同时还要记住它的适用条件,是十分困难的事情,也是没有必要的。事实上只要记住少数基本定义和基本公式,学会推导公式,就能有效地掌握公式和内容,因为其他公式都是由基本定义和基本公式推导而来的,而且在推导过程中每一步所增加的适用条件自然产生了,最终所得到的公式的适用条件和限制也就明确了,根本无须死记硬背。

(3)突破基础理论与实际应用的界壁,重视思考,多做习题。学习物理化学的目的在于运用它,而做习题是将所学物理化学知识与解决实际问题相联系的一个重要步骤,是理解基本概念和运用概念的一个重要环节和措施,是提高独立思考能力和解决问题能力的一条有效途径。因此,为了学好物理化学课程,多做习题是必不可少的。

(4)通过感性认知反哺理论理解,重视实验,贯通理论与应用。物理化学是一门理论与实验并重的学科,而且理论的发展离不开实验的启示和检验,因此物理化学实验学习是培养学生运用所学理论知识解决实际问题的必不可少的手段之一。通过实验,可以了解物理化学的一些实验方法,掌握一些基本技能;可以提高理论联系实际的能力。实验是获得原始数据的唯一途径,不可忽视。在物理化学实验学习中,不能仅停留于现成的实验步骤而"照方抓药",而应开动脑筋,运用所学理论知识努力去开拓新的视野和新的应用领域,去发现新现象和新规律。

值得指出的是,勤奋加良好的学习方法才能有理想的学习结果。希望通过本课程的学习,学生不但能获得物理化学的基本知识,更重要的是掌握学习的方法和应用知识的能力,感受到学习的无穷乐趣。

第 1 章

热力学第一定律

　　物理变化或化学反应过程的能量产生或能量利用问题,一直是人类关注的内容。热力学第一定律及其引入的热力学概念,是我们讨论化学反应能量产生及其利用的基础。

　　经典热力学:是研究能量(热、功)相互转换规律的科学,即研究各种物理变化、化学变化等过程中的能量产生及能量转化问题,并考察所伴随的系统状态性质变化。因此,在更广泛的意义上说,经典热力学是研究能量转换以及与转换有关的物性(或参数)之间的定量关系的科学,并进一步帮助我们获得对变化方向和变化限度的预测结果。

　　化学热力学:运用经典热力学的基本原理和方法,研究化学反应及其相关物理变化的基本规律而形成的物理化学中的一个分支领域,称为化学热力学。简要地讲,化学热力学就是经典热力学知识在化学中的应用和发展,其任务是解决化学反应的方向和限度(即可能性)问题。因此,掌握经典热力学基本知识是学习化学热力学的重要基础。

　　经典热力学(也称宏观热力学)这一学科的建立和发展始于如下的事实,即物质系统能够呈现出稳定的、不随时间变化的宏观状态。这些稳定的宏观状态称为"平衡态",可由确定的力学性质所表征。这里的"宏观"是指热力学所研究的物质系统,是由很多基本质点构成、并能用肉眼直接观察到的,其质点数目一般在 10^{20} 以上。为特别强调,就把经典热力学所研究的物质系统称为热力学系统。

　　经典热力学研究方法具有如下特色和局限性:①宏观性。经典热力学所研究的对象是由足够多的质点(基本粒子)构成的系统,热力学只研究物质系统的宏观状态行为,对于物质系统的微观状态及性质无法作出回答。②唯象性。对于物理和化学的宏观变化过程,热力学只需要知道系统的起始和最终状态以及过程进行中的外部限制条件,就可获得相应的关于变化过程的知识和信息,它不依赖于变化过程的机理。③永恒性。在经典热力学中没有时间的概念,它所研究的是处于平衡态下的系统的状态及行为,因而它不涉及与变化过程速率相关的问题。

　　建立在经典热力学之上的化学热力学也具有上述特点和局限性。由于经典热力学不涉及物质微观状态及结构的知识,因此由化学热力学无法获得关于物质物理化学性质及其变化的分子层次上的知识;同时,由于经典热力学的唯象性和永恒性,虽然化学热力学可以解决很多实际的化学化工和相关学科的问题,但得到的答案一般并非是确定的,即化学热力学能够给出的是关于化学反应的必要条件,而不是充分条件。事实上要实现化学反应,需同时考虑到其可能性和现实性两方面的问题。

1.1　热力学基本概念

热力学知识内容庞大,为了便于学习,我们首先介绍热力学中的几个基本概念,即系统与环境、热力学平衡态、状态函数和状态方程、过程和途径。

1.1.1　系统与环境

自然界中的一切事物都直接或间接地相互作用、相互联系着。面对如此纷繁复杂的大自然,人类的认识视野总是有限的、渐进的。根据所研究的问题,选择大自然中的一部分物质,用实际存在或想象的界壁将它从大自然中分隔出来,作为研究考察的主要对象,并称之为系统(System),而将系统之外,与系统密切相关、影响显著所能及的部分称为环境(Surrounding)。

热力学系统是宏观物质系统,从而可在宏观层次上通过考察系统与环境的相互联系,对热力学系统进行分类。系统和环境的相互联系,体现在物质和能量通过界壁的情况。因此,根据系统与环境之间物质和能量的交换情况,将系统分为如下三种类型。

孤立系统(Isolated System):系统与环境之间既无能量、也无物质交换的情况。此时,界壁阻止了系统和环境之间的物质、能量流动。

封闭系统(Closed System):系统与环境之间有能量流动但没有物质流动的情况。此时,界壁的作用是阻止了物质的流动,但允许能量通过。

开放系统(Open System):系统与环境之间既有能量又有物质流动的情况。此时,界壁可同时允许物质和能量通过。

1.1.2　热力学平衡态

宏观物质系统达到"平衡态"时,系统的一切宏观量不再随时间变化。"平衡"一词在不同场合下有不同的内涵,因此为特别强调这里所规定的内涵,把热力学系统的平衡态特称为"热力学平衡态(Thermodynamical Equilibrium State)"。

根据描述平衡态的宏观物理量的类型,达到热力学平衡态时,系统存在如下四种平衡。

热平衡(Thermal Equilibrium):温度是热的标志,热平衡的含义就是系统中或系统与环境之间无热的传递。

力学平衡(Mechanical Equilibrium):力学平衡的含义是没有功的传递,系统内部各处的压力相等。

相平衡(Phase Equilibrium):当热力学系统由几相构成时(关于相的概念将在后续章节中介绍),则物质可在这几相间发生转移。相平衡的含义是指相间无物质的净流动。

化学平衡(Chemical Equilibrium):对于热力学系统,如果其中含有化学反应,则只有在化学反应达到平衡后才能实现系统的平衡。因为只有化学反应达到平衡后,系统中的各物质量才不再随时间而变化,能量也才能不再随时间变化。化学平衡的含义是无物质的产生、流动,同时无能量的流动。

1.1.3 状态函数和状态方程

热力学状态:系统达到热力学平衡态时,系统的所有性质都有确定的值,此时称这个系统处于一个确定的状态;用于描述、表征热力学系统平衡状态的物理参量,称为状态函数或状态变量,如温度、压力、体积、热容等。

状态函数:热力学系统的独立状态变量通常是二个或三个。可以肯定的是,对于单组分或多组分组成不变的系统,至少需要确定两个状态变量,系统的状态才能唯一地确定。这是一个普遍正确的经验事实,被称为多变数公理。实际工作和研究中,一般是选择那些实验上易于直接确定或得到的状态变量,而任何其他状态变量,可由这几个独立状态变量演绎出来。这些演绎出来的状态变量,自然是这几个独立状态变量的函数,为与独立状态变量相区别,而特称为状态函数。一般把描述热力学系统平衡状态的物理量统称为状态函数(State Function)。

状态函数的性质:对于热力学系统的状态函数,可根据其数学特性分为两类。①广度性质(Extensive Properties)(或称容量性质,Capacity Properties)。其数值与系统中的物质数量有关。从物理意义上说,如果把系统分成几个子部分,则系统的某广度性质为子部分该广度性质之和,即具有加和性。广度性质在数学上为一次齐函数。系统广度性质有体积、熵、热力学能、焓、赫姆霍茨函数、吉布斯函数等。②强度性质(Intensive Properties)。其数值与系统中的物质总量无关。从物理意义上说,如果把系统分成几个子部分,则系统的某强度性质与各个子部分的该强度性质相等。在数学上,强度性质为零次齐函数。系统强度性质有温度、压力、化学势等。

热力学系统平衡状态由一组状态函数来表征,由于平衡态是一个不含有系统任何历史信息的状态,这就要求状态函数具有如下两个特性:①状态函数具有单值性。平衡态一定,描述这一平衡态的一组函数就必须唯一地确定,否则就是一种无效描述。②状态函数应与平衡态一样,不含有系统的历史信息。也就是说,当系统发生变化时,系统的状态函数的变化与系统变化的具体路径或方式是无关的。

状态函数的上述两个特性,用数学语言来说就是:状态函数的改变值对应于全微分。给定一个双独立变量函数 $F = F(x_1, x_2)$,则函数 F 的微分定义为

$$dF = \left(\frac{\partial F}{x_1}\right)_{x_2} dx_1 + \left(\frac{\partial F}{x_2}\right)_{x_1} dx_2 = C_1 dx_1 + C_2 dx_2$$

如果函数 F 和它的导数连续,并且存在如下关系

$$\left[\frac{\partial}{\partial x_1}\left(\frac{\partial F}{\partial x_2}\right)_{x_1}\right]_{x_2} = \left[\frac{\partial}{\partial x_2}\left(\frac{\partial F}{\partial x_1}\right)_{x_2}\right]_{x_1} \tag{1.1.1}$$

则称 dF 为一个全微分。如果 dF 是全微分,则有以下两个重要推论。

①其积分只依赖于端点 A 和 B,与 A、B 间所选取的积分路径无关,即

$$F(B) - F(A) = \int_A^B dF = \int_A^B (C_1 dx_1 + C_2 dx_2) \tag{1.1.2}$$

②dF 绕一闭合路径的积分为零,即

$$\oint dF = \oint (C_1 dx_1 + C_2 dx_2) = 0 \tag{1.1.3}$$

因此,状态函数的改变量也具有以上两个推论所表达的特征,这也是后面计算状态函数改变量的依据。

状态方程:当热力学系统处于平衡态下,其状态函数之间的函数关系式则称为状态方程 (Equation of State)。例如,理想气体定律 $pV = nRT$,就是描述理想气体的状态方程式,式中 n 表示物质的量,p 是压力(即力学变量),T 是温度(即热状态变量),V 是体积,R 是气体常数。当一定量的理想气体处于平衡态时,由于其变量 p,V,T 三者之间必须遵守上述状态方程,因而只要知道三个变量中的任意两个,就可根据状态方程确定第三个状态变量,即三个变量中只有两个是独立的。

将上述关于理想气体状态方程的论述推广到一般情形,可得到如下结论:①一个状态方程存在,描述系统平衡态所需的变量数目就减少了一个。②状态方程通常是将系统的热状态变量和力学变量联系起来的方程式。

状态方程包含着大量有关系统热力学行为的知识,但状态方程不能由热力学知识推导出来,而是人们在经验基础上不断总结出来的。当然,现在人们可以根据统计力学的知识,推导出一些具有重要理论和实际价值的状态方程。如理想气体状态方程可由气体分子运动论的知识推导出来;在历史上具有重要意义的范德华方程

$$\left(p + \frac{a}{V_m^2} \right)(V_m - b) = RT$$

(式中,a、b 为经验常数)可从微观层次的知识出发,借助适当的统计力学模型和稳定性分析原则而推出。

1.1.4　过程和途径

热力学系统处于平衡态时,其宏观性质一定。只要一个宏观性质发生了变化,系统状态就发生了相应的变化。系统状态所发生的变化称为过程(Process),而过程发生前的状态称为起始态,过程发生后的状态称为终态。

当系统发生变化时,由一始态发展到某一终态,可以经由许多不同的方式,其每一种变化方式就称为系统变化的一条途径(Path)。原则上说,当始态和终态一定时,系统的变化途径是无限多的。

根据上述状态函数的特性得到如下结论:状态函数的变化值只依赖于系统的始、终态,而与其变化途径无关。

1.1 公式小结

性质	方程	成立条件	正文中方程编号
状态函数 $F(x_1, x_2)$ 的全微分条件	$\left[\frac{\partial}{\partial x_1} \left(\frac{\partial F}{\partial x_2} \right)_{x_1} \right]_{x_2} = \left[\frac{\partial}{\partial x_2} \left(\frac{\partial F}{\partial x_1} \right)_{x_2} \right]_{x_1}$	x_1, x_2 为函数 F 的独立变量	1.1.1

续表

性质	方程	成立条件	正文中方程编号
状态函数 $F(x_1,x_2)$ 的全微分推论 $\mathrm{d}F$ 积分结果与路径无关	$F(B)-F(A)=\int_A^B\mathrm{d}F$ $=\int_A^B(C_1\mathrm{d}x_1+C_2\mathrm{d}x_2)$	状态函数改变量与积分路径无关,只与始态和终态有关	1.1.2
$\mathrm{d}F$ 绕一闭合路径的积分为零	$\oint\mathrm{d}F=\oint(C_1\mathrm{d}x_1+C_2\mathrm{d}x_2)=0$		1.1.3

1.2 热力学能和热力学第一定律

1.2.1 热力学能

热力学系统的能量可划分为两部分:一部分能量是与系统作为一个整体、与所处空间位置有关的能量,这部分能量还可进一步分为系统整体运动的能量(即动能)T,和系统处在外场中的位能(或说势能)V;另一部分是与系统所处空间位置无关的能量,即系统内部各成分(如原子、离子、分子)的所有能量的总和,特称为热力学能 U。

一般而言,热力学所研究的系统是静止的,即整体运动的动能 $T=0$,同时系统整体与环境之间不存在力场的相互作用,即势能 $V=0$,从而在热力学系统的总能量只涉及热力学能 U。

但热力学系统从始态 A(热力学能为 U_A)变化到终态 B(热力学能为 U_B)时,产生的热力学能变化值用 ΔU 表示:

$$\Delta U=U_B-U_A \tag{1.2.1}$$

热力学能的两个特征:①在系统处于平衡态时,热力学能 U 应具有单一确定值,即热力学能 U 是系统状态的单值函数,但系统的状态发生改变时,热力学能也会发生变化;②热力学系统如果从同一始态出发,分别通过几种不同途径变化到同一终态,热力学能变化值 ΔU 相同。

现以定组成的热力学系统为例,设系统处于一定的平衡态 A,并可分别由途径 Ⅰ 和 Ⅱ 变化到一定的平衡态 B,系统在 A 态和 B 态时,热力学能具有确定值,分别为 U_A、U_B,如图 1.2.1 所示。

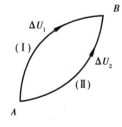

图 1.2.1 热力学能的变化与途径无关

根据热力学能的第二个特征可表示为 $\Delta U_{\mathrm{I}}=\Delta U_{\mathrm{II}}$。根据第一个特征,两个路径的热力学能变化值为

$$\Delta U_{\mathrm{I}}=\Delta U_{\mathrm{II}}=U_B-U_A \tag{1.2.2}$$

即热力学能 U 的改变只决定于系统的始终态,而与变化过程的具体途径无关。

状态函数具有全微分的性质,因此对于物质的量一定的热力学系统,其热力学能 U 可表示为 $U=U(T,p)$,即将热力学能 U 表示为 T、p 的函数,其微小变化 $\mathrm{d}U$ 为

$$dU = \left(\frac{\partial U}{\partial T}\right)_p dT + \left(\frac{\partial U}{\partial p}\right)_T dp \tag{1.2.3}$$

或者将热力学能 U 表示为 $U = U(T、V)$，即将热力学能 U 表示为 $T、V$ 的函数，其微小变化 dU 为

$$dU = \left(\frac{\partial U}{\partial T}\right)_V dT + \left(\frac{\partial U}{\partial V}\right)_T dV \tag{1.2.4}$$

1.2.2 热和功的定义

在经典热力学中，并不注重热的本质的讨论，对热仅作出如下一种相当直观的定义，即：因系统与环境间的温度差而造成的系统与环境之间交换的那部分能量称为热，用 Q 表示，规定系统吸热时 $Q > 0$，系统放热时 $Q < 0$。

上述定义并不完备，如 101.325 kPa 下，水在 100 ℃ 时沸腾，此时液态水变成水蒸气，水蒸气与液态水之间有热的交换，但温度并没有变。为此，通过分析热的微观机制，给出了分子层次的定义：由微观粒子的无序运动而交换的能量称为热（Heat）。

功的定义：在热力学中，把除热以外，在系统与环境之间交换的其他能量形式统称为功（Work），并用 W 表示，按照国际纯粹与应用化学联合会（IUPAC）的建议，规定系统对环境作功时 $W < 0$，环境对系统做功时 $W > 0$。

功的概念最初来源于机械力学，即功的原始定义为

$$功 = 力 \times 力方向上的位移$$

将功的概念推广到更为一般的形式，以适用于各种形式的功，如体积功、电功、表面功等，则为

$$功 = 广义力 \times 广义力方向上的位移$$

力是一强度性质，而位移是一广度性质，这样可进一步写为

$$功 = 强度性质 \times 广度性质的改变量$$

总之，热、功是两个重要的基本概念，对这一对概念应特别认识到如下三点。

（1）由于热和功都是系统与环境之间交换的能量，也就是说，热和功只有在系统与环境之间发生了某种相互作用时才表现出来，这样热和功都是与变化过程有关的物理量。没有变化的过程，就谈不上热和功。对于一个处于热力学平衡态下的系统，我们不能说它含有多少热或功，而只能说该热力学系统在变化过程中与环境交换了多少热或功。如对 1 kg、100 ℃ 的液态水，我们不能说它含有多少热，而只能说水温从 100 ℃ 变化到 25 ℃ 后其放出了多少热。

（2）基于上述原因，热、功不是状态函数，因它们与变化过程有关，故称为过程函数。

（3）从微观层次上讲，热是大量质点无序运动而交换的能量，功是大量质点有序运动而交换的能量。

1.2.3 能量守恒定律

能量守恒定律（The Law of Conservation of Energy）指出：自然界中的一切物质都具有能量，

能量可以由一物体转移给另一物体,也可以由一种形式转化为另一种形式,但在能量的转移和转化过程中,其总量恒定不变。

能量守恒定律是人类 19 世纪的三大科学发现之一,它是人类经验的总结。至今,无论是微观世界中的物质运动,还是宏观世界中物质变化,都无一例外地符合能量守恒定律。因此,热力学系统的状态发生改变时,也必然遵守能量守恒定律。

1.2.4 热力学第一定律

把能量守恒定律运用于热力学系统的变化过程,就形成了热力学第一定律。当不考虑热力学系统的动能和势能时,则热力学系统的总能量由热力学能 U 代表。

系统与环境之间的能量交换有热和功两种形式,则根据能量守恒定律知道,系统热力学能变化值 ΔU 等于系统从环境吸收的热 Q 加上从环境中得到的功 W

$$\Delta U = Q + W \quad （热力学第一定律） \tag{1.2.5a}$$

这就是热力学第一定律(First Law of Thernvdynamics)的数学表达式。显然,它适用于孤立系统和封闭系统。而对于开放系统,由于有物质的交换,热力学第一定律将是另外的数学形式。

当系统发生一个无限小的状态变化,则有

$$dU = \delta Q + \delta W \tag{1.2.5b}$$

因热力学能是系统的状态函数,其微小变化可用全微分 dU 表示,而热和功不是状态函数,其微小变化不能用全微分表示,一般用变分符号"δ"表示其微小变化量,以区别于全微分。

1.2 公式小结

性质	方程	成立条件	正文中方程编号
热力学能的改变量	$\Delta U = U_B - U_A$	与始态和终态有关	1.2.1
热力学能的全微分	$dU = \left(\dfrac{\partial U}{\partial T}\right)_p dT + \left(\dfrac{\partial U}{\partial p}\right)_T dp$		1.2.3
	$dU = \left(\dfrac{\partial U}{\partial T}\right)_V dT + \left(\dfrac{\partial U}{\partial V}\right)_T dV$	单组分或多组分组成不变的系统	1.2.4
热力学第一定律	$\Delta U = Q + W$	封闭系统	1.2.5a
	$dU = \delta Q + \delta W$	封闭系统	1.2.5b

1.3 体积功

由于人类认识能力所限,目前对系统处于某一平衡态下的热力学能绝对值还无法知道,但可根据热力学第一定律,由热、功来计算热力学能的变化 ΔU。然而,热、功是过程函数,其值与系统的具体变化途径有关,因此要清楚热力学能的变化,就需讨论热、功与过程的具体联系以及计算。本节讨论功与过程的关系,并引出在热力学中具有重要意义的可逆过程概念。

热力学系统变化过程所涉及的功可以区分为两类:体积功 W_e 和非体积功 W_f(或称有用功),后者如电功、表面功等。即任一热力学系统在变化过程的做功由以下两部分构成:$W = W_e$

$+W_f$;当指定变化过程的非体积功为零时系统只做体积功,即 $W = W_e$。

1.3.1　恒外压变化过程的体积功

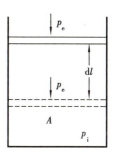

图 1.3.1　体积功示意图

体积功是热力学中最常见的一种机械功,有特殊的地位。

设有一圆筒,内有无重量且与筒壁无摩擦力、面积为 A 的活塞,筒内装有一定量的气体,以构成所要讨论的系统(图1.3.1)。令外压力(即活塞的外压力)为 p_e,气体的压力(即系统的内压力)为 p_i,且令在变化过程中系统的温度保持恒定。

根据力学平衡条件可知,当外压力 p_e 与气体压力 p_i 不相等时,活塞就会发生移动,即引起气体的膨胀或压缩,由此而引起的系统与环境之间交换的能量,就称为"体积功"或"膨胀功" W_e。将功的定义转化为数学形式,即

$$\delta W_e = -f\mathrm{d}l \tag{1.3.1}$$

式中,f 为力,$\mathrm{d}l$ 为力方向上的位移。现针对所讨论的系统,系统所受的力为

$$f = p_e A \tag{1.3.2}$$

同时令在外压力 p_e 作用下活塞移动了 $\mathrm{d}l$,则体积功为

$$\delta W_e = -p_e A\mathrm{d}l = -p_e\mathrm{d}V \tag{1.3.3}$$

式中,A 与位移 $\mathrm{d}l$ 的积正好是系统的体积变化量 $\mathrm{d}V$。由上式可知,对于体积功 δW 的计算,其强度因素一定是外压力 p_e,而正是由于体积功的计算式中涉及外压力 p_e,表明功是途径函数。

现讨论一个单组分系统,可用两个状态变量确定其状态,这里选择 p、V 表示其状态,因此可以用 $p \sim V$ 图来表示其状态及状态的变化过程。

当外压恒定的条件下,即系统在变化过程中其外压力 p_e 保持不变,如图 1.3.2(a)、(b)所示,图(a)中,$p_e = p_2$;图(b)中,第一次膨胀过程的外压恒定为 p'、膨胀到 V',第二次恒定膨胀过程的外压恒定为 p_2、膨胀到终态体积 V。上述每一次膨胀过程,均保持外压恒定,称为恒外压过程。对于一次恒外压过程,其体积功 $\delta W_{e,2}$ 为

$$\delta W_{e,2} = -p_e\mathrm{d}V \tag{1.3.4a}$$

或写成积分形式为

$$W_{e,2} = -p_e\int_{V_1}^{V_2}\mathrm{d}V = -p_e(V_2 - V_1) \tag{1.3.4b}$$

对于系统在真空环境下膨胀的特殊情况,此时,外压力恒定为:$p_e = 0$,称为自由膨胀过程,则体积功 $\delta W_{e,1}$ 计算如下:

$$\delta W_{e,1} = -p_e\mathrm{d}V = 0 \tag{1.3.5a}$$

或写成积分形式为

$$W_{e,1} = -\int p_e\mathrm{d}V = 0 \tag{1.3.5b}$$

这一结果表明:对于自由膨胀过程,系统对环境不作体积功。

1.3.2　可逆体积功

系统经过二次等外压膨胀过程到达终态时[图1.3.2(b)],系统对外所做的体积功 $W_{e,3}$ 为

$$W_{e,3} = -p'_e(V'-V_1) - p_2(V_2-V') \qquad (1.3.6)$$

由图 1.3.2(a)、(b)可知,二次等外压膨胀过程中,系统对环境做功要多一些。由此,可推广上述结论,即:对分步等外压膨胀过程,分步越多,系统对环境所作体积功也就越大。根据上述推论,可进一步讨论如下的极限情形。

系统的内、外压力相差无限小的膨胀过程:例如,在活塞上原有一堆细砂,其质量就构成了外压力 p_e,然后每次取下一粒细砂,从而使外压力以无穷小的方式减小。此过程的特征可描述为:变化过程中,系统的内压力(p_i)、外压力(p_e)相差无限小的膨胀过程,用数学形式表示为: $p_e = p_i - \mathrm{d}p$,则每一个微小步骤的体积功 $\delta W_{e,4}$ 的计算式为

$$\delta W_{e,4} = -p_e\mathrm{d}V = -(p_i - \mathrm{d}p)\mathrm{d}V \approx -p_i\mathrm{d}V \qquad (1.3.7a)$$

积分上式得到

$$W_{e,4} = -\int_{V_1}^{V_2} p_i\mathrm{d}V \qquad (1.3.7b)$$

如果气体是理想气体,则有

$$W_{e,4} = -\int_{V_1}^{V_2} \frac{nRT}{V}\mathrm{d}V = -nRT\ln\frac{V_2}{V_1} \qquad (1.3.8)$$

由图 1.3.2(c)可看出,这一膨胀过程中,系统对环境做最大体积功。

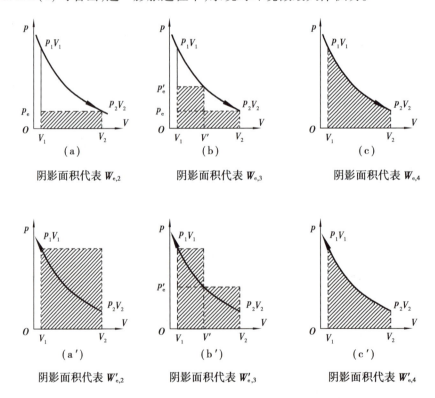

阴影面积代表 $W_{e,2}$	阴影面积代表 $W_{e,3}$	阴影面积代表 $W_{e,4}$
(a)	(b)	(c)

阴影面积代表 $W'_{e,2}$	阴影面积代表 $W'_{e,3}$	阴影面积代表 $W'_{e,4}$
(a')	(b')	(c')

图 1.3.2　各种过程的功

通过如上三个具体途径的分析,可清楚地看出,功作为途径函数,与具体的变化途径有密切的联系。

1.3.3　准静态过程和可逆过程

通过上面的讨论可知，系统的变化过程决定着功的大小。为此进一步对变化过程作出讨论。为探讨变化过程的特征，可抓住这样一个问题，即：为什么上述第四个变化途径有最大的对外体积功呢？

从 p-V 图上可清楚地看出，第三个变化途径正是从 (p_1, V_1, T) 沿等温线变化到 (p_2, V_2, T) 的，即，$pV =$ 常数；这也是与前三个变化途径的根本区别。而这条等温线又是由状态方程所决定的，这条线上的每一点，都是系统一个可能实现的平衡态。由此可知，内外压力相差无限小的变化途径，是由一系列（或说无穷多个）平衡态构成的。

但是，这样的变化过程，实际上一方面要求系统一直处于平衡态下，另一方面又要求系统发生变化。平衡和变化是一对矛盾，由此就在概念上产生了困难。从而，这样的变化过程实际上是无法实现的。为解决这一矛盾，人们采取了一种理想化的手法，即设想发生这一变化的进程是无限缓慢的，也就是说，描述这个变化进程的时间尺度是充分地大，在这充分大时间尺度背景下，对变化过程中的某一点，可以认为它是基本不随时间而变化的，即处于平衡状态。这样一来，就在概念上消除了平衡与变化的矛盾；同时也可以看出，完成这一变化所需的时间是无穷长的，变化进程中系统的每一个状态点都可以认为是准静态的。因此，就把这样的变化过程，称为准静态过程（Quasistatic Process）。

采用上述理想化手法，构筑平衡与变化的统一和联系，建立准静态过程这一概念，其重要性在于它的理论价值。在上述准静态膨胀过程中，系统对环境做最大体积功；反过来，如果它又是准静态压缩过程，则环境对系统做最小体积功。这样，准静态过程这一概念的建立，在理论上为体积功的计算建立了可比较的基准。

在热力学中另一具有重要价值的过程是可逆过程（Reversible Process）。热力学系统经过某一途径从 A 态变化到 B 态后，若再经相同的逆途径使系统又从 B 态变回到 A 态，这时系统复原，如果环境也复原，则就称这 $A \rightarrow B$ 的变化过程为可逆过程。换句话说，系统和环境经过上述正、逆变化之后，在系统和环境中没有留下任何痕迹。反之，如果系统经过正、逆变化后不能使系统和环境都复原，则这样的正过程称为不可逆过程（Irreversible Process）。

针对上述讨论的内外压力相差无限小的等温变化过程，当系统从 A 沿等温线变化到 B 后，如又沿等温线从 B 变回到 A，则系统复原，环境也复原，因此这种内外压力相差无限小的等温膨胀过程是可逆过程。由此看到，可逆过程是由准静态构成的，或者说：可逆过程一定是准静态过程，但准静态过程不一定是可逆过程，可逆过程是无能耗的准静态过程。同时也要看到，不可逆过程并不是指变化方向不可逆转，而是指如果系统发生了这种变化过程，再按相同的途径逆转后，系统和环境中一定存在着不能复原的因素，总要在系统或环境中留下某些影响。

总之，可逆过程具有如下特点：①可逆过程是以无限小的变化方式进行的，整个过程由无穷多个近平衡态所构成；②用同样的方式、沿相同的途径使系统返回原态后，系统和环境都完全恢复到原来的状态；③就体积功而言，在等温可逆膨胀过程中系统对环境做最大功，在等温可逆压缩过程中环境对系统做最小功。可逆过程是一种理想化的过程，实际上亦不存在，但它在理论上对经典热力学的建立和发展有巨大的意义。它为系统的状态函数及热力学函数的计算奠定了基础。

例1.3.1 在25 ℃时,2 mol H_2 的体积为15 dm^3,计算下列两种膨胀过程中此气体所做的功:(1)在等温条件下(即始态和终态的温度相同),反抗外压为 10^5 Pa 时,膨胀到体积为50 dm^3;(2)在等温条件下,可逆膨胀到体积为50 dm^3。

解 (1)此过程的 $p_e = 10^5$ Pa 且始终不变,所以是一恒外压不可逆过程,应当用式(1.3.3)来计算功:

$$W = -p_e(V_2 - V_1) = -[10^5 \times (50 - 15) \times 10^{-3}]J = -3\ 500\ J$$

(2)此过程为理想气体等温可逆过程,故可用式(1.3.8)来计算:

$$W = -\int_{V_1}^{V_2} \frac{nRT}{V}dV = -nRT\ln\frac{V_2}{V_1} = -(2 \times 8.314 \times 298 \times \ln 50/15)J = -5\ 966\ J$$

比较上述两过程,可逆过程所做的功比恒外压不可逆过程所做的功大。

1.3 公式小结

性质	方程	成立条件	正文中方程编号
任意体积功	$\delta W = -p_e\,dV$	体积变化	1.3.3
恒外压过程	$W_{e,2} = -p_e(V_2 - V_1)$	恒外压下膨胀或压缩	1.3.4b
自由膨胀	$W_{e,1} = -\int p_e dV = 0$	外压恒定为0	1.3.5b
可逆过程体积功	$W_{e,4} = -\int_{V_1}^{V_2} \frac{nRT}{V}dV = -nRT\ln\frac{V_2}{V_1}$	理想气体可逆膨胀或压缩过程	1.3.8

1.4 热与过程

1.4.1 氧弹量热仪——热量测定

热量测定是研究在物理过程和化学过程中以热的形式转移的能量。测定热转移的装置称为量热计。最普通的量热计是在一个通过绝热的等容容器中测定热力学变化过程的 Q_V(即 ΔU),所研究的热力学过程通常是一个化学反应。氧弹量热仪工作时,在密闭的氧弹中将燃料和氧气进行完全燃烧,氧弹器放入一个水浴中;燃烧过程释放的热值通过氧弹器壁传递到水中,导致水温升高;因此,根据反应前后的水温差可以计算得到燃烧过程产生的热,从而通过这种方式计算出燃烧反应的热值。

氧弹器是核心,可耐高压。量热仪(其热容为已知)的总组装如图1.4.1所示。为了保证绝热,量热仪是浸在水浴中,通过温度计连续读出在燃烧的每一步所产生的温度值。

1.4.2 等容过程的热

系统与环境间交换的热不是状态函数,而与过程有关。但是可在某些特定的条件下,使这些特定变化过程的热仅与系统变化的始终态有关,而表观上隐蔽掉与变化过程的联系。如令一封闭系统在变化过程中只做体积功,而无非体积功,则由热力学第一定律有

$$dU = \delta Q + \delta W = \delta Q - p_e dV \qquad (1.4.1)$$

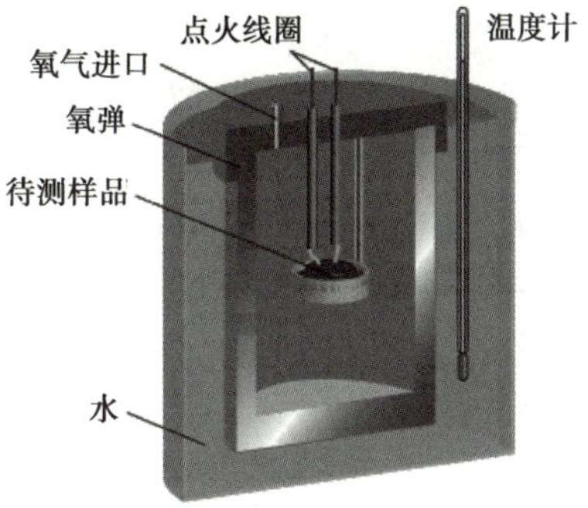

进一步:令等容条件下进行的任一过程,即 $dV = 0$,则有

图 1.4.1 等容氧弹量热仪

$$dU = \delta Q_V \qquad (1.4.2a)$$

或写成积分形式为

$$\Delta U = Q_V \qquad (1.4.2b)$$

此条件下的热效应称为等容热效应(Q_V)。上式表明:对于一封闭系统中的等容且非体积功为零的过程,其热效应 Q_V 等于热力学能的变化量。由于热力学能的变化只取决于系统的始终态,从而这一特定过程的热效应也只取决于系统的始终态。

1.4.3 等压过程的热——焓的定义

对任一等压过程,即:$p_e = p_i = $ 恒定值,由热力学第一定律有

$$dU = \delta Q_p - p_i dV \qquad (1.4.3a)$$

或写成积分形式有

$$\Delta U = Q_p - p_i \Delta V \qquad (1.4.3b)$$

即

$$U_2 - U_1 = Q_p - p_i(V_2 - V_1)$$

$$Q_p = (U_2 + p_i V_2) - (U_1 + p_i V_1) = (U_2 + p_2 V_2) - (U_1 + p_1 V_1) \qquad (1.4.4)$$

由于式(1.4.4)右边都是状态函数,其线形组合也是某个状态函数,因而 Q_p 在形式上变成了状态函数。这一结果同样表明:对于一封闭系统中的等压且非体积功为零的过程,其热效应 Q_p 只取决于系统的始终态。由于 U、p、V 都是状态函数,而且 U 与 pV 的量纲相同,从而($U + pV$)一定是由系统自身状态所决定的量。为方便,在热力学上定义一个新的状态函数——焓:

$$H \equiv U + pV \qquad (1.4.5)$$

H 称为焓(Enthalpy)或热焓(Heat Content)。

根据焓的定义,可将等压且不做非体积功过程的热效应 Q_p 表示为

$$Q_p = H_2 - H_1 = \Delta H \qquad (1.4.6)$$

注意:焓的概念虽然是在讨论封闭系统中等压且非体积功为零的过程的热效应时引出的,但由于焓是系统的状态函数,从而系统在任何平衡状态下都具有确定的焓值,系统的状态发生变化,就有相应的焓变产生,绝不能说只有等压过程才有焓的变化;如是非等压过程,焓变仍有确定的值,但此时 $\Delta H \neq Q$。

根据焓的定义,任意过程的焓变可根据定义式计算如下:

$$\Delta H = \Delta U + \Delta(pV)$$ (1.4.7)

特定地:等压时有 $\Delta H = \Delta U + p\Delta V$。

例 1.4.1 在 373 K,101 325 Pa 下,1.0 mol 液态水的体积为 0.018 8 dm^3,1.0 mol 水蒸气的体积为 30.2 dm^3,已知 373 K 时水的蒸发热为 4.06×10^4 $J \cdot mol^{-1}$,计算该条件下水蒸发为水蒸气过程的 ΔH 和 ΔU。

解 水的蒸发过程为一等温、等压相变过程

$$H_2O(l) \xrightarrow{373\ K, 101\ 325\ Pa} H_2O(g)$$

在等压下进行,由式(1.4.6)得

$$\Delta H = Q_p = 4.06 \times 10^4\ J \cdot mol^{-1}$$

因为 $\Delta H = \Delta U + \Delta(pV) = \Delta U + p\Delta V$

所以 $\Delta U = \Delta H - p\Delta V = 4.06 \times 10^4\ J \cdot mol^{-1} - 101\ 325\ Pa \times (30.2 - 0.018\ 8) \times 10^{-3}\ m^3$

$\qquad = 37.6 \times 10^3\ J$

1.4.4 热容(Heat Capacity)

由上述讨论知道:对于封闭系统中的等容且非体积功为零的过程有 $Q_V = \Delta U$,对于封闭系统中的等压且非体积功为零的过程有 $Q_p = \Delta H$。这样,如果能知道 Q_V 和 Q_p,就可知道相应过程的内能和熵的变化值。为此,接下来讨论如何测量或计算 Q_V 和 Q_p,这需要先引入热容的概念。

一般而言,系统与环境间发生热交换时,若系统中无相变,系统的温度往往要发生变化。现假设一封闭系统在经历某一变化后,温度从 T_1 变化到 T_2,变化过程的热效应为 Q,定义

$$\overline{C} = Q/(T_2 - T_1)$$ (1.4.8)

$\overline{C}$ 表示系统温度变化1度时所产生的平均热效应。或说,系统温度上升1度需吸热 $\overline{C}$;系统温度下降1度,需放热 $\overline{C}$。$\overline{C}$ 就称为平均热容。以上是在积分意义下定义平均热容的,如果在微分意义下定义就有

$$C = \lim_{\Delta T \to 0} \frac{Q}{\Delta T} = \frac{\delta Q}{dT}$$ (1.4.9)

式中,C 称为热容(注意这里不是真正的微分)。由上述两式可知,平均热容和热容的量纲是 J/K。

由于热效应 Q 还与系统的物质的量有关,因此进一步定义出摩尔热容,即系统物质的量为 1 mol 时的热容,并以 C_m 记之,其量纲为 $J \cdot K^{-1} \cdot mol^{-1}$。

摩尔热容的定义仍然存在不确定性。由于热 Q 与系统的变化过程有关,即不同的变化途径有不同的热效应值,因此,要使热容的定义有实际的应用价值,就必须对变化过程有所限制,即必须在特定过程下定义热容概念。

等容热容:对于均相封闭系统中的等容且非体积功为零的过程,有

$$C_V = \frac{\delta Q_V}{dT} = \left(\frac{\partial U}{\partial T}\right)_V$$ (1.4.10)

C_V 称为等容热容,表达了等容条件下,系统的热力学能随温度的变化率,如图 1.4.2 所示,曲

线上 A,B 点的斜率即为等容条件下的热容,值得注意的是,图中热力学系统在 B 点温度下对应的曲线的斜率大于 A 点对应斜率,表明在不同温度点,系统的等容热容是不同的。

等容下,当系统的温度发生改变时,所产生的热力学能的改变量由如下积分式求得

$$\Delta U = Q_V$$

$$= \int \left(\frac{\partial U}{\partial T} \right)_V dT = \int C_V dT = n \int C_{V,m} dT \quad (1.4.11)$$

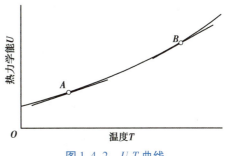

图 1.4.2 U-T 曲线

式中,$C_{V,m}$ 称为摩尔等容热容。

至此可知,如已知系统的等压热容和等容热容值,则可计算系统在特定变化过程中的焓变和热力学能变化。

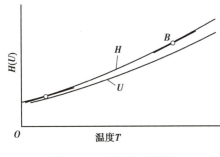

图 1.4.3 $H(U)$-T 曲线

等压热容:对于均相封闭系统中的等压且非体积功为零的过程,有

$$C_p = \frac{\delta Q_p}{dT} = \left(\frac{\partial H}{\partial T} \right)_p \quad (1.4.12)$$

C_p 称为等压热容,表达了等压条件下,系统的热力学能随温度的变化率,如图 1.4.3 所示。任一温度点对应的曲线的斜率(如 A,B)即为系统的等压热容。对于气体,在同一个温度下,等压线的斜率,大于等容线的斜率,即,$C_{p,m} > C_{V,m}$。

等压下,当系统的温度发生改变时,所产生的焓的改变量由如下积分式求得:

$$\Delta H = Q_p$$

$$= \int \left(\frac{\partial H}{\partial T} \right)_p dT = \int C_p dT = n \int C_{V,m} dT \quad (1.4.13)$$

式中,$C_{p,m}$ 称为摩尔等压热容,n 为系统的物质的量。

1.4.5 C_p 与 C_V 的关系

对于一均相、无化学反应的封闭系统,根据热容的定义有

$$C_p - C_V = \left(\frac{\partial H}{\partial T} \right)_p - \left(\frac{\partial U}{\partial T} \right)_V = \left[\frac{\partial (U + pV)}{\partial T} \right]_p - \left(\frac{\partial U}{\partial T} \right)_V$$

$$= \left(\frac{\partial U}{\partial T} \right)_p + p \left(\frac{\partial V}{\partial T} \right)_p - \left(\frac{\partial U}{\partial T} \right)_V \quad (1.4.14)$$

式中,$(\partial U/\partial T)_p$ 意味着热力学能 U 是 T,p 的函数,而 $(\partial U/\partial T)_V$ 意味着热力学能 U 是 T,V 的函数,即

$$dU = \left(\frac{\partial U}{\partial T} \right)_p dT + \left(\frac{\partial U}{\partial p} \right)_T dp \quad (1.4.15)$$

$$dU = \left(\frac{\partial U}{\partial T}\right)_V dT + \left(\frac{\partial U}{\partial V}\right)_T dV \tag{1.4.16}$$

进一步,将 V 视为 (T,p) 的函数,即 $V = V(T,p)$,全微分则有

$$dV = \left(\frac{\partial V}{\partial T}\right)_p dT + \left(\frac{\partial V}{\partial p}\right)_T dp \tag{1.4.17}$$

将式(1.4.17)代入式(1.4.16)中,从而对于热力学能的变化 dU 有

$$
\begin{aligned}
dU &= \left(\frac{\partial U}{\partial T}\right)_V dT + \left(\frac{\partial U}{\partial V}\right)_T dV \\
&= \left(\frac{\partial U}{\partial T}\right)_V dT + \left(\frac{\partial U}{\partial V}\right)_T \left[\left(\frac{\partial V}{\partial T}\right)_p dT + \left(\frac{\partial V}{\partial p}\right)_T dp\right] \\
&= \left[\left(\frac{\partial U}{\partial T}\right)_V + \left(\frac{\partial U}{\partial V}\right)_T \left(\frac{\partial V}{\partial T}\right)_p\right] dT + \left(\frac{\partial U}{\partial p}\right)_T dp
\end{aligned}
\tag{1.4.18}
$$

比较式(1.4.15)和式(1.4.18)得

$$\left(\frac{\partial U}{\partial T}\right)_p = \left(\frac{\partial U}{\partial T}\right)_V + \left(\frac{\partial U}{\partial V}\right)_T \left(\frac{\partial V}{\partial T}\right)_p \tag{1.4.19}$$

将上式带入式(1.4.14),从而

$$
\begin{aligned}
C_p - C_V &= \left(\frac{\partial U}{\partial T}\right)_p + p\left(\frac{\partial V}{\partial T}\right)_p - \left(\frac{\partial U}{\partial T}\right)_V \\
&= \left[\left(\frac{\partial U}{\partial V}\right)_T + p\right]\left(\frac{\partial V}{\partial T}\right)_p
\end{aligned}
\tag{1.4.20}
$$

上式表示了 C_p 与 C_V 的关系。对于均相、无化学反应的封闭系统具有普适性,并且有

$$C_p - C_V \geq 0 \text{(热稳定性条件)}$$

特别地,对于理想气体,由于 $(\partial U/\partial V)_T = 0$,同时根据状态方程 $pV = nRT$,由式(1.4.20)得

$$C_p - C_V = nR \tag{1.4.21a}$$

或

$$C_{p,m} - C_{V,m} = R \tag{1.4.21b}$$

这一关系表明,理想气体的等压摩尔热容与等容摩尔热容之差等于气体常数。这一关系式,在历史上称为迈尔关系式。

统计力学可以证明,在通常温度下,对单原子分子的理想气体系统,$C_{V,m} = 3R/2$,$C_{p,m} = 5R/2$;对双原子分子的理想气体系统,$C_{V,m} = 5R/2$,$C_{p,m} = 7R/2$;对多原子分子的理想气体系统,$C_{V,m} = 3R$,$C_{p,m} = 4R$。对常温、常压下的实际气体,式(1.4.21)同样适用;对大多数熔融金属,$C_{p,m} - C_{V,m} = 0.87R$;对纯固体,在保持压力不变下,体积随温度的变化可以忽略,即 $(\partial V/\partial T)_p = 0$,此时,$C_{p,m} \approx C_{V,m}$,但在高温时,$C_{p,m}$ 与 $C_{V,m}$ 相差较大。

例1.4.2 恒定压力下,2 mol 50 ℃ 的液态水变作 150 ℃ 的水蒸气,求过程的热。已知:水和水蒸气的平均等压摩尔热容分别为 75.31 J·K^{-1}·mol^{-1} 及 33.47 J·K^{-1}·mol^{-1};水在 100 ℃ 及标准压力下蒸发成水蒸气的摩尔汽化热 $\Delta_{vap}H_m^{\ominus}$ 为 40.67 kJ·mol^{-1}。

解 50 ℃ 的液态水变作 100 ℃ 的液态水

$$
\begin{aligned}
Q_{p1} &= nC_{p,m_1}(T_b - T_1) \\
&= 2 \text{ mol} \times 75.31 \text{ J·K}^{-1}\text{·mol}^{-1} \times (373 - 323)\text{K} \\
&= 7\,531 \text{ J} = 7.531 \text{ kJ}
\end{aligned}
$$

100 ℃ 的液态水变作 100 ℃ 的水蒸气

$$Q_{p2} = n \cdot \Delta_{\text{vap}} H_m^{\ominus} = 2 \text{ mol} \times 40.67 \text{ kJ} \cdot \text{mol}^{-1} = 81.34 \text{ kJ}$$

100 ℃的水蒸气变作 150 ℃的水蒸气

$$\begin{aligned} Q_{p3} &= nC_{p,m}(T_2 - T_b) \\ &= 2 \text{ mol} \times 33.47 \text{ J} \cdot \text{K}^{-1} \cdot \text{mol}^{-1} \times (423 - 373) \text{K} \\ &= 3\,347 \text{ J} = 3.347 \text{ kJ} \end{aligned}$$

全过程的热

$$\begin{aligned} Q_p &= Q_{p1} + Q_{p2} + Q_{p3} \\ &= (7.53 + 81.34 + 3.35) \text{kJ} = 92.22 \text{ kJ} \end{aligned}$$

1.4.6　热容与温度的关系

热容是系统热性质的表征,因此又将热容称为热响应函数,即热容是温度的函数,当然函数的具体形式由物质的类型、物态、温度等诸多因素所决定,目前人们只是在经验基础上将物质的摩尔热容写成如下的函数形式

$$C_{p,m} = a + bT + cT^2 + \cdots \tag{1.4.22}$$

或

$$C_{p,m} = a + bT + c'T^{-2} + \cdots \tag{1.4.23}$$

式中,a, b, c, c' 等为经验常数。

1.4 公式小结

性质	方程	成立条件	正文中方程编号
等容热效应	$\Delta U = Q_V$	封闭系统只做体积功,无非体积功	1.4.2b
焓的定义	$H \equiv U + pV$	封闭系统	1.4.5
等压热效应	$Q_p = H_2 - H_1 = \Delta H$	封闭系统中等压且非体积功为零	1.4.6
焓变	$\Delta H = \Delta U + \Delta(pV)$	封闭系统	1.4.7
等容热容	$C_V = \left(\dfrac{\partial U}{\partial T}\right)_V$	定义	1.4.10
等容热容计算	$\Delta U = Q_V$ $= \int \left(\dfrac{\partial U}{\partial T}\right)_V \mathrm{d}T = \int C_V \mathrm{d}T = n\int C_{V,m} \mathrm{d}T$	均相封闭系统中等容且非体积功为零	1.4.11
等压热容	$C_p = \left(\dfrac{\partial H}{\partial T}\right)_p$	均相封闭系统中等压且非体积功为零	1.4.12
等压热容计算	$\Delta H = Q_p$ $= \int \left(\dfrac{\partial H}{\partial T}\right)_p \mathrm{d}T = \int C_p \mathrm{d}T = n\int C_{p,m} \mathrm{d}T$	均相封闭系统中等压且非体积功为零	1.4.13
C_p 与 C_V 的关系(通用式)	$C_p - C_V$ $= \left[\left(\dfrac{\partial U}{\partial V}\right)_T + p\right]\left(\dfrac{\partial V}{\partial T}\right)_p$	均相、无化学反应的封闭系统	1.4.20

续表

性质	方程	成立条件	正文中方程编号
理想气体 C_p 与 C_V 的关系（迈尔关系式）	$C_p - C_V = nR$ $C_{p,m} - C_{V,m} = R$	均相封闭系统中等压且非体积功为零（理想气体）	1.4.21a 1.4.21b
摩尔等压热容的经验函数（热响应函数）	$C_{p,m} = a + bT + cT^2 + \cdots$		1.4.22

1.5 热力学第一定律对气体的应用

1.5.1 理想气体的热力学能和焓

理想气体的热力学能和焓分别都仅是温度的函数，与 p，V 无关。这一结论是由如下实验研究而得到的，盖·吕萨克（Joseph Louis Gay-lussac，1778—1850）在1807年、焦耳在1843年分别进行了如下实验（图1.5.1）：在一大的水浴中放置两个内体积相等的容器，其中一个容器内装有气体，另一容器内为真空。打开旋塞后，气体发生自由膨胀，从而考察该变化过程前后水浴温度的变化。

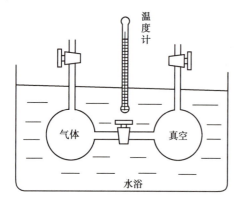

图 1.5.1 焦耳实验装置图

从实验结果上看，水浴的温度没有发生变化，即 $Q = 0$。同时，该过程是自由膨胀过程，则有 $W = 0$。这样，根据热力学第一定律知道，该过程的热力学能变化为0，即

$$\Delta U = Q + W = 0$$

对于一定量的纯物质，其热力学能 U 可表示为 T，V 的函数，即 $U = U(T,V)$，则微分为

$$dU = \left(\frac{\partial U}{\partial T}\right)_V dT + \left(\frac{\partial U}{\partial V}\right)_T dV$$

联系上述实验结果 $dT = 0$，$dU = 0$，而实验过程中 $dV \neq 0$，则

$$\left(\frac{\partial U}{\partial V}\right)_T = 0 \tag{1.5.1a}$$

同样，如果将 U 表示为 T，P 的函数 $U = U(T,p)$，则其微分为

$$dU = \left(\frac{\partial U}{\partial T}\right)_p dT + \left(\frac{\partial U}{\partial p}\right)_T dp$$

再联系上述实验结果（$dp \neq 0$），则有

$$\left(\frac{\partial U}{\partial p}\right)_T = 0 \tag{1.5.1b}$$

上述两式意味着,纯气体的热力学能 U 与 p,V 无关,仅仅是温度 T 的函数,即 $U = U(T)$。然而,盖·吕萨克-焦耳实验的结果是不精确的,只有当气体是理想气体时才有上述结论。

对于理想气体,根据上述结果,可进一步对它的焓的变化特征作出分析。令 $H = H(T,p)$,则有

$$dH = \left(\frac{\partial H}{\partial T}\right)_p dT + \left(\frac{\partial H}{\partial p}\right)_T dp \qquad (1.5.2)$$

若令 $H = H(T,V)$,则有

$$dH = \left(\frac{\partial H}{\partial T}\right)_V dT + \left(\frac{\partial H}{\partial V}\right)_T dV \qquad (1.5.3)$$

从而根据理想气体状态方程 $pV = nRT$ 有

$$\left(\frac{\partial H}{\partial p}\right)_T = \left[\frac{\partial(U+pV)}{\partial p}\right]_T = \left(\frac{\partial U}{\partial p}\right)_T + \left[\frac{\partial(pV)}{\partial p}\right]_T = 0 \qquad (1.5.4)$$

$$\left(\frac{\partial H}{\partial V}\right)_T = \left[\frac{\partial(U+pV)}{\partial V}\right]_T = \left(\frac{\partial U}{\partial V}\right)_T + \left[\frac{\partial(pV)}{\partial V}\right]_T = 0 \qquad (1.5.5)$$

这表明,理想气体的焓也仅是温度的函数,与 p,V 无关,即 $H = H(T)$,用函数表达即为

$$\left(\frac{\partial H}{\partial p}\right)_T = 0, \left(\frac{\partial H}{\partial V}\right)_T = 0 \qquad (1.5.6)$$

1.5.2　理想气体的绝热过程与过程方程

封闭系统与环境之间存在着能量交换,根据能量的表现形式可对封闭系统作出进一步的分类:在系统与环境之间只有功形式的能量交换,而无热形式的能量交换者称为绝热系统(Adiabatic System)。在这样的系统中发生的变化过程,就称为绝热过程(Adiabatic Process)。此时,由于 $\delta Q = 0$,则根据热力学第一定律有

$$dU = \delta W$$

进一步令系统非体积功为零、只做体积功,则上式可表示为

$$dU = -p_e dV$$

由此可定性地看出:对于绝热过程,如果系统对环境做功,则系统的热力学能一定减少;反之,如果环境对系统做功,则系统的热力学能一定增加。

下面讨论由理想气体构成的绝热系统。对于这样的系统,由于热力学能 U 仅是温度 T 的函数,则热力学能的变化 dU 为

$$dU = C_V dT \qquad (1.5.7a)$$

或写成积分形式为

$$\Delta U = \int_{T_1}^{T_2} C_V dT \qquad (1.5.7b)$$

进一步令 C_V 不随温度 T 变化,则

$$\Delta U = C_V(T_2 - T_1) \qquad (1.5.7c)$$

则理想气体的绝热变化过程的功:

$$W = \Delta U = C_V(T_2 - T_1)$$

如将微分式代入热力学第一定律中,有

$$C_V \mathrm{d}T + p_e \mathrm{d}V = 0$$

①理想气体的绝热不可逆过程

此时,同样存在 $\delta Q = 0$,由热力学第一定律,有

$$\mathrm{d}U = \delta W \quad \text{或} \quad \Delta U = W$$

其中
$$\Delta U = nC_{V,m}(T_2 - T_1) \tag{1.5.8}$$

W 应根据具体的途径计算,例如,若为一恒定外压的过程,则

$$W = -p_e(V_2 - V_1)$$

②理想气体的绝热可逆过程

即内外压力相差无限小,有 $p_e = p_i \pm \mathrm{d}p$,为简化就用 p 代表系统的压力 p_i,则有

$$C_V \mathrm{d}T + p\mathrm{d}V = 0$$

再代入理想气体状态方程式,则变为

$$C_V \mathrm{d}T + \frac{nRT}{V}\mathrm{d}V = 0$$

$$\frac{\mathrm{d}T}{T} + \frac{nR}{C_V}\frac{\mathrm{d}V}{V} = 0$$

根据迈尔关系式,令 $C_p/C_V = \gamma$,则 $nR/C_V = \gamma - 1$,从而上式变为

$$\frac{\mathrm{d}T}{T} + (\gamma - 1)\frac{\mathrm{d}V}{V} = 0$$

若 γ 为常数,则对上式进行不定积分有

$$\ln T + (\gamma - 1)\ln V = \text{常数}$$
$$TV^{\gamma-1} = \text{常数} = K \tag{1.5.9}$$

或

再代入状态方程,可分别有

$$pV^\gamma = \text{常数} = K' \tag{1.5.10}$$
$$p^{1-\gamma}T^\gamma = \text{常数} = K'' \tag{1.5.11}$$

K, K', K'' 均为常数,上述三式即表示理想气体在绝热可逆过程中的两个状态函数之间的关系,称为绝热过程方程式(Equation of Adiabatic Process)。

这里,理想气体状态方程式和理想气体绝热过程方程式是两个不同的概念。理想气体状态方程式 $pV = nRT$,是指理想气体处于任一平衡态下其状态函数 T, V, p 三者间的关系;而绝热过程方程式,是指理想气体在绝热可逆过程中其状态函数 T, V, p 中任意两者之间的函数关系。它们的差别就在于:状态方程描述状态,过程方程描述过程。而它们的联系则在于:绝热可逆过程是由一系列近平衡态构成,其每一平衡态都服从状态方程式。

由上述结果可自然地推出:在理想气体的绝热可逆变化中,温度一定会发生变化。同时,根据过程方程式,可计算出该系统在绝热可逆变化过程中所做的功

$$W = -\int_{V_1}^{V_2} p\mathrm{d}V = \int_{V_1}^{V_2} \frac{K'}{V^\gamma}\mathrm{d}V = \frac{K'}{(\gamma-1)V_2^{\gamma-1}} - \frac{K'}{(\gamma-1)V_1^{\gamma-1}} \tag{1.5.12}$$

结合 $K' = p_1 V_1^\gamma = p_2 V_2^\gamma$,则有

$$W = \frac{p_2 V_2 - p_1 V_1}{\gamma - 1} = \frac{nR(T_2 - T_1)}{\gamma - 1} = C_V(T_2 - T_1) \tag{1.5.13}$$

将上述关于功的计算结果表示在 p-V 图上,则为图 1.5.2。

在 p-V 图上,可将理想气体的绝热可逆过程和等温可逆过程的体积功作一直观的比较。如都从同一始态出发,并终态都有体积 V_2,则从 p-V 图可清楚地看出:①从同一始态出发,经上述两过程后,不可能到达同一终态。②等温可逆膨胀过程做功大于绝热可逆膨胀过程做功。其原因在于,绝热可逆过程在对外做功的同时,系统的温度降低了,体积增加了,这两个因素同时导致了压力的降低。而对于等温可逆膨胀过程,只有体积的增加导致压力的降低。关于这点可表示为数学形式,即对于等温可逆过程,由于 $pV = nRT = $ 常数,则有

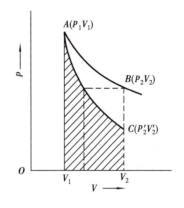

图 1.5.2　绝热可逆过程(AC)与等温可逆过程(AB)功的示意图

$$\left(\frac{\partial p}{\partial V}\right)_T = -\frac{p}{V} \quad (\text{等温线的斜率}) \quad (1.5.14)$$

对于绝热可逆过程,由于 $pV^\gamma = $ 常数,有

$$\left(\frac{\partial p}{\partial V}\right)_{Q=0} = -\gamma\frac{p}{V} \quad (\gamma \geqslant 1) \quad (\text{绝热线的斜率}) \quad (1.5.15)$$

例 1.5.1　气体氦自 0 ℃,5×10^5 Pa,10 dm³ 的始态,经过一绝热可逆过程膨胀至 1×10^5 Pa,试计算终态的温度 T_2 及此过程的 $Q,W,\Delta U,\Delta H$。(假设 He 为理想气体)

解　此过程的始终态可表示如下

始态　$P_1 = 5 \times 10^5\,\mathrm{Pa}$ 　　　$T_1 = 273$ K I　　$V_1 = 10$ dm³	——绝热可逆膨胀——→	终态　$P_2 = 1 \times 10^5\,\mathrm{Pa}$ 　　　$T_2 = ?$ II　　$V_2 = ?$

此气体的物质的量为

$$n = \frac{p_1 V_1}{R T_1} = \frac{5 \times 10^5\,\mathrm{Pa} \times 10 \times 10^{-3}\,\mathrm{m}^3}{8.314\,\mathrm{J \cdot K^{-1} \cdot mol^{-1}} \times 273.15\,\mathrm{K}} = 2.20\ \mathrm{mol}$$

此气体为单原子分子理想气体,故

$$C_{v,m} = \frac{3}{2}R = 12.47\ \mathrm{J \cdot K^{-1} \cdot mol^{-1}}$$

$$C_{p,m} = \frac{5}{2}R = 20.79\ \mathrm{J \cdot K^{-1} \cdot mol^{-1}}$$

$$\gamma = C_{p,m}/C_{v,m} = \frac{\dfrac{5}{2}R}{\dfrac{3}{2}R} = 1.67$$

(1)终态温度 T_2 的计算

由绝热过程方程式(1.5.10),有

$$T_2 = T_1 \left(\frac{p_1}{p_2}\right)^{\frac{1-\gamma}{\gamma}}$$

$$= 273.15 \text{ K} \times \left(\frac{5 \times 10^5 \text{Pa}}{1 \times 10^5 \text{Pa}} \right)^{\frac{1-1.67}{1.67}}$$

$$= 143 \text{ K}$$

即终态温度为 -130 ℃

（2）$Q = 0$

（3）W 的计算

$$W = \Delta U = n C_{v,m}(T_2 - T_1)$$

故

$$W = 2.20 \text{ mol} \times 12.47 \text{ J} \cdot \text{K}^{-1} \cdot \text{mol}^{-1} \times (143 - 273) \text{K}$$
$$= -3.57 \times 10^3 \text{J}$$

（4）ΔU 的计算

$$\Delta U = W = -3.57 \times 10^3 \text{J}$$

（5）ΔH 的计算

$$\Delta H = [n C_{p,m}(T_2 - T_1)] = 2.20 \text{ mol} \times 20.79 \text{ J} \cdot \text{K}^{-1} \cdot \text{mol}^{-1} \times (143 - 273) \text{K}$$
$$= -5.95 \times 10^3 \text{J}$$

例 1.5.2　如果上题的过程为绝热不可逆过程，在恒定外压为 1×10^5 Pa 下快速膨胀到气体压力为 1×10^5 Pa，试计算 $T_2, Q, W, \Delta U$ 及 ΔH。

解　此过程为绝热不可逆过程，始终态可表示如下：

始态	$P_1 = 5 \times 10^5$ Pa		终态	$P_2 = 10^5$ Pa
	$T_1 = 273$ K	绝热不可逆膨胀		$T_2 = ?$
I	$V_1 = 10$ dm³		II	$V_2 = ?$

（1）T_2 的计算

因为是绝热不可逆过程，由热力学第一定律可得 $\Delta U = W$。

$$n C_{v,m}(T_2 - T_1) = -p_{外}(V_2 - V_1)$$

可是其中又有 T_2, V_2 两个未知数，还需要一个包括 T_2, V_2 的方程式才能解 T_2，而理想气体的状态方程可满足此要求

$$V_2 = \frac{nR T_2}{p_2}, V_1 = \frac{nR T_1}{p_1}$$

将此二式代入上式可得

$$n C_{v,m}(T_2 - T_1) = -p_2 \left(\frac{nR T_2}{p_2} - \frac{nR T_1}{p_1} \right)$$

$$= -nR T_2 + nR T_1 \frac{p_2}{p_1}$$

考虑到 $C_{p,m} - C_{v,m} = R$，代入上式可得

$$n C_{p,m} T_2 = nR T_1 \frac{p_2}{p_1} + n C_{v,m} T_1$$

故

$$T_2 = \left(R \frac{p_2}{p_1} + C_{v,m} \right) \frac{T_1}{C_{p,m}}$$

$$= \left[\left(\frac{1 \times 8.314}{5} \right) + 12.47 \frac{273}{20.79} \right] K$$

$$= 186 \text{ K}$$

(2) $Q = 0$

(3) W 的计算

$$W = \Delta U = nC_{v,m}(T_2 - T_1)$$

$$= 2.20 \text{ mol} \times 12.47 \text{ J} \cdot \text{K}^{-1} \cdot \text{mol}^{-1} \times (186 - 273) \text{K} = -2.39 \times 10^3 \text{J}$$

(4) ΔU 的计算

$$\Delta U = W = 2.39 \times 10^3 \text{J}$$

(5) ΔH 的计算

$$\Delta H = nC_{p,m}(T_2 - T_1)$$

$$= 2.20 \text{ mol} \times 20.79 \text{ J} \cdot \text{K}^{-1} \cdot \text{mol}^{-1} \times (186 - 273) \text{K} = -3.98 \times 10^3 \text{J}$$

比较此题和上题的结果可以看出，由同一始态出发，经过绝热可逆过程和绝热不可逆过程，达不到相同的终态。当两个终态的压力相同时，由于不可逆过程的功做得少些，故不可逆过程终态的温度比可逆过程终态的温度要高一些。

1.5.3　实际气体的节流膨胀过程

1852 年，焦耳和汤姆逊进行了实际气体的节流膨胀过程实验（图 1.5.3）。其最简单的实验装置为：在一绝热圆筒中部，置一多孔塞或狭窄颈缩管。这个多孔塞也具有绝热功能，并且使气体不能很快地流过。

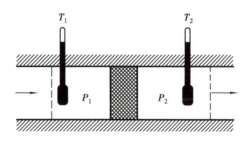

图 1.5.3　焦耳—汤姆逊实验示意图

令气体最初的状态为 (p_1, V_1, T_1)，现迫使它通过多孔塞进入右室 $(p_1 > p_2)$。由于系统与环境绝热，且多孔塞也是绝热的，则整个过程是一个绝热过程，即有 $Q = 0$。这一过程是一不可逆过程，但可用热力学知识来联系这个过程的始态和终态。令气体最终的状态为 (p_2, V_2, T_2)，则气体在该过程中做功 W 为

$$W = -\int_0^{V_2} p_2 dV - \int_{V_1}^0 p_1 dV = p_1 V_1 - p_2 V_2 \tag{1.5.16}$$

由热力学第一定律有

$$\Delta U = U_2 - U_1 = Q + W = W = p_1 V_1 - p_2 V_2$$

$$U_2 + p_2 V_2 = U_1 + p_1 V_1$$

$$H_2 = H_1 \quad \text{或} \quad \Delta H = 0 \tag{1.5.17}$$

上述公式表明，上述实验过程（即节流膨胀过程）的焓变为零。由于焓是系统的一个状态函数，与过程无关，因此对节流膨胀过程的焓，可以设想为一可逆过程来研究。令焓 H 是 T, p 的函数，即 $H = H(T, p)$，则有

$$dH = \left(\frac{\partial H}{\partial T} \right)_p dT + \left(\frac{\partial H}{\partial p} \right)_T dp = 0$$

$$\left(\frac{\partial T}{\partial p}\right)_H = -\frac{\left(\frac{\partial H}{\partial p}\right)_T}{\left(\frac{\partial H}{\partial T}\right)_p}$$

左边代表节流过程中气体温度随压力的变化率,称为焦耳—汤姆逊系数,以 μ 记之

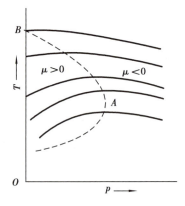

图 1.5.4 实际气体的转化曲线

$$\mu = -\frac{1}{C_p}\left(\frac{\partial H}{\partial p}\right)_T = \frac{1}{C_p}\left[T\left(\frac{\partial V}{\partial T}\right)_p - V\right] \quad (1.5.18)$$

对于理想气体,其 $\mu = 0$,即理想气体经节流膨胀过程后温度不变。对于实际气体,如范德华气体,可以证明其 μ 不一定等于 0。$\mu = 0$,即表示气体经节流过程后其温度不变;$\mu > 0$,即表示气体经节流膨胀过程后其温度降低;$\mu < 0$,即表示气体经节流膨胀过程后其温度上升。为此,定义 $\mu = 0$ 时的温度为转化温度(Inversion Temperature)。

每一种实际气体都存在自己的转化温度,由 μ 的定义可知,它是 T,p 的函数,从而 μ 是 T-p 图上的一条曲线(图 1.5.4)或说是等焓线(Isoenthalpic Curve)。进一步,在 T-p 图上可划出一系列等焓线,连接每条等焓线的最高点构成 $\mu = 0$ 的曲线,该曲线称为转化曲线(Inversion Curve)。在转化曲线的左区有 $\mu > 0$,而在转化曲线的右区有 $\mu < 0$。

人们研究气体节流膨胀过程的目的是企图寻找到一个更为有效的气体冷却方法。从目前来看,上述关于气体节流膨胀过程的讨论,正是多数气体液化(冷却)机理的理论基础。

1.5 公式小结

性质	方程	成立条件	正文中方程编号
理想气体的热力学能只是温度的函数	$\left(\frac{\partial U}{\partial V}\right)_T = 0, \left(\frac{\partial U}{\partial p}\right)_T = 0$	理想气体的封闭系统,非体积功为零	1.5.1
理想气体的焓只是温度的函数	$\left(\frac{\partial H}{\partial V}\right)_T = 0, \left(\frac{\partial H}{\partial p}\right)_T = 0$	理想气体的封闭系统,非体积功为零	1.5.2
绝热可逆方程	$TV^{\gamma-1} = 常数 = K$ $pV^\gamma = 常数 = K'$ $p^{1-\gamma}T^\gamma = 常数 = K''$	理想气体绝热可逆过程	1.5.9 1.5.10 1.5.11
焦耳—汤姆逊系数	$\mu = -\frac{1}{C_p}\left(\frac{\partial H}{\partial p}\right)_T = \frac{1}{C_p}\left[T\left(\frac{\partial V}{\partial T}\right)_p - V\right]$	节流膨胀过程	1.5.18

1.6　热力学第一定律对相变过程的应用

1.6.1　相变过程

物质聚集状态发生变化的过程,称为相变过程,如物质的熔化、凝固、蒸发、冷凝、升华、凝华及不同晶型间的转变等都是相变化过程。

1.6.2　相变焓(Enthalpy of Phase Change)

一定量物质在恒温恒压下,由一个相转变为另一个相的过程中,吸收或放出的热量,称为相变焓,由于 $Q_p = \Delta H$,故称为相变热(Heat of Phase Change)。在相变过程中,系统与环境交换的热全部用于聚集状态的改变,而系统温度维持恒定,故相变焓又可称为相变潜热。

通常用符号 $\Delta_{vap}H$,$\Delta_{con}H$,$\Delta_{fus}H$,$\Delta_{sol}H$,$\Delta_{sub}H$,$\Delta_{sgt}H$,$\Delta_{con}H$ 及 $\Delta_{trs}H$ 分别表示蒸发焓、冷凝焓、熔化焓、凝固焓、升华焓、凝华焓及晶型转变焓等。液体蒸发时系统吸热,系统的焓增高,所以 $\Delta_{vap}H > 0$;而蒸气冷凝是正好与液体蒸发相反的过程,所以同一物质的冷凝焓正好与其蒸发焓大小相等而符号相反,即

$$\Delta_{vap}H = -\Delta_{con}H$$

类似的还有:$\Delta_{fus}H = -\Delta_{sol}H$;$\Delta_{sub}H = -\Delta_{sgt}H$ 等。

固体的升华过程可看作熔化与蒸发两过程的加和,于是应有

$$\Delta_{sub}H = \Delta_{fus}H + \Delta_{vap}H$$

1 mol 纯物质的相变焓称为摩尔相变焓,记作 $\Delta_{vap}H_m$,$\Delta_{con}H_m$ 等,单位为千焦·摩尔$^{-1}$(kJ·mol^{-1}),通常可从物理或化学手册中查到纯物质摩尔相变焓的有关数据。在标准压力($p = 101.325$ kPa)下的相变温度称为正常相变点。如在 $p = 101.325$ kPa 下,水的沸点 100 ℃和熔点 0 ℃称为水的正常沸点与正常熔点。

1.6.3　相变功(Work of Phase Change)

相变功是指一定量的纯物质在相变过程中由于体积变化而做的体积功。对于凝聚系统中的相变化(如 $s \rightleftharpoons l$,$s_1 \rightleftharpoons s_2$ 等),由于相变过程中体积变化很小,故相应的体积功(即相变功)通常可以忽略。但对于有气体参加的相变过程(如 $l \rightleftharpoons g$,$s \rightleftharpoons g$ 等),其体积变化较大,相应的体积功(即相变功)就不容忽视。

1.6.4　热力学第一定律应用于相变过程中 $W,Q,\Delta U$ 和 ΔH 的计算

相变过程根据进行的条件可分为可逆相变与不可逆相变过程两大类。

(1)可逆相变过程 $W,Q,\Delta U,\Delta H$ 的计算

在恒温恒压及参加变化的两相平衡共存的条件下发生的相变化,称为可逆相变过程。纯物质在正常相变点发生的相变化,即为可逆相变。根据相变焓、相变功的定义及热力学第一定律,很容易求出可逆相变过程的 $W,Q,\Delta U$ 和 ΔH。

例 1.6.1 在 101.325 kPa 下,1 mol 苯(C_6H_6)在正常沸点 80.2 ℃时汽化为苯蒸气,已知苯在正常沸点时的汽化热为 394.1 J·g^{-1},设苯蒸气在此温度下为理想气体,液体苯的体积可以忽略,试求苯在此相变过程中的 $W,Q,\Delta U$ 及 ΔH。

解 苯变为苯蒸气为可逆相变过程,则

$$Q_p = \Delta_{vap}H_m = 394.1 \text{ J·g}^{-1} \times 78.11 \text{ g·mol}^{-1} = 30\ 783.1 \text{ J·mol}^{-1}$$

$$W = -p(V_g - V_l) = -pV_g = -nRT = -2\ 938 \text{ J}$$

$$\Delta U = Q + W = 27\ 845 \text{ J}$$

(2)不可逆相变过程的 $W,Q,\Delta U$ 和 ΔH 的计算

不是在恒温恒压和两相平衡共存条件下发生的相变过程,均为不可逆相变过程,如过冷的液体凝固,过冷蒸气液化等,都为不可逆相变。

计算不可逆相变过程的热力学量时,可以利用状态函数法,即虚拟一个与所求过程有相同始终态的一串可逆过程,计算出各步虚拟过程的热力学量,根据状态函数法原理,各步虚拟过程热力学量的代数和,即为所求不可逆相变过程的热力学量,下面举例说明之。

例 1.6.2 在 101.325 kPa 下,1 mol,-10 ℃过冷水凝固成冰,试计算此过程的 $W,Q,\Delta U$,ΔH 各是多少?已知水在正常凝固点时的凝固焓为 $\Delta_{sol}H_m = -6\ 020$ J·mol^{-1},冰的等压摩尔热容 $C_{p,m,H_2O}(s) = 37.6$ J·K^{-1}·mol^{-1},水的等压摩尔热容 $C_{p,m,H_2O}(l) = 75.3$ J·K^{-1}·mol^{-1},并设热容不随温度改变。

解 这是一个不可逆相变过程,可虚拟设计一个与其始、终态相同的过程,其中的升、降温可控制为恒压可逆地进行,相变在水的正常凝固点进行。为此,设计可逆途径如下表示。

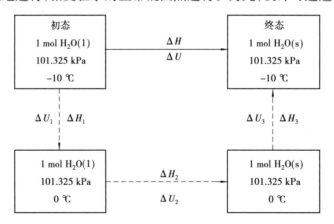

根据状态函数法,应有

$$\Delta H = \Delta H_1 + \Delta H_2 + \Delta H_3$$
$$= nC_{p,m}(H_2O,l)(T_2 - T_1) + n\Delta_{sol}H_m + nC_{p,m}(H_2O,s)(T_1 - T_2)$$
$$= 1 \text{ mol} \times 75.3 \text{ J·K}^{-1}\text{·mol}^{-1} \times 10 \text{ K} + 1 \text{ mol} \times (-6\ 020 \text{ J·mol}^{-1}) +$$
$$1 \text{ mol} \times 37.6 \text{ J·K}^{-1}\text{·mol}^{-1} \times (-10 \text{ K})$$

$$= -5\ 643\ \text{J}$$

由于液态水和固态冰属凝聚相,凝聚相在恒压变温($\Delta T = 10\ \text{K}$)及相变化中体积变化很小,体积功可以忽略,故 $W \approx 0$。

于是:
$$Q = Q_p = \Delta H = -5\ 643\ \text{J}$$
$$\Delta U = Q + W = -5\ 643\ \text{J}$$

1.7 化学反应的热效应

化学反应过程时常伴随着热量的释放或吸收,这表明能量是化学反应过程的根本内部因素。为此,运用热力学第一定律考察和研究化学反应的热效应问题,就构成了化学热力学中一个分支领域——热化学。

化学反应热效应定义:一定量的反应物完全生成产物且该系统温度回到反应前温度,系统所放出或吸收的热量。

由于热是过程函数,只有将热效应与特定过程相联系,才具有实际意义,常用的化学反应热效应如下:

(1)等容热效应

令化学反应系统中非体积功为零,同时化学反应在体积恒定的封闭容器中进行,即这是一个在封闭系统中发生的等容且非体积功为零的化学变化过程,这一化学变化过程的热效应称为等容热效应,以 Q_V 记之。由热力学第一定律可知

$$Q_V = \Delta_\text{r} U$$

即化学反应的热效应 Q_V 等于该反应系统的热力学能变化。

(2)等压热效应

令化学反应系统中非体积功为零,同时化学反应在进行过程中压力恒定,即这是一个在封闭系统中发生的等压、非体积功为零的化学变化过程,这一化学变化过程的热效应称为等压热效应,以 Q_p 记之。对于这一过程,由热力学第一定律可知

$$Q_p = \Delta_\text{r} H$$

即化学反应的热效应 Q_p 等于该反应系统的焓变化。

以上定义出了两种具体的化学反应热效应,它们分别与系统的热力学能变化和焓变化相联系。从如上定义中已看到,反应物从同一初始平衡态(T_1, p_1, V_1)出发,分别经过等压和等容途径后到达不同的最终态,将产生不同的热效应。经推导,可得到 Q_p 与 Q_V 有如下关系:

$$Q_p = Q_V + (\Delta n_g)RT \tag{1.7.1}$$

其中,Δn_g 为化学反应方程式中,反应后气体组分的计量系数与反应前气体组分计量系数之差;若反应为凝聚相反应,即无气相物质参与化学反应(即,$\Delta n_g = 0$),则可近似认为

$$Q_p \approx Q_V \tag{1.7.2}$$

1.7.1 热效应与反应进度

化学反应进行的程度可用反应进度(Extent of Reaction)表示。对于任意化学反应可一般

地表示为如下计量方程式

$$-\nu_D D - \nu_E E + \cdots \longrightarrow \nu_F F + \nu_G G + \cdots$$

式中，$\nu_D, \nu_E, \nu_F, \nu_G$ 等为化学反应中各物质的计量系数，无量纲。

现在对于化学反应

$$\nu_D D + \nu_E E + \cdots \longrightarrow \nu_F F + \nu_G G + \cdots$$

令 $t = 0$ 时有 　　　　n_D^0　n_E^0　　　n_F^0　n_G^0

　$t = t$ 时有 　　　　n_D　n_E　　　n_F　n_G

则反应达 t 时刻后

各物质的变化量为 　　$n_D - n_D^0\ n_E^0 - n_E$　　$n_F - n_F^0$　$n_G - n_G^0$

显然，在一般情况下各物质变化量不相等，但有

$$\frac{n_D - n_D^0}{-\nu_D} = \frac{n_E - n_E^0}{-\nu_E} = \frac{n_F - n_F^0}{\nu_F} = \frac{n_G - n_G^0}{\nu_G}$$

为此可统一地定义

$$\xi \equiv \frac{n_B - n_B^0}{\nu_B} = \frac{\Delta n_B}{\nu_B} \tag{1.7.3a}$$

称 ξ 为反应进度。其中，B 代表任一组分；ν_B 为计量系数，对反应物取负号，对产物取正号。进一步，对上述定义式微分可得

$$\mathrm{d}\xi = \frac{\mathrm{d}n_B}{\nu_B} \tag{1.7.3b}$$

由于计量系数无量纲，从而反应进度 ξ 的量纲为 mol。显然，如果按上述计量方程式进行了一个单位的化学反应，则这时的反应进度 $\xi = 1$ mol（反应）。由此可知，反应进度这一概念，为描述反应的进程提供了一个普适的方法。这里，值得注意的是，反应进度是在化学反应计量方程式的基础上加以定义的，因此对于一个化学反应，如其化学计量方程式书写方式不一样，则反应进度 ξ 的值就不一样。

化学反应的热效应与系统的物质的量有关。为此，理论上的讨论一般以单位化学反应为基准。所谓单位化学反应，就是按化学反应计量方程式进行了反应进度 ξ 为 1 mol 时的反应。此时

$$Q_p = \Delta_r H / \xi = \Delta_r H_m$$
$$Q_V = \Delta_r U / \xi = \Delta_r U_m$$

式中，$\Delta_r H_m, \Delta_r U_m$ 分别称为摩尔反应焓和摩尔反应热力学能。

1.7.2　盖斯定律(Hess's Law)

俄罗斯化学家盖斯于 1840 年根据实验结果，总结出盖斯定律：在一封闭的化学反应系统中，若满足恒容、无非体积功或恒压、无非体积功条件，则反应无论经过怎样不同的具体步骤，其总的反应热效应是相同的。这一定律实际上是热力学第一定律的自然结果，只是人们为了纪念盖斯的工作成就，而仍然称为盖斯定律。盖斯定律的重要意义在于：①对于很难或尚无法用实验合成方法获得的化学物质，由盖斯定律可在理论上计算出其热化学数据；②对于一些无

法测定或预言的化学反应,由该定律可以计算出其热效应;③盖斯定律极大地减少了热化学数据的实验测定工作。

1.7.3　标准摩尔生成焓

如上化学反应热效应的定义和讨论是针对一般化学反应过程而言的,并没有涉及反应物和生成物的化学性质,以及反应的类型。为了使用方便,化学家们又从化学的角度出发,定义出了几种热效应。这里首先讨论物质的生成焓。

对于等温等压、无非体积功下的化学反应,其热效应为 $Q_p = \Delta_r H$,即热效应为生成物焓值与反应物焓值之差。设想如果知道各物质的焓值,则就能够方便地计算出反应热效应。然而焓与热力学能一样,其绝对值无法确定。但好在感兴趣的并不是焓的绝对值,而是焓的差值(变化值)。这样,人们就采用了一种相对标准,即根据物质的生成来源、存在形式和化学反应类型等,定义出一些物质的相对焓。

(1)标准摩尔生成焓的定义

在标准压力($p^{\ominus}$)和反应进行的温度(T)下,由元素稳定单质生成标准状态下摩尔物质的反应热,称为该化合物的标准摩尔生成焓(Standard Molar Enthalpy of Formation),或称为标准摩尔生成热(Standard Molar Heat of Formation),并用符号 $\Delta_f H_m^{\ominus}$ 表示。符号"Δ"表示生成焓并不是该化合物的绝对焓,而是相对于合成它的元素稳定单质而言的,由此上述生成焓定义中隐含着元素稳定单质的生成焓为零。25 ℃下某些物质的标准摩尔生成焓见附录7。

很多化合物并不是直接由元素稳定单质合成而来的,但这不影响化合物生成焓的定义,而且由盖斯定律可设想可能的途径而计算得到化合物的生成焓。

(2)由标准摩尔生成焓计算标准摩尔反应焓

对一个化学反应,如果知道了反应物和生成物的摩尔生成焓,则可求出该反应的摩尔反应焓。如对于化学反应

$$\nu_D D + \nu_E E = \nu_F F + \nu_G G$$

若已知各物质的标准摩尔生成焓,则标准摩尔反应焓为

$$Q_p = \Delta_r H_m^{\ominus} = \sum_B \nu_B \Delta_f H_m^{\ominus}(B) \tag{1.7.4}$$

1.7.4　标准摩尔燃烧焓

燃烧焓是针对燃烧反应而定义出来的。其定义为:1 mol 化合物在一定温度和标准压力下,完全燃烧时所放出的热量,以 $\Delta_c H_m^{\ominus}(T)$ 记之。在这一定义中,实际上是指定了燃烧反应后的产物的焓值为零。对有机物的燃烧产物规定为:C 的燃烧产物为 $CO_2(g)$,H 的燃烧产物为 $H_2O(l)$,N 的燃烧产物为 $N_2(g)$,S 的燃烧产物为 $SO_2(g)$,Cl 的燃烧产物为一定组成的盐酸水溶液 HCl(aq)。25 ℃下某些有机物的标准摩尔燃烧焓见附录8。

知道某化学反应中各物质的燃烧焓,则该反应的热效应为反应物燃烧焓之和与产物燃烧焓之和的差,用数学式表示即为

$$\Delta_r H_m^{\ominus}(T) = - \sum_B \nu_B \Delta_C H_m^{\ominus}(B) \qquad (1.7.5)$$

1.7.5 离子生成焓

对于有离子参加的化学反应或完全的离子反应,如果能够知道每一种离子的生成焓,则同样可以计算出这类化学反应的热效应。

离子化合物溶解于溶剂之中形成正、负离子,这就是说:①溶液中不存在单独的正离子或负离子;②溶剂不同,化合物溶解其中生成离子过程的热效应也不同;③离子浓度不同,离子生成过程的热效应不同。因此,为方便实验上的测定,定义离子生成过程的热效应为:在一定温度、压力下,将一摩尔化合物溶解于大量的水中生成无限稀释的水合离子,此溶解过程释放或吸收的热量,就称为离子生成过程的热效应,以 $\Delta_{sol}H_m(T)$ 记之。

如一摩尔 HCl 气体,在 298.2 K 下溶解于大量水中形成 $H^+(\infty\,aq)$ 和 $Cl^-(\infty\,aq)$

$$HCl(g) \xrightarrow{H_2O} H^+(\infty\,aq) + Cl^-(\infty\,aq)$$

其中,$\infty\,aq$ 表示无限稀释溶液。这一溶解过程的热效应 $\Delta_{sol}H_m(T) = -75.14\ kJ \cdot mol^{-1}$。

根据上面的热效应,可进一步定义出离子的生成焓。如上述溶解过程热效应应为离子生成焓之和与化合物生成焓的差,即

$$\Delta_{sol}H_m(T) = \Delta_f H_m \{H^+(\infty\,aq)\} + \Delta_f H_m \{Cl^-(\infty\,aq)\} - \Delta_f H_m \{HCl(g)\} \quad (1.7.6)$$

查表可知,$\Delta_f H_m \{HCl(g)\} = -92.30\ kJ \cdot mol^{-1}$,则 $H^+(\infty\,aq)$ 和 $Cl^-(\infty\,aq)$ 的离子生成焓之和为 $-167.44\ kJ \cdot mol^{-1}$。由于溶液中正、负离子是同时出现的,为此进一步规定:在反应温度下,$H^+(\infty\,aq)$ 的生成焓为0。由此可知 $Cl^-(\infty\,aq)$ 的生成焓为

$$\Delta_f H_m \{Cl^-(\infty\,aq)\} = -167.44\ kJ \cdot mol^{-1}$$

注意,在上述定义过程中,由于压力对溶液的影响不大,因而没有特别指出,但这一约束条件总是存在的。

1.7.6 溶解热和稀释热

在一定温度和压力下,定量的物质溶于定量的溶剂中所产生的热效应,称为该物质的溶解热。由定义可认识到,在一定 T,p 下,溶解热与该物质和溶剂的性质以及数量有关。由此,溶解热可进一步分为积分溶解热和微分溶解热。

积分溶解热指在一定的温度和压力下,一定量的物质逐渐地溶于定量的溶剂之中,而产生的热效应。此时,溶液的浓度不断变化,故又称为变浓溶解热。微分溶解热指:在一定的温度和压力下,在一定浓度的溶液中加入 dn_2 摩尔溶质时,dn_2 与所产生的微量热效应 δQ 之比值 $(\delta Q/\partial n_2)_{T,p,n_2}$。或者说,在大量的一定浓度的溶液中,加入 1 mol 溶质所产生的热效应。由于在上述过程中,溶液的浓度可视为不变,故微分溶解热又称为定浓溶解热。

在上述溶解热定义中,是将溶质溶于溶液中。反过来,向溶液中加入溶剂,则构成稀释热。其定义为在一定的温度和压力下,把定量的溶剂加到定量的溶液中,使之稀释,由此而产生的热的效应就称为稀释热。同样,稀释热也可分为积分稀释热和微分稀释热。

积分稀释热(也称变浓稀释热)指在一定温度和压力下,一定量的溶剂逐渐加入一定量的溶液中所产生的热效应。微分稀释热(也称定浓稀释热)指在一定温度和压力下,将 dn_1 摩尔溶剂加入一定浓度的溶液中时,dn_1 与所产生的微量热效应 δQ 之比值 $(\delta Q/\partial n_1)_{T,p,n_2}$。

由上述定义可知,溶解热与稀释热必有联系。实际上:①从积分溶解热可求得积分稀释热,而积分溶解热可由实验直接测定。②对于微分热,一般用间接方法求得,即由积分溶解热曲线,可求微分稀释热和微分溶解热。

1.7.7 反应热与温度的关系——基尔霍夫定律

如上对化学反应热效应的讨论,都是在等温等压的条件下进行。但实际的化学反应过程,温度常常是变化的,因为热效应的产生本身就说明了化学反应系统温度变化的可能性。为此,有必要讨论反应热效应与温度的关系。

在相同的恒压条件下,如一化学反应在不同温度 T_1 和 T_2 下进行,其热效应一般是不相同的。令 T_1 温度下的反应热效应为 $\Delta_r H_m(T_1)$,T_2 温度下的反应热效应为 $\Delta_r H_m(T_2)$

$$T_1 \qquad dD + eE + \cdots \xrightarrow{\Delta_r H_m(T_1)} fF + gG + \cdots$$

$$T_2 \qquad dD + eE + \cdots \xrightarrow{\Delta_r H_m(T_2)} fF + gG + \cdots$$

为构筑 $\Delta_r H_m(T_1)$ 与 $\Delta_r H_m(T_2)$ 联系,可设想出如下的过程:①反应物温度从 T_1 变化到 T_2,其热效应记为 $\Delta H_m(1)$;②在温度 T_2 下发生化学反应,其热效应为 $\Delta_r H_m(T_2)$;③产物温度从 T_2 变化到 T_1,其热效应记为 $\Delta H_m(2)$。由于焓是状态函数,有

$$\Delta_r H_m(T_1) = \Delta H_m(1) + \Delta_r H_m(T_2) + \Delta H_m(2)$$

或

$$\Delta_r H_m(T_2) = \Delta_r H_m(T_1) - (\Delta H_m(1) + \Delta H_m(2))$$

进一步对于 $\Delta H_m(1)$ 和 $\Delta H_m(2)$ 有

$$\Delta H_m(1) = d\int_{T_1}^{T_2} C_{p,m}(D)dT + e\int_{T_1}^{T_2} C_{p,m}(E)dT + \cdots$$

$$\Delta H_m(2) = f\int_{T_2}^{T_1} C_{p,m}(F)dT + g\int_{T_2}^{T_1} C_{p,m}(G) + \cdots$$

则

$$\Delta H_m(1) + \Delta H_m(2) = -\int_{T_1}^{T_2}\left[\sum_B \nu_B C_{p,m}(B)\right]dT = -\int_{T_1}^{T_2}\Delta_r C_p dT$$

从而

$$\Delta_r H_m(T_2) = \Delta_r H_m(T_1) + \int_{T_1}^{T_2}\Delta_r C_p dT \qquad (1.7.7a)$$

这就是在不同温度 T_1,T_2 下反应热效应的基本关系式,称为基尔霍夫定律(Kirchhoff's Law)。注意,在上述推导过程中,对物理变化过程隐含着一个条件,即在温度变化区域 (T_1, T_2) 内,反应物和生成物的宏观存在状态没有发生变化。从而基尔霍夫定律适用于等压、无非体积功的封闭系统中进行的化学反应过程,同时在温度变化区域内反应物和生成物的宏观不发生变化(即无相变)。

将基尔霍夫定律写成不定积分形式则为

$$\Delta_r H_m(T) = \int \Delta_r C_p dT + 常数 \qquad (1.7.7b)$$

进一步令

$$\Delta_r C_p = \Delta a + \Delta b T + \Delta c' T^{-2} + \cdots$$

则

$$\Delta_r H_m(T) = \Delta a T + \frac{1}{2}\Delta b T^2 + \Delta c' \frac{1}{T} + \cdots + 常数 \qquad (1.7.7c)$$

这是反应热与温度 T 的函数关系式,而定积分式的结果是一数值。

1.7.8 绝热反应过程的热效应

在上面的讨论中,都设想了化学反应的始、终态温度相同。但化学反应过程热效应通常在绝热式量热计中进行测量,系统的初、终态温度并不相同;同时实际的化学反应过程,由于热传导扩散等方面的影响,反应温度也不可能完全地保持恒定。为此,有必要讨论变温下化学反应的热效应问题。但这是一个比较复杂的问题,这里仅讨论一种极限情形——绝热反应。

现考虑在等压下的绝热化学反应

$$(初态\ p,T_1)\ dD + eE + \cdots \xrightarrow{\Delta_r H_m = 0} fF + gG + \cdots (终态\ p,T_2)$$

对于这样的反应过程,可以设想为由如下步骤构成:①反应物温度由 T_1 变化到 Φ(一般为298.15 K),其热效应为 $\Delta H_m(1)$;②在温度 Φ 下发生化学反应,其热效应为 $\Delta_r H_m(\Phi)$;③产物温度由 Φ 变化到 T_2,其热效应为 $\Delta H_m(3)$。显然

$$\Delta_r H_m = 0 = \Delta H_m(1) + \Delta_r H_m(\Phi) + \Delta H_m(3) \qquad (1.7.8)$$

$$\Delta H_m(1) = \int_{T_1}^{\Phi} \left(\sum_B \nu_B C_{p,m}\right)_反 dT$$

$$\Delta H_m(3) = \int_{\Phi}^{T_2} \left(\sum_B \nu_B C_{p,m}\right)_产 dT$$

$$\Delta_r H_m(\Phi) = \sum_B \nu_B \Delta_f H_m^{\ominus}(B)$$

从而

$$\int_{\Phi}^{T_2} \left(\sum_B \nu_B C_{p,m}\right)_产 dT = -\left[\int_{T_1}^{\Phi} \left(\sum_B \nu_B C_{p,m}\right)_反 dT + \sum_B \nu_B \Delta_f H_m^{\ominus}(B)\right] \qquad (1.7.9)$$

这样,就可能求出在绝热条件下,化学反应过程的最终温度 T_2。

1.7 公式小结

性质	方程	成立条件	正文中方程编号
等压热效应与等容热效应的关系式	$Q_p = Q_V + (\Delta n_g)RT$	化学反应封闭体系且非体积功为零	1.7.1
反应进度微分式	$d\xi = \dfrac{dn_B}{\nu_B}$	量纲为 mol,与化学计量方程式相关	1.7.3b
标准摩尔反应焓	$Q_p = \Delta_r H_m^{\ominus} = \displaystyle\sum_B \nu_B \Delta_f H_m^{\ominus}(B)$	由反应物和产物的标准摩尔生成焓计算得	1.7.4

续表

性质	方程	成立条件	正文中方程编号
标准摩尔燃烧焓	$\Delta_r H_m^{\ominus}(T) = -\sum_B \nu_B \Delta_c H_m^{\ominus}(B)$	一摩尔化合物在一定温度和标准压力下，完全燃烧时所放出的热量	1.7.5
基尔霍夫定律-不定积分形式	$\Delta_r H_m(T_2) = \Delta_r H_m(T_1) + \int_{T_1}^{T_2} \Delta_r C_p \mathrm{d}T$	等压、无非体积功的封闭系统中进行的化学反应过程，且无相变	1.7.7a
	$\Delta_r H_m(T) = \int \Delta_r C_p \mathrm{d}T + 常数$		1.7.7b
基尔霍夫定律-定积分形式	$\Delta_r H_m(T) = \Delta a T + \dfrac{1}{2}\Delta b T^2 + \Delta c' \dfrac{1}{T} + \cdots + 常数$		1.7.7c

习 题

1.1 5 mol 理想气体由 300 K，1 013.25 kPa 分别经历下列三种途径膨胀到 300 K，101.325 kPa，试求：

(1)在 100 kPa 的空气中膨胀了 2 dm³，系统做了多少功？

(2)在恒外压 $p^{\ominus} = 100$ kPa 下膨胀，系统做了多少功？

(3)恒温可逆膨胀，系统做了多少功？

$$[(1)W_1 = -202.65 \text{ J};(2)W_2 = -11.224 \text{ kJ};(3)W_3 = -28.716 \text{ kJ}]$$

1.2 分别计算下列三个过程中，2 mol 理想气体膨胀所做的功。已知气体始态体积为 25 dm³，终态体积为 100 dm³，始态和终态的温度均为 100 ℃。

(1)向真空自由膨胀；

(2)在外压恒定为气体终态的压力下膨胀；

(3)恒温可逆膨胀。

$$[(1)W_1 = 0;(2)W_2 = -4\ 652 \text{ J};(3)W_3 = -8\ 598 \text{ J}]$$

1.3 有一气体反抗外压 202.65 kPa 使其体积从 10 dm³ 膨胀到 20 dm³，从环境吸收了 1 255 J 的热量，求此气体热力学能的变化。

$$(\Delta U = -771.5 \text{ J})$$

1.4 在 25 ℃时将 100 g 氢气做恒温可逆压缩，从 $p_1 = 101.325$ kPa 压缩到 $p_2 = 506.625$ kPa，试计算此过程的功 W_1。如果被压缩了的气体反抗外压为 101.325 kPa 做等温膨胀到原来的状态，问此膨胀过程的功又是多少？

$$(W_1 = 199.374 \text{ kJ}, W_2 = -99.103 \text{ kJ})$$

1.5 1 mol 理想气体由 202.65 kPa,10 dm^3 恒容升温,使压力升高到 2 026.5 kPa,再恒压压缩至体积为 1 dm^3。求整个过程的 $W,Q,\Delta U$ 及 ΔH。

$(W = -Q = 18.2$ kJ$,\Delta U = \Delta H = 0)$

1.6 已知 $CO_2(g)$ 的恒压摩尔热容 $C_{p,m}$ 的表达式为:$C_{p,m}/(J \cdot K^{-1} \cdot mol^{-1}) = 26.78 + 42.68 \times 10^{-3} \times T/K - 146.4 \times 10^{-7} \times T^2/K^2$,试计算恒压下将 273 K 的 1 mol $CO_2(g)$ 加热到 573 K 的 Q、W、ΔU 及 ΔH。假设 $CO_2(g)$ 为理想气体。

$(Q_p = \Delta H = 12.63$ kJ$,\Delta U = 10.14$ kJ$,W = -2.49$ kJ$)$

1.7 0 ℃,0.5 MPa 的 $N_2(g)$2 dm^3,在外压为 0.1 MPa 下恒温膨胀,直至氮气的压力等于 0.1 MPa,设 $N_2(g)$ 服从理想气体状态方程,求此过程系统的 Q, W, ΔU 及 ΔH。

$(Q = 800$ J$,W = -800$ J$,\Delta U = 0,\Delta H = 0)$

1.8 1 mol 某单原子理想气体从 298 K 升温到 600 K,分别进行下列过程:(1)恒容加热;(2)恒压加热,试计算各过程的 $W,Q,\Delta U$ 及 ΔH,已知单原子理想气体的恒容摩尔热容 $C_{v,m} = \frac{3}{2}R$。

$[(1)W = 0,Q_V = \Delta U = 3\ 766$ J$,\Delta H = 6\ 277$ J$;(2)Q_p = \Delta H = 6\ 277$ J$,\Delta U = 3\ 766$ J$,W = -2\ 511$ J$]$

1.9 在 298 K 下,1 mol 理想气体恒温膨胀,压力由初态时 $p_1 = 607.9$ kPa 变到终态 $p_2 = 101.325$ kPa,分别经历下列两个过程:(1)可逆膨胀,(2)对抗 101.325 kPa 的外压迅速膨胀,计算各个过程的 W, Q, ΔU 及 ΔH。

$[(1)\Delta U = 0,\Delta H = 0,W = -4\ 439$ J$,Q = 4\ 439$ J$;(2)\Delta U = 0,\Delta H = 0,W = -2\ 065$ J$,Q = 2\ 065$ J$]$

1.10 在 298 K 及 607.95 kPa 条件下,1 mol 单原子理想气体进行绝热膨胀,最后压力达到 101.325 kPa,分别经历:(1)可逆绝热膨胀;(2)反抗 101.325 kPa 的外压迅速膨胀(不可逆绝热膨胀),试分别计算上述两个过程中的终态温度 T_2 及 $W,Q,\Delta U$ 及 ΔH。已知 $C_{V,m} = \frac{3}{2}R$。

提示,不可逆绝热过程:$\Delta U = W$,即

$$nC_{V,m}(T_2 - T_1) = -p_2\left(\frac{nRT_2}{p_2} - \frac{nRT_1}{p_1}\right)$$

$[(1)T_2 = 145.5$ K$,Q_a = 0,\Delta U = W_a = -1\ 902$ J$,\Delta H = -3\ 170$ J$;(2)T_2 = 199$ K$,Q_a = 0,\Delta U = W_a = -1\ 235$ J$,\Delta H = -2\ 058$ J$]$

1.11 1 mol 0 ℃、0.2 MPa 的理想气体沿着 $\frac{p}{V} = $ 常数的可逆途径到达压力为 0.4 MPa 的终态,已知该气体的 $C_{V,m} = \frac{5}{2}R$,求此过程的 $Q,W,\Delta U$ 及 ΔH。(提示:结合题意,$\frac{p}{V} = $ 常数及 $pV = RT$,得 $T_2 = 4T_1$)

$(Q = 20.43$ kJ$,W = -3.405$ kJ$,\Delta U = 17.02$ kJ$,\Delta H = 23.8$ kJ$)$

[注意:功的计算公式为 $W = -\int p\mathrm{d}V = ($ 常数$) \cdot -\int V\mathrm{d}V = -\frac{\text{常数}}{2}(V_2^2 - V_1^2)$]

1.12 100 g 液体苯在正常沸点 80.2 ℃ 及 101.325 kPa 下蒸发为苯蒸气,已知苯的摩尔蒸发潜热 $\Delta_{vap}H_m = 30.810$ kJ $\cdot$ mol^{-1},试求上述蒸发过程的 $W,Q,\Delta U$ 和 ΔH 各是多少。

$(Q_p = \Delta H = 39.50$ kJ$,W = -3\ 765$ J$,\Delta U = 35.74$ kJ$)$

1.13 已知在 101.325 kPa 和 100 ℃ 时,每摩尔水蒸发为水蒸气吸热 40.67 kJ,试求 1 mol

100 ℃、101.325 kPa 下的水变为同温度、40.53 kPa 的水蒸气时的 ΔU 及 ΔH 各为多少。假设水蒸气当作理想气体,液体水的体积可忽略。

$$(\Delta U = 37.57 \text{ kJ}, \Delta H = 40.67 \text{ kJ})$$

1.14 苯甲酸的燃烧反应为

$$C_6H_5COOH(s) + 7\frac{1}{2}O_2(g) \longrightarrow 7CO_2(g) + H_2O(l)$$

(1)在 25 ℃时将 1.247 g 苯甲酸放在氧弹量热计中燃烧后测得温度升高 2.870 ℃,已知量热计的热容量为 11 485 $J \cdot K^{-1}$,苯甲酸的摩尔质量 $M = 122.05 \text{ g} \cdot \text{mol}^{-1}$,计算苯甲酸的恒容摩尔燃烧热。

(2)试计算 1 mol 苯甲酸在恒压下燃烧反应的热效应。

$$[(1) Q_{V,m} = \Delta U_{V,m} = -3\,226.15 \text{ kJ} \cdot \text{mol}^{-1}; (2) Q_{p,m} = \Delta H_{V,m} = \Delta_c H_m^{\ominus}(C_6H_5COOH,s) = -3\,227.39 \text{ kJ} \cdot \text{mol}^{-1}]$$

1.15 试计算 25 ℃时下列反应的恒压热效应 ΔH 与恒容热效应 ΔU 之差。

(1)$CH_4(g) + 2O_2(g) = CO_2(g) + 2H_2O(g)$

(2)$FeO(s) + C(s) = Fe(s) + CO(g)$

(3)$3H_2(g) + N_2(g) = 2NH_3(g)$

$$[(1) \Delta H - \Delta U = 0; (2) \Delta H - \Delta U = 2\,478 \text{ J}; (3) \Delta H - \Delta U = -4\,955 \text{ J}]$$

1.16 乙醇 $C_2H_5OH(l)$ 的燃烧反应为:$C_2H_5OH(l) + 3O_2(g) \Longrightarrow 2CO_2(g) + 3H_2O(l)$

已知:在 298K 时,C_2H_5OH 的标准燃烧焓 $\Delta_c H_m^{\ominus}(C_2H_5OH, l, 298K) = -1\,366.91 \text{ kJ} \cdot \text{mol}^{-1}$,试计算 C_2H_5OH 的标准生成焓 $\Delta_f H_m^{\ominus}(C_2H_5OH, l, 298K)$ 的值,已知 $\Delta_f H_m^{\ominus}(CO_2, g, 298K) = -393.51 \text{ kJ} \cdot \text{mol}^{-1}$;$\Delta_f H_m^{\ominus}(H_2O, l, 298K) = -285.85 \text{ kJ} \cdot \text{mol}^{-1}$。

$$(\Delta_f H_m^{\ominus}(C_2H_5OH, l, 298K) = -277.66 \text{ kJ} \cdot \text{mol}^{-1})$$

1.17 在 18 ℃和 101.325 kPa 时,燃烧 1 mol 葡萄糖 $C_6H_{12}O_6(s)$ 及 $C_2H_5OH(l)$ 的热效应 $\Delta_c H_m^{\ominus}(291 \text{ K})$ 分别是 $-2\,820 \text{ kJ} \cdot \text{mol}^{-1}$ 及 $-1\,366.7 \text{ kJ} \cdot \text{mol}^{-1}$;试求在 18 ℃及 101.325 kPa 下,当葡萄糖发酵生成 1 mol $C_2H_5OH(l)$ 时放热多少? 葡萄糖发酵反应为:$C_6H_{12}O_6 \xrightarrow{\text{发酵}} 2C_2H_5OH(l) + 2CO_2(g)$,计算时,稀释焓和溶解焓等均不必考虑。

$$(\Delta_r H_m^{\ominus} = -43.3 \text{ kJ})$$

1.18 将 10 g 25 ℃,101.325 kPa 下的萘置于一含足够 O_2 的容器中进行恒容燃烧,产物为 25 ℃下的 CO_2 及液态水,过程放热 401.727 kJ。试求 25 ℃下萘的标准摩尔燃烧焓 $\Delta_c H_m^{\ominus}(298.15 \text{ K}, C_{10}H_8)$。

$$(\Delta_c H_m^{\ominus}(C_{10}H_8) = -5.15 \times 10^3 \text{ kJ} \cdot \text{mol}^{-1})$$

第 2 章

热力学第二定律

回顾上一章热力学第一定律的知识,可作出如下两方面的进一步认识。

关于温度的概念。在热力学中,温度是描述和表征热力学系统的一个基本状态函数。然而,何为温度? 第一定律没有作出定义和说明。热力学第一定律阐明了一个系统在变化过程中其热、功和内能变化三者之间的关系,而温度作为系统的一个状态变量是已知给定的。事实上,在热力学第一定律的背景下,不同温度系统在变化过程中所释放或吸收的热量是有必要加以区分的。例如,一大桶温水不能煮熟一个鸡蛋,而一小勺沸水便足以伤人。从而对不同温度系统在变化过程中产生的相同热效应是要加以区别的。为区别效果,就要对温度概念有严格的定义,这正是热力学第二定律所解决的问题之一。

关于热、功和过程的方向性。对于一个系统,如果发生了变化,则变化过程中热、功、内能变化三者存在定量关系,但热作为一种能量和功作为一种能量,其效果是不相同的。如拉一弹簧,即对它做功,而增加能量;若烧这根弹簧,即对它加热,也是增加能量。但这两种过程的最终效果却完全不同。这表明热力学第一定律存在局限性,无法对热和功的效果作出分析。进一步看,热力学第一定律虽然指明了变化过程中的能量关系,但并没有指明变化过程的方向。例如,把高温的水放在低温的环境中,水会自动冷却下来。永远不可能有这样一个孤立系统存在,其中热者得到热变得更热,冷者失去热变得更冷。但热力学第一定律没有包括这类现象,这又使我们看到热力学第一定律的局限性。对变化过程方向性的描述和研究,正是由热力学第二定律出发才能加以解决的问题之一。同时,把热力学知识用于化学问题的讨论,目的就是希望在理论的指导下预言化学反应的方向性或可能性。

2.1 自发变化过程的共同特征

自然界发生的一切变化过程,都是在一定的环境条件下,不借助于外力作用,而自动进行的变化过程,故将这些变化过程称为自发变化过程(Spontaneous Process)。自发变化过程都具有方向性,即在相同的环境条件下,如果没有外力的作用,其逆过程不可能发生。

例如,①在焦耳的热功当量实验中,重物下降带动搅拌器工作,量热器中的水被搅动,从而使水温上升。反之,它的逆过程,即水的温度自动下降而重物被举起这一过程,不会自动发生。

②在一圆筒形容器的中部装一可移动的隔板,将容器分隔成两部分。用插销固定隔板的位置后,充入气体并使两部分内的气体压力不同。当取出插销后,压力大的气体将自动膨胀而推动隔板,使压力小的气体的体积缩小,直至两边压力相等。反之,这一过程的逆过程,即压力小的气体自动膨胀,使压力大的气体体积缩小,则是不可能发生的。③两种温度不同的物质相接触,热将自动地由高温物体传给低温物体,使高温物体的温度降低,低温物体的温度升高,直至两物体温度相同。反之,其逆过程,即热自动地由低温物体传给高温物体,使高温物体的温度越来越高,低温物体的温度越来越低,则是不可能的。④溶质和溶剂都相同但浓度不同的两溶液相互接触,溶质会自动地由浓度高的溶液扩散到浓度低的溶液中,直至浓度均匀一致。反之,其逆过程,即溶质自动地由浓度低的溶液扩散到浓度高的溶液中,使两溶液的浓度相差越来越大,则是不可能的。⑤金属锌片放入硫酸铜溶液中,可自动发生置换反应。反之,它的逆过程,即金属铜片放入硫酸锌溶液中,不能自动发生置换反应。

值得注意的是,自发变化过程具有方向性,不可能自动地逆向进行,这不意味着它们根本不可能逆转,借助于外力作用可使自发变化发生后再人为地逆向返回原态,但这时必定在环境中留下了某种影响。如理想气体由 A 态向真空膨胀到 B 态是一自发过程,该过程中有 $Q = 0$、$W = 0$、$\Delta U = 0$。如要使气体从 B 态恢复到原态 A,则必须环境对气体(系统)做功 $W'(\neq 0)$,同时系统向环境放热 $Q' = W'$。经过上述 $A \rightarrow B \rightarrow A$ 的过程后,显然系统复原了,但环境是否也复原呢? 这要看热 Q' 与功 W' 之间能否完全地相互转化。如果能完全转化,则自发过程就是可逆过程。然而,无数经验事实告诉我们,一切自发变化过程的热、功之间不能完全地相互转化,自发变化过程是不可逆过程,可逆变化过程仅仅是理论上的抽象。因此,不可逆性就成了一切自发变化过程的共同特征。

2.2　热力学第二定律的表述

人们在对自然界一切自发变化过程不可逆性的探索过程中,逐步提炼出热力学第二定律,成为热力学理论中的一个第一原理。经典热力学中的三大基本定律都是经验的总结(即第一原理),它们不可能再被另一种理论所证明。正是由于它们是无数实验结果的总结,就出现了关于这些基本定律的多种文字表述,热力学第二定律就是如此。这里仅列举克劳修斯说法和开尔文说法。

克劳修斯说法(1850 年):不可能把热量从低温物体传到高温物体,而不产生其他影响。或简单地说,热自发地从高温流向低温。

开尔文说法(1851 年):不可能从单一热源吸取热量,使之完全变为有用的功,而不引起其他变化。或简单地说,第二类永动机是不可能制造的。第二类永动机是一种能够从单一热源吸热,并将所吸收的热全部变为功而无其他影响的机器。它并不违背能量守恒定律,但永远无法制成。为区别于第一类永动机,才特称为第二类永动机(Second Kind of Perpetual Motion Machine)。

热力学第二定律的这两种说法,表面上很不相同,但实质上是等效的,可以证明它们具有一致性。克劳修斯说法指明了热传递的方向性。开尔文说法指明:功可以完全转化为热,而不发生其他变化;热也可以完全转化为功,但要发生其他变化。如理想气体的等温膨胀过程有 $Q = W$、$\Delta U = 0$,热、功之间完全转化,但发生了其他变化——气体的体积变大了。

2.3 熵,熵增原理

2.3.1 卡诺循环和卡诺定理(Carnot Cycle and Carnot's theorem)

热机是通过工质(如汽缸中的气体)从高温热源吸热做功、然后向低温热源放热复原,如此循环操作,不断将热转化为功的机器。热机是热功转化的典型例子。一切热机的建造都基于如下的观察,如果允许热量从高温流向低温,则有一部分热可以转化为功。

早在热力学第二定律建立之前,1824 年法国工程师卡诺在发表的"论火的动力"著名论文里总结了热机工作中最为实质性的内容。卡诺断言:热机必须工作在两个热源之间,从高温热源吸取热量,又把所吸取热量的一部分放弃给低温热源,只有这样才能获得机械功。卡诺在这篇论文中还提出了关于热机效率的定理,即现在世人所称的卡诺定理:所有工作于同温热源和同温冷源之间的热机,其效率都不能超过可逆热机。换言之,可逆热机的效率最大。卡诺定律是在热力学第二定律发表之前就发表的,克劳修斯和开尔文对卡诺定理进行了分析,分别得出结论:要证明卡诺定理,必须用到热力学第二定律。

卡诺为研究上述问题而设计了一个很简单的热机,由四个可逆过程构成一可逆循环,称为卡诺热机。卡诺热机的可逆循环也称为卡诺循环,由如下四个基本可逆步骤组成,如图 2.3.1 所示,分别为:①从 A 态等温可逆膨胀至 B 态,即从温度为 T_2 的高温热源吸热 Q_2;②从 B 态绝热可逆地膨胀至 C 态,温度降低到 T_1;③从 C 态等温可逆地压缩至 D 态,即向温度为 T_1 的低温热源放热 Q_1;④从 D 态绝热可逆地压缩至 A 态。经过这一循环后,热机对外做功 W,则热机的效率定义为(负号表示对外做功)

$$\eta = -W/Q_2 \tag{2.3.1}$$

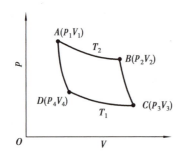

图 2.3.1 卡诺循环图

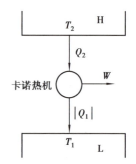

图 2.3.2 卡诺热机示意图

根据热力学第一定律,系统经这一可逆循环过程后有 $\Delta U = 0$,从而在上述循环过程中系统所做的功 W 为

$$-W = Q_1 + Q_2 \tag{2.3.2}$$

通过对卡诺循环过程中热和功的计算,得到卡诺热机(图2.3.2)的效率为

$$\eta = (Q_2 + Q_1)/Q_2 = (T_2 - T_1)/T_2 \quad (2.3.3)$$

整理后得

$$\frac{Q_1}{T_1} + \frac{Q_2}{T_2} = 0 \quad (2.3.4)$$

因此,卡诺热机最有益之处在于:在两个温度不同(分别为 T_1 和 T_2)的固定热源之间工作的一切热机中,卡诺热机的效率最大,为$(1 - T_1/T_2)$。这是热力学第二定律的一个推论。可以证明,没有效率能够超过卡诺热机的效率,一切卡诺热机的效率相同。对于在两个热源之间工作的一个热机,如果其循环过程中的某些部分包含有不可逆的步骤,则其效率 η_{IR} 必定小于在相同热源之间工作的卡诺热机效率 η_R,用数学式表示为

$$\eta_{IR} < \eta_R \quad (2.3.5a)$$

或

$$\eta_{IR} = 1 + Q_1/Q_2 < \eta_R = (T_2 - T_1)/T_2 \quad (2.3.5b)$$

式中,IR 表示不可逆。由卡诺定律可以推论:所有工作于同温热源和同温冷源的可逆机,其热机效率均相等,并且热机的效率不涉及工作物质的本质,如果将工作物质作为研究系统,则上述结果可看成是系统与两个不同温度热源相接触经历一循环过程所遵循的规律。

在后续的讨论中将看到,卡诺定理的重要意义不仅在于它确定了热机工作的最大效率,更在于它由此引入了一不等号,由于热功交换的不可逆性而在公式中引入了不等号,这对于其他过程(包括化学过程等)同样可以适用,它可以解决化学反应的方向问题。

2.3.2 可逆过程的热温商和熵

由式(2.3.4)可见,式中的每一项都是热被温度所除,故此称为热温商。这样,从对卡诺热机的讨论中可得出结论:卡诺循环过程中的热温商之和为零。这是从涉及两个热源的可逆循环过程得到的结论,对任意循环过程而言,可能涉及多个热源,这时,各个热源的热温商之和是否有 $\sum Q_i/T_i = 0$ 的关系成立?

首先,将上述结论推广到任意可逆循环过程。如图2.3.3所示,闭合曲线代表任意循环过程,并且该循环过程可用一系列卡诺循环来代替,图中示意表明了这种代替情况。可以看出,图中任一虚线所代表的绝热可逆过程实际并不存在,因为对上一个卡诺循环而言,它是绝热压缩,而对下一个卡诺循环而言,它是绝热膨胀,正好彼此抵消。这样,这些卡诺循环的总和就是如图中所示的曲折线。显然,如果每个卡诺循环变得无限小,则这一系列卡诺循环的总和就构成了这任意循环过程。由于对每一卡诺循环有

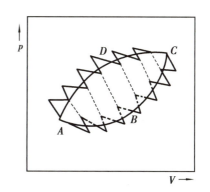

图2.3.3 用微小卡诺循环表示循环可逆循环

$$\frac{\delta Q_1}{T_1} + \frac{\delta Q_2}{T_2} = 0, \frac{\delta Q_3}{T_3} + \frac{\delta Q_4}{T_4} = 0, \cdots$$

将以上所有各式相加,则对于这一系列卡诺循环的总和有

$$\frac{\delta Q_1}{T_1} + \frac{\delta Q_2}{T_2} + \frac{\delta Q_3}{T_3} + \frac{\delta Q_4}{T_4} + \cdots = \sum_i \left(\frac{\delta Q_i}{T_i}\right)_R = 0 \tag{2.3.6}$$

式中,R 表示可逆。若所有卡诺循环无限小,对任意可逆循环过程有

$$\oint \left(\frac{\delta Q}{T}\right)_R = 0 \tag{2.3.7}$$

其中,$\oint$ 表示闭环积分。由于热温商 $\frac{\delta Q}{T}$ 在整个闭合路径积分中为零,则可知该热温商 $\frac{\delta Q}{T}$ 是一个全微分,从而可写为

$$dS \equiv \left(\frac{\delta Q}{T}\right)_R \tag{2.3.8}$$

其中,S 就称为熵(Entropy)。

进一步,将上述讨论推广到任意的可逆过程。如图2.3.4所示,假设一系统可从 A 态分别经可逆途径(1)和(2)变化到 B 态,如图2.3.4(a)所示。由于途径是可逆的,则可以构成如下的可逆循环,即 $A \xrightarrow{(1)} B \xrightarrow{(2)} A$,如图2.3.4(b)。对于这一可逆循环过程显然有

$$\oint \left(\frac{\delta Q}{T}\right)_R = 0 \quad \text{或} \quad \oint dS = 0$$

即: $\displaystyle\int_A^B \left(\frac{\delta Q}{T}\right)_{R,(1)} + \int_B^A \left(\frac{\delta Q}{T}\right)_{R,(2)} = 0 \quad \text{或} \quad \int_A^B dS_{(1)} + \int_B^A dS_{(2)} = 0$

所以 $\displaystyle\int_A^B \left(\frac{\delta Q}{T}\right)_{R,(1)} = \int_A^B \left(\frac{\delta Q}{T}\right)_{R,(2)} \quad \text{或} \quad \int_A^B dS_{(1)} = \int_A^B dS_{(2)}$ \hfill (2.3.9)

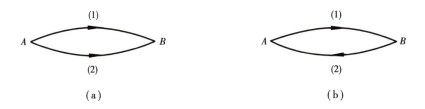

图2.3.4　由两可逆过程组成的可逆循环

这表明:对于始、终态相同的两个可逆变化途径,其热温商之和相等,或说熵的变化相等。这一结论说明可逆变化过程的热温商总和或说熵变化与途径无关,变化量 dS 是一全微分,具有状态函数的性质,从而熵 S 是一个状态函数。

既然熵 S 是状态函数,则可令系统处于 A 态时的熵为 S_A,处于 B 态时的熵为 S_B,则由 A 到 B 的可逆变化的熵变 ΔS 为

$$\Delta S = \int_A^B dS = S_B - S_A \tag{2.3.10}$$

2.3.3 克劳修斯不等式(Clausius Inequality)

借助于熵的概念,将上述讨论进一步引申到不可逆过程,就可获得关于热力学第二定律的数学表达式。

卡诺定理已指出:不存在效率大于卡诺热机的热机。由此得到式(2.3.5)的不等式

$$\eta_{IR} < \eta_R$$

或

$$\eta_{IR} = 1 + Q_1/Q_2 < \eta_R = (T_2 - T_1)/T_2$$

从而有

$$\frac{Q_1}{T_1} + \frac{Q_2}{T_2} < 0 \qquad\qquad (2.3.11)$$

同样,对于任意一不可逆循环过程,按上节对可逆循环过程相类似的处理方法,可得到

$$\sum_i \left(\frac{\delta Q_i}{T_i}\right)_{IR} < 0 \quad 或 \quad \oint\left(\frac{\delta Q}{T}\right)_{IR} < 0 \qquad (2.3.12)$$

这里看到,对于不可逆循环过程,其热温商$\frac{\delta Q}{T}$不再是全微分。由此可知,熵S虽然由可逆过程的热温商定义而来,但热温商与熵是不同的概念。

进一步讨论任意不可逆过程。如图2.3.5所示,系统从A态经不可逆途径(1)变化到B态。现假设系统能从B态经可逆途径(2)再变化到A态,则在$A \xrightarrow{(1)} B \xrightarrow{(2)} A$的不可逆循环过程中,一定有

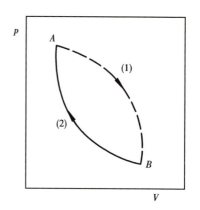

图2.3.5 由不可逆过程和可逆过程组成的不可逆循环

$$\oint \frac{\delta Q}{T} < 0$$

或

$$\int_A^B \left(\frac{\delta Q}{T}\right)_{IR,(1)} + \int_B^A \left(\frac{\delta Q}{T}\right)_{R,(2)} < 0$$

由于可逆过程的热温商之和等于其熵变,即

$$\int_B^A \left(\frac{\delta Q}{T}\right)_{R,(2)} = S_A - S_B = \Delta S$$

则有

$$S_B - S_A > \int_A^B \left(\frac{\delta Q}{T}\right)_{IR,(1)} \qquad\qquad (2.3.13)$$

这一结果表明:对于不可逆过程,其熵变大于其热温商之和。这一公式就称为克劳修斯不等式(Clausius Inequality)。

至此,对于任意变化过程,不论其可逆与否,熵的变化均可求得。对于可逆变化过程,可直接根据热温商计算;对于不可逆过程,可设计一可逆变化途径进行熵变的计算。综合可逆和不可逆变化过程,可把克劳修斯不等式写为

$$S_B - S_A \geq \int_A^B \left(\frac{\delta Q}{T} \right) \quad \text{可逆过程、不可逆过程} \qquad (2.3.14)$$

式中,"="代表可逆过程,">"代表不可逆过程。同时,如将上式写成微分形式则为

$$dS \geq \frac{\delta Q}{T} \quad \text{可逆过程、不可逆过程} \qquad (2.3.15)$$

这也是热力学第二定律的数学表达式。

2.3.4　熵增加原理

克劳修斯不等式可用于判断过程的方向、限度,又被称为熵判据,下面应用这一判据讨论绝热系统和孤立系统中进行的过程。

对于绝热系统中发生的变化过程,总有 $\delta Q = 0$,则 $\frac{\delta Q}{T} = 0$,从而

$$dS \geq 0 \quad \text{可逆过程、不可逆过程} \qquad (2.3.16)$$

对绝热可逆过程取"="号,绝热不可逆过程取">"。这一公式表明:在绝热系统中,只能发生 $\Delta S \geq 0$ 的变化过程,而不可能发生 $\Delta S < 0$ 的变化过程。也就是说,一个系统从一平衡态出发,经绝热过程到达另一平衡时,其熵不会减少,只会增加。这个结论是热力学第二定律的一个重要结果,称为熵增加原理(Principle of Entropy Increasing)。在绝热条件下,熵增加原理明确地指出:系统熵函数的增加和不变分别指示着变化过程的不可逆性和可逆(平衡态)。

对于孤立系统而言,由于它与环境没有能量和物质交换,依然有 $\delta Q = 0$,从而

$$dS \geq 0 \quad \text{可逆过程、不可逆过程}$$

即孤立系统的熵不会减少,这也是熵增加原理的另一种说法。或者,如果将系统与环境一起考虑,则根据熵增加原理一定有

$$\Delta S_{总} = \Delta S_{体} + \Delta S_{环} \geq 0 \quad \begin{matrix} = \text{可逆过程} \\ > \text{不可逆过程} \end{matrix} \qquad (2.3.17)$$

由此,热力学第二定律也可归结为:孤立系统中发生的自发过程总是朝着熵增大的方向进行。

2.3 公式小结

性质	方程	成立条件	正文中方程编号
卡诺热机效率	$\eta_{IR} < \eta_R$ $\eta_{IR} = 1 + Q_1/Q_2 < \eta_R$ $= (T_2 - T_1)/T_2$	同温热源和同温冷源之间的可逆热机	2.3.5a 2.3.5b
熵函数的定义	$dS \equiv \left(\frac{\delta Q}{T} \right)_R$	可逆循环	2.3.8
克劳修斯不等式的微分形式	$dS \geq \frac{\delta Q}{T}$	可逆过程、不可逆过程	2.3.15
熵增加原理	$dS \geq 0$	绝热系统	2.3.16

2.4 熵变的计算

熵作为系统的一个状态函数,已为判断变化过程的方向性提供了可能的依据,因此熵在热力学中具有重要作用。由此,对于任意变化过程的熵变计算也就非常重要。本节就熵变的计算作出一些说明。

2.4.1 简单状态变化过程的熵变

(1)等温变化过程的熵变

根据熵变计算公式 $dS = \left(\dfrac{\delta Q}{T}\right)_R$ 可知,对于等温变化过程 $T_{体} = T_{环} = $ 常数,故而有

$$\Delta S = \frac{Q_R}{T} \tag{2.4.1}$$

例 2.4.1 1 mol 理想气体在等温下体积增加 10 倍,求系统和环境的熵变:(1)设为可逆过程;(2)设为向真空膨胀的过程。

解 (1)对于理想气体的等温可逆膨胀过程,有

$$\Delta U = 0, \quad Q_R = -W = \int_{V_1}^{V_2} P dV = nRT \ln \frac{V_2}{V_1}$$

从而

$$\Delta S_{体} = \frac{Q_R}{T} = nR \ln \frac{V_2}{V_1} = 1 \text{ mol} \times 8.314 \text{ J} \cdot \text{K}^{-1} \cdot \text{mol}^{-1} \times \ln 10 = 19.15 \text{ J} \cdot \text{K}^{-1}$$

对于环境而言,有

$$\Delta S_{环} = -\frac{Q_R}{T} = -19.15 \text{ J} \cdot \text{K}^{-1}$$

则

$$\Delta S_{总} = \Delta S_{体} + \Delta S_{环} = 0$$

(2)理想气体向真空膨胀的过程,是一不可逆过程。由于理想气体在上述不可逆过程中温度不变,因此可通过等温可逆膨胀过程来计算其熵变,即

$$\Delta S_{体} = \frac{Q_R}{T} = nR \ln \frac{V_2}{V_1} = 19.15 \text{ J} \cdot \text{K}^{-1}$$

理想气体向真空膨胀过程有 $W = 0$、$\Delta U = 0$、$Q = 0$,从而对环境而言有

$$\Delta S_{环} = 0$$

这样

$$\Delta S_{总} = \Delta S_{体} + \Delta S_{环} = 19.15 \text{ J} \cdot \text{K}^{-1} > 0$$

例 2.4.2 设在恒定的 273 K 时,将一个 22.4 dm³ 的盒子用隔板从中间隔开,一方放入 0.5 mol O₂,另一方放入 0.5 mol N₂。抽去隔板后,两种气体均匀混合。求此过程的熵变。

解 为计算该混合过程的熵变,可设想该混合过程由 O₂ 从 11.2 dm³ 可逆等温膨胀到

22.4 dm^3、N_2 由 11.2 dm^3 等温可逆到 22.4 dm^3 所构成。这样,对于 O_2 的变化过程,其熵变为

$$\Delta S_{O_2} = n_{O_2} R \ln \frac{V_2}{V_1} = 0.5 \times R \ln 2$$

对于 N_2 的变化过程,其熵变为

$$\Delta S_{N_2} = n_{N_2} R \ln \frac{V_2}{V_1} = 0.5 \times R \ln 2$$

从而系统的熵变为

$$\Delta S_{体} = \Delta S_{O_2} + \Delta S_{N_2} = nR \ln 2 = 5.763 \text{ J} \cdot \text{K}^{-1}$$

然而,在实际的上述气体混合过程中,$\Delta U = 0$、$W = 0$、$Q = 0$,从而有

$$\Delta S_{环} = 0$$

这样

$$\Delta S_{总} = \Delta S_{体} + \Delta S_{环} > 0$$

这说明该混合过程是不可逆过程。

(2)非等温变化过程的熵变

对于非等温变化过程,可根据热容数据计算熵变。由热容定义 $\delta Q = C dT$ 可知

$$dS = \left(\frac{\delta Q}{T} \right)_R = \frac{C dT}{T} \tag{2.4.2}$$

联系到热容的具体定义,则有

①对于变温等容过程,其熵变为

$$dS = \frac{C_V dT}{T} \quad \text{或} \quad \Delta S = \int \frac{C_V dT}{T} \tag{2.4.3}$$

②对于变温等压过程,其熵变为

$$dS = \frac{C_p dT}{T} \quad \text{或} \quad \Delta S = \int \frac{C_p dT}{T} \tag{2.4.4}$$

例 2.4.3 设有 n mol 的理想气体从状态 $A(p_1, V_1, T_1)$ 变化到状态 $B(p_2, V_2, T_2)$,试求其熵变 ΔS。

解 为求 $A \to B$ 变化的熵变,可设计如下两条可逆途径进行计算。

(a)设计为 $A \xrightarrow{\text{等温可逆}} C \xrightarrow{\text{等容可逆}} B$ 过程。

对于 $A \to C$ 过程,有

$$\Delta S_1 = nR \ln \frac{V_2}{V_1}$$

对于 $C \to B$ 过程,有

$$\Delta S_2 = \int_{T_1}^{T_2} \frac{C_V dT}{T} = C_V \ln \frac{T_2}{T_1}$$

从而由 A 到 B 的熵变 ΔS 为

$$\Delta S = nR \ln \frac{V_2}{V_1} + C_V \ln \frac{T_2}{T_1} \tag{2.4.5}$$

(b)设计为 $A \xrightarrow{\text{等温可逆}} C' \xrightarrow{\text{等压可逆}} B$ 过程。

对于 $A \to C'$ 过程,有

$$\Delta S_1' = nR \ln \frac{V'}{V_1} = nR \ln \frac{P_1}{P_2}$$

对于 $C' \to B$ 过程,有

$$\Delta S_2' = \int_{T_1}^{T_2} \frac{C_p \mathrm{d} T}{T} = C_p \ln \frac{T_2}{T_1}$$

从而由 A 到 B 的熵变 $\Delta S'$ 为

$$\Delta S' = nR \ln \frac{p_1}{p_2} + C_p \ln \frac{T_2}{T_1} \tag{2.4.6}$$

由于始终态相同,则必定有 $\Delta S = \Delta S'$,证明略。

2.4.2 纯物质相变化过程的熵变

(1)可逆相变过程的熵变

在恒温恒压及两相平衡条件下进行的相变化,都可看成可逆相变,可逆相变过程的熵变值,等于此过程的相变热(焓变)与相变温度 T_{trs} 的商,即

$$\Delta_{\mathrm{trs}} S = Q_R / T = n \Delta_{\mathrm{trs}} H_m / T_{\mathrm{trs}} \tag{2.4.7}$$

例 2.4.4 计算 1 mol 液态氧在正常沸点 $-182.97 \, ℃$ 下蒸发为氧气时的熵变 $\Delta_{\mathrm{trs}} S$,已知液态氧的摩尔蒸发焓 $\Delta_{\mathrm{vap}} H_m = 6.820 \, \mathrm{kJ \cdot mol^{-1}}$。

解 由式(2.4.7)可得此可逆相变过程中液态氧的相变 $\Delta_{\mathrm{trs}} S$ 为

$$\begin{aligned} \Delta_{\mathrm{sys}} S &= \Delta_{\mathrm{trs}} S = n \times \Delta_{\mathrm{vap}} H_m / T_{\mathrm{trs}} \\ &= 1 \, \mathrm{mol} \times 6.820 \times 10^3 \, \mathrm{J \cdot mol^{-1}} / (-182.97 + 273.15) \mathrm{K} \\ &= 75.63 \, \mathrm{J \cdot K^{-1}} \end{aligned}$$

(2)不可逆相变过程的熵变

在偏离平衡条件下发生的相变化过程,属于不可逆相变,这时,由于 $Q \neq n \Delta_{\mathrm{trs}} H_m$,故不能直接用式(2.4.7)计算,而要设计为始、终态相同的可逆过程方能求算 $\Delta_{\mathrm{trs}} S$。

例 2.4.5 在 268.2 K($-5 \, ℃$)和 $p^{\ominus}$ 下,1 mol 液态苯凝固时放热 9 874 J,求该凝固过程的熵变。已知苯的熔点为 278.7 K(5.5 ℃),$\Delta_{\mathrm{fus}} H_m^{\ominus} = 9 \, 916 \, \mathrm{J \cdot mol^{-1}}$,$C_{p,m}(\mathrm{l}) = 126.8 \, \mathrm{J \cdot K^{-1} \cdot mol^{-1}}$,$C_{p,m}(\mathrm{s}) = 122.6 \, \mathrm{J \cdot K^{-1} \cdot mol^{-1}}$。

解 这是一不可逆过程。为计算其熵变,可根据题意设计如下的可逆变化过程

$$\mathrm{C_6 H_6}(l, 278.7 \, \mathrm{K}) \xrightarrow{\Delta S_2} \mathrm{C_6 H_6}(s, 278.7 \, \mathrm{K})$$
$$\downarrow \Delta S_1 \qquad\qquad \uparrow \Delta S_3$$
$$\mathrm{C_6 H_6}(l, 268.2 \, \mathrm{K}) \xrightarrow{\Delta S} \mathrm{C_6 H_6}(s, 268.2 \, \mathrm{K})$$

则有

$$\Delta S = \Delta S_1 + \Delta S_2 + \Delta S_3$$

对于 ΔS_1(可逆等压变温过程)有

$$\Delta S_1 = \int_{T_1}^{T_2} C_{p,m}(\mathrm{l}) \mathrm{d} \ln T = C_{p,m}(\mathrm{l}) \ln \frac{278.7}{268.2} = 4.82 \, \mathrm{J \cdot K^{-1} \cdot mol^{-1}}$$

对于 ΔS_2 (等温等压下的可逆相变过程)有

$$\Delta S_2 = \frac{Q_{相变}}{T} = \frac{-\Delta_{fus}H_m^{\ominus}}{T} = -35.58 \ \text{J} \cdot \text{K}^{-1} \cdot \text{mol}^{-1}$$

对于 ΔS_3 (可逆等压变温过程)有

$$\Delta S_3 = \int_{T_2}^{T_1} C_{p,m}(s) \, \text{d} \ln T = C_{p,m}(s) \ln \frac{268.2}{278.7} = -4.66 \ \text{J} \cdot \text{K}^{-1} \cdot \text{mol}^{-1}$$

从而有

$$\Delta S = -35.42 \ \text{J} \cdot \text{K}^{-1} \cdot \text{mol}^{-1}$$

进一步根据题意可知,凝固在 268.2 K 的恒温下进行,且放热为 9 784 J,则环境的熵变为

$$\Delta S_{环} = -Q/T = -\frac{-9\ 874 \ \text{J}}{268.2 \ \text{K}} = 36.82 \ \text{J} \cdot \text{K}^{-1} \cdot \text{mol}^{-1}$$

从而根据熵增加原理有

$$\Delta S_{总} = \Delta S + \Delta S_{环} = 1.40 \ \text{J} \cdot \text{K}^{-1} \cdot \text{mol}^{-1} > 0$$

说明这是一不可逆过程。

2.4 公式小结

性质	方程	成立条件	正文中方程编号
等温变化过程的熵变	$\Delta S = \dfrac{Q_R}{T}$	等温可逆变化过程	2.4.1
非等温变化过程的熵变	$\text{d}S = \left(\dfrac{\delta Q}{T}\right)_R = \dfrac{C \text{d} T}{T}$	非等温变化过程	2.4.2
变温等容过程的熵变	$\text{d}S = \dfrac{C_V \text{d} T}{T}$ 或 $\Delta S = \int \dfrac{C_V \text{d} T}{T}$	变温等容过程	2.4.3

2.5 热力学第二定律的本质和熵的统计意义

前面在宏观层次上对热力学第二定律作出了阐述和讨论,并引出了一个新的热力学状态函数——熵。本节进一步在微观层次上对热力学第二定律及熵的概念进行讨论。

2.5.1 热力学第二定律的本质

从前面可知,热是由于温度的不同而传递的能量,或说热是由于微粒的无序碰撞(无序运动)而传递的能量;温度作为热力学系统的一个状态函数,是一个在统计意义上存在的物理量。而熵的定义来源于可逆过程的热温商,自然与热、温度有紧密的联系:

$$\text{d}S = \left(\frac{\delta Q}{T}\right)_R$$

由此看出,在一定温度下,系统可逆吸收热 δQ,其结果是增加了系统的能量,更严格地说

是增加了系统中微观粒子的无序运动的程度。因此,熵 S 的实质就是对系统无序程度的一种宏观量度。无序就是混乱,从而在这个意义上说,一切自发变化过程或不可逆过程的熵增大的结果,就是系统向更高无序程度或说混乱程度演变,这也就是热力学第二定律所阐明的自发过程或不可逆过程的实质。

2.5.2　熵和热力学概率——玻尔兹曼公式

从微观层次上讲,无序或混乱,是指系统在微观层次上可能实现的多种状态,并把系统可能实现的微观状态数目称为热力学概率,通常用 Ω 表示。

Ω 作为微观状态数,自然是一个状态函数,同时 S 也是状态函数,因此在 S 和 Ω 两者之间必定有联系,若用数学式表示则为

$$S = f(\Omega)$$

玻尔兹曼和普朗克认为这个函数取对数形式

$$S = k \ln \Omega \tag{2.5.1}$$

这一公式称为玻尔兹曼—普朗克公式,式中 k 称为玻尔兹曼常数。

热力学概率 Ω 与熵 S 之所以有如上的函数关系,是由熵 S 的容量性质所决定的。玻尔兹曼公式具有重大的意义和价值。由于 S 是一宏观量,而 Ω 是一个微观量,因此这个公式是沟通宏观和微观两个层次、经典热力学和统计力学的桥梁。

至此,热力学第二定律的统计表述为:在孤立系统中,自发过程总是使系统从热力学概率较小的宏观状态变化到热力学概率较大的宏观状态,而平衡态相应于热力学概率最大的状态。

2.5 公式小结

性质	方程	成立条件	正文中方程编号
玻尔兹曼公式	$S = k \ln \Omega$	孤立系统的微观状态	2.5.1

2.6　热力学第三定律及标准熵

由上述可知,系统的混乱度越低,有序性越高,其熵值就越低。20 世纪初期,人们通过研究低温下凝聚系统的反应等一系列实验现象及进一步的理论推断,总结出了热力学第三定律(Third Law of Thermodynamics):在 0 K 时,任何纯物质的完美晶体其熵值为零。

在热力学第三定律的基础上,就有了计算物质熵值的参考点,如此计算得到的熵值是相对于 0 K 时纯物质完美晶体熵值为零而言,通常称为规定熵(Conventional Entropy)。

因为

$$\Delta S = S(T) - S(0 \text{ K}) = \int_0^T \frac{C_p}{T} \mathrm{d}T \tag{2.6.1}$$

由于 $S(0 \text{ K}) = 0$,故 $S(T)$ 可由实验测得不同温度时热容的数据,利用上式求得。原则上可以 C_p/T 对 T 作图,得到如图2.6.1所示的形式,用图解积分法求出曲线下面的面积,即为该物质

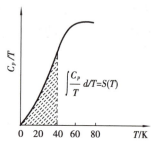

图 2.6.1　图解积分求规定熵

在该温度下的熵值。但是,实验要在很低的温度下精确测量热容的数据是很困难的,通常的 20 K 以下就要用外推法,此时需用德拜(Debye)公式进行外推。德拜公式为

$$C_v \approx C_p = \alpha T^3 \tag{2.6.2}$$

其中,α 为各种不同物质的特性常数。因此

$$S(T) = \int_0^{T*} \alpha T^2 \mathrm{d}T + \int_{T*}^T \frac{C_p}{T} \mathrm{d}T$$

如果在升温过程中,物质有相变化,则需通过下式求算

$$S(T) = \int_0^{T*} \alpha T^2 \mathrm{d}T + \int_{T*}^{T_{\text{fus}}} \frac{C_p}{T} \mathrm{d}T + \frac{\Delta_{\text{fus}} H}{T_{\text{fus}}} + \int_{T_{\text{fus}}}^{T_{\text{vap}}} \frac{C_p}{T} \mathrm{d}T + \frac{\Delta_{\text{vap}} H}{T_{\text{vap}}} + \int_{T_{\text{vap}}}^T \frac{C_p}{T} \mathrm{d}T \tag{2.6.3}$$

而在标准状态下($p^{\ominus} = 100$ kPa),B 物质的摩尔规定熵称为标准熵(Standard Entropy),以符号 $S_{m,B}^{\ominus}(T)$ 表示。常选定 25 ℃ 作为标准温度,这时的标准熵可记为 $S_m^{\ominus}(298$ K$)$,单位为 $\mathrm{J \cdot K^{-1} \cdot mol^{-1}}$。许多纯物质的标准熵可由物理化学手册或附录 7 中查到。

有了各种物质的熵值,就可方便地求算化学反应的 $\Delta_r S_m^{\ominus}$。例如反应

$$dD + eE = fF + gG$$

其熵变即可用下式求算

$$\Delta_r S_m^{\ominus} = [gS_m^{\ominus}(G) + fS_m^{\ominus}(F)] - [dS_m^{\ominus}(D) + eS_m^{\ominus}(E)] = \sum_B \nu_B S_m^{\ominus}(B) \tag{2.6.4}$$

例 2.6.1　求算反应

$$H_2(g) + \frac{1}{2}O_2(g) \rightarrow H_2O(g)$$

在标准压力及 25 ℃ 时的 $\Delta_r S_m^{\ominus}$。

解　由附录 5 查得 298 K 时

$$S_m^{\ominus}(H_2, g) = 130.59 \ \mathrm{J \cdot K^{-1} \cdot mol}; S_m^{\ominus}(O_2, g) = 205.1 \ \mathrm{J \cdot K^{-1} \cdot mol^{-1}};$$

$$S_m^{\ominus}(H_2O, g) = 188.72 \ \mathrm{J \cdot K^{-1} \cdot mol^{-1}}$$

所以

$$\Delta_r S_m^{\ominus} = S_m^{\ominus}(H_2O, g) - S_m^{\ominus}(H_2, g) - \frac{1}{2}S_m^{\ominus}(O_2, g)$$

$$= (188.72 - 130.59 - 102.6) \mathrm{J \cdot K^{-1} \cdot mol^{-1}}$$

$$= -44.47 \ \mathrm{J \cdot K^{-1} \cdot mol^{-1}}$$

2.7　亥姆霍兹函数和吉布斯函数

热力学中定义:储存于系统之中而后再能以功的形式释放出来的那部分能量,称为自由能。针对热力学系统,存在着多种约束条件的不同组合,从而有多种形式的自由能。前面已涉及的内能 U 和焓 H 均为自由能的形式。本节学习另外的两个重要的自由能形式,即亥姆霍兹函数和吉布斯函数。引入各种自由能形式的目的,是试图根据变化过程的不同约束条件而方便、有效地判定变化过程的方向性。

2.7.1　亥姆霍兹函数

（1）定义

根据热力学第二定律有

$$\mathrm{d}S_体 \geqslant \frac{\delta Q}{T_环} \quad \text{可逆过程、不可逆过程} \quad \text{或} \quad \mathrm{d}S_体 - \frac{\delta Q}{T_环} \geqslant 0 \quad \text{可逆过程、不可逆过程}$$

这里 δQ 为系统从温度为 $T_环$ 的环境中吸入的微小热量。进一步将热力学第一定律

$$\delta Q = \mathrm{d}U - \delta W$$

代入热力学第二定律有

$$T_环 \mathrm{d}S_体 - (\mathrm{d}U - \delta W) \geqslant 0 \quad \text{可逆过程、不可逆过程}$$

或

$$\delta W \geqslant \mathrm{d}U - T_环 \mathrm{d}S_体 \quad \text{可逆过程、不可逆过程}$$

进一步引入约束条件。令系统在变化过程中温度恒定并且与环境温度相同，即 $T_体 = T_环 = T$。在这一约束条件下，上式可改写为

$$\delta W \geqslant \mathrm{d}U - T\mathrm{d}S \quad \text{可逆过程、不可逆过程}$$

或

$$\delta W \geqslant \mathrm{d}(U - TS) \quad \text{可逆过程、不可逆过程} \tag{2.7.1}$$

由于 $(U - TS)$ 是状态函数的组合，故知它必定也是一个状态函数。令它为一个新的状态函数 A

$$A \equiv U - TS \tag{2.7.2}$$

A 称为亥姆霍兹函数（Helmholtz Function），或称为功函（Work Function）。由此 δW 可进一步表示为

$$\delta W \geqslant \mathrm{d}A \quad \text{可逆过程、不可逆过程} \tag{2.7.3a}$$

或对整个变化过程，积分上述微分式就有

$$-W \leqslant -\Delta A \quad \text{可逆过程、不可逆过程} \tag{2.7.3b}$$

此式表明，在恒温可逆过程中，系统对外所做的功在数值上等于亥姆霍兹函数的减少；对恒温不可逆过程，系统对外所做的功在数值上小于亥姆霍兹函数的减少。

（2）亥姆霍兹函数 A 的作用

根据定义亥姆霍兹函数 A 时的约束条件可知，上述公式的含义：在等温条件下，一封闭系统中发生可逆或不可逆变化过程，系统对环境所做的功分别等于或小于亥姆霍兹函数的减少 $(-\Delta A)$。因此，亥姆霍兹函数 A 可以理解为封闭系统在等温条件下对环境做功的能力，这就是把 A 也称为功函的缘故。

由热力学第二定律知道，公式 $-W \leqslant -\Delta A$ 中的"="代表可逆过程，"<"代表不可逆过程。故而 ΔA 可以用于判定变化过程的方向性。

如上仅对温度作出了约束。进一步可对功的具体形式作出约束：

①设除体积功外无其他形式的功，则

$$\delta W = -p_外 \mathrm{d}V \geqslant \mathrm{d}A \quad \text{可逆过程、不可逆过程}$$

②系统在变化过程中体积恒定,即 $dV = 0$,则

$$dA \leqslant 0 \quad 或 \quad \Delta A \leqslant 0 \quad 可逆过程、不可逆过程 \tag{2.7.4}$$

上式表明:在恒温、恒容、无非体积功的条件下,封闭系统中发生的变化过程,其亥姆霍兹函数的变化 ΔA 小于或等于零,等于零表示可逆变化过程,小于零表示不可逆过程。这也就是说,在上述条件下,系统不可能自发地发生 $\Delta A > 0$ 的变化过程。这样,亥姆霍兹函数的变化 ΔA 就成为一种在特定条件下确定变化过程方向性的判据。

2.7.2　吉布斯函数

(1)定义

在上述定义亥姆霍兹函数时有

$$\delta W \geqslant d(U - TS) \quad 可逆过程、不可逆过程$$

式中,功 W 包含各种形式。令将功 W 分为体积功 W_e 和非体积功 W_f,则有

$$\delta W = \delta W_e + \delta W_f \geqslant d(U - TS) \quad 可逆过程、不可逆过程$$

上式的约束条件仅是等温。现在进一步引入约束条件,令系统压力在变化过程中恒定,即 $p_体 = p_环 = p$,则

$$\delta W_e = -p_外\, dV = -pdV$$

$$\delta W_f \geqslant d(U - TS) + pdV \quad 可逆过程、不可逆过程$$

$$\delta W_f \geqslant d(U + pV - TS) \quad 可逆过程、不可逆过程$$

$$\delta W_f \geqslant d(H - TS) \quad 可逆过程、不可逆过程 \tag{2.7.5}$$

式中,$(H - TS)$ 是系统状态函数的组合,且 H 与 TS 的量纲相同,由此定义

$$G \equiv H - TS \tag{2.7.6}$$

G 称为吉布斯函数(Gibbs Function)。从而

$$\delta W_f \geqslant dG \quad 可逆过程、不可逆过程 \tag{2.7.7}$$

或对于整个变化过程有

$$W_f \geqslant \Delta G \quad 或 \quad -W_f \leqslant -\Delta G \quad 可逆过程、不可逆过程 \tag{2.7.8}$$

(2)吉布斯函数 G 的作用

上式的含义为:在等温等压下,一个封闭系统中所发生的可逆或不可逆变化过程,其对外所做的非体积功 W_f 分别等于或小于系统吉布斯函数的减小,其中"="代表可逆过程,"<"代表不可逆过程。由此可得出结论:对一封闭系统中发生的等温等压变化过程,由吉布斯函数的变化值,即可判断其变化过程的方向性。

进一步令 $\delta W_f = 0$,即系统不做非体积功,则有

$$dG \leqslant 0 \quad 或 \quad \Delta G \leqslant 0 \quad 可逆过程、不可逆过程 \tag{2.7.9}$$

这一公式说明:在等温、等压、无非体积功的条件下,一封闭系统中发生的变化过程,其吉布斯函数的变化 ΔG 小于或等于零。也就是说,在上述约束条件下,封闭系统中不可能自动发生 $\Delta G > 0$ 的变化过程。由于在一般情况下,更为常见的是等温等压约束条件,故吉布斯函数作为过程方向性判据在实际使用中较多。

2.7.3 变化的方向和平衡条件

以上讨论了 U,H,A 和 G 四种函数形式,同时知道熵变 ΔS 是判断变化方向性的最基本判据。为此,这里对这五个热力学函数在不同约束条件下作为变化过程方向判据的情况作一小结。

(1)熵判据

对于孤立系统或绝热系统中发生的变化过程,有

$$dS \geq 0 \quad \text{可逆过程、不可逆过程}$$

其中,= 表示可逆过程,也表示系统处于平衡; > 表示不可逆过程。这一公式说明:

①在一个孤立系统或绝热系统中发生的自发变化过程,都是熵增加的过程,当系统达到最终的平衡态后熵 S 最大;

②如果在上述系统中发生可逆变化,则熵值不变。

由于对于孤立系统而言,有 $dU=0$、$dV=0$(一般),故而熵判据可一般写为

$$(dS)_{U,V} \geq 0 \quad \text{可逆过程、不可逆过程} \tag{2.7.10}$$

式中,U,V 恒定为约束条件。

(2)亥姆霍兹函数判据 ΔA

在等温等容、无非体积功条件下,对一封闭系统中发生的变化过程有

$$(dA)_{T,V} \leq 0 \quad \text{可逆过程、不可逆过程} \tag{2.7.11}$$

这公式说明:在上述约束条件下,封闭系统中的自发变化过程的亥姆霍兹函数总是减小;而可逆变化过程的亥姆霍兹函数不变。

(3)吉布斯函数判据 ΔG

在等温等压、无非体积功条件下,封闭系统中发生的变化过程有

$$(dG)_{T,p} \leq 0 \quad \text{可逆过程、不可逆过程} \tag{2.7.12}$$

这公式说明:在上述约束条件下,封闭系统中的自发变化过程的吉布斯函数总是减小;而可逆变化过程的吉布斯函数不变。

(4)内能判据 ΔU 和焓判据 ΔH

①根据热力学第一定律和第二定律有

$$dU \leq T_{环} \, dS_{体} + \delta W \quad \text{可逆过程、不可逆过程}$$

现引入约束条件,即令

a.在一封闭系统中发生的是一等熵的变化过程,即 $dS_{体}=0$,这样有

$$dU \leq \delta W \quad \text{或} \quad -\delta W \leq -dU \quad \text{可逆过程、不可逆过程} \tag{2.7.13}$$

上式表明,在封闭系统中发生的等熵变化过程,系统对外所做的功小于或等于系统内能的减小。

b.等容且无非体积功,则 $\delta W=0$,从而有

$$(dU)_{S,V} \leq 0 \quad \text{可逆过程、不可逆过程} \tag{2.7.14}$$

上述公式说明:在等熵等容、无非体积功条件下,一封闭系统中发生的变化过程的内能变化总是小于或等于 0,其中 = 表示可逆过程,< 表示不可逆过程。

②同样,根据热力学第一、第二定律有

$$dU \leq T_环 \, dS_体 + \delta W \quad 可逆过程、不可逆过程$$

$$dU \leq T_环 \, dS_体 - p_外 \, dV + \delta W_f \quad 可逆过程、不可逆过程$$

$$dU + p_外 \, dV \leq T_环 \, dS_体 + \delta W_f \quad 可逆过程、不可逆过程$$

现引入约束条件,即令

a. 变化过程中熵恒定,即 $dS_体 = 0$;

b. 变化过程中压力恒定,即 $p_体 = p_环 = p$;这样有

$$d(U + pV) \leq \delta W_f \quad 可逆过程、不可逆过程$$

$$dH \leq \delta W_f \quad 或 \quad -\delta W_f \leq -dH \quad 可逆过程、不可逆过程 \tag{2.7.15}$$

此式表明,在上述约束条件下,系统对外所做的非体积功小于或等于系统熵的减小。

c. 变化过程中无非体积功,即 $\delta W_f = 0$,则最后有

$$(dH)_{S,p} \leq 0 \quad 可逆过程、不可逆过程 \tag{2.7.16}$$

上述公式表明:在等熵、等压、无非体积功条件下,封闭系统中所发生的变化过程的熵变小于或等于零。即在上述约束条件下,封闭系统的平衡态是熵最小的状态。

2.7 公式小结

性质	方程	成立条件	正文中方程编号
亥姆霍兹函数定义	$A \equiv U - TS$ $\delta W \geq dA$	可逆过程、不可逆过程	2.7.2 2.7.3a
吉布斯函数	$G \equiv H - TS$ $\delta W_f \geq dG$	等温等压下,封闭体系发生的可逆或不可逆过程	2.7.6 2.7.7
吉布斯判据	$dG \leq 0$ 或 $\Delta G \leq 0$	等温等压下,且非体积功为零,封闭体系发生的可逆或不可逆过程	2.7.9
熵判据	$(dS)_{U,V} \geq 0$	孤立系统,$(dS)_{U,V} \geq 0$	2.7.10
亥姆霍兹函数判据	$(dA)_{T,V} \leq 0$	封闭系统等温等容、无非体积功	2.7.11
吉布斯函数判据	$(dG)_{T,p} \leq 0$	封闭系统等温等压、无非体积功	2.7.12
内能判据	$(dU)_{S,V} \leq 0$	封闭系统等熵等容、无非体积功	2.7.14
焓判据	$(dH)_{S,V} \leq 0$	封闭系统等熵等压、无非体积功	2.7.16

2.8 ΔG 和 ΔA 的计算

与系统的熵变计算一样,由于吉布斯函数 G 和亥姆霍兹函数 A 是状态函数,因此对任意变化过程,总可以根据其始、终态,设计出一条可逆途径来计算 ΔG 和 ΔA。

2.8.1 等温状态变化过程的 ΔG 和 ΔA

由 $A = U - TS$ 有 $dA = dU - TdS - SdT$

由 $G = H - TS$ 有 $dG = dH - TdS - SdT$

在等温条件下,则

$$\Delta A = \Delta U - T\Delta S \tag{2.8.1}$$

$$\Delta G = \Delta H - T\Delta S \tag{2.8.2}$$

(1)等温等压、无非体积功的可逆变化过程

对于这样的变化过程,$Vdp = 0$,而 $\delta W_R = -pdV + \delta W_f = -pdV$,则有

$$dG = 0 \qquad 或 \qquad \Delta G = 0$$

如在 373.2 K 及标准压力($p^{\ominus}$)下,$H_2O(l)$ 蒸发为 $H_2O(g)$,即为可逆相变过程,其吉布斯函数的变化 $\Delta G = 0$。

(2)等温、无非体积功的变化过程

公式 $dG = d(H - TS) = d(U + pV - TS) = d(A + pV) = dA + pdV + Vdp$

在等温条件下,有 $dA = \delta W_R$(可逆过程的功),代入上式得

$$dG = \delta W_R + pdV + Vdp \tag{2.8.3}$$

在无非体积功的条件下,有

$$\delta W_R = -pdV$$

从而

$$dG = Vdp \tag{2.8.4a}$$

或

$$\Delta G = \int Vdp \tag{2.8.4b}$$

例 2.8.1 300.2 K 的 1 mol 理想气体,压力从 10 倍于标准压力 $p^{\ominus}$ 等温可逆膨胀到标准压力 $p^{\ominus}$,求此过程的 Q、W、ΔH_m、ΔU_m、ΔG_m、ΔA_m 和 ΔS_m。

解 由题意

$$\boxed{300.2\,\text{K},\ 10p^{\ominus}} \xrightarrow{\text{等温可逆}} \boxed{300.2\,\text{K},\ p^{\ominus}}$$

有

$$-W = \int pdV = RT\ln\frac{V_2}{V_1} = RT\ln\frac{p_1}{p_2} = 8.314\ \text{J}\cdot\text{K}^{-1}\cdot\text{mol}^{-1} \times 300.2\ \text{K}\ln\frac{p^{\ominus}}{10p^{\ominus}} = 5\,747.97\ \text{J}\cdot\text{mol}^{-1}$$

对于理想气体的等温过程有

$$\Delta U_m = 0,\ \Delta H_m = 0$$

从而

$$Q = -W = 5\ 747.97\ \text{J} \cdot \text{mol}^{-1}$$

$$\Delta S_m = Q_R / T = 19.15\ \text{J} \cdot \text{K}^{-1} \cdot \text{mol}^{-1}$$

$$\Delta G_m = \int_{2p_1}^{p} V \text{d}p = RT \ln \frac{p_2}{p_1} = 8.314\ \text{J} \cdot \text{K}^{-1} \cdot \text{mol}^{-1} \times 300.2\ \text{K} \ln \frac{p^{\ominus}}{10 p^{\ominus}} = -5\ 747.97\ \text{J} \cdot \text{mol}^{-1}$$

$$\Delta A = W_R = -5\ 747.97 (\text{J} \cdot \text{mol}^{-1})$$

例 2.8.2 在上题中,若气体向真空的容器膨胀,直至减压到 $p^{\ominus}$,求此过程的 Q、W、ΔH_m、ΔU_m、ΔG_m、ΔA_m 和 ΔS_m。

解 由题意

可知,由于始终态相同,则所有热力学状态函数的变化都与上题相同,差别仅在于过程函数在两种变化过程中的改变值不同,即对于本题有

$$Q = 0, W = 0$$

而其他状态函数的改变量与上题相同。

2.8.2 相变过程的 ΔA 和 ΔG 的计算

相变一般是在等温等压下进行的,当两相处于平衡时,则此过程是可逆的。根据吉布斯函数判据式,则

$$\Delta G = 0$$

若此过程是不可逆的,可以设计一个和不可逆过程始、终态相同的可逆过程进行计算,所求得的 ΔG 就是不可逆相变过程的 ΔG。

例 2.8.3 在标准压力($p^{\ominus}$)和 373.2 K 时将 1 mol 水蒸气可逆压缩为液体,试计算该变化过程的 Q、W、ΔH_m、ΔU_m、ΔG_m、ΔA_m 和 ΔS_m。已知在 373.2 K 和标准压力($p^{\ominus}$)下,水的蒸发热为 2 258.1 kJ·kg^{-1}。

解 由题意知,在此为一可逆相变过程,即

得

$$\Delta H_m = Q_p = -2\ 258.1 \times 10^3 \times (18.02/1\ 000) = -40\ 691\ \text{J} \cdot \text{mol}^{-1}$$

$$W = -\int p_{外} \text{d}V = -p_{外}(V_{m,液} - V_{m,气}) \approx p V_{m,气} = RT$$

$$= 8.314\ \text{J} \cdot \text{K}^{-1} \cdot \text{mol}^{-1} \times 373.2\ \text{K} = 3\ 103\ \text{J} \cdot \text{mol}^{-1}$$

$$\Delta U_m = \Delta H_m - p\Delta V = Q_p + W = (-40\ 691 + 3\ 103)\text{J} \cdot \text{mol}^{-1} = -37\ 588\ \text{J} \cdot \text{mol}^{-1}$$

$$\Delta G_m = 0$$

$$\Delta A = -W_R = -3\ 103\ \text{J} \cdot \text{mol}^{-1}$$

$$\Delta S_m = \frac{Q_R}{T_{环}} = \frac{-40\ 691\ \text{J} \cdot \text{mol}^{-1}}{373.2\ \text{K}} = -109.1\ \text{J} \cdot \text{K}^{-1} \cdot \text{mol}^{-1}$$

例2.8.4 1.0 mol 液体铅由 1 620 ℃（沸点）、101 325 Pa 下蒸发，变成 1 620 ℃、5.07 × 10^4 Pa 的蒸气，求 ΔG。

解 这是一个等温非等压的不可逆相变过程，可以设计成由两步可逆过程来完成：

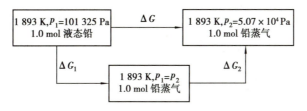

总的吉布斯函数变化为
$$\Delta G = \Delta G_1 + \Delta G_2$$

第一步是等温等压在相变温度下进行的可逆过程，故
$$\Delta G_1 = 0$$

第二步是等温可逆膨胀，若把铅蒸气视为理想气体，则有

$$\Delta G_2 = -\int_{p_1}^{p_2} V\mathrm{d}p = nRT \ln \frac{p_2}{p_1} = 1.0 \text{ mol} \times 8.314 \text{ J} \cdot \text{mol}^{-1} \cdot \text{K}^{-1} \times 1\,893 \text{ K} \times \ln \frac{5.07 \times 10^4 \text{ Pa}}{101\,325 \text{ Pa}}$$
$$= -1.09 \times 10^4 \text{ J}$$

所以 $\qquad \Delta G = 0 + (-1.09 \times 10^4)\text{J} = -1.09 \times 10^4\text{J}$

例2.8.5 计算 1.0 mol H_2O（25 ℃，101 kPa）等温等压气化过程的 ΔG，并判断此过程是否自发进行。已知 $H_2O(l)$ 在 25 ℃时的饱和蒸气压为 3 168 Pa，已知水的比重为 1.0 g/mol。

解 可设计下列可逆过程：

$$H_2O(l,298 \text{ K},101 \text{ kPa}) \xrightarrow{\Delta G} H_2O(g,298 \text{ K},101 \text{ kPa})$$
$$\downarrow \Delta G_1 \qquad\qquad\qquad\qquad \uparrow \Delta G_3$$
$$H_2O(l,298 \text{ K},3\,168 \text{ Pa}) \xrightarrow{\Delta G_2} H_2O(g,298 \text{ K},3\,168 \text{ Pa})$$

很明显 $\qquad \Delta G = \Delta G_1 + \Delta G_2 + \Delta G_3$

其中，过程1为等温过程：$\Delta G_1 = \int V\mathrm{d}p = V_{\text{liq}}(3\,168 - 101\,000) = 1.80 \times 10^{-6} \times (-97\,832) = -1.76(\text{J})$，液体在改变压力时的 ΔG_1 比其气体在改变压力时的 ΔG_3 小很多，可以忽略不计。

过程2为等温等压下的可逆蒸发过程，故 $\Delta G_2 = 0$，因此

$$\Delta G \approx \Delta G_3 = nRT \ln \frac{p_2}{p_1}$$

$$= 1.0 \text{ mol} \times 8.314 \text{ J} \cdot \text{mol}^{-1} \cdot \text{K}^{-1} \times 298 \text{ K} \times \ln \frac{1.01 \times 10^5 \text{Pa}}{3.168 \times 10^3 \text{Pa}}$$

$$= 8.58 \text{ kJ}$$

因在等温等压下 $\Delta G > 0$，故此过程不能自发进行。

2.8.3 化学反应的 ΔG 计算

可根据 $\Delta G = \Delta H - T \cdot \Delta S$ 求算，例如

$$\Delta_r G_m^{\ominus}(298\ \text{K}) = \Delta_r H_m^{\ominus}(298\ \text{K}) - 298\ \text{K} \cdot \Delta_r S_m^{\ominus}(298\ \text{K})$$

2.8 公式小结

性质	方程	成立条件	正文中方程编号
亥姆霍兹自由能的计算	$\Delta A = \Delta U - T\Delta S$	等温过程	2.8.1
	$\Delta A = \Delta U - (T_2 S_2 - T_1 S_1)$	非等温过程	
吉布斯自由能的计算	$\Delta G = \Delta H - T\Delta S$	等温过程	2.8.2
	$\Delta G = \int V \mathrm{d}p$	等温变压过程	
	$\Delta G = \Delta H - (T_2 S_2 - T_1 S_1)$	非等温过程	2.8.4b

2.9 几个热力学函数之间的关系

至今本章主要讨论了 S,U,H,A 和 G 五个热力学函数。明确这些热力学函数之间的关系以及微分性质,寻找出这些热力学函数在特定条件下用可直接测量的系统热力学量表示的函数形式,具有重要的价值。

2.9.1 热力学基本方程

在 S,U,H,A 和 G 之间的基本关系式是

$$H = U + pV$$
$$A = U - TS$$
$$G = H - TS$$

这三个公式实际就是 H,A,G 的定义式。

由热力学第一定律有

$$\mathrm{d}U = \delta Q + \delta W$$

对于封闭系统中发生的无非体积功的变化过程,其热力学函数的变化由可逆途径计算,因此有

$$\delta W = -p\mathrm{d}V$$

同时由热力学第二定律有

$$\delta Q = T\mathrm{d}S$$

则

$$\mathrm{d}U = T\mathrm{d}S - p\mathrm{d}V \tag{2.9.1}$$

对焓 H,由定义式有

$$\mathrm{d}H = \mathrm{d}U + p\mathrm{d}V + V\mathrm{d}p = T\mathrm{d}S + V\mathrm{d}p \tag{2.9.2}$$

对亥姆霍兹函数 A,由定义式有

$$\mathrm{d}A = \mathrm{d}U - T\mathrm{d}S - S\mathrm{d}T = -S\mathrm{d}T - p\mathrm{d}V \tag{2.9.3}$$

对吉布斯函数 G,由定义式有

$$\mathrm{d}G = \mathrm{d}H - T\mathrm{d}S - S\mathrm{d}T = -S\mathrm{d}T + V\mathrm{d}p \tag{2.9.4}$$

以上四个公式,就是这五个热力学函数之间的基本关系式,称为热力学基本方程。

由上述四个微分关系式,可首先获得关于其中非微分量的表示形式,如对于温度 T 有

$$T = \left(\frac{\partial U}{\partial S}\right)_V = \left(\frac{\partial H}{\partial S}\right)_p \tag{2.9.5}$$

对于熵 S 有

$$S = -\left(\frac{\partial A}{\partial T}\right)_V = -\left(\frac{\partial G}{\partial T}\right)_p \tag{2.9.6}$$

对于压力 p 有

$$p = -\left(\frac{\partial U}{\partial V}\right)_S = -\left(\frac{\partial A}{\partial V}\right)_T \tag{2.9.7}$$

对于体积 V 有

$$V = \left(\frac{\partial H}{\partial p}\right)_S = \left(\frac{\partial G}{\partial p}\right)_T \tag{2.9.8}$$

这几个关系式说明封闭系统的某状态函数偏导数与系统的另一状态函数相等。

2.9.2 麦克斯韦关系式

热力学函数具有全微分的性质,从而对于 U,H,A,G 可根据微分关系式得出如下关系式。

对于内能 U,根据微分关系式 $\mathrm{d}U = T\mathrm{d}S - p\mathrm{d}V$ 有

$$\left(\frac{\partial T}{\partial V}\right)_S = -\left(\frac{\partial p}{\partial S}\right)_V \tag{2.9.9}$$

对于焓 H,根据微分关系式 $\mathrm{d}H = T\mathrm{d}S + V\mathrm{d}p$ 有

$$\left(\frac{\partial T}{\partial p}\right)_S = \left(\frac{\partial V}{\partial S}\right)_p \tag{2.9.10}$$

对于亥姆霍兹函数 A,根据微分关系式 $\mathrm{d}A = -S\mathrm{d}T - p\mathrm{d}V$ 有

$$\left(\frac{\partial S}{\partial V}\right)_T = \left(\frac{\partial p}{\partial T}\right)_V \tag{2.9.11}$$

对于吉布斯函数 G,根据微分关系式 $\mathrm{d}G = -S\mathrm{d}T + V\mathrm{d}p$ 有

$$\left(\frac{\partial S}{\partial p}\right)_T = -\left(\frac{\partial V}{\partial T}\right)_p \tag{2.9.12}$$

上述四式就称为麦克斯韦关系式。该关系式把一些不便测量的热力学函数用 p,V,T 等可测性质表示出来,在解决真实气体的热力学计算问题时很实用。

2.9.3 应用举例

(1)等温下系统内能随体积的变化

由 $\mathrm{d}U = T\mathrm{d}S - p\mathrm{d}V$ 有

$$\left(\frac{\partial U}{\partial V}\right)_T = T\left(\frac{\partial S}{\partial V}\right)_T - p$$

同时由 $dA = -SdT - pdV$ 知

$$\left(\frac{\partial S}{\partial V}\right)_T = \left(\frac{\partial p}{\partial T}\right)_V$$

从而

$$\left(\frac{\partial U}{\partial V}\right)_T = T\left(\frac{\partial p}{\partial T}\right)_V - p \tag{2.9.13}$$

这样根据系统的状态方程,就能求出等温下系统内能随体积的变化 $\left(\frac{\partial U}{\partial V}\right)_T$。如对于理想

气体,根据状态方程 $pV = nRT$,有 $\left(\frac{\partial U}{\partial V}\right)_T = 0$,这就是盖·吕萨克-焦耳实验的结果。

（2）等温下焓随压力的变化

由 $dH = TdS + Vdp$ 有

$$\left(\frac{\partial H}{\partial p}\right)_T = T\left(\frac{\partial S}{\partial p}\right)_T + V$$

同时由 $dG = -SdT + Vdp$ 有

$$\left(\frac{\partial S}{\partial p}\right)_T = -\left(\frac{\partial V}{\partial T}\right)_p$$

从而

$$\left(\frac{\partial H}{\partial p}\right)_T = -T\left(\frac{\partial V}{\partial T}\right)_p + V \tag{2.9.14}$$

这样根据系统的状态方程,就能求出等温下系统焓随压力的变化 $\left(\frac{\partial H}{\partial p}\right)_T$。如对于理想气

体,根据状态方程 $pV = nRT$,有 $\left(\frac{\partial H}{\partial p}\right)_T = 0$。

值得注意的是,在上述推导等温下系统内能随体积变化和焓随压力变化的关系时,没有引入任何附加条件,因此这两个关系式适用于封闭系统中无非体积功的任何变化过程。如令一系统从状态 $A(p_1, V_1, T_1)$ 变化到状态 $B(p_2, V_2, T_2)$,其内能和焓变化则可由上述两式计算。对于内能 U,令 $U = U(T, V)$,则

$$dU = \left(\frac{\partial U}{\partial T}\right)_V dT + \left(\frac{\partial U}{\partial V}\right)_T dV$$

$$= C_V dT + \left[T\left(\frac{\partial p}{\partial T}\right)_V - p\right]dV$$

从而

$$\Delta U = \int_{T_1}^{T_2} C_V dT + \int_{V_1}^{V_2} \left[T\left(\frac{\partial p}{\partial T}\right)_V - p\right]dV \tag{2.9.15}$$

对于焓 H,令 $H = H(T, p)$ 则

$$dH = \left(\frac{\partial H}{\partial T}\right)_p dT + \left(\frac{\partial H}{\partial p}\right)_T dp$$

$$= C_p \mathrm{d}T + \left[-T\left(\frac{\partial V}{\partial T}\right)_p + V \right]\mathrm{d}p$$

从而

$$\Delta H = \int_{T_1}^{T_2} C_p \mathrm{d}T + \int_{2p_1}^{p} \left[-T\left(\frac{\partial V}{\partial T}\right)_p + V \right]\mathrm{d}p \tag{2.9.16}$$

2.9 公式小结

性质	方程	成立条件	正文中方程编号
热力学函数的基本关系式	$\mathrm{d}U = T\mathrm{d}S - p\mathrm{d}V$	封闭系统中无非体积功	2.9.1
	$\mathrm{d}H = T\mathrm{d}S + V\mathrm{d}p$		2.9.2
	$\mathrm{d}A = -S\mathrm{d}T - p\mathrm{d}V$		2.9.3
	$\mathrm{d}G = -S\mathrm{d}T + V\mathrm{d}p$		2.9.4
麦克斯韦关系式	$\left(\frac{\partial T}{\partial V}\right)_S = -\left(\frac{\partial p}{\partial S}\right)_V$		2.9.9
	$\left(\frac{\partial T}{\partial p}\right)_S = \left(\frac{\partial V}{\partial S}\right)_p$		2.9.10
	$\left(\frac{\partial S}{\partial V}\right)_T = \left(\frac{\partial p}{\partial T}\right)_V$		2.9.11
	$\left(\frac{\partial S}{\partial p}\right)_T = -\left(\frac{\partial V}{\partial T}\right)_p$		2.9.12

2.10 吉布斯函数变化 ΔG 与温度的关系 ——吉布斯-亥姆霍兹方程式

针对等温、等压、无非体积功的变化过程,对应于基本定义式有

$$\Delta H = \Delta U + p\Delta V \tag{2.10.1}$$
$$\Delta A = \Delta U - T\Delta S \tag{2.10.2}$$
$$\Delta G = \Delta H - T\Delta S \tag{2.10.3}$$

同样可写出其微分关系式

$$\mathrm{d}\Delta U = T\mathrm{d}\Delta S - p\mathrm{d}\Delta V \tag{2.10.4}$$
$$\mathrm{d}\Delta H = T\mathrm{d}\Delta S + \Delta V\mathrm{d}p \tag{2.10.5}$$
$$\mathrm{d}\Delta A = -\Delta S\mathrm{d}T - p\mathrm{d}\Delta V \tag{2.10.6}$$
$$\mathrm{d}\Delta G = -\Delta S\mathrm{d}T + \Delta V\mathrm{d}p \tag{2.10.7}$$

因此,就又有一组类似的麦克斯韦关系式。

现在压力恒定条件下考虑上述变化过程的 ΔG 与温度 T 的关系。由上述定义式和微分关系式有

$$\left(\frac{\partial \Delta G}{\partial T}\right)_p = -\Delta S = \frac{\Delta G - \Delta H}{T}$$

为便于积分,通常将上式改写为

$$\frac{1}{T}\left(\frac{\partial \Delta G}{\partial T}\right)_p - \frac{\Delta G}{T^2} = -\frac{\Delta H}{T^2}$$

$$\left[\frac{\partial \left(\dfrac{\Delta G}{T}\right)}{\partial T}\right]_p = -\frac{\Delta H}{T^2} \tag{2.10.8a}$$

写成不定积分形式即为

$$\frac{\Delta G}{T} = -\int \frac{\Delta H}{T^2}\mathrm{d}T + I \tag{2.10.8b}$$

式中,I 为积分常数。这一公式称为吉布斯-亥姆霍兹公式,在化学中具有重要作用。

同样可以证明,对于等温、等容、无非体积功的变化过程,其亥姆霍兹函数变化 ΔA 与温度 T 的关系为

$$\left[\frac{\partial \left(\dfrac{\Delta A}{T}\right)}{\partial T}\right]_V = -\frac{\Delta U}{T^2} \tag{2.10.9}$$

利用上述关系式,若已知在等压下某一化学反应在 T_1 温度下的 $\Delta_r G_m(T_1)$,则可求得在 T_2 温度下的 $\Delta_r G_m(T_2)$。对于化学反应,可得

$$\Delta_r H_m = Q_p = \int \Delta C_p \mathrm{d}T + \Delta H_0$$

式中,ΔH_0 为积分常数,$\Delta C_p = \sum C_{p,\text{产}} - \sum C_{p,\text{反}}$。若 C_p 一般地表示为

$$C_p = a + bT + cT^2 + \cdots$$

则 ΔC_p 为

$$\Delta C_p = \Delta a + \Delta bT + \Delta cT^2 + \cdots$$

从而

$$\Delta_r H_m = \Delta H_0 + \Delta aT + \frac{1}{2}\Delta bT^2 + \frac{1}{3}\Delta cT^3 + \cdots \tag{2.10.10}$$

这样

$$\frac{\Delta_r G_m}{T} = \frac{\Delta H_0}{T} - \Delta a \ln T - \frac{1}{2}\Delta bT - \frac{1}{6}\Delta cT^2 + \cdots + I \tag{2.10.11a}$$

或

$$\Delta_r G_m = \Delta H_0 - \Delta aT \ln T - \frac{1}{2}\Delta bT^2 - \frac{1}{6}\Delta cT^3 + \cdots + TI \tag{2.10.11b}$$

这就是 $\Delta_r G_m$ 与温度 T 的关系式。在上述关系式中有两个积分常数 ΔH_0 和 I,因此在具体使用时,针对具体问题应首先求出这两个积分常数。

2.10 公式小结

性质	方程	成立条件	正文中方程编号
吉布斯-亥姆霍兹方程式	$\left[\dfrac{\partial\left(\dfrac{\Delta G}{T}\right)}{\partial T}\right]_P = -\dfrac{\Delta H}{T^2}$	等温等压、无非体积功的封闭系统	2.10.8a
吉布斯-亥姆霍兹方程式的不定积分式	$\dfrac{\Delta G}{T} = -\int \dfrac{\Delta H}{T^2}\mathrm{d}T + I$		2.10.8b
亥姆霍兹函数变化与温度的关系式	$\left[\dfrac{\partial\left(\dfrac{\Delta A}{T}\right)}{\partial T}\right]_V = -\dfrac{\Delta U}{T^2}$	等温等容、无非体积功	2.10.9

习 题

2.1 1 kg 温度为 273 K 的水与 373 K 的恒温热源接触,当水温升至 373 K 时,求:

(1)水的熵变、热源的熵变及隔离系统的总熵变。已知水的比热为4.184 J·g^{-1}·K^{-1}。

$$[\Delta S(水) = 1.306\ kJ·K^{-1}, \Delta S(热源) = -1.122\ kJ·K^{-1}, \Delta S(总) = 0.184\ kJ·K^{-1}]$$

(2)若水先与 323 K 的恒温热源接触,达平衡后再与 373 K 的恒温热源接触,当水温升至 373 K 时,求水的熵变,热源的熵变及隔离系统的总熵变。

$$[\Delta S(水) = 1.306\ kJ·K^{-1}, \Delta S(热源) = -1.209\ kJ·K^{-1}, \Delta S(总) = 0.097\ kJ·K^{-1}]$$

(3)根据以上计算结果,分析用何种加热方式既使水由 323 K 升至 373 K,又能使总熵变接近于零?

2.2 某卡诺热机工作于 1 000 K 和 300 K 两热源间,当 200 kJ 的热传向 300 K 的低温热源时,问从 1 000 K 高温热源吸热多少? 最多能做功多少?

$$(Q_1 = 666.7\ kJ, W = -466.67\ kJ)$$

2.3 一定量的理想气体在温度为 400 K 时作恒温可逆膨胀,体积从V_1变到V_2。而在膨胀过程中,气体从热源吸入了 866.8 J 的热量,试求(1)气体的熵变 ΔS_{sys};(2)热源的熵变 ΔS_{sur};(3)整个系统的熵变 ΔS_{iso}。

$$[(1)\Delta S_{sys} = 2.167\ J·K^{-1};(2)\Delta S_{sur} = -2.167\ J·K^{-1};(3)\Delta S_{iso} = 0]$$

2.4 1 mol 理想的单原子气体,开始处于 STP(标准温压)下,通过下述各可逆过程,计算每个过程的 $W,Q,\Delta U,\Delta H$ 和 ΔS。(1)等容冷却至 $-100\ ℃$;(2)等温压缩至 10 132.5 kPa;(3)等压加热至 $100\ ℃$;(4)绝热可逆膨胀至 10.132 5 kPa。已知该单原子气体的 $C_{v,m} = 2.5R$, $\gamma = 5/3$。

$$[(1)W = 0, \Delta U = Q = -1\ 247\ J, \Delta H = -2\ 079\ J, \Delta S = -5.69\ J·K^{-1};(2)\Delta U = 0, \Delta H = 0, Q =$$
$$-W = -10.458\ kJ, W = 10.458\ kJ, \Delta S = -38.28\ J·K^{-1};(3)W = 831.4\ J;Q = \Delta H = 2\ 079\ J, \Delta U = 1\ 247\ J, \Delta S = 6.487$$
$$J·K^{-1};(4)Q_a = 0, \Delta S = 0, \Delta U = W = -2\ 054\ J, \Delta H = -3\ 423\ J]$$

2.5 1 mol 氨气(NH_3)(可视为理想气体)于 25 ℃、101.325 kPa 下恒压加热至体积为原来的三倍,已知氨气的恒压摩尔热容为:

$$C_{p,m}/\text{J} \cdot \text{K}^{-1} \cdot \text{mol}^{-1} = 25.89 + 33.0 \times 10^{-3}T - 30.46 \times 10^{-7}T^2$$

试计算此过程的 $W,Q,\Delta U,\Delta H$ 和 ΔS 各是多少?

$(T_2 = 3T_1, W = -4\,955\,\text{J}, Q = 26.44\,\text{kJ}, \Delta H = Q_p = 26.44\,\text{kJ}, \Delta U = 21.485\,\text{kJ}, \Delta S = 46.99\,\text{J} \cdot \text{K}^{-1})$

2.6　1 mol $O_2(g)$(可视为理想气体)在 200 ℃ 及 20 L 的始态反抗 101.325 kPa 的恒定外压作绝热膨胀,直至两边压力平衡为止,已知氧气的恒压摩尔热容 $C_{p,m}(O_2) = 29.10\,\text{J} \cdot \text{mol}^{-1} \cdot \text{K}^{-1}$,求此绝热不可逆膨胀过程终态的温度 T_2 及熵变 ΔS。

$(T_2 = 407\,\text{K}, \Delta S = 1.14\,\text{J} \cdot \text{K}^{-1})$

2.7　在 25 ℃ 的恒温条件下,将 1 mol $H_2(p_{H_2} = 101.325\,\text{kPa})$ 与 1 mol $O_2(p_{O_2} = 101.325\,\text{kPa})$ 混合,若:

(1)混合后气体总压力 $p_总 = 101.325\,\text{kPa}$;

(2)混合后气体总压力 $p_总 = 202.650\,\text{kPa}$。

求此过程的混合熵 $\Delta_{\text{mix}}S$。设 H_2 和 O_2 均为理想气体。

$[(1)\Delta_{\text{mix}}S = 11.53\,\text{J} \cdot \text{K}^{-1}; (2)\Delta_{\text{mix}}S = 0]$

2.8　水在 100 ℃ 的蒸发潜热为 2 258 $\text{J} \cdot \text{g}^{-1}$,而冰在 0 ℃ 时的熔化潜热为 333.4 $\text{J} \cdot \text{g}^{-1}$,而水在 0~100 ℃ 其平均比热容为 4.184 $\text{J} \cdot \text{K}^{-1} \cdot \text{g}^{-1}$,试计算 1 mol 100 ℃ 的水蒸气冷却为 0 ℃ 冰的整个变化过程的熵变。水的摩尔质量为 $M_{H_2O} = 18.016\,\text{g} \cdot \text{mol}^{-1}$。

$(\Delta S = -154.4\,\text{J} \cdot \text{K}^{-1} \cdot \text{mol}^{-1})$

2.9　已知在 25 ℃ 时 $Na(S)$、$KCl(S)$、$K(S)$ 和 $NaCl(S)$ 的标准熵值 $S_m^{\ominus}(298\,\text{K})$ 分别为:51.04、82.84、63.60 及 72.38 $\text{J} \cdot \text{mol}^{-1} \cdot \text{K}^{-1}$,试计算反应:

$$Na(s) + KCl(s) \rightarrow K(s) + NaCl(s)$$

的标准熵变 $\Delta_r S_m^{\ominus}(298\,\text{K})$ 及该反应在 25 ℃ 及 101.325 kPa 的反应热 Q_R。

$(\Delta_r S_m^{\ominus}(298\,\text{K}) = 2.1\,\text{J} \cdot \text{K}^{-1}\text{mol}^{-1}, Q_R = 625.8\,\text{J})$

2.10　1 mol 单原子理想气体在 127 ℃ 和 0.5 MPa 下恒温压缩至 1 MPa,试求其 W,Q,及各热力学函数 $\Delta U,\Delta H,\Delta S,\Delta A$ 和 ΔG。

(1)设为可逆过程;

(2)设压缩时外压始终维持恒定在 1 MPa。

$[(1)\Delta U = 0, \Delta H = 0, Q = -2\,306\,\text{J}, W = 2\,306\,\text{J}, \Delta S = -5.763\,\text{J} \cdot \text{K}^{-1}, \Delta A = 2\,306\,\text{J}, \Delta G = 2\,306\,\text{J};$

$(2)Q = -3\,327\,\text{J}, W = 3\,327\,\text{J}, \Delta U = 0, \Delta H = 0, \Delta S = -5.763\,\text{J} \cdot \text{K}^{-1}, \Delta A = 2\,306\,\text{J}, \Delta G = 2\,306\,\text{J}]$

2.11　1 mol 水蒸气在 100 ℃ 及 101.325 kPa 下可逆地凝结为液体水,水的汽化热为 2 258 $\text{J} \cdot \text{g}^{-1}$,假定水蒸气是理想气体,试计算此凝结过程中的 $W,Q,\Delta U,\Delta H,\Delta S,\Delta A$ 和 ΔG。

$(\Delta G = 0, W = 3\,102\,\text{J}, Q_p = \Delta H = -40.64\,\text{kJ}, \Delta U = -37.54\,\text{kJ}, \Delta S = -108.9\,\text{J} \cdot \text{K}^{-1}, \Delta A = W = -3\,102\,\text{J})$

2.12　在 25 ℃ 时,将 1 mol $O_2(g)$ 从 101.325 kPa 绝热可逆压缩到 607.95 kPa,若氧气可视为理想气体,其热容熵 $\dfrac{C_{p,m}}{C_{v,m}} = \gamma = 1.4$,平均恒压摩尔热容 $C_{p,m} = 29.10\,\text{J} \cdot \text{mol}^{-1} \cdot \text{K}^{-1}$,在 25 ℃ 和 101.325 kPa 下的摩尔熵 $S_m^{\ominus}(298\,\text{K}) = 205.03\,\text{J} \cdot \text{mol}^{-1} \cdot \text{K}^{-1}$,试计算此绝热可逆压缩过程的终态温度 T_2 及 $W,Q,\Delta U,\Delta H,\Delta S,\Delta A$ 和 ΔG。

$(T_2 = 497.45\,\text{K}, Q_a = 0, \Delta S = 0, W = \Delta U = 4\,142.6\,\text{J}, \Delta H = 5\,799.6\,\text{J}, \Delta A = -36.720\,\text{kJ}, \Delta G = -35.06\,\text{kJ})$

2.13　将 0.4 mol 理想气体从 300 K 和 200.0 kPa 的始态绝热不可逆压缩到 1 000 kPa,此

过程系统得功 $W = 4\,988.4$ J。已知该理想气体在 300 K 和 200.0 kPa 时的摩尔熵 $S_m(300\ \text{K}) = 205.0$ J·K⁻¹·mol⁻¹,其平均恒压摩尔热容 $C_{p,m} = 3.5R$,试求此过程的终态温度 T_2 和 Q,W,ΔU,ΔH,ΔS,ΔA 和 ΔG。

($T_2 = 900$ K,$Q_a = 0$,$\Delta U = W = 4\,988.4$ J,$\Delta H = 6\,983.8$ J,$\Delta S = 7.435$ J·K⁻¹,$\Delta A = -50.903$ kJ,$\Delta G = -48.908$ kJ)

2.14 证明下列各式:

(1) $\left(\dfrac{\partial U}{\partial T}\right)_p = C_p - p\left(\dfrac{\partial V}{\partial T}\right)_p$;

(2) $\left(\dfrac{\partial U}{\partial V}\right)_p = C_p\left(\dfrac{\partial T}{\partial V}\right)_p - p$;

(3) $\left(\dfrac{\partial U}{\partial p}\right)_V = C_V\left(\dfrac{\partial T}{\partial p}\right)_V$;

(4) $\left(\dfrac{\partial H}{\partial V}\right)_p = C_p\left(\dfrac{\partial T}{\partial V}\right)_p$;

(5) $\left(\dfrac{\partial U}{\partial p}\right)_T = -T\left(\dfrac{\partial V}{\partial T}\right)_p - p\left(\dfrac{\partial V}{\partial p}\right)_T$;

(6) $\left(\dfrac{\partial H}{\partial V}\right)_T = T\left(\dfrac{\partial p}{\partial T}\right)_V + V\left(\dfrac{\partial p}{\partial V}\right)_T$;

2.15 证明下列各式:

(1) $C_p - C_V = \left[\left(\dfrac{\partial U}{\partial V}\right)_T + p\right]\left(\dfrac{\partial V}{\partial T}\right)_p$;

(2) $C_p - C_V = T\left(\dfrac{\partial p}{\partial T}\right)_V\left(\dfrac{\partial V}{\partial T}\right)_p$;

(3) $C_p - C_v = -\left[\left(\dfrac{\partial H}{\partial p}\right)_T - V\right]\left(\dfrac{\partial p}{\partial T}\right)$;

(4) $C_p - C_V = \dfrac{\alpha^2 VT}{k}$;式中 $\alpha = \dfrac{1}{V}\left(\dfrac{\partial V}{\partial T}\right)_p$,$k = -\dfrac{1}{V}\left(\dfrac{\partial V}{\partial p}\right)_T$

2.16 某实际气体的状态方程为 $pV_m = RT + \alpha p$,其中 α 是常数。1 mol 该气体在恒定的温度 T 下,经可逆过程由 p_1 变到 p_2。试用 T,p_1,p_2 表示过程的 W,Q,ΔU,ΔH,ΔS,ΔA 及 ΔG。

2.17 以旋塞隔开而体积相等的两个玻璃球,分别贮有 1 mol O_2 和 1 mol N_2,温度均为 25 ℃,压力均为 0.1 MPa。在绝热条件下,打开旋塞使两种气体混合。取两种气体为系统,试求混合过程的 Q,W,ΔU,ΔH,ΔS,ΔA,ΔG。(设 O_2 和 N_2 均为理想气体)

2.18 在 -3 ℃ 时,冰的蒸气压为 475.4 Pa,过冷水的蒸气压为 489.2 Pa。试求在 -3 ℃ 时 1 mol 过冷 H_2O 转变为冰的 ΔG。

2.19 将 1 mol Hg(l) 在 25 ℃ 的恒定温度下,从 0.1 MPa 压缩至 10 MPa,试求其状态变化的 ΔS 和 ΔG。已知 25 ℃ 时 Hg(l) 的密度为 13.534 g·cm⁻³,密度随压力的变化可以略去,Hg(l) 的体积膨胀系数 $\alpha = 1.82 \times 10^{-4}$ K⁻¹,Hg 的摩尔质量为 200.61 g·mol⁻¹。

2.20 在熔点附近的温度范围内,$TaBr_5$ 固体的蒸气压与温度的关系:

$\lg(p^*/\text{Pa}) = 14.696 - 5\,650/(T/\text{K})$,液体的蒸气压与温度的关系为 $\lg(p^*/\text{Pa}) = 10.296 - 3\,265/(T/\text{K})$,试求三相点的温度和压力,并求三相点时的摩尔升华焓、摩尔蒸发焓及摩尔熔化焓。

2.21 镉的熔点为 594 K,标准摩尔熔化焓为 6 109 J·mol⁻¹,固体与液体摩尔等压热容分别为

$$C_{p,m}(s,T) = \{22.84 + 10.32 \times 10^{-3}(T/\text{K})\}\ \text{J·K}^{-1}\text{·mol}^{-1}$$
$$C_{p,m}(1,T) = 29.83\ \text{J·K}^{-1}\text{·mol}^{-1}(\text{与温度无关})$$

求镉从 298 K 加热到 1 000 K 的 ΔS_m。

($\Delta S_m = 44.6$ J·K⁻¹·mol⁻¹)

2.22 物质的量都为 n 的两液体,在标准压力 $p^\ominus$ 下,其温度分别为 T_1 和 T_2,试证明等压绝

热下混合的熵变为 $\Delta S = 2nC_{p,m}\ln\dfrac{T_1+T_2}{2(T_1T_2)^{1/2}}$，并证明当 $T_1 \neq T_2$ 时，$\Delta S > 0$，设 $C_{p,m}$ 为常数。

2.23 有 r 种不同物质的纯气体（设为理想气体），分别用隔板分开，它们的温度及压力都为 T,p，而体积分别为 V_1、V_2、$\cdots V_i \cdots$、V_r。将隔板全部抽走，气体将均匀混合，试证明混合熵公式为

$$\Delta S = \frac{P}{T}\sum_{i=1}^{r} V_i \ln\frac{V}{V_i}$$

式中，V 为混合后的体积。

2.24 已知银的温度—热容数据如下：

T/K	15	30	50	70	90	110	130	150
$C_{p,m}/(J \cdot K^{-1} \cdot mol^{-1})$	0.67	4.77	11.65	16.33	19.13	20.96	22.13	22.97
T/K	170	190	210	230	250	270	290	300
$C_{p,m}/(J \cdot K^{-1} \cdot mol^{-1})$	23.61	24.09	24.42	24.73	25.03	25.31	25.44	25.50

15 K 以下的热容可根据晶体热容的德拜立方定律 $C_{p,m} = aT^3$ 求算，$a = 1.985 \times 10^{-4}$。请求算 $S_m(298\ K)$。

（提示：298 K 时之 $C_{p,m}$ 可用内插法求算，熵可用梯形法积分。$S_m^{\ominus}(298\ K) = 42.44\ J \cdot K^{-1} \cdot mol^{-1}$）

2.25 1 mol O_2 理想气体，分别经下列过程从 300 K、$10p^{\ominus}$ 变到 $p^{\ominus}$。

(1)绝热向真空膨胀；

(2)绝热可逆膨胀；

(3)等温可逆膨胀。

试分别求算各过程的 W、Q 以及 $O_2(g)$ 的 ΔU_m、ΔH_m、ΔS_m、ΔA_m、ΔG_m。已知 O_2 的 $C_{V,m} = \dfrac{5}{2}R$，$S_m^{\ominus}(300\ K) = 205.22\ J \cdot K^{-1} \cdot mol^{-1}$。讨论上述过程能否用吉布斯或亥姆霍兹函数减少原理判断其方向性？用熵增加原理呢？

答案如下表所示：

过程	W/kJ	Q/kJ	ΔU_m $/(kJ \cdot mol^{-1})$	ΔS_m $/(J \cdot K^{-1} \cdot mol^{-1})$	ΔH_m $/(kJ \cdot mol^{-1})$	ΔA_m $/(kJ \cdot mol^{-1})$	ΔG_m $/(kJ \cdot mol^{-1})$
1	0	0	0	19.14	0	-5.743	-5.743
2	-3.006	0	-3.006	0	-4.208	23.9	22.7
3	-5.743	5.743	0	19.14	0	-5.743	-5.743

2.26 在中等压力下，物质的量为 n 的某气状态方程为

$$pV(1 - \beta P) = nRT$$

其中的 β 与气体物质的本性有关。对于氧气，$\beta = -9.28 \times 10^{-9} \text{Pa}^{-1}$。请求算 16 g 氧气在 273 K 下从 $10p^{\ominus}$ 到 $p^{\ominus}$ 时的 ΔG。

$$(\Delta G = 2\ 604\ \text{J})$$

2.27　若 $H_2(g)$ 服从状态方程 $pV_m = RT + bp, b = 2.67 \times 10^{-5} \text{m}^3 \cdot \text{mol}^{-1}$。

（1）$n(H_2) = 1$ mol，$T = 298$ K，始压 $10p^{\ominus}$ 对抗恒外压 $p^{\ominus}$ 等温膨胀达到平衡，求系统对环境所做的功 W'；

（2）若 $H_2(g)$ 为理想气体，如（1）中过程，求所做的功 W''，比较（1）与（2）中的结果，并阐明异同的原因；

（3）计算过程（1）的 $\Delta U, \Delta H, \Delta S, \Delta A, \Delta G$；

（4）求算该气体的 $C_p - C_V$ 值；

（5）该气体在焦耳实验中温度如何变化？

（6）该气体在焦耳-汤姆逊实验中温度如何变化？

（7）该气体热容与温度无关，试导出该气体在绝热可逆过程的过程方程。

$[(1)5.70 \times 10^3\ \text{J};(2)5.70 \times 10^3\ \text{J};(3)0, -24.34\ \text{J}, 19.14\ \text{J} \cdot \text{K}^{-1}, -5\ 704\ \text{J}, -5\ 728\ \text{J};(4)8.314$
$\text{J} \cdot \text{K}^{-1};(5)(\partial T/\partial p)_U = 0;(6)(\partial T/\partial p)_H < 0,$升温$;(7)T(V_m - b)^{R/C_V} = $常数$]$

第 3 章

多组分系统热力学基础

3.1 多组分系统中物质的偏摩尔量和化学势

以上两章讨论的热力学系统都是组成不变的封闭系统,对于这些系统一般采用两个独立变量,即可描述其状态及热力学函数,如选用 T,p 为独立变量时,热力学函数之一的吉布斯函数 G 的变化可表示为 $\mathrm{d}G = -S\mathrm{d}T + V\mathrm{d}p$。但是对于与环境有物质交换的开放系统,以及可以改变组成的封闭系统,已有的知识显然不足。

因此,需要在单组分热力学的基础上,通过引入组分这个新的变量对多组分系统作出有效和方便的描述,把热力学拓展到多组分热力学。在多组分系统热力学研究中,自由能等广度性质和组成密切相关,需要引入两个重要的物理量,即偏摩尔量和化学势,这两个物理量是多组分系统热力学理论的根本。

3.1.1 多组分系统的组成和表示

两种或者两种以上的物质(称为组分,Component)所形成的系统称为多组分系统。多组分系统可以是多相的,也可以是单相的。而多组分系统中,必定存在着物质各组分含量及其如何分散的问题。我们这章中,只讨论以分子大小的粒子相互分散的均相分散系统,对其他分散系统,如粗分散系统、胶体分散系统在第 8 章介绍。

分子程度分散的多组分单相系统,在热力学角度下根据国家标准可以分为混合物和溶液两大类型。多组分单相系统中的混合物和溶液,都是分子程度上的均相分散,不能按照通常生活中概念去理解,需要更多地关注热力学的内涵。

混合物是指含一种以上组分的系统,它可以是气相、液相和固相,是多组分的均匀系统。在热力学中对于混合物的任意组分都可以按照相同的方法去处理,不需要具体指定是哪一种组分,只需要选择其中一种组分 B 作为研究对象,其结果可以应用于其他组分。比如,混合物中,各组分都选用相同的标准态和化学势的表示,都符合拉乌尔定律。

溶液从微观角度理解和混合物类似,只存在固相和液相,需要区分溶质和溶剂。溶质和溶剂在热力学中采用不同的方法来表述,比如溶质符合亨利定律,溶剂符合拉乌尔定律,各自标准态、化学势定义均不同。溶液中溶质和溶剂的区分需考虑各独立组分的相态和相对含量,气气混合只形成混合物,不称为溶液;气固、气液混合,气体是溶质,剩下为溶剂;液固中固体为溶质,液体为溶剂;液液和固固,量多为溶剂,量少为溶质。如果按构成溶液的组分的化学性质分类,则又可把溶液分为非电解质溶液和电解质溶液。本章只讨论非电解质溶液的知识。从狭义上讲,如不特别言明,一般讨论的溶液常指液态溶液。

关于混合物和溶液中某一组分的相对比例(即浓度)的定义有多种,基本的有如下五种:

①物质的量分数 x_B,溶液或者混合物均通用,其定义为

$$x_B = \frac{n_B}{n} \tag{3.1.1}$$

式中,n_B 为组分 B 的物质的量,n 为溶液或混合物总的物质的量。显然物质的量分数无量纲。

②质量分数 w_B,溶液或者混合物均通用,其定义为

$$w_B = \frac{W_B}{W} \tag{3.1.2}$$

式中,W_B 为溶质 B 的质量,W 为溶液或者混合物的质量。显然 w_B 无量纲。

③物质的量浓度 c_B,溶液或者混合物均通用,其定义为

$$c_B = \frac{n_B}{V} \tag{3.1.3}$$

式中,V 为溶液或者混合物的体积。c_B 的量纲为 mol·m^{-3} 或 mol·dm^{-3}。

④溶质的质量摩尔浓度 m_B,仅限溶液中使用,其定义为

$$m_B = \frac{n_B}{W_A} \tag{3.1.4}$$

式中,W_A 为溶剂 A 的质量。m_B 的含义即为 1 kg 溶剂 A 中所含溶质 B 的物质的量为 n_B,其量纲为 mol·kg^{-1}。可以证明 x_B 与 m_B 有如下关系

$$x_B = \frac{n_B}{n_A + \sum_B n_B} = \frac{m_B M_A}{1 + M_A \sum_B m_B} \tag{3.1.5}$$

式中,M_A 为溶剂 A 的摩尔质量。在溶液极稀时 $M_A \sum_B m_B \ll 1$, 则可简化为

$$x_B \approx m_B M_A \tag{3.1.6}$$

m_B 经常用于电化学溶液的配制中。

⑤溶质的摩尔比 r_B,仅限溶液中使用,其定义为

$$r_B = \frac{n_B}{n_A}$$

式中,n_B 为溶质的量,n_A 为溶剂的量。

3.1.2 偏摩尔量

引入偏摩尔量(Partial Molar Quantity)的目的是考察物质量的改变对系统状态及其热力学函数的影响。系统的状态函数或状态变量分为强度性质和广度性质,强度性质与系统的物质

总量无关,而广度性质与系统的物质总量有关,因而"偏"的含义指物质量的改变对系统广度性质的影响。因此,偏摩尔量与系统的广度性质直接有关。

对于任何多组分封闭系统,根据物质不灭定律可知,系统物质的总量不变,且物质量是一个广度性质,具有加和性,即总物质量 = 各组分量之和 = 各子系统量之总和。但现在更令人感兴趣的问题是:在组成发生变化时,系统其他的广度性质是否也还具有严格的加和性呢?对于组成不变的封闭系统,广度性质具有加和性。但是在组成变化的情况下,广度性质的加和性是否成立不能由热力学知识给予说明。为此我们可来考察如下的具体实验事实。

将 63.35 ml 乙醇和 50.20 cm³ 水混合成乙醇浓度为 50%(重量)的混合溶液。显然,混合前总体积为 113.55 cm³,若具有加和性,则混合后总体积不变,但实验表明混合后的总体积为 109.43 cm³,混合后比混合前其体积减小了 4.12 cm³。实验事实说明,在多组分情况下,系统体积已不具有加和性。由此可见,在讨论多组分系统时,必须考察各组分的物质的量的改变对广度性质的影响,这也是在多组分系统中引入偏摩尔量的原因。

(1)偏摩尔量的定义

下面继续考虑上述乙醇和水混合的例子。首先讨论偏摩尔体积,而后再进一步推广到一般情形。

对于体积 V,令它是 T,p 的函数,同时也是各组分的物质的量($n_1,n_2,\cdots$)的函数,即

$$V = V(T,p,n_1,n_2,\cdots) \tag{3.1.7}$$

则它的全微分为

$$dV = \left(\frac{\partial V}{\partial T}\right)_{p,n_B}dT + \left(\frac{\partial V}{\partial p}\right)_{T,n_B}dp + \sum_B \left(\frac{\partial V}{\partial n_B}\right)_{T,p,n_{C\neq B}}dn_B \tag{3.1.8}$$

式中,$\left(\frac{\partial V}{\partial n_B}\right)_{T,p,n_B}$ 即表示:在等温、等压且维持组成不变的情况下,增加 1 mol 物质 B,所引起的体积变化。这里,维持组成不变,是指加入 1 mol 物质 B 后,各组分的浓度仍基本不变。为达到这样的条件,就要求系统足够大。或者表述为:在等温、等压且其他组分量不变的条件下,在有限量的系统中加入 dn_B 的物质 B,而引起的体积变化为 dV,上述量即为 dV 与 dn_B 之比。由于加入的是微量,故而浓度可视为基本不变,则就称为物质 B 的偏摩尔体积(Partial Molar Volume),并特记为

$$V_B = \left(\frac{\partial V}{\partial n_B}\right)_{T,p,n_{C\neq B}} \tag{3.1.9}$$

利用偏摩尔体积的概念,可以把乙醇水溶液的体积看成是两部分构成的,即在等温、等压下有

$$dV = \left(\frac{\partial V}{\partial n_1}\right)_{T,p,n_2}dn_1 + \left(\frac{\partial V}{\partial n_2}\right)_{T,p,n_1}dn_2$$
$$= V_1 dn_1 + V_2 dn_2$$

积分后得

$$V = V_1 dn_1 + V_2 dn_2 = \sum_{B=1,2} n_B \overline{V}_B \tag{3.1.10}$$

至此,在偏摩尔体积概念下 $\sum n_B V_B$ 具有了加和性,由此可见,偏摩尔体积是强度性质,在等温

等压下只与各组分的浓度有关,而与系统的物质总量无关。

将上述结果推广到一般情形,设一均相封闭系统由 $1,2,\cdots,B,\cdots$ 等组分构成,并令其某一广度性质 Z 为

$$Z = Z(T,p,n_1,n_2,\cdots,n_B,\cdots)$$

从而全微分形式为

$$dZ = \left(\frac{\partial Z}{\partial T}\right)_{p,n_B}dT + \left(\frac{\partial Z}{\partial p}\right)_{T,n_B}dp + \sum\left(\frac{\partial Z}{\partial n_B}\right)_{T,p,n_{C\neq B}}dn_B \tag{3.1.11}$$

令

$$Z_{B,m} = \left(\frac{\partial Z}{\partial n_B}\right)_{T,p,n_{C\neq B}} \tag{3.1.12}$$

则 $Z_{B,m}$ 就称为组分 B 的偏摩尔量,在不混淆时,简记为 Z_B。$Z_{B,m}$ 的物理意义是:在恒温恒压下,除 B 物质的量以外其他物质的量均保持不变的条件下,B 物质的量改变 Δn_B 时引起的系统广度量 Z 的改变量 ΔZ 与 Δn_B 的比在 $\Delta n_B \to 0$ 时的极限值;或可以理解为,恒温恒压下,除物质 B 外的其他物质的量保持不变时,在充分大的系统中加入 1 mol 物质 B 所引起系统广度量 Z 的改变值。

对于均相系统,其容量性质都有相应的偏摩尔量,例如:

偏摩尔热力学能(Partial molar intarnal energy): $U_{B,m} = \left(\frac{\partial U}{\partial n_B}\right)_{T,p,n_{C\neq B}}$

偏摩尔焓(Partial molar enthalpy): $H_{B,m} = \left(\frac{\partial H}{\partial n_B}\right)_{T,p,n_{C\neq B}}$

偏摩尔熵(Partial molar entropy): $S_{B,m} = \left(\frac{\partial S}{\partial n_B}\right)_{T,p,n_{C\neq B}}$

偏摩尔亥姆霍兹函数(Partiat molar Helmholez function): $A_{B,m} = \left(\frac{\partial A}{\partial n_B}\right)_{T,p,n_{C\neq B}}$

偏摩尔吉布斯函数(Partiat molar Gibbs function): $G_{B,m} = \left(\frac{\partial G}{\partial n_B}\right)_{T,p,n_{C\neq B}}$

(2)偏摩尔量的集合公式

在等温等压下,上述 dZ 全微分形式可改写为

$$dZ = \sum Z_{B,m}dn_B \tag{3.1.13a}$$

定积分得到

$$Z = \sum Z_{B,m}n_B \tag{3.1.13b}$$

式(3.1.13b)说明,在等温等压下,Z 在偏摩尔量的定义下具有加和性,故而这一公式被称为偏摩尔量的集合公式。

值得注意的是,偏摩尔量虽是一个为描述因组分的物质的量的变化而引起的广度性质变化的物理量,但并不是一个真实物理量。从上述集合公式看,在 T、p 恒定时,Z 为系统中各组分 B 的 $Z_{B,m}n_B$ 之和,而实际过程并不一定是如此。如对于体积 $V = \sum V_{B,m}n_B$,偏摩尔体积 $V_{B,m}$ 就不是真实体积,有时它可为负值。

（3）吉布斯-杜亥姆公式

对任一广度性质，在 T,p 恒定的情况下对式（3.1.13）进行微分，则得

$$\mathrm{d}Z = \sum Z_{B,m}\mathrm{d}n_B + \sum n_B\mathrm{d}Z_{B,m} \tag{3.1.14}$$

这个微分方程的物理含义为：在 T,p 恒定下，组分量的变化必然导致偏摩尔量的变化，从而最终的结果是组分量和偏摩尔量的变化导致广度性质 Z 的变化。

同时，在 T,p 恒定下，有式（3.1.13a）

$$\mathrm{d}Z = \sum Z_{B,m}\mathrm{d}n_B$$

代入式（3.1.14）中，从而

$$\sum n_B\mathrm{d}Z_{B,m} = 0 \tag{3.1.15}$$

该公式就称为吉布斯-杜亥姆公式，它表明了各偏摩尔量之间的相关性。这一公式在处理溶液问题时有重要作用，同时有多种变形。如以系统的物质的量 n 除上式，则有

$$\sum \frac{n_B}{n}\mathrm{d}Z_{B,m} = \sum x_B\mathrm{d}Z_{B,m} = 0 \tag{3.1.16}$$

即为吉布斯-杜亥姆公式的另一种形式，式中 x_B 为组分 B 的物质的量分数。

3.1.3 化学势

（1）化学势的定义

引入化学势（Chemical Potential）概念，目的是探讨各组分的物质的量变化对于热力学势（即 U,H,A,G）的影响。在系统组成可能变化时，对热力学势 U,H,A,G 的表示显然不能再仅用双独立变量，而必须同时考虑到各组分的量。针对 U,H,A,G 有

$$U = U(S,V,n_1,\cdots,n_B,\cdots)$$

$$\mathrm{d}U = \left(\frac{\partial U}{\partial S}\right)_{V,n_B}\mathrm{d}S + \left(\frac{\partial U}{\partial V}\right)_{S,n_B}\mathrm{d}V + \sum \left(\frac{\partial U}{\partial n_B}\right)_{S,V,n_{C\neq B}}\mathrm{d}n_B \tag{3.1.17}$$

$$H = H(S,p,n_1,\cdots,n_B,\cdots)$$

$$\mathrm{d}H = \left(\frac{\partial H}{\partial S}\right)_{p,n_B}\mathrm{d}S + \left(\frac{\partial H}{\partial p}\right)_{S,n_B}\mathrm{d}p + \sum \left(\frac{\partial H}{\partial n_B}\right)_{S,p,n_{C\neq B}}\mathrm{d}n_B \tag{3.1.18}$$

$$A = A(T,V,n_1,\cdots,n_B,\cdots)$$

$$\mathrm{d}A = \left(\frac{\partial A}{\partial T}\right)_{V,n_B}\mathrm{d}T + \left(\frac{\partial A}{\partial V}\right)_{T,n_B}\mathrm{d}V + \sum \left(\frac{\partial A}{\partial n_B}\right)_{T,V,n_{C\neq B}}\mathrm{d}n_B \tag{3.1.19}$$

$$G = G(T,p,n_1,\cdots,n_B,\cdots)$$

$$\mathrm{d}G = \left(\frac{\partial G}{\partial T}\right)_{p,n_B}\mathrm{d}T + \left(\frac{\partial G}{\partial p}\right)_{T,n_B}\mathrm{d}p + \sum \left(\frac{\partial G}{\partial n_B}\right)_{T,p,n_{C\neq B}}\mathrm{d}n_B \tag{3.1.20}$$

与组成不变条件下的微分关系式相比较有

$$\mathrm{d}U = T\mathrm{d}S - p\mathrm{d}V + \sum \left(\frac{\partial U}{\partial n_B}\right)_{S,V,n_{C\neq B}}\mathrm{d}n_B \tag{3.1.21}$$

$$\mathrm{d}H = T\mathrm{d}S + V\mathrm{d}p + \sum \left(\frac{\partial H}{\partial n_B}\right)_{S,p,n_{C\neq B}}\mathrm{d}n_B \tag{3.1.22}$$

$$dA = -SdT - pdV + \sum \left(\frac{\partial A}{\partial n_B}\right)_{T,V,n_{C\neq B}} dn_B \tag{3.1.23}$$

$$dG = -SdT + Vdp + \sum \left(\frac{\partial G}{\partial n_B}\right)_{T,p,n_{C\neq B}} dn_B \tag{3.1.24}$$

由 $H = U + pV$ 有

$$dH = dU + pdV + Vdp$$

$$= TdS - pdV + \sum \left(\frac{\partial U}{\partial n_B}\right)_{S,V,n_{C\neq B}} dn_B + pdV + Vdp$$

$$= TdS + Vdp + \sum \left(\frac{\partial U}{\partial n_B}\right)_{S,V,n_{C\neq B}} dn_B \tag{3.1.25}$$

比较得

$$\left(\frac{\partial U}{\partial n_B}\right)_{S,V,n_{C\neq B}} = \left(\frac{\partial H}{\partial n_B}\right)_{S,p,n_{C\neq B}} \tag{3.1.26}$$

同样,由定义式 $A = U - TS$、$G = H - TS$ 最终可得

$$\left(\frac{\partial U}{\partial n_B}\right)_{S,V,n_{C\neq B}} = \left(\frac{\partial H}{\partial n_B}\right)_{S,p,n_{C\neq B}} = \left(\frac{\partial A}{\partial n_B}\right)_{T,V,n_{C\neq B}} = \left(\frac{\partial G}{\partial n_B}\right)_{T,p,n_{C\neq B}} = \mu_B \tag{3.1.27}$$

这个量特记为 μ_B,并称为化学势(Chemical Potential)。由于 U,H,A,G 可称为热力学势,而 μ_B 是指化学物质 B 的物质的量变化对热力学势的影响,故称为化学势。在化学势特记为 μ_B 的情况下,上述四个微分关系式可简写为

$$dU = TdS - pdV + \sum \mu_B dn_B \tag{3.1.28}$$

$$dH = TdS + Vdp + \sum \mu_B dn_B \tag{3.1.29}$$

$$dA = -SdT - pdV + \sum \mu_B dn_B \tag{3.1.30}$$

$$dG = -SdT + Vdp + \sum \mu_B dn_B \tag{3.1.31}$$

这就是多组分系统中的热力学基本方程式。

(2)化学势在相平衡中的应用

对于一个系统中的两相 α 和 β,在等温等压无非体积功下,当 α,β 两相达到平衡时有

$$dG = 0$$

现在平衡条件下,设 B 物质有 dn_B 的物质量 β 相中转移到 α 相中,则

$$dG = dG^{\alpha} + dG^{\beta} = \sum \mu_B^{\alpha} dn_B^{\alpha} + \sum \mu_B^{\beta} dn_B^{\beta}$$

根据质量守恒定律,自然有

$$dn_B^{\alpha} = -dn_B^{\beta}$$

从而

$$dG = \sum_B (\mu_B^{\alpha} - \mu_B^{\beta}) dn_B^{\alpha} = 0$$

在 T,p 恒定下,对于物质转移过程 $dn_B{}^{\alpha} \neq 0$,从而

$$\mu_B^{\alpha} = \mu_B^{\beta} \tag{3.1.32}$$

这表明相平衡的条件是:两相中的各物质化学势相等。或者说,对于组分 B,在 α,β 两相分配达到平衡的条件是它在该两相中的化学势相等。

在 T,p 恒定和无非体积功的条件下,自发过程的判据为

$$\mathrm{d}G_{T,p} = \sum_B (\mu_B^\alpha - \mu_B^\beta)\,\mathrm{d}n_B^\alpha < 0$$

由于物质 B 由 β 相转移到 α 相,即 $\mathrm{d}n_B{}^\alpha > 0$,从而

$$\mu_B^\alpha < \mu_B^\beta \tag{3.1.33}$$

即物质 B 从化学势较大的相自发地流向化学势较低的相,这就体现了"势"的含义。因此,化学势是决定物质迁移过程的方向和限度的强度性质,正如温度是决定热传导过程的方向和限度的强度性质一样。

(3)化学势与温度、压力的关系

化学势作为偏摩尔量之一,自然关于偏摩尔量的热力学公式也适用于某一物质 B 的化学势 μ_B。对于化学势而言,它与温度、压力的关系较为重要,为此特别地讨论化学势与温度、压力的关系。

①μ_B 与压力的关系

$$\left(\frac{\partial \mu_B}{\partial p}\right)_{T,n_B,n_{C\neq B}} = \left[\frac{\partial}{\partial p}\left(\frac{\partial G}{\partial n_B}\right)_{T,p,n_{C\neq B}}\right]_{T,n_B,n_{C\neq B}} = \left[\frac{\partial}{\partial n_B}\left(\frac{\partial G}{\partial p}\right)_{T,n_B,n_{C\neq B}}\right]_{T,p,n_{C\neq B}}$$

由 $\mathrm{d}G = -S\mathrm{d}T + V\,\mathrm{d}p$ 有

$$\left(\frac{\partial G}{\partial p}\right)_{T,n} = V$$

从而

$$\left(\frac{\partial \mu_B}{\partial p}\right)_{T,n} = \left(\frac{\partial V}{\partial n_B}\right)_{T,p,n_{C\neq B}} = V_{B,m} \tag{3.1.34}$$

②μ_B 与温度的关系

$$\left(\frac{\partial \mu_B}{\partial T}\right)_{p,n} = \left[\frac{\partial}{\partial T}\left(\frac{\partial G}{\partial n_B}\right)_{T,p,n_{C\neq B}}\right]_{p,n} = \left[\frac{\partial}{\partial n_B}\left(\frac{\partial G}{\partial T}\right)_{p,n}\right]_{T,p,n_{C\neq B}}$$

由 $\mathrm{d}G = -S\mathrm{d}T + V\mathrm{d}p$ 有

$$\left(\frac{\partial G}{\partial T}\right)_{p,n} = -S$$

从而

$$\left(\frac{\partial \mu_B}{\partial T}\right)_{p,n} = -\left(\frac{\partial S}{\partial n_B}\right)_{T,p,n_{C\neq B}} = -S_{B,m} \tag{3.1.35}$$

关于化学势的公式很多,如在等温等压下对 G 的定义式 $G = H - TS$ 进行微分有

$$\left(\frac{\partial G}{\partial n_B}\right)_{T,p,n_{C\neq B}} = \left(\frac{\partial H}{\partial n_B}\right)_{T,p,n_{C\neq B}} - T\left(\frac{\partial S}{\partial n_B}\right)_{T,p,n_{C\neq B}}$$

$$\mu_B = H_{B,m} - TS_{B,m} \tag{3.1.36}$$

再如,类比于吉布斯-亥姆霍兹方程

$$\left[\frac{\partial\left(\dfrac{G}{T}\right)}{\partial T}\right]_{p,n} = -\frac{H}{T^2} \tag{3.1.37}$$

有

$$\left[\frac{\partial\left(\frac{\mu_B}{T}\right)}{\partial T}\right]_{p,n} = -\frac{H_{B,m}}{T^2} \tag{3.1.38}$$

其中，$H_m(B)$ 为混合系统中 B 组分的偏摩尔焓。

3.1 公式小结

性质	方程	成立条件	正文中方程编号
偏摩尔量的加和性	$Z = \sum Z_{B,m}n_B$		3.1.13b
偏摩尔量的相关性	$\sum n_B dZ_{B,m} = 0$		3.1.15
多组分热力学基本关系式	$dG = -SdT + Vdp + \sum\mu_B dn_B$	封闭系统,无非体积功	3.1.31
化学势和压力关系	$\left(\frac{\partial\mu_B}{\partial p}\right)_{T,n} = \left(\frac{\partial V}{\partial n_B}\right)_{T,p,n_{C\neq B}} = V_{B,m}$		3.1.34
化学势和温度关系	$\left(\frac{\partial\mu_B}{\partial T}\right)_{p,n} = -\left(\frac{\partial S}{\partial n_B}\right)_{T,p,n_{C\neq B}} = -S_{B,m}$		3.1.35

3.2　混合气体中各组分的化学势

对于溶液作热力学描述和研究,必须借助于偏摩尔量和化学势的概念,特别是化学势,它在溶液热力学研究中具有重要的作用。事实上,溶液热力学研究中至关重要的步骤就是寻找各组分的化学势具体表达式。

3.2.1　理想气体的化学势

对于单组分理想气体,由 $dG = -SdT + Vdp$ 知

$$\left(\frac{\partial\mu}{\partial p}\right)_T = \left[\frac{\partial}{\partial p}\left(\frac{\partial G}{\partial n}\right)_{T,p}\right]_T = \left[\frac{\partial}{\partial n}\left(\frac{\partial G}{\partial p}\right)_T\right]_{T,p} = \left(\frac{\partial V}{\partial n}\right)_{T,p} = V_m \tag{3.2.1}$$

式中,V_m 即为摩尔体积。

由此,在一定温度下,化学势 μ_B 与压力的关系可表示为

$$\mu(T,p) = \mu^{\ominus}(T,p^{\ominus}) + \int_{p^{\ominus}}^{p} V_m dp$$

$$= \mu^{\ominus}(T,p^{\ominus}) + RT\ln\frac{p}{p^{\ominus}} \tag{3.2.2}$$

式中,$\mu^{\ominus}(T,p^{\ominus})$ 作为积分常数,为在 $T,p^{\ominus}$ 状态下理想气体的化学势,由于压力已给定为 $p^{\ominus}$,从而 $\mu^{\ominus}(T,p^{\ominus}) = \mu^{\ominus}(T)$,即它仅是温度 T 的函数。

对于混合理想气体,是针对混合过程而定义的,定义中包含:①各组分服从 $p_B V = n_B RT$,总的服从 $pV = nRT$;②混合时没有热效应。同时由化学势表达式可知,在一定温度下 μ_B 仅是其分压 p_B 的函数。从而

$$\mu_B = \mu_B^{\ominus}(T) + RT \ln \frac{p_B}{p^{\ominus}} \tag{3.2.3}$$

这就是混合理想气体中各组分的化学势表达式,这也可视为是混合理想气体的热力学定义。进一步令总压力为 p,则根据道尔顿分压定律有

$$p_B = \frac{n_B}{n}p = x_B p$$

$$\mu_B = \mu_B^{\ominus}(T) + RT \ln \frac{p}{p^{\ominus}} + RT \ln x_B$$

$$= \mu_B^{*}(T,p) + RT \ln x_B \tag{3.2.4}$$

式中, $\mu_B^{*}(T,p)$ 为纯组分 B 在 T,p 时的化学势。

3.2.2 非理想气体的化学势

非理想气体或说实际气体,只有在高温低压的情况下才近似有理想气体的行为。对于单一组分的非理想气体,其化学势可由公式

$$\mu(T,p) = \mu^{\ominus}(T,p^{\ominus}) + \int_{p^{\ominus}}^{p} V_m \, \mathrm{d}p$$

上述积分结果取决于气体的状态方程,因此须知道其状态方程。

非理想气体的状态方程有多种形式,为了使非理想气体的化学势表达式与理想气体的化学势表达式有类似的形式,可选择卡末林-昂尼斯(kammerling-onnes)公式,即

$$pV_m = RT + Bp + Cp^2 + \cdots \tag{3.2.5}$$

这样

$$\mu(T,p) = \mu^{\ominus}(T,p^{\ominus}) + \int_{p^{\ominus}}^{p} \left(\frac{RT}{p} + B + Cp + \cdots \right) \mathrm{d}p$$

$$= \mu^{\ominus}(T,p^{\ominus}) + RT \ln \frac{p}{p^{\ominus}} + B(p - p^{\ominus}) + \frac{1}{2}C(p^2 - (p^{\ominus})^2) + \cdots \tag{3.2.6}$$

(1)逸度的概念

用上述方法表示非理想气体的化学势,显然极不方便。为了使热力学公式形式上的统一,便于演绎,路易斯以理想气体的化学势表达式为基准,对非理想气体的化学势在形式上引入一个待定的函数 γ,从而力求两者具有相类似的化学势表达式,即令非理想气体的化学势为

$$\mu(T,p) = \mu^{\ominus}(T) + RT \ln \left(\frac{p\gamma}{p^{\ominus}} \right) = \mu^{\ominus}(T) + RT \ln \frac{f}{p^{\ominus}} \tag{3.2.7}$$

式中, γ 称为逸度系数(Fugacity Coefficient), $f = P\gamma$ 称为逸度(Fugacity)。显然,逸度和逸度系数都是温度和压力的函数,同时逸度的量纲与压力的量纲相同,从而逸度系数无量纲。与理想气体化学势表达式相比较,可将逸度理解为校正压力,而逸度系数可理解为压力校正系数(或说校正因子)。

到目前为止,上述引入逸度系数 γ 的作用还仅仅是获得了热力学公式形式上的便利,并没有解决实质性的问题,没有给化学势概念增添新的内涵,同时化学势的计算问题也没有解决。为了使引入的逸度及逸度系数具有实用价值,还需解决参比态定义、逸度和逸度系数计算的问题。

（2）参比态

$$\mu(T,p)_{\text{非}} = \mu(T,p)_{\text{理}} + RT\ln\gamma \tag{3.2.8}$$

理想气体化学势的标准态指$(T,p^{\ominus})$的状态，比较上述公式可知，非理想气体的标准态与理想气体的标准态相同。由这个标准态的规定，可确定逸度f。因为在标准态规定中隐含着一个重要的经验事实：当$p\to0$时，非理想气体趋于理想气体。因此，在$p\to0$时，非理想气体的极限状态有

$$\lim_{p\to0}\frac{f}{p} = \lim_{p\to0}\gamma = 1 \tag{3.2.9}$$

这一极限状态就称为参比态。在这一状态下，有完全确定的逸度$f=p$。综上所述，对于非理想气体逸度f的完整定义为

$$\mu(T,p) = \mu^{\ominus}(T) + RT\ln\frac{f}{p^{\ominus}}$$

$$\lim_{p\to0}\frac{f}{p} = \lim_{p\to0}\gamma = 1 \tag{3.2.10}$$

第一式为化学势表达式，其中$\mu^{\ominus}(T)$表示标准态下的化学势；第二式为参比态定义式。

（3）混合非理想气体的化学势

上述可知，混合理想气体中组分B的化学势表达式为

$$\mu_B(T,p) = \mu_B^{\ominus}(T) + RT\ln\frac{p_B}{p^{\ominus}} \tag{3.2.11}$$

同样对于混合非理想气体可令其组分B的化学势为

$$\mu_B(T,p) = \mu_B^{\ominus}(T) + RT\ln\frac{f_B}{p^{\ominus}} \tag{3.2.12}$$

其中，f_B为组分B的逸度。

对于逸度f_B的计算，路易斯-伦道尔（Lewis-Randau）提出了一个近似规则，即

$$f_B = f_B^* x_B \tag{3.2.13}$$

式中，f_B^*为纯B与混合气体温度相同且压力为混合气体总压力时的逸度。对于逸度系数γ_B有

$$\gamma_B = \frac{f_B}{p_B} = \frac{f_B^* x_B}{p_B} = \frac{f_B^* x_B}{x_B p} = \gamma_B^* \tag{3.2.14}$$

式中，γ_B^*为纯B与混合气体同温，且压力为混合气体总压力时的逸度系数。

3.2 公式小结

性质	方程	成立条件	正文中方程编号
理想气体化学势表达式	$\mu_B = \mu_B^{\ominus}(T) + RT\ln\dfrac{p_B}{p^{\ominus}}$		3.2.3
实际气体化学势	$\mu_B(T,p) = \mu_B^{\ominus}(T) + RT\ln\dfrac{f_B}{p^{\ominus}}$		3.2.12

3.3　稀溶液的两个基本经验定律

在本章中,需要对溶液的热力学进行拓展,特别是用化学势相关规律理解溶液中的行为。对于混合物,以及溶液中溶质和溶剂各自的化学势,目前没有直接的办法来获得。但如果我们能够找到溶质、溶剂或混合物中某一组分与气体达到平衡的关键定律,则可以利用平衡时,两相化学势相等的规律,通过计算平衡时气体的化学势来得到混合物和溶液中各自组成的化学势。

本章中两个稀溶液相关的经验定律分别描述溶质和溶剂与气相组成的平衡规律,其中拉乌尔定律适用于理想液态混合物的任一组分或理想稀溶液中的溶剂,而亨利定律仅适用于溶液中的溶质。

3.3.1　拉乌尔定律

在温度和浓度一定时,溶液和它的蒸气之间可达成两相平衡,各组分在气相中的分压为定值。由实验知道,在一溶剂中加入少量的非挥发性溶质后,溶剂的蒸气压会按比例地降低。拉乌尔归纳实验结果,于 1887 年发表了其定量关系,现称为拉乌尔定律(Raoult's Law),即在一定温度下,稀溶液中溶剂的蒸气压等于纯溶剂的蒸气压乘以溶液中溶剂的物质的量分数。用数学式表示,即为

$$p_A = p_A^* x_A \tag{3.3.1a}$$

式中,p_A^* 为相同温度下纯溶剂的蒸气压,x_A 为溶液中溶剂的物质的量分数。

对于二组分溶液系统,有

$$x_A + x_B = 1$$

从而

$$p_A = p_A^* (1 - x_B)$$

或

$$\frac{p_A^* - p_A}{p_A^*} = x_B \tag{3.3.1b}$$

这是拉乌尔定律的另一种表达形式。

拉乌尔定律是稀溶液的最基本经验定律之一,溶液的其他性质,如凝固点降低、沸点升高及渗透压等,都可以由此作出解释。拉乌尔定律最初从不挥发的非电解质的稀溶液中总结出来,推广到紧邻同系物的双液系统,则有

$$p_A = p_A^* x_A \qquad 和 \qquad p_B = p_B^* x_B \tag{3.3.2}$$

例 3.3.1　乙醇和甲醇组成的溶液可看作理想液体混合物。在 20 ℃时,纯乙醇的饱和蒸气压为 5.93 kPa,纯甲醇的饱和蒸气压为 11.83 kPa。

(1)计算甲醇和乙醇各 100 g 组成的溶液中,甲醇和乙醇物质的量分数;

(2)求溶液的总蒸气压和两物质的分压;

（3）甲醇在气相中的物质的量分数。

解
$$n_甲 = \frac{100 \text{ g}}{32 \text{ g/mol}} = 3.15 \text{ mol}$$

$$n_乙 = \frac{100 \text{ g}}{46 \text{ g/mol}} = 2.174 \text{ mol}$$

$$n = n_甲 + n_乙 = 5.30 \text{ mol}$$

（1）
$$x_甲 = \frac{n_1}{n} = 0.590$$

$$x_乙 = \frac{n_乙}{n} = 0.410$$

（2）
$$p_甲 = p_甲^* x_甲 = 11.83 \text{ kPa} \times 0.590 = 7.00 \text{ kPa}$$

$$p_乙 = p_乙^* x_乙 = 5.93 \text{ kPa} \times 0.410 = 2.43 \text{ kPa}$$

$$p_总 = p_甲 + p_乙 = 9.43 \text{ kPa}$$

（3）气相中

$$p_甲 V = n'_甲 RT \qquad p_乙 V = n'_乙 RT$$

$$\frac{n'_甲}{n'_乙} = \frac{p_甲}{p_乙} = \frac{7.00}{2.43} = 2.88$$

所以

$$x_甲 = \frac{n'_甲}{n'_甲 + n'_乙} = \frac{2.88}{2.88 + 1} = 0.742$$

3.3.2 亨利定律

1803 年,英国化学家亨利根据稀溶液的实验结果归纳出另一经验定律,现称为亨利定律(Henry's Law),其内容:在一定温度和平衡态下,气体 B 在液体中的溶解度 x_B 与该气体的平衡分压 p_B 成正比。用数学式表示即为

$$p_B = k_x x_B \tag{3.3.3}$$

如果用质量摩尔浓度 m_B 和物质的量浓度 c_B 表示亨利定律,则为

$$p = k_m m_B \tag{3.3.4}$$

$$p = k_c c_B \tag{3.3.5}$$

由于是稀溶液,则可进一步近似推得三个亨利常数之间的关系,如对于 k_x 和 k_m,由

$$p = k_x x = k_x \frac{n_B}{n_A + n_B} \approx k_x \frac{n_B}{n_A} = k_x \frac{n_B M_A}{W_A} = k_x M_A m_B$$

得
$$k_m \approx k_x M_A \tag{3.3.6}$$

在应用亨利定律时应注意:①式中 p 为某气体在液面上的分压。对于混合气体,在总压力不大的情况下,亨利定律可分别适用于每一种气体,而与其他气体无关。②溶质在气相和液相的存在状态相同。如 HCl 溶于苯或 $CHCl_3$ 时,它在气相和液相中的存在状态都为 HCl。但 HCl 溶于水时,在液相中的存在状态为 H^+ 和 Cl^-,在气相中的存在状态为 HCl,这时亨利定律不适用。③一般而言,温度越高、压力越低,则溶液就越稀,也就能更好地服从亨利定律。

298 K 时常见气体在水中的亨利常数见表 3.3.1。

表 3.3.1　常见气体在水中的亨利常数

气体	CO_2	H_2	N_2	O_2
$k_x/(100\ kPa)$	0.167	7.12	8.68	4.40

通过如上对拉乌尔定律和亨利定律的讨论可知,拉乌尔定律是针对溶剂而言的,而亨利定律是针对溶质而言的。这两个定律实际上是非电解质稀溶液的极限性质,即在溶液越趋于无限稀就越精确。

3.3 公式小结

性质	方程	成立条件	正文中方程编号
拉乌尔定律	$p_A = p_A^* x_A$	适用于理想液态混合物的任一组分或理想稀溶液中的溶剂 A	3.3.2
亨利定律	$p_B = k_x x_B$	稀溶液且溶质 B 在气液组成相同	3.3.3

3.4　理想液态混合物

在气体化学势计算和拉乌尔定律的基础上,可以实现对符合拉乌尔定律的液相成分进行化学势的推导。包含理想液态混合物和理想稀溶液中的溶剂部分。

3.4.1　理想混合物的定义

如果液态混合物中任一组分在全部浓度范围内都遵从拉乌尔定律,就称为理想液态混合物。从微观的角度来讲,混合前后,各组分的分子大小和作用力彼此近似或者相等,换言之没有体积和焓变变化。通常,光学异构、同位素化合物、立体异构以及紧邻的同系物混合都可以近似看作理想液态混合物。对于实际的混合物,很多时候也可以基于理想液态混合物模型进行拓展。

3.4.2　化学势表达式

对于一理想液态混合物,令其由 $1,2,\cdots,B,\cdots$ 组分构成。同时在 $T,p^{\ominus}$ 条件下,令任一组成和其气相达成平衡。则根据平衡件有

$$\mu_B^l(T,p^{\ominus}) = \mu_B^g = \mu_B^{\ominus}(T) + RT \ln \frac{p_B}{p^{\ominus}} \qquad (3.4.1)$$

同时由拉乌尔定律 $p_B = p_B^* x_B$ 有

$$\mu_B^l(T,p^{\ominus}) = \mu_B^{\ominus}(T,p^{\ominus}) + RT \ln \frac{p_B^*}{p^{\ominus}} + RT \ln x_B = \mu_B^*(T,p^{\ominus}) + RT \ln x_B \quad (3.4.2)$$

式中，$\mu_B^*(T,p^{\ominus})$ 为纯 B 在 $T,p^{\ominus}$ 状态下的化学势。进一步令理想溶液在 T,P 条件下达成气液平衡，则组分 B 在溶液中的化学势 $\mu_B^l(T,p)$ 为

$$\mu_B^l(T,p) = \mu_B^l(T,p^{\ominus}) + \int_{p^{\ominus}}^{p} \left(\frac{\partial \mu_B^l}{\partial p} \right)_T dp$$

$$= \mu_B^l(T,p^{\ominus}) + \int_{p^{\ominus}}^{p} V_{B,m} \, dp$$

$$= \mu_B^*(T,p^{\ominus}) + \int_{p^{\ominus}}^{p} V_{B,m} \, dp + RT \ln x_B$$

对于溶液而言，一般情况下压力对于体积的影响较小，因此上式可近似写为

$$\mu_B^l(T,p) = \mu_B^*(T,p) + RT \ln x_B \quad (3.4.3)$$

这就是理想混合物中组分 B 的化学势表达式，也可作为理想混合物的定义式。

3.4.3 理想混合物的通性

这里所讨论的理想混合物的通性，是指由纯组分混合形成理想混合物这一过程的性质。

（1）体积变化

对于组成一定的理想混合物，考虑其中组分 B，由其化学势表达式可知

$$\left(\frac{\partial \mu_B}{\partial p} \right)_{n,T} = V_{B,m} = \left[\frac{\partial \mu_B^*(T,p)}{\partial p} \right]_{n,T} = V_{B,m}^* = V_m^*(B) \quad (3.4.4)$$

即理想混合物中任一组分的偏摩尔体积等于该组分在纯态时的摩尔体积。从而混合前后的体积变化为

$$\Delta_{mix} V = V_{混合后} - V_{混合前} = \sum_B n_B V_{B,m} - \sum_B n_B V_m^*(B) = 0 \quad (3.4.5)$$

（2）热效应

由于混合形成理想混合物的过程在 T,p 恒定下进行，因而所讨论的热效应为 Q_p 或 $\Delta_{mix} H$。同样由组分 B 的化学势表达式有

$$\frac{\mu_B}{T} = \frac{\mu_B^*(T,p)}{T} + R \ln x_B \quad (3.4.6)$$

由吉布斯-亥姆霍兹方程得

$$\left[\frac{\partial \left(\dfrac{\mu_B}{T} \right)}{\partial T} \right]_p = -\frac{H_{B,m}}{T^2} = \left[\frac{\partial \left(\dfrac{\mu_B^*}{T} \right)}{\partial T} \right]_p = -\frac{H_m(B)}{T^2} \quad (3.4.7)$$

$$H_{B,m} = H_m(B)$$

从而混合过程的热效应为

$$\Delta_{mix} H = H_{混合后} - H_{混合前} = \sum_B n_B H_{B,m} - \sum_B n_B H_m(B) = 0 \quad (3.4.8)$$

（3）混合熵变

对于理想混合物，由化学势表达式有

$$S_{B,m} = -\left(\frac{\partial \mu_B}{\partial T}\right)_{p,n} = -\left(\frac{\partial \mu_B^*}{\partial T}\right)_{p,n} - R \ln x_B = S_m(B) - R \ln x_B \qquad (3.4.9)$$

从而混合过程的熵变为

$$\Delta_{\mathrm{mix}}S = S_{混合后} - S_{混合前} = \sum_B n_B S_{B,m} - \sum_B n_B S_m(B) = -R \sum_B n_B \ln x_B \qquad (3.4.10)$$

由于 $\ln x_B$ 小于 0,则有

$$\Delta_{\mathrm{mix}}S = -R \sum_B n_B \ln x_B > 0 \qquad (3.4.11)$$

(4)混合吉布斯函数变化

由 $\Delta G = \Delta H - T\Delta S$ 有

$$\Delta_{\mathrm{mix}}G = \Delta_{\mathrm{mix}}H - T\Delta_{\mathrm{mix}}S = RT \sum_B n_B \ln x_B < 0 \qquad (3.4.12)$$

即在 T, p 恒定下,混合形成理想混合物的过程是一自发过程。

(5)拉乌尔定律与亨利定律的一致性

在 T, p 恒定下,理想混合物的气液两相达平衡后有

$$\mu_B^l = \mu_B^g = \mu_B^*(T,p) + RT \ln x_B = \mu_B^\ominus(T,p^\ominus) + RT \ln \frac{p_B}{p^\ominus} \qquad (3.4.13)$$

其中引入了拉乌尔定律。变形上式有

$$RT \ln \frac{p_B/p^\ominus}{x_B} = \mu_B^*(T,p) - \mu_B^\ominus(T,p^\ominus)$$

$$\frac{p_B/p^\ominus}{x_B} = \exp \frac{\mu_B^*(T,p) - \mu_B^\ominus(T,p^\ominus)}{RT} = k$$

$$p_B = p^\ominus k x_B = k_x x_B \qquad (3.4.14)$$

这就是亨利定律。由此可知,对于理想混合物而言,拉乌尔定律和亨利定律具有一致性,即它们没有区别。

例 3.4.1 25 ℃时,将 1 mol 纯态苯加入大量的、苯的物质的量分数为 0.200 的苯和甲苯的溶液中。求算此过程的 ΔG。

解 此过程的 $\qquad\qquad \Delta G = G_i - G_{m,i}^*$

因为 $\qquad\qquad G_i = \mu_i, G_{m,i}^* = m_i^\ominus$

$\Delta G = \mu_i - \mu_i^\ominus = RT \ln x_i = 8.314 \text{ J} \cdot \text{K}^{-1} \cdot \text{mol}^{-1} \times 298 \text{ K} \times \ln 0.200 = -3.99 \times 10^3 \text{J} \cdot \text{mol}^{-1}$

3.4 公式小结

性质	方程	成立条件	正文中方程编号
理想混合物的性质	$\Delta_{\mathrm{mix}}V = 0$		3.4.5
	$\Delta_{\mathrm{mix}}H = 0$		3.4.8
	$\Delta_{\mathrm{mix}}S = -R \sum_B n_B \ln x_B > 0$	等温、等压下的混合过程	3.4.11
	$\Delta_{\mathrm{mix}}G = RT \sum_B n_B \ln x_B < 0$		3.4.12

3.5 理想稀溶液中各组分的化学势和依数性质

3.5.1 化学势表达式

以二组分稀溶液为例进行讨论。令稀溶液中溶剂为 A,溶质为 B。由前可知,溶剂 A 服从拉乌尔定律,而溶质 B 服从亨利定律。因此,溶剂 A 的化学势表达式与理想溶液中任一组分的化学势表达式一样,即为

$$\mu_A = \mu_A^*(T,p) + RT \ln x_A \tag{3.5.1}$$

其中,$\mu_A^*(T,p)$ 为纯 A 在 T,p 时的化学势。

对于溶质 B,同样在平衡时有

$$\mu_B^l = \mu_B^g = \mu_B^{\ominus}(T,p^{\ominus}) + RT \ln \frac{p_B}{p^{\ominus}} \tag{3.5.2a}$$

进一步由亨利定律 $p_B = k_x x_B$ 有

$$\mu_B^l = \mu_B^{\ominus}(T,p^{\ominus}) + RT \ln k_x + RT \ln x_B$$
$$= \mu_B^*(T,p) + RT \ln x_B \tag{3.5.2b}$$

式中,$\mu_B^*(T,p)$ 指在一定 T 和 p 下,$x_B = 1$,且满足亨利定律的状态的化学势,如图 3.5.1 所示。图中,R 态化学势即为 $\mu_B^*(T,p)$,显然这是一个假想态;W 态为纯 B 在 T,p 条件下的状态,其化学势为 $\mu_B^{\ominus}(T,p)$。

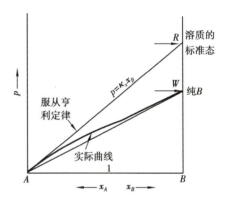

图 3.5.1 溶液中溶质的标准态
（浓度为物质的量分数）

若以质量摩尔浓度表示亨利定律,则有

$$\mu_B = \mu_B^{\ominus}(T,p^{\ominus}) + RT \ln \frac{\kappa_m m^{\ominus}}{p^{\ominus}} + RT \ln \frac{m_B}{m^{\ominus}}$$

$$= \mu_B^{\square}(T,p) + RT \ln \frac{m_B}{m^{\ominus}} \tag{3.5.3}$$

式中,$m^{\ominus}$ 为质量摩尔浓度量纲;$\mu_B^{\square}(T,p)$ 是一定 T 和 p 下,$m_B = 1 \text{ mol} \cdot \text{kg}^{-1}$,且服从亨利定律之状态的化学势。

若以物质的量浓度表示亨利定律,则有

$$\mu_B = \mu_B^{\ominus}(T,p^{\ominus}) + RT \ln \frac{k_c c^{\ominus}}{p^{\ominus}} + RT \ln \frac{c_B}{c^{\ominus}}$$

$$= \mu_B^{\Delta}(T,p) + RT \ln \frac{c_B}{c^{\ominus}} \tag{3.5.4}$$

式中,$c^{\ominus}$ 为物质的量浓度量纲;$\mu_B^{\Delta}(T,p)$ 是一定 T 和 p 下,$c_B = 1 \text{ mol} \cdot \text{dm}^{-3}$,且服从亨利定律之状态的化学势。

3.5.2　稀溶液的依数性

这里仅定量讨论二组分稀溶液,且溶质为非挥发性物质。所讨论的稀溶液性质指蒸气压下降沸点升高、凝固点降低及渗透压等。由于在溶剂的种类和数量确定后,这些性质只依赖于溶质分子的数目,而与溶质的本性无关,故而将稀溶液的这些性质特称为依数性质(Colligative Properties)。

定性地讲,稀溶液的沸点升高、凝固点降低性质,可如图 3.5.2、图 3.5.3 作出说明。这两个性质都与蒸气压下降有关,即与拉乌尔定律有关。定量地讲,由拉乌尔定律出发,以化学势表达式为线索,则可推导出上述性质的定量关系式。

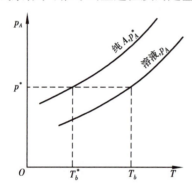

图 3.5.2　稀溶液的沸点升高

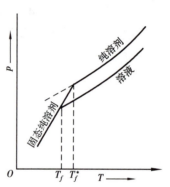

图 3.5.3　稀溶液的凝固点降低

(1)蒸气压下降

由拉乌尔定律 $p_A = p_A^* x_A = p_A^* (1 - x_B)$ 即

$$x_B = \frac{p_A^* - p_A}{p_A^*} = \frac{\Delta p_A}{p_A^*}$$

所以 $\Delta p_A = p_A^* \cdot x_B$

即稀溶液的蒸气压下降值与溶质的物质的量分数 x_B 成正比。

(2)凝固点降低(析出固态纯溶剂)

令在一定 T,p 下,固体纯溶剂 A 与稀溶液达成两相平衡,则对溶剂 A 有

$$\mu_A^l(T, p, x_A) = \mu_A^s(T, p)$$

现在压力 p 恒定下,令溶液的浓度 x_A 发生一微小的变化 $\mathrm{d}x_A$,即 $x_A \rightarrow x_A + \mathrm{d}x_A$,从而凝固点发生相应的微小变化,即 $T \rightarrow T + \mathrm{d}T$。溶液与溶剂固相在新的条件下重新达成平衡,则有

$$\mu_A^l + \mathrm{d}\mu_A^l = \mu_A^s + \mathrm{d}\mu_A^s$$
$$\mathrm{d}\mu_A^l = \mathrm{d}\mu_A^s \tag{3.5.5}$$

在压力恒定下有

$$\mathrm{d}\mu_A^l = \left(\frac{\partial \mu_A^l}{\partial T}\right)_{p, x_A} \mathrm{d}T + \left(\frac{\partial \mu_A^l}{\partial x_A}\right)_{T, p} \mathrm{d}x_A \tag{3.5.6}$$

$$\mathrm{d}\mu_A^s = \left(\frac{\partial \mu_A^s}{\partial T}\right)_P \mathrm{d}T \tag{3.5.7}$$

进一步根据化学势表达式有

$$\left(\frac{\partial \mu_A^l}{\partial T} \right)_{p,x_A} = -S_{A,m}^l \tag{3.5.8}$$

$$\left(\frac{\partial \mu_A^l}{\partial x_A} \right)_{T,p} = \frac{RT}{x_A} \tag{3.5.9}$$

$$\left(\frac{\partial \mu_A^s}{\partial T} \right)_p = -S_m^s(A) \tag{3.5.10}$$

则最后有

$$-S_{A,m}^l \mathrm{d}T + \frac{RT}{x_A}\mathrm{d}x_A = -S_m^s(A)\mathrm{d}T \tag{3.5.11}$$

又在一定温度和压力下两相处于平衡时有

$$\Delta G = \Delta H - T\Delta S = 0$$

则

$$T\Delta S = T[S_{A,m}^l - S_m^s(A)] = \Delta H_m(A) \tag{3.5.12}$$

式中,$\Delta H_m(A)$ 为在凝固点下 1 mol 固态纯 A 溶化进入溶液所产生的热效应,它近似地等于纯 A 的摩尔熔化热 $\Delta_{\mathrm{fus}}H_m(A)$。从而

$$\frac{RT}{x_A}\mathrm{d}x_A = \frac{\Delta_{\mathrm{fus}}H_m(A)}{T}\mathrm{d}T$$

设纯溶剂 A 的凝固点为 T_f^*,则积分有

$$\int_1^{x_A} \frac{\mathrm{d}x_A}{x_A} = \int_{T_f^*}^{T_f} \frac{\Delta_{\mathrm{fus}}H_m(A)}{RT^2}\mathrm{d}T$$

再令 $\Delta_{\mathrm{fus}}H_m(A)$ 与温度无关,则有

$$\ln x_A = \frac{\Delta_{\mathrm{fus}}H_m(A)}{R}\left(\frac{1}{T_f^*} - \frac{1}{T_f} \right) \tag{3.5.13}$$

令 $\Delta T_f = T_f^* - T_f, T_f^* T_f \approx (T_f^*)^2$,则

$$-\ln x_A = \frac{\Delta_{\mathrm{fus}}H_m(A)}{R(T_f^*)^2}\Delta T_f \tag{3.5.14}$$

在溶液很稀时有

$$-\ln x_A = -\ln(1 - x_B) \approx x_B = \frac{n_B}{n_A + n_B} \approx \frac{n_B}{n_A} \tag{3.5.15}$$

从而

$$\Delta T_f = \frac{R(T_f^*)^2}{\Delta_{\mathrm{fus}}H_m(A)} \cdot \frac{n_B}{n_A} = \frac{R(T_f^*)^2}{\Delta_{\mathrm{fus}}H_m(A)} \cdot M_A \frac{n_B}{W_A} = K_f \cdot m_B \tag{3.5.16}$$

这就是稀溶液的凝固点降低公式,其中 $K_f(\mathrm{K} \cdot \mathrm{kg} \cdot \mathrm{mol}^{-1})$ 称为凝固点降低常数(Cryoscopic Constant)。常见溶剂的凝固点降低值见表 3.5.1。

表 3.5.1　常见溶剂的凝固点降低常数值

溶剂	水	醋酸	苯	萘	环己烷	樟脑
$K_f/(\mathrm{K} \cdot \mathrm{mol}^{-1} \cdot \mathrm{kg})$	1.86	3.00	5.10	7.0	20.0	40.0

（3）沸点升高（溶质不挥发）

沸点指液体的蒸气压等于外压时的温度。在一定 T,p 下，稀溶液与溶剂蒸气相达成两相平衡，有

$$\mu_A^l(T,p,x_A) = \mu_A^g(T,p)$$

同样，在压力 p 恒定下组成发生微小变化，即 $x_A \to x_A + \mathrm{d}x_A$，温度 T 发生相应的变化，即 $T \to T + \mathrm{d}T$。按与上述凝固点降低讨论中相类似的推导，最后有

$$\Delta T_b = \frac{R(T_b^*)^2}{\Delta_{vap}H_m(A)} \cdot \frac{n_B}{n_A} = K_b \cdot m_B \tag{3.5.17}$$

式中，$\Delta T_b = T_b - T_b^*$，T_b 为稀溶液的沸点，T_b^* 为纯溶剂 A 的沸点，$\Delta_{vap}H_m(A)$ 为溶剂 A 的摩尔蒸发热，K_b 称为沸点升高常数（Ebullioscopic Constant）。常见溶剂的沸点升高常数值见表3.5.2。

表 3.5.2　常见溶剂的沸点升高常数值

溶剂	水	甲醇	乙醇	乙醚	丙酮	苯	氯仿	四氯化碳
$K_b/(\mathrm{K \cdot kg \cdot mol^{-1}})$	0.52	0.80	1.20	2.11	1.72	2.57	3.88	5.02

（4）渗透压

一定温度下，在 U 形管中用半透膜将溶液和溶剂分开，半透膜只允许溶剂通过，如图 3.5.4 所示。令纯溶剂 A 的化学势为 μ_A，稀溶液中溶剂 A 的化学势为 μ_A'，则

$$\mu_A = \mu_A^\ominus(T) + RT\ln\frac{p_A^*}{p^\ominus}$$

$$\mu_A' = \mu_A^\ominus(T) + RT\ln\frac{p_A}{p^\ominus}$$

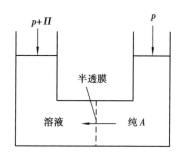

图 3.5.4　稀溶液渗透平衡示意图

式中，p_A^* 为纯溶剂 A 的蒸气压，p_A 为溶液中溶剂 A 的蒸气压，由于 $p_A^* > p_A$，从而有

$$\mu_A > \mu_A'$$

这样，溶剂 A 会自发地通过半透膜而传输到溶液中去。为了阻止上述过程的发生，可施加外压力，使处于半透膜两侧的溶剂 A 的化学势相等，这个额外施加的压力就称为渗透压（Osmotic Pressure），用 Π 表示。

令施加在纯溶剂上的外压力为 p_1，施加在溶液上的外压力为 p_2，则

$$\Pi = p_2 - p_1 \tag{3.5.18}$$

两侧达平衡后有

$$\mu_A = \mu_A' + \int_{p_1}^{p_2}\left(\frac{\partial\mu_A'}{\partial p}\right)_T \mathrm{d}p$$

$$= \mu_A' + \int_{p_1}^{p_2}V_{A,m}\,\mathrm{d}p = \mu_A' + V_{A,m}(p_2 - p_1)$$

从而

$$\Pi V_{A,m} = RT\ln\frac{p_A^*}{p_A} \tag{3.5.19a}$$

进一步根据拉乌尔定律有

$$\Pi V_{A,m} = - RT \ln x_A \tag{3.5.19b}$$

所以

$$\Pi V_{A,m} = - RT \ln x_A = - RT \ln(1 - x_B) \approx RT x_B \approx RT \frac{n_B}{n_A}$$

同时

$$n_A V_{A,m} \approx n_A V_m(A) = V \tag{3.5.20}$$

则有

$$\Pi V = n_B RT \tag{3.5.21}$$

这称为范特霍夫公式(Van't Hoff Equation)。上式也可写为

$$\Pi = \frac{W_B}{V M_B} RT = c_B RT \tag{3.5.22}$$

测定溶液渗透压的应用之一是求大分子的平均分子量,同时渗透问题已成为一门极为精细的应用学科,即反渗透技术,已在海水和苦咸水淡化、食品和医药品的浓缩、电子用超纯水制造、炉水软化、工业废液中有用物质回收、城市污水处理及细菌病毒分离等众多方面有广泛应用。

例 3.5.1 20 ℃时,将 68.4 g 蔗糖($C_{12}H_{22}O_{11}$)溶于 1 000 g 水中形成稀溶液,求该溶液的凝固点、沸点和渗透压各为多少?(该溶液的密度为 1.024 g·cm^{-3})

解 由分子式可知,蔗糖的摩尔质量 $M = 342$ g·mol^{-1},68.4 g 蔗糖溶于 1 000 g 水中,其质量摩尔浓度为

$$m = \frac{68.4}{342} = 0.2 \text{ mol·kg}^{-1}$$

水的凝固点降低常数 $K_f = 1.86$ K·mol^{-1}·kg,由式(3.5.16)有

$$\Delta T_f = K_f \cdot m = 1.86 \text{ K·mol}^{-1} \cdot \text{kg} \times 0.2 \text{ mol·kg}^{-1} = 0.372 \text{ K}$$

水的正常凝固点 $T_b^* = 273.15$ K,所以该溶液的凝固点

$$T_f = (273.15 - 273.522)\text{K} = -0.372 \text{ K}$$

水的沸点升高常数 $K_b = 0.52$ K·mol^{-1}·kg,由式(3.5.17)

$$\Delta T_b = K_b \cdot m = 0.52 \text{ K·mol}^{-1} \cdot \text{kg} \times 0.2 \text{ mol·kg}^{-1} = 0.104 \text{ K}$$

水的正常沸点 $T_f^* = 373.15$ K,所以该溶液的沸点

$$T_b = (373.15 + 0.104)\text{K} = 373.25 \text{ K}(100.10 \text{ ℃})$$

该溶液内含有蔗糖的物质的量 $n_2 = 0.2$ mol,溶液的体积为

$$V = \frac{W}{d} = \left(\frac{1\,000 + 68.4}{1.024}\right)\text{cm}^3 = 1\,043 \text{ cm}^3 = 1.043 \times 10^{-3} \text{ m}^3$$

由式(3.5.21),该溶液的渗透压

$$\Pi = \frac{n_2 RT}{V} = \left(\frac{0.2 \times 8.314 \times 293}{1.043 \times 10^{-3}}\right)\text{Pa} = 4.67 \times 10^5 \text{ Pa}$$

例 3.5.2 实验测得某水溶液的凝固点为 -15 ℃,求该溶液中水的活度以及 25 ℃时该溶液的渗透压。

解　冰的熔化热 $\Delta_{\text{fus}}H_m^{\ominus}=6\,025\ \text{J}\cdot\text{mol}^{-1}$，设为常数；其正常凝固点为 $0℃$，即 $T_f^*=273\ \text{K}$，溶液的凝固点为 $-15℃$，即 $T_f=258\ \text{K}$，由式(3.5.13)

$$\ln a_1 = \frac{\Delta_{\text{fus}}H_m}{R}\left(\frac{1}{T_f^*}-\frac{1}{T_f}\right)=\frac{6\,025}{8.314}\times\left(\frac{1}{273}-\frac{1}{258}\right)$$

$$=-0.154\,3$$

所以该溶液中水的活度

$$a_1=0.857$$

纯水的摩尔体积 $V_{m,1}=18\ \text{cm}^3\cdot\text{mol}^{-1}=1.8\times10^{-5}\ \text{m}^3\cdot\text{mol}^{-1}$，由式(3.5.13)，$25\ ℃$时该溶液的渗透压

$$\Pi=-\frac{RT}{V_{m,1}^*}\ln a_1=\left(\frac{8.314\times298\times0.154\,3}{1.8\times10^{-5}}\right)\text{Pa}$$

$$=2.12\times10^7\ \text{Pa}$$

<h3 align="center">3.5 公式小结</h3>

性质	方程	成立条件	正文中方程编号
溶剂化学势	$\mu_A=\mu_A^*(T,p)+RT\ln x_A$		3.5.1
溶质不同浓度表述下的化学势	$\mu_B=\mu_B^*(T,p)+RT\ln x_B$		3.5.2
	$\mu_B=\mu_B^{\square}(T,p)+RT\ln\dfrac{m_B}{m^{\ominus}}$		3.5.3
	$\mu_B=\mu_B^{\Delta}(T,p)+RT\ln\dfrac{c_B}{c^{\ominus}}$		3.5.4
稀溶液的依数性			
凝固点降低	$\Delta T_f=\dfrac{R(T_f^*)^2}{\Delta_{\text{fus}}H_m(A)}\cdot\dfrac{n_B}{n_A}=K_f\cdot m_B$	溶剂的凝固点降低与溶质的数量成正比	3.5.16
沸点升高	$\Delta T_b=\dfrac{R(T_b^*)^2}{\Delta_{\text{vap}}H_m(A)}\cdot\dfrac{n_B}{n_A}=K_b\cdot m_B$	溶剂的沸点与溶质的数量成正比	3.5.17
渗透压	$\Pi=\dfrac{W_B}{VM_B}RT=c_BRT$	渗透压	3.5.22

3.6　非理想溶液

在讨论非理想气体时曾引入逸度的概念，以描述非理想性对理想性的偏离，达到在非理想和理想情况下其化学势表达式具有类似的形式。在溶液和混合物中，实际情况对拉乌尔定律和亨利定律都有偏移。为此，路易斯等人在讨论偏离理想混合物和理想稀溶液的热力学性质时，引入了活度的概念。通过这种方法，使人们对非理想状态的探讨成为可能。

3.6.1 非理想混合物中各组分的化学势

对于理想混合物,根据气、液两相平衡时组分 B 的化学势相等和拉乌尔定律,得出组分 B 的化学势表达式为

$$\mu_B = \mu_B^*(T,p) + RT \ln x_B$$

在上述表达式中,实际上假定了气相为理想混合气体,如果严格地要求,应视气相为非理想混合气体。因此,从原则上讲,在以前所讨论的内容中,有蒸气压的地方都应改写为逸度,如拉乌尔定律应严格地写为

$$f_B = f_B^* x_B \tag{3.6.1}$$

亨利定律应改写为

$$f_B = \kappa_x x_B \tag{3.6.2}$$

理想混合物中组分 B 的化学势应写为

$$\begin{aligned}
\mu_B &= \mu_B^{\ominus}(T) + RT \ln \frac{f_B}{p^{\ominus}} \\
&= \mu_B^{\ominus}(T) + RT \ln \frac{f_B^*}{p^{\ominus}} + RT \ln x_B \\
&= \mu_B^*(T,p) + RT \ln x_B
\end{aligned} \tag{3.6.3}$$

对于非理想混合物,因其不符合拉乌尔定律,故不可能具有与理想混合物相同的化学势,但可在理想混合物的基础上作出适当的修正,以表示非理想混合物中各组分的化学势,即

$$\mu_B = \mu_B^*(T,p) + RT \ln(x_B \gamma_B) \tag{3.6.4}$$

式中, γ_B 相当于修正因子。令

$$a_{B,x} = x_B \gamma_B$$

称为活度(Activity),而 γ_B 称为活度系数(Activity Coefficient)。显然比较非理想混合物和理想混合物的化学势,有

$$a_{B,x} = x_B \gamma_B = \frac{f_B}{f_B^*} \approx \frac{p_B}{p_B^*} \tag{3.6.5}$$

因此:①活度 $a_{B,x}$ 相当于校正浓度, γ_B 表示非理想混合物对理想混合物的偏离,也就是对拉乌尔定律的偏离;②活度 $a_{B,x}$ 相当于相对逸度,从而无量纲;③在 $\gamma_B = 1$ 时, $a_{B,x} = x_B$,非理想混合物的化学势表达式变为理想混合物的化学势表达式,从而非理想混合物的化学势表达式更具普遍性。

3.6.2 非理想溶液中溶剂的化学势表达式

在非理想溶液的讨论中,标准态问题也是十分重要的。如上由理想混合物出发,通过引入活度的概念,得到非理想溶液中组分 B 的化学势表达式,其中的标准态 $\mu_B^*(T,p)$ 是指一定 T 和 p 下 $x_B = 1$、$\gamma_B = 1$ 时的化学势。由于这化学势表达式以溶液系统服从拉乌尔定律为基础,因此这一表达式适用的范围是:①双液或多液系溶液,即每个组分都是挥发性物质的溶液;

②非挥发性溶质构成的溶液中的溶剂。

3.6.3　非理想溶液中非挥发溶质的化学势表达式

对于非理想溶液中的非挥发性溶质,不能运用上述化学势表达式,因为在稀溶液的讨论中已知溶质服从亨利定律。但以稀溶液中溶质的化学势表达式为基础,可同样得到非理想溶液中溶质的化学势表达式。

在以摩尔分数 x_B 表示尔亨利定律时,非理想溶液中溶质 B 的化学势可表示为

$$\mu_B = \mu_B^*(T,p) + RT \ln a_{B,x} \qquad (3.6.6)$$

其中,活度 $a_{B,x} = x_B \gamma_{B,x}$,标准态是指一定 T 和 p 下 $x_B = 1$、$\gamma_{B,x} = 1$ 且服从亨利定律的状态,$\mu_B^*(T,p)$ 为这假想标准态的化学势。

在以质量摩尔浓度 m_B 表示亨利定律时,非理想溶液中溶质 B 的化学势可表示为

$$\mu_B = \mu_B^*(T,p) + RT \ln a_{B,m} \qquad (3.6.7)$$

其中活度

$$a_{B,m} = \frac{m_B \gamma_{B,m}}{m^\ominus} \qquad (3.6.8)$$

而标准态指一定 T 和 p 下 $\gamma_{B,m} = 1$、$m_B = 1 m^\ominus$ 且服从亨利定律的假想状态。

在以物质的量浓度 C_B 表示亨利定律时,非理想溶液中溶质 B 的化学势可表示为

$$\mu_B = \mu_B^\triangle(T,p) + RT \ln a_{B,c} \qquad (3.6.9)$$

其中活度

$$a_{B,C} = \frac{c_B \gamma_{B,c}}{c^\ominus} \qquad (3.6.10)$$

而标准态指一定 T 和 p 下 $\gamma_{B,C} = 1$、$c_B = c^\ominus$ 且服从亨利定律的状态。

因此,特别要强调的是,对非理想溶液中的溶质,在标准态不同时其活度定义及其数值不同,而标准态的选择与稀溶液中溶质标准态的选择相同。在引用活度数据时,要注明标准态才有意义。

通过活度概念的引入,使非理想溶液中各组分的化学势表达式与理想溶液或稀溶液中各组分的化学势表达式相类似,但还需如下两点才能完全确定活度:①对于气体,有

$$a_B = \frac{f_B}{f_B^*} \qquad (3.6.11)$$

通常气体的标准态定为一定 T、$p = p^\ominus$、理想气体的状态,从而

$$f_B^* = p^\ominus$$
$$a_B = f_B / p^\ominus \qquad (3.6.12)$$

即气体的活度和逸度具有相同的数值,但活度无量纲,逸度有压力的量纲。②对于纯液体或纯固体,一般选取温度为 T、压力 $p = p^\ominus$ 下的纯固体或纯液体为标准态,从而纯固体或纯液体在 $T,p^\ominus$ 状态下的活度为 1。有了如上两个规定,实验测定活度则成为可能。

3.6.4　活度的测定

（1）蒸气压法

对于溶剂 A 有

$$a_{A,x} = x_A \gamma_{A,x} = \frac{f_A}{f_A^*} \approx \frac{p_A}{p_A^*} \tag{3.6.13}$$

则实验测定 p_A 和 p_A^*，可求得溶剂 A 的活度。

对于溶质 B 有

$$f_B \approx p_B = k_x x_B \gamma_{B,x} = k_m m_B \gamma_{B,m} = k_c c_B \gamma_{B,c} \tag{3.6.14}$$

则实验测定 p_B 和相应浓度，外推法求亨利常数后即可求得活度和活度系数。

（2）凝固点降低法

类比于稀溶液的凝固点降低公式，对于非理想溶液的溶剂 A 可有

$$\ln a_A = -\frac{\Delta_{\text{fus}} H_m(A)}{R(T_f^*)^2} \Delta T \tag{3.6.15}$$

实验测定 ΔT，就可求出溶剂 A 的活度。

对于溶质 B，由吉布斯-杜亥姆公式

$$n_A \mathrm{d}\mu_A + n_B \mathrm{d}\mu_B = 0 \tag{3.6.16}$$

出发，可进一步求出其活度或活度系数。

（3）图解积分法

该法指根据一组分的已知活度值，求另一组分的活度值，即从溶质的活度值计算溶剂的活度值，或从溶剂的活度值计算溶质的活度值。这一方法的理论基础是吉布斯-杜亥姆公式。对于两组分溶液，在一定 T,p 下有

$$x_A \mathrm{d}\mu_A + x_B \mathrm{d}\mu_B = 0$$
$$x_A \mathrm{d} \ln a_A + x_B \mathrm{d} \ln a_B = 0$$

或

$$\mathrm{d} \ln a_A = -\frac{x_B}{x_A} \mathrm{d} \ln a_B \tag{3.6.17}$$

又 $x_A + x_B = 1$，$\mathrm{d}x_A = -\mathrm{d}x_B$，且有

$$\mathrm{d} \ln x_A = -\frac{x_B}{x_A} \mathrm{d} \ln x_B \tag{3.6.18}$$

从而

$$\mathrm{d} \ln\left(\frac{a_A}{x_A}\right) = -\frac{x_B}{x_A} \mathrm{d} \ln\left(\frac{a_B}{x_B}\right)$$

$$\ln\left(\frac{a_A}{x_A}\right) = \int_0^{x_B} -\frac{x_B}{x_A} \mathrm{d} \ln\left(\frac{a_B}{x_B}\right) \tag{3.6.19}$$

则以 $\frac{x_B}{x_A} \sim \ln\left(\frac{a_B}{x_B}\right)$ 作图，可求出 A 的活度和活度系数。

例 3.6.1　0.171 kg 蔗糖和 0.100 kg 水组成溶液，100 ℃时渗透压 $\Pi = 33\,226$ kPa。求该

溶液中的活度及活度系数。

已知:100 ℃,1.01×10^2 kPa 时水的比容为 1.043 cm$^3 \cdot$ g^{-1}。

解
$$-RT \ln a_1 = \Pi V_{m,\mathrm{H_2O}}$$

式中
$$V_{m,\mathrm{H_2O}} = \frac{18 \times 1.043}{10^6} \mathrm{m}^3, T = 373 \text{ K}$$

$$\lg a_1 = -\frac{\Pi V_{m,\mathrm{H_2O}}^{\ominus}}{2.303RT} = -1.9126$$

则
$$a_1 = 0.818$$

又
$$x_1 = \frac{100/18}{\dfrac{100}{18 + \dfrac{171}{342}}} = 0.9175$$

$$\gamma_1 = \frac{a_1}{x_1} = 0.892$$

例 3.6.2 已知 298 K 时,固体甘氨酸的标准生成自由能 $\Delta_f G^{\ominus}_{(s)} = -370$ kJ $\cdot$ mol^{-1},其在水中的饱和浓度为 $m = 3.33$ mol $\cdot$ kg^{-1} 溶剂。又知 298 K 时甘氨酸水溶液的标准态 $m = 1$ 的标准生成自由能为 $\Delta_f G^{\ominus}_{(aq)} = -372.9$ kJ $\cdot$ mol^{-1},求甘氨酸在饱和溶液中的活度与活度系数。

解
$$A_{(固)} \xrightarrow{\Delta G_1} A(饱和浓度 m) \xrightarrow{\Delta G_2} A \qquad (m = 1)$$

$$\Delta_f G^{\ominus}_{(aq)} = \Delta_f G^{\ominus}_{(s)} + \Delta G_1 + \Delta G_2$$
$$= \Delta_f G^{\ominus}_{(s)} + \Delta G_2$$
$$= \Delta_f G^{\ominus}_{(s)} + RT \ln \frac{1}{a_{(s)}}$$

所以
$$a_{(s)} = e^{\frac{(\Delta_f G^{\ominus}_{(s)} - \Delta_f G^{\ominus}_{(aq)})}{RT}} = 2.43$$

$$\gamma_{(s)} = \frac{a_{(s)}}{m_{(s)}} = \frac{2.43}{3.33} = 0.730$$

注:①$\Delta G_1 = 0$;②$\Delta G_2 = \mu^* + RT \ln 1 - \mu^* - RT \ln a_{(s)} = RT \ln \dfrac{1}{a_{(s)}}$

此题用到标准态溶液的标准生成自由能概念,它是由 100 kPa 的稳定单质生成标准态溶液($m = 1.0$ mol/kg 或 $C = 1.0$ mol/dm^3)时自由能的改变量。由此数据可计算溶液反应的 $\Delta_f G^{\ominus}_{(aq)}$。

习 题

3.1 指出下列各量哪些是偏摩尔量,哪些是化学势。

$$\left(\frac{\partial A}{\partial n_i}\right)_{T,p,nj} ; \left(\frac{\partial G}{\partial n_i}\right)_{T,V,nj} ; \left(\frac{\partial H}{\partial n_i}\right)_{T,p,nj} ; \left(\frac{\partial U}{\partial n_i}\right)_{S,V,nj} ;$$

$$\left(\frac{\partial H}{\partial n_i}\right)_{S,p,nj} ; \left(\frac{\partial V}{\partial n_i}\right)_{T,p,nj} ; \left(\frac{\partial A}{\partial n_i}\right)_{T,V,nj}$$

3.2 试证明

$$\mu_i = \left(\frac{\partial G}{\partial n_i}\right)_{T,p,nj} = \left(\frac{\partial A}{\partial n_i}\right)_{T,V,nj} = \left(\frac{\partial H}{\partial n_i}\right)_{S,p,nj} = \left(\frac{\partial U}{\partial n_i}\right)_{S,V,nj}$$

3.3 试证明

$$(1)\left(\frac{\partial \mu_i}{\partial T}\right)_p = -S_{i,m}; \qquad (2)\left(\frac{\partial \mu_i}{\partial P}\right)_T = V_i;$$

$$(3)\left(\frac{\partial H_i}{\partial T}\right)_p = -C_{p,i}; \qquad (4)\mu_i = H_i - TS_i$$

3.4 有一水和乙醇形成的混合溶液,水的摩尔分数为 0.4,乙醇的偏摩尔体积为 57.5 $cm^3 \cdot mol^{-1}$,溶液的密度为 0.849 4 $g \cdot cm^3$,试计算此溶液中水的偏摩尔体积。

$$(V_{H_2O} = 16.18 \ cm^3 \cdot mol^{-1})$$

3.5 在 298.15 K 时,NaCl 水溶液的体积 V 与 NaCl 的 n_{NaCl} 的关系式为:

$$V = (55.51V_{m(H_2O)} + 16.4n_{NaCl} + 2.5n_{NaCl}^2 - 1.2n_{NaCl}^3) \times 10^{-3} \ dm^3 \cdot kg^{-1}$$

试计算 0.5 $mol \cdot kg^{-1}$ NaCl 溶液中 NaCl 的偏摩尔体积。

$$(V_{NaCl} = 0.018 \ dm^3 \cdot mol^{-1})$$

3.6 已知纯锌、纯铅和纯镉的蒸气压(Pa)与温度的关系式为

$$Zn: lg(p/Pa) = -\frac{6\ 163 \ K}{T} + 10.233$$

$$Pb: lg(p/Pa) = -\frac{9\ 840 \ K}{T} + 9.953$$

$$Cd: lg(p/Pa) = -\frac{5\ 800 \ K}{T} - 1.23\ lg(T/K) + 14.232$$

设粗锌中含有 0.97% Pb 和 1.3% Cd(摩尔百分数),求在 950 ℃,粗锌蒸馏时的最初蒸馏产物中 Pb 和 Cd 的含量(摩尔百分数)。设此溶液服从拉乌尔定律。

$$(x'_{Pb} = 5 \times 10^{-6}, x'_{Cd} = 0.040\ 2)$$

3.7 298 K 时的水蒸气压为 133.3 Pa,若一甘油水溶液中甘油占 10%,问溶液上的蒸气压为多少?

$$(p = 131 \ Pa)$$

3.8 在 298.15 K 时,氮溶于水的亨利常数为 $K_x = 8.68 \times 10^9$ Pa,若将氮与水平衡时的压力从 6.664×10^5 Pa 降至 1.013×10^5 Pa,问从 1 kg 水中可放出 N_2 多少毫升?

$$(V = 88.5 \ mL)$$

3.9 1 246.15 K 及 101.325 kPa 纯氧下,10 g 熔融银溶解 21.35×10^{-3} dm^3 的 O_2(已换算为标准状况)。已知溶解的氧为原子状态,真空下纯银的熔点为 1 233.65 K,熔融热为 11 674 $J \cdot mol^{-1}$,假设氧的溶解度在此温度范围内不因温度而异,且固相内完全不溶解氧,求:(1)在 101.325 kPa 氧压下;(2)在空气中,($p_{O_2} = 21.198$ kPa)银的熔点各为多少度?

$$[(1)1\ 211.85 \ K; (2)1\ 229.05 \ K]$$

3.10 已知 1 540 ℃,H_2 与 N_2 的分压均为 101.3 kPa 时,液压铁中溶解的 H_2 与 N_2 各为 0.002 5% 及 0.039%,求该温度下与含 H_2 为 0.000 5%、含 N_2 为 0.010% 的液压铁平衡时,气相中 H_2 与 N_2 的分压。

$$(p_{H_2} = 4.05 \ kPa, p_{N_2} = 6.66 \ kPa)$$

3.11 50 ℃时,CCl$_4$ 和 SiCl$_4$ 的饱和蒸气压分别为 42.34 kPa 和 80.03 kPa。设 CCl$_4$ 和 SiCl$_4$ 的溶液是理想的,求:(1)外压 53.28 kPa,沸点为 50 ℃的溶液组成。(2)蒸馏此溶液时开始冷凝物中 SiCl$_4$ 的摩尔分数。

$$[(1)0.290;(2)0.436]$$

3.12 在 100 g 苯中加入 13.76 g 联苯(C$_6$H$_5$C$_6$H$_5$),所形成的溶液沸点为 82.4 ℃。已知纯苯的沸点为 80.1 ℃。

(1)求沸点升高常数 K_b;

(2)求苯的摩尔蒸发热。

$$[(1)K_b = 2.58 \text{ K} \cdot \text{mol}^{-1} \cdot \text{kg};(2)\Delta_{vap}H_m^{\ominus} = 31.4 \text{ kJ} \cdot \text{mol}^{-1}]$$

3.13 已知 0 ℃,101.325 kPa 时,O$_2$ 在水中的溶解度为 4.49 cm^3/100 g(H$_2$O),N$_2$ 在水中的溶解度为 2.35 cm^3/100 g(H$_2$O)。试计算被 101.325 kPa 空气(含 N$_2$79%,含 O$_2$21%)饱和的水,其凝固点较纯水的降低了多少?(已知 $K_f = 1.85$ K $\cdot$ kg $\cdot$ mol^{-1})

$$(\Delta T_f = 2.32 \times 10^{-3} \text{ K})$$

3.14 人的血液可视为水溶液,在 101.325 kPa 下于 -0.56 ℃凝固。已知水的 $K_f = 1.86$ K $\cdot$ kg $\cdot$ mol^{-1}。

(1)求血液在 37 ℃时的渗透压;

(2)求 37 ℃,1 dm^3 蔗糖水溶液中需含有多少克蔗糖,才能与血液有相同的渗透压。

$$[(1)\Pi = 776 \text{ kPa};(2)m = 103 \text{ g}]$$

3.15 20 ℃时,纯苯及纯甲苯的蒸气压分别为 9.92×10^3 Pa 和 2.93×10^3 Pa。若混合等质量的苯和甲苯形成理想溶液,试求在蒸气相中:

(1)苯的分压;

(2)甲苯的分压;

(3)总蒸气压;

(4)苯及甲苯在气相中的物质的量分数。

$$[(1)5.36 \times 10^3;(2)1.35 \times 10^3;(3)6.71 \times 10^3 \text{ Pa};(4)0.80,0.20]$$

3.16 如果纯 A 的物质的量为 n_A,纯 B 的物质的量为 n_B,两者混合形成理想溶液,试证明此混合过程

$$\Delta_{mix}G = RT(n_A \ln x_A + n_B \ln x_B)$$

3.17 两种挥发性液体 A 和 B 混合形成理想溶液。某温度时溶液上面的蒸气总压为 5.41×10^4 Pa,气相中 A 的物质的量分数为 0.450,溶相中为 0.650。求算此温度时纯 A 和纯 B 的蒸气压。

$$(3.75 \times 10^4 \text{ Pa},8.50 \times 10^4 \text{ Pa})$$

3.18 1 540 ℃,钢中碳含量[C]在 0.216% 以下时,可按稀溶液处理,现测得此浓度下,反应:CO$_2$ + [C] = 2CO 平衡时,$p_{co}^2/p_{co_2} = 9\ 421$ kPa。

(1)求平衡常数;

(2)已知在[C] = 0.425% 时,$p_{co}^2/p_{co_2} = 19\ 348$ kPa,求钢中[C]的活度 a_c 和活度函数 f_c;

(3)石墨在钢液中达饱和后测得,$p_{co}^2/p_{co_2} = 1.55 \times 10^6$ kPa,若以石墨作为标准状态,求(2)中钢液的 a_c。

$$[(1)431;(2)a_c = 0.444;(3)0.012\ 5]$$

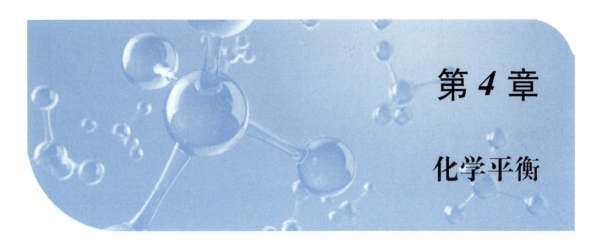

第4章

化学平衡

化学反应在一定条件下能否进行以及在理论上能获得多大产率,这是科学实验和工业生产十分关心的问题。本章应用热力学原理推导出平衡常数与标准吉布斯函数变化的关系式以判断反应进行的程度,导出等温方程以判断反应进行的方向,在此基础上介绍几种平衡常数的计算方法,推导出平衡常数与温度的关系——等压方程,从理论上研究温度、压力、原料配比、惰性物质等因素对各类化学平衡的影响。

4.1　化学平衡的特征

4.1.1　化学反应的吉布斯函变

恒温恒压下,化学反应的趋势可用吉布斯函数变化来量度。反应过程中吉布斯函数在不断地变化,为了表示某反应 $\sum\limits_{B}\nu_B B = 0$ 在反应进度为 ξ(其值为 1 mol,是指反应物的量按化学反应计量式所表示的系数之比进行一个单位的化学反应;而当反应还未进行时其值为 0,即 $\mathrm{d}\xi = \dfrac{\mathrm{d}n_B}{\nu_B}$)时的吉布斯函数变化,必须假设只有微量的物质 $B,C\cdots$ 发生了物质的量分别为 $\mathrm{d}n_B$、$\mathrm{d}n_C\cdots$ 的反应,这时引起反应系统吉布斯函数的微变:

$$\mathrm{d}G_{T,p} = \mu_B \mathrm{d}n_B + \mu_C \mathrm{d}n_C + \cdots = \mu_B \nu_B \mathrm{d}\xi + \mu_C \nu_C \mathrm{d}\xi + \cdots = \left(\sum_B \nu_B \mu_B \right)\mathrm{d}\xi$$

于是有

$$\left(\frac{\partial G}{\partial \xi} \right)_{T,p} = \sum \nu_B \mu_B = \Delta_r G_m \tag{4.1.1}$$

式中,$\left(\dfrac{\partial G}{\partial \xi} \right)_{T,p}$ 称为摩尔反应吉布斯函变,通常以 $\Delta_r G_m$ 表示,它表示 T,p,ξ 时,即在一定的温度、压力和组成的条件下,把 $\mathrm{d}\xi$ 的微量反应折合成每摩尔反应时所引起的吉布斯函数变化,当然也等于反应系统为无限大量时 1 mol 反应引起的吉布斯函数变化;μ_B 是参与反应的各物质的化学势,在反应过程中可看作是不变的。

4.1.2 化学反应的平衡条件

恒温恒压下,某反应系统的吉布斯函数 G 随 ξ 的变化如图 4.1.1 所示。可见,随反应的进行 ξ 逐渐增大,G 逐渐减小,达到平衡时 G 为极小,此时有

$$\left(\frac{\partial G}{\partial \xi}\right)_{T,p} = 0 \qquad (4.1.2)$$

或

$$\Delta_r G_m = \sum_B \nu_B \mu_B = 0 \qquad (4.1.3)$$

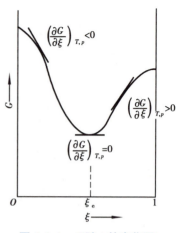

图 4.1.1 G 随 ξ 的变化图

由图还可看出,曲线的最低点为反应的限度。当 $\left(\frac{\partial G}{\partial \xi}\right)_{T,p} < 0$ 或 $\Delta_r G_m < 0$ 时,表示反应右向进行,且是自发的;当 $\left(\frac{\partial G}{\partial \xi}\right)_{T,p} > 0$ 或 $\Delta_r G_m > 0$ 时,表示右向进行的反应不可能自发进行,而需外力帮助(如电解)才能发生。

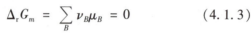

4.1 公式小结

性质	方程	成立条件	正文中方程编号
反应的吉布斯自由能	$\left(\frac{\partial G}{\partial \xi}\right)_{T,p} = \sum \nu_B \mu_B = \Delta_r G_m$	等温等压	4.1.1

4.2 化学反应的平衡常数与等温方程

4.2.1 气相反应的化学反应等温方程

任何气体的化学势可表示为

$$\mu_B(T,p) = \mu_B^{\ominus}(T) + RT\ln\frac{f_B}{p^{\ominus}} \qquad (4.2.1)$$

式中,$\mu_B^{\ominus}(T)$ 仅是温度的函数,这个状态是指当 $p_B = p^{\ominus}$ 的纯理想气体,即为气体的标准态;对于理想气体 $f_B = p_B$;对于真实气体 $f_B = p_B\gamma_B$,且 $p_B \to 0$ 时 $\lim\gamma_B = 1$。

将式(4.2.1)代入式(4.1.1)可得

$$\Delta_r G_m = \sum \nu_B \mu_B = \sum_B \nu_B \mu_B^{\ominus}(T) + \sum_B \nu_B RT\ln\frac{f_B}{p^{\ominus}}$$

令

$$\sum_B \nu_B \mu_B^{\ominus}(T) = \Delta_r G_m^{\ominus}(T) \qquad (4.2.2)$$

对于任意的化学反应系统:

$$dD + eE + \cdots \rightarrow gG + hH + \cdots$$

则有
$$\Delta_r G_m = \Delta_r G_m^{\ominus}(T) + RT \ln \prod_B \left(\frac{f_B}{p^{\ominus}}\right)^{\nu_B} \tag{4.2.3}$$

或
$$\Delta_r G_m = \Delta_r G_m^{\ominus}(T) + RT \ln Q_f \tag{4.2.4}$$

式中
$$Q_f = \frac{\left(\frac{f_G}{p^{\ominus}}\right)^g \left(\frac{f_H}{p^{\ominus}}\right)^h \cdots}{\left(\frac{f_D}{p^{\ominus}}\right)^d \left(\frac{f_E}{p^{\ominus}}\right)^e \cdots} = \prod_B \left(\frac{f_B}{p^{\ominus}}\right)^{\nu_B}$$

称为逸度商。式(4.2.3)或式(4.2.4)即为化学反应的等温方程式。若反应系统已达平衡，$\Delta_r G_m = 0$，式中的逸度商均应换作平衡时的数据，即有

$$\Delta_r G_m^{\ominus} = -RT \ln Q_{f,e} = -RT \ln \frac{\left(\frac{f_G}{p^{\ominus}}\right)_e^g \left(\frac{f_H}{p^{\ominus}}\right)_e^h \cdots}{\left(\frac{f_D}{p^{\ominus}}\right)_e^d \left(\frac{f_E}{p^{\ominus}}\right)_e^e \cdots}$$

由于定温下对给定的反应，$\Delta_r G_m^{\ominus}(T)$ 有恒定值，故上式中对数项的值也有定值。令

$$K_f^{\ominus} = \frac{\left(\frac{f_G}{p^{\ominus}}\right)_e^g \left(\frac{f_H}{p^{\ominus}}\right)_e^h \cdots}{\left(\frac{f_D}{p^{\ominus}}\right)_e^d \left(\frac{f_E}{p^{\ominus}}\right)_e^e \cdots} = \prod_B \left(\frac{f_B}{p^{\ominus}}\right)_e^{\nu_B} \tag{4.2.5a}$$

$K_f^{\ominus}$ 称为热力学平衡常数(thermodynamic equilibrium constant)，也称标准平衡常数(standard equilibrium constant，简称平衡常数)，是一个无量纲量，其中 ν_B 为反应方程式中各反应物的计量系数。

对于由混合理想气体系组成的反应系统，$\gamma_B = 1$，则 $f_B = p_B$，则标准平衡常数为

$$K_p^{\ominus} = \frac{\left(\frac{p_G}{p^{\ominus}}\right)_e^g \left(\frac{p_H}{p^{\ominus}}\right)_e^h \cdots}{\left(\frac{p_D}{p^{\ominus}}\right)_e^d \left(\frac{p_E}{p^{\ominus}}\right)_e^e \cdots} = \prod_B \left(\frac{p_B}{p^{\ominus}}\right)_e^{\nu_B} \tag{4.2.5b}$$

由此得到：
$$\Delta_r G_m^{\ominus} = -RT \ln K_f^{\ominus} \tag{4.2.6a}$$

或(对理想气体系统)
$$\Delta_r G_m^{\ominus} = -RT \ln K_p^{\ominus} \tag{4.2.6b}$$

将式(4.2.6a)代入式(4.2.4)，则得
$$\Delta_r G_m = -RT \ln K_f^{\ominus} + RT \ln Q_f \tag{4.2.7a}$$

对于理想气体系统，$Q_f = Q_p$，$K_f^{\ominus} = K_p^{\ominus}$，所以上式可改写为：
$$\Delta_r G_m = -RT \ln K_p^{\ominus} + RT \ln Q_p \tag{4.2.7b}$$

这是化学反应等温式的另一种表示方式。

若 $K_p^{\ominus} > Q_p$，则 $\Delta_r G_m < 0$，反应可向右自发进行。

若 $K_p^{\ominus} = Q_p$，则 $\Delta_r G_m = 0$，表示系统已处于平衡。

若 $K_p^{\ominus} < Q_p$,则 $\Delta_r G_m > 0$,表示对于给定的反应不能右向自发进行。

在讨论化学平衡时,式(4.2.6)和式(4.2.7)是两个很重要的方程式,$\Delta_r G_m^{\ominus}(T)$ 和平衡常数相联系,而 $\Delta_r G_m$ 则和反应的方向相联系。式(4.2.7)还表明了反应进行的限度。

4.2.2　平衡常数间的关系

对于气相反应,平衡常数有下列几种表示方法:

(1)用压力表示的平衡常数 K_p

由式(4.2.5b)可得

$$K_f^{\ominus} = \frac{(p_G\gamma_G)_e^g (p_H\gamma_H)_e^h\cdots}{(p_D\gamma_D)_e^d (p_E\gamma_E)_e^e\cdots} \times (P^{\ominus})^{-\sum\limits_B \nu_B} = K_P \cdot K\gamma \times (p^{\ominus})^{-\sum\limits_B \nu_B} \qquad (4.2.8)$$

式中,$K_p = \prod\limits_B p_B^{\nu_B}$,$K_\gamma = \prod\limits_B \gamma_B^{\nu_B}$。

由式(4.2.2)和式(4.2.6)可知,$K_f^{\ominus}$ 仅为温度的函数,不过由于 K_γ 与 T, p 有关,所以 K_P 也与温度、压力有关。但在压力不大的情况下(γ_B 近似为 1)或反应为理想气体系统(γ_B 为 1)时,K_P 也可看作只与温度有关。

(2)用摩尔分数表示的平衡常数 K_x

$$K_x = \frac{x_G^g x_H^h\cdots}{x_D^d x_E^e\cdots} = \prod\limits_B (x_B)^{\nu_B} \qquad (4.2.9)$$

对于理想气体系统,因 $K_p = \prod\limits_B p_B^{\nu_B}$ 和 $p_B = px_B$,式(4.2.9)变为

$$K_x = K_p p^{-\sum\limits_B \nu_B} \qquad (4.2.10)$$

由式(4.2.10)可见,即使把 K_p 看成只是温度的函数,K_x 一般仍与 T, p 有关。

(3)用浓度表示的平衡常数 K_c

$$K_c = \frac{c_G^g c_H^h\cdots}{c_D^d c_E^e\cdots} \qquad (4.2.11)$$

对于理想气体系统,$p = cRT$,所以有

$$K_p = \frac{p_G^g p_H^h\cdots}{p_D^d p_E^e\cdots} = \frac{(c_G RT)^g (c_H RT)^h\cdots}{(c_D RT)^d (c_E RT)^e\cdots} = K_c (RT)^{\sum\limits_B \nu_B} \qquad (4.2.12)$$

由此可知,对于理想气体系统,K_c 也是温度的函数。若反应的 $\sum\limits_B \nu_B = 0$,则各种形式的平衡常数相等。

4.2.3　溶液中的反应

对于均相液相反应,在常压或压力不太大时,参加反应的各组分的化学势可表示为

$$\mu_B(T, p, x_B) = \mu_B^{\ominus}(T, p^{\ominus}) + RT\ln a_B$$

将上式代入式(4.1.1),可得

$$\Delta_r G_m = \sum \nu_B \mu_B = \sum\limits_B \nu_B \mu_B^{\ominus}(T) + RT\ln \prod\limits_B a_B^{\nu_B} = \Delta_r G_m^{\ominus} + RT\ln Q_a \qquad (4.2.13)$$

当系统达到平衡时，$\Delta_r G_m = 0$，则有

$$\Delta_r G_m^\ominus = \sum_B \nu_B \mu_B^\ominus(T) = -RT \ln \prod_B (a_B)_e = -RT \ln K_a^\ominus \tag{4.2.14}$$

若为理想溶液系统，式(4.2.14)可简化为：

$$\Delta_r G_m^\ominus = -RT \ln \prod_B (x_B^{\nu_B})_e = -RT \ln K_x^\ominus \tag{4.2.15a}$$

其中，

$$K_c^\ominus = \prod_B (x_B)_e^{\nu_B} \tag{4.2.15b}$$

当溶质的化学势用体积摩尔浓度 c_B 表示时，根据(3.5.4)，$\mu_B = \mu_B^\triangle(T,p) + RT \ln \dfrac{c_B}{c^\ominus}$，当系统达到平衡时，$\Delta_r G_m = 0$，可以推导出：

$$\Delta_r G_{m,c}^\ominus = -RT \ln K_c^\ominus \tag{4.2.16a}$$

和

$$K_c^\ominus = \prod_B \left(\frac{c_B}{c^\ominus}\right)_e^{\nu_B} \tag{4.2.16b}$$

其中，$c^\ominus = 1 \text{ mol} \cdot \text{dm}^{-3}$。

化学势如果采用质量摩尔浓度 m_B 表示，根据(3.5.3)

$$\mu_B = \mu_B^\ominus(T,p) + RT \ln \frac{m_B}{m^\ominus}$$

当系统达到平衡时，$\Delta_r G_m = 0$，可以推导出：

$$\Delta_r G_{m,m}^\ominus = -RT \ln K_m^\ominus \tag{4.2.17a}$$

$$K_m^\ominus = \prod_B \left(\frac{m_B}{m^\ominus}\right)_e^{\nu_B} \tag{4.2.17b}$$

式中，$m^\ominus = 1 \text{ mol} \cdot \text{kg}^{-1}$

最后，在真实溶液中，溶质的化学势需要采用活度来表示，即采用与 c 或 m 对应的活度表示方法。实际上，溶液中化学平衡的表述方法还有很多种，比如在冶金的熔岩、固溶体和有机溶剂等情况下，标准化学平衡常数和经验平衡常数都会根据溶质的化学势标准态的定义不同而发生变化。

4.2.4 复相反应系统

纯凝聚相(不形成溶液或固溶体的纯液相或固相)和气体间的反应属于复相反应。例如：

煤的气化：$C(s) + H_2O(g) = CO(g) + H_2(g)$；

碳酸钙的分解：$CaCO_3(s) = CO_2(g) + CaO(s)$；

磁铁矿的还原：$Fe_3O_4(s) + CO(g) = 3FeO(g) + CO_2(g)$等。

以上反应可写为一般的形式：

$$dD(s) + eE(g) = gG(s) + hH(g)$$

因纯液体或纯固体的化学势实际上只和温度有关，压力的影响可以忽略不计，即系统在任意 T,p 下复相系统中各组分的化学势(将气体视为理想气体)：

$$\mu_D = \mu_D^{\ominus}, \quad \mu_G = \mu_G^{\ominus}$$

$$\mu_E = \mu_E^{\ominus}(T) + R\ln\left(\frac{p_E}{p^{\ominus}}\right), \quad \mu_H = \mu_H^{\ominus}(T) + R\ln\left(\frac{p_H}{p^{\ominus}}\right)$$

系统达平衡时有：

$$K_p^{\ominus} = \exp\left(-\frac{\Delta_r G_m^{\ominus}}{RT}\right) = \exp\left(\frac{-\sum_B \nu_B \mu_B^{\ominus}(T)}{RT}\right) = \frac{\left(\frac{p_H}{p^{\ominus}}\right)^h}{\left(\frac{p_E}{p^{\ominus}}\right)^e} = (p^{\ominus})^{e-h} K_p \quad (4.2.18)$$

因此，在有纯凝聚相参加的理想气体反应中，各气相组分的标准平衡分压商等于标准平衡常数，其中不出现凝聚相。

复相平衡中有一类特殊的类型，其特点是平衡只涉及气体生成物，而其余都是凝聚相。例如：

$$Ag_2O(s) \rightarrow 2Ag(s) + 0.5O_2(g) \qquad K_P = \sqrt{p_{O_2}} \qquad (4.2.19)$$

式(4.2.19)为达平衡时的氧气分压力（即为系统的总压）又称氧化银的分解压，其在定温下有定值。当环境中氧气的压力小于分解压时，反应正向进行；当氧气的分压大于分解压时，反应逆向进行。若气体分解产物不止一种时，则各气体产物的分压之和称为分解压。例如氯化铵的分解：

$$NH_4Cl(s) = NH_3(g) + HCl(g) \qquad (4.2.20)$$

总压 $p = p_{NH_3} + p_{HCl}$，又因为 $p_{NH_3} = p_{HCl}$，所以有：

$$K_p = p_{NH_3} p_{HCl} = \frac{p^2}{4}$$

随着温度升高，物质的分解压也升高，图4.2.1为某些氧化物的分解压与温度的关系；当分解压等于外压时，分解反应明显发生，此时的温度称为分解温度，它将随外压的升高而增加。在同一温度下，不同物质的热稳定性与其分解压有关(表4.2.1)，可以看出，稳定性越差的物质，分解压越大。

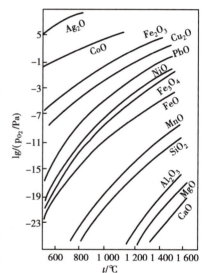

图4.2.1　某些氧化物的分解压与温度的关系

表4.2.1　不同物质的热稳定性与其分解压的关系

氧化物	CuO	FeO	MnO	SiO$_2$	Al$_2$O$_3$	MgO
分解压 p/kPa	2.0×10^{-8}	3.3×10^{-18}	3.0×10^{-31}	1.3×10^{-38}	5.0×10^{-46}	3.4×10^{-50}
稳定性		热稳定性渐增	$\rightarrow$			

因 MnO, SiO$_2$, Al$_2$O$_3$ 的热稳定性好，在炼钢过程中常选用 Al, Si, Mn 作为脱氧剂。

值得说明的是，平衡常数的数值与其反应式的写法有关。例如，将反应式(4.2.19)改写为

$$2Ag_2O(s) \rightarrow 4Ag(s) + O_2(g)$$

设其平衡常数为 $K_p{'}$，则有

$$K_p{'} = p_{O_2} = K_p^2$$

因此，对于同一反应式，反应式的写法不同，其平衡常数值也不同。

4.2 公式小结

性质	方程	成立条件	正文中方程编号
化学反应等温方程式	$\Delta_r G_m = \Delta_r G_m^{\ominus}(T) + RT\ln Q_f$		(4.2.4)
	$\Delta_r G_m^{\ominus} = -RT\ln \prod\limits_B (x_B^{\nu_B})_e$		(4.2.15a)
标准平衡常数	$K_f^{\ominus} = \prod\limits_B \left(\dfrac{f_B}{p^{\ominus}}\right)_e^{\nu_B}$		(4.2.5a)
	$K_p^{\ominus} = \prod\limits_B \left(\dfrac{p_B}{p^{\ominus}}\right)_e^{\nu_B}$		(4.2.5b)
	$K_x^{\ominus} = \prod\limits_B (x_B)_e^{\nu_B}$		(4.2.15b)
	$K_c^{\ominus} = \prod\limits_B \left(\dfrac{c_B}{c^{\ominus}}\right)_e^{\nu_B}$		(4.2.16b)
	$K_m^{\ominus} = \prod\limits_B \left(\dfrac{m_B}{m^{\ominus}}\right)_e^{\nu_B}$		(4.2.17b)
标准摩尔吉布斯自由能	$\Delta_r G_m^{\ominus} = -RT\ln K_f^{\ominus}$		(4.2.6a)
	$\Delta_r G_m^{\ominus} = -RT\ln K_p^{\ominus}$		(4.2.6b)
	$\Delta_r G_m^{\ominus} = -RT\ln \prod\limits_B (x_B^{\nu_B})_e$		(4.2.15a)
	$\Delta_r G_{m,c}^{\ominus} = -RT\ln K_c^{\ominus}$		(4.2.16a)
	$\Delta_r G_{m,m}^{\ominus} = -RT\ln K_m^{\ominus}$		(4.2.17a)
部分经验平衡常数	$K_x = \dfrac{x_G^g x_H^h \cdots}{x_D^d x_E^e \cdots}$		(4.2.9)
	$K_c = \dfrac{c_G^g c_H^h \cdots}{c_D^d c_E^e \cdots}$		(4.2.11)
	$K_p = \dfrac{p_G^g p_H^h \cdots}{p_D^d p_E^e \cdots}$		(4.2.12)

4.3 平衡常数计算

4.3.1 平衡常数和平衡组成的计算

平衡常数可通过测定平衡系统中各物质的浓度或压力加以计算,也可用平衡转化率间接地反映达平衡时各物质的量。所谓转化率是指转化掉的某反应物占原始反应物的分数,而产率则指转化为指定产物的某反应物占原始反应物的分数,即

$$转化率 = \frac{某反应物消耗掉的数量}{该反应物的原始数量} \tag{4.3.1}$$

$$产率 = \frac{转化为指定产物的某反应物数量}{该反应物的原始数量} \tag{4.3.2}$$

例 4.3.1 对于氯化铵的分解:

$$NH_4Cl(s) \rightarrow NH_3(g) + HCl(g)$$

将氯化铵固体放入抽空的容器,在 520 K 时平衡后,测得总压力为 5 066 Pa。在另一实验中,将 0.02 mol 的氯化铵和 0.02 mol $NH_3(g)$ 引入 42.7 dm^3 的抽空容器中,仍保持 520 K。试求平衡后各物质的量。

解 在第一种情况下,因 $p_{NH_3} = p_{HCl}$,所以有

$$K_p^{\ominus} = \left(\frac{p_{NH_3}}{p^{\ominus}}\right)\left(\frac{p_{HCl}}{p^{\ominus}}\right) = \frac{p^2}{(2p^{\ominus})^2} = \frac{(5\ 066\ Pa)^2}{(2 \times 101\ 325\ Pa)^2} = 6.249 \times 10^{-4}$$

在第二种情况下,0.02 mol 的 $NH_3(g)$ 在容器中产生的压力为

$$\frac{0.02\ mol \times 8.314\ J \cdot K^{-1} \cdot mol^{-1} \times 520\ K}{42.7 \times 10^{-3}\ m^3} = 2\ 025\ Pa$$

$$K_p^{\ominus} = \left(\frac{p_{NH_3}}{p^{\ominus}}\right)\left(\frac{p_{HCl}}{p^{\ominus}}\right) = (p_{HCl} + 2\ 025\ Pa) \times p_{HCl} \times \left(\frac{1}{p^{\ominus}}\right)^2 = 6.249 \times 10^{-4}$$

解得 $p_{HCl} = 1\ 715\ Pa, p_{NH_3} = (1\ 715 + 2\ 025)Pa = 3\ 740\ Pa$

平衡后 HCl 的物质的量为: $n = \frac{pV}{RT} = \frac{1\ 715\ Pa \times 42.7 \times 10^{-3}\ m^3}{8.314\ J \cdot K^{-1} \cdot mol^{-1} \times 520\ K}$

同法可求得 NH_3 的物质的量为 0.036 9 mol。

剩余的固体氯化铵的物质的量为:0.02 mol − 0.016 9 mol = 0.003 1 mol

例 4.3.2 298.15 K 时乙醇与乙醛混合发生如下反应:

$$2C_2H_5OH + CH_3CHO = CH_3CH(OC_2H_5)_2 + H_2O$$

当 1.00 mol 乙醇和 0.091 mol 乙醛混合,测出乙醛的平衡转化率为 90.72%,溶液体积为 63.0 cm^3,设溶液为理想溶液,试计算该反应的 $K_c^{\ominus}$ 和 $\Delta_r G_m^{\ominus}$。

解 首先写出平衡后各组分(为了书写方便,采用代号)的含量及浓度:

$$2A \quad + \quad B \quad \rightarrow \quad E \quad + \quad F$$

n_B/mol $1 - 2 \times 0.091 \times 0.907\,2$ $0.091(1 - 0.907\,2)$ $0.091 \times 0.907\,2$ 0.091×0.9072

x_B $\qquad\qquad 0.828 \qquad\qquad 0.008\,4 \qquad\qquad 0.081\,9 \qquad\qquad 0.0819$

其中，$\sum_B n_B = n_A + n_B + n_E + n_F = 0.835 + 0.008\,5 + 0.082\,6 + 0.082\,6 = 1.008\,7\ \text{mol}$

平衡常数 $K_x^{\ominus}(298\ \text{K}) = \dfrac{x_E x_F}{x_A^2 x_B} = \dfrac{0.081\,9 \times 0.081\,9}{0.828^2 \times 0.008\,4} = 1.17$

系统是理想溶液，所以：

$$\Delta_r G_m^{\ominus} = -RT\ln K_x^{\ominus} = -8.314\ \text{J·K}^{-1}\text{·mol}^{-1} \times 298.15\ \text{K} \times \ln 1.17 = 390\ \text{J·mol}^{-1}$$

各组分的浓度为 $c_A = \dfrac{0.835\ \text{mol}}{0.063\ \text{dm}^3} = 13.3\ \text{mol·dm}^{-3}$，$c_B = 0.134\ \text{mol·dm}^{-3}$

$$c_E = 1.31\ \text{mol·dm}^{-3},\quad c_F = 1.31\ \text{mol·dm}^{-3}$$

所以，$K_c^{\ominus}(298\ \text{K}) = \dfrac{(c_E/c^{\ominus})(c_F/c^{\ominus})}{(c_A/c^{\ominus})^2(c_B/c^{\ominus})} = \dfrac{1.31 \times 1.31}{13.3^2 \times 0.134} = 0.072\,9$

例 4.3.3 已知 1 000 K 时的水煤气的反应：

$$C(s) + H_2O(g) = CO(g) + H_2(g)$$

在 101.325 kPa 时，平衡转化率 $\alpha = 0.844$。求：(1)标准平衡常数 $K_p^{\ominus}$；(2)111.458 kPa 时的平衡转化率 α。

解 (1)C(s)为凝聚相，其分压在平衡常数中不出现。设 $H_2O(g)$ 的原始数量为 1 mol，则：

$$C(s) + H_2O(g) \rightarrow CO(g) + H_2(g)$$

平衡 n_B/mol：$\qquad\qquad\qquad 1-\alpha \qquad \alpha \qquad \alpha$

平衡分压 p_B：$\qquad\qquad \dfrac{1-\alpha}{1+\alpha}p \quad \dfrac{\alpha}{1+\alpha}p \quad \dfrac{\alpha}{1+\alpha}p$

$$\sum_B n_B = (1-\alpha) + \alpha + \alpha = 1+\alpha$$

$$K_p^{\ominus} = \dfrac{\left(\dfrac{\alpha}{1+\alpha}\cdot\dfrac{p}{p^{\ominus}}\right)\left(\dfrac{\alpha}{1+\alpha}\cdot\dfrac{p}{p^{\ominus}}\right)}{\dfrac{1-\alpha}{1+\alpha}\cdot\dfrac{p}{p^{\ominus}}} = \dfrac{\alpha^2}{1-\alpha^2}\cdot\dfrac{p}{p^{\ominus}} = \dfrac{0.844^2}{1-0.844^2} \times \dfrac{101.325}{101.325} = 2.48$$

(2)当压力为 111.458 kPa 时：

$$K_p^{\ominus} = \dfrac{\alpha^2}{1-\alpha^2}\cdot\dfrac{p}{p^{\ominus}} = \dfrac{\alpha^2}{1-\alpha^2} \times \dfrac{111.458}{101.325} = 2.48$$

由此得：$\alpha = 0.832$

例 4.3.4 101.325 kPa 下、800 K 时，正戊烷异构化为异戊烷和新戊烷的反应：

(1)正-C_5H_{12} = 异-C_5H_{12} $\quad K_p^{\ominus} = 1.795$

(2)正-C_5H_{12} = $C(CH_3)_4$(新) $\quad K_p^{\ominus} = 0.137$

计算 1 mol 的正戊烷生成异戊烷和新戊烷的物质的量。

解 这实际上是一个简单的平行反应，设平衡后正戊烷和新戊烷的物质的量分别为 x mol 和 y mol，则正戊烷的物质的量为 $(1-x-y)$ mol。

据反应式(1) $\dfrac{x}{1-x-y} = 1.795$

据反应式(2)　$\dfrac{y}{1-x-y}=0.137$

两式联立求解得:$x=0.612\ \text{mol}$(异戊烷),$y=0.046\ 7\ \text{mol}$(新戊烷)。

例 4.3.5　(1)在 1 120 ℃下用 H_2 还原 $FeO(s)$,平衡时混合气体中 H_2 的摩尔分数为 0.54,求 $FeO(s)$ 的分解压。已知同温度下:

$$2H_2O(g) = 2H_2(g) + O_2(g)\qquad K_p^{\ominus} = 3.4 \times 10^{-13}$$

(2)在炼铁炉中,氧化铁按如下反应还原:

$$FeO(s) + CO(g) = Fe(s) + CO_2(g)$$

求 1 120 ℃下,还原 1 mol FeO 需要 CO 物质的量为多少?已知同温度下:

$$2CO_2(g) = 2CO(g) + O_2(g)\qquad K_p^{\ominus} = 1.4 \times 10^{-12}$$

解　(1)由已知条件得,反应

$$FeO(s) + H_2(g) = Fe(s) + H_2O(g)\tag{a}$$

$$K_x(a) = \frac{x_{H_2O(g)}}{x_{H_2}} = \frac{0.46}{0.54} = 0.815\ 8 = K_p(a)$$

反应　$2H_2O(g) = 2H_2(g) + O_2(g)$ （b）

$$K_p(b) = p^{\ominus} \times K_p^{\ominus} = 10^5 \times 3.4 \times 10^{-13} = 3.4 \times 10^{-8}\ \text{Pa}$$

由 $2 \times (a) + (b)$ 得　$2FeO(s) \rightarrow 2Fe(s) + O_2(g)$ （c）

所以有:$K_p(c) = [K_p(a)]^2 \times K_p(b)$

即　$K_p(c) = 0.815\ 8^2 \times 3.4 \times 10^{-8} = 2.500 \times 10^{-8}\ \text{Pa}$

而 $K_p(c) = p_{O_2}$,因此 $p_{O_2} = 2.500 \times 10^{-8}\ \text{Pa}$,即为 FeO 的分解压。

(2)反应(c)的 $K_p^{\ominus}(c) = K_p(c) \times (p^{\ominus})^{-1} = 2.467 \times 10^{-8} \times (10^5)^{-1} = 2.467 \times 10^{-13}$

记反应

$$2CO_2(g) = 2CO(g) + O_2(g)\tag{d}$$

即 $K_p^{\ominus}(d) = 1.4 \times 10^{-12}$

因 $0.5 \times [(c) - (d)]$ 得:$FeO(s) + CO(g) = Fe(s) + CO_2(g)$ （e）

所以有:$K_p^{\ominus}(e) = \left(\dfrac{K_p^{\ominus}(c)}{K_p^{\ominus}(d)}\right)^{0.5} = \left(\dfrac{2.467 \times 10^{-13}}{1.4 \times 10^{-12}}\right)^{0.5} = 0.419\ 8 = K_x(e)$

设还原 1 mol FeO 需 CO x 摩尔,则有

$$K_x(e) = \frac{(n_{CO_2})_e}{(n_{CO})_e} = \frac{1}{x-1} = 0.419\ 8$$

解得:$x = 3.382\ \text{mol}$

4.3.2　标准生成吉布斯函数

标准平衡常数是化学平衡计算的一个关键数据,但由实验直接测定平衡常数有一定局限性,所以更重要的是通过热力学数据来计算 $\Delta_r G_m^{\ominus}(T)$,从而得到 $K^{\ominus}(T)$。

与标准摩尔生成焓相似,将温度 T、标准压力下由稳定单质生成 1 mol 指定相态的化合物的吉布斯函变,称为该化合物的标准摩尔生成吉布斯函数,用符号 $\Delta_f G_m^{\ominus}(T)$ 表示。根据其定

义,规定稳定单质(在室温下)的标准摩尔生成吉布斯函为零。则任何反应的标准摩尔吉布斯函变为:

$$\Delta_r G_m^{\ominus}(T) = \sum_B \nu_B \Delta_f G_B^{\ominus}(T) \tag{4.3.3}$$

即化学反应的标准摩尔吉布斯函变等于各反应组分的标准摩尔生成吉布斯函数的代数和。常见物质的 $\Delta_f G_m^{\ominus}(298\ K)$ 列于附录5中。

例4.3.6 计算加热纯 Ag_2O 开始分解的温度:(1)在101 325 kPa的纯氧中;(2)在101 325 kPa的空气中。已知反应 $2Ag_2O(s) = 4Ag(s) + O_2(g)$ 的 $\Delta_r G_m^{\ominus} = (58\ 576 - 1\ 22T/K)J \cdot mol^{-1}$。

解 当反应达平衡时,$\Delta_r G_m = \Delta_r G_m^{\ominus} + RT \ln Q_P = 0$

(1)由已知可得:$Q_P = K_p^{\ominus} = \dfrac{p_{O_2}}{p^{\ominus}} = 1.000$

于是有:$(58\ 576 - 122T) = -8.314T \ln 1.000$

解得:$T = 480.6\ K$

(2)因 $p_{O_2} = 101\ 325\ Pa \times 0.21 = 21\ 278\ Pa$,同理解得 $T = 435.3\ K$

由此可见,氧化银在空气中较纯氧中更容易分解。

例4.3.7 通过计算说明磁铁矿(Fe_3O_4)和赤铁矿(Fe_2O_3)在25 ℃的空气中,哪个更稳定?

解 磁铁矿和赤铁矿之间存在如下的反应

$$2Fe_3O_4(s) + 0.5O_2(g) = 3Fe_2O_3(s)$$

由附录查得 Fe_3O_4 和 Fe_2O_3 的标准生成吉布斯函数分别为 $-1\ 015.2$、$-741.0\ kJ \cdot mol^{-1}$,上述反应得

$$\Delta_r G_m^{\ominus} = 3\Delta_f G_{Fe_2O_3}^{\ominus} - 2\Delta_f G_{Fe_3O_4}^{\ominus}$$
$$= 3\ mol \times (-741.0)kJ \cdot mol^{-1} - 2\ mol \times (-1\ 014.2)\ kJ \cdot mol^{-1}$$
$$= -194.6\ kJ \cdot mol^{-1}$$

因 $\Delta_r G_m = \Delta_r G_m^{\ominus} + RT \ln Q_p$

$$= -194\ 600\ J \cdot mol^{-1} + 8.314\ J \cdot K^{-1} \cdot mol^{-1} \times 298.15\ K \ln \left(\frac{0.21 \times 101\ 325}{101\ 325}\right)^{-0.5}$$
$$= -192\ 666\ J \cdot mol^{-1}$$

可见,$\Delta_r G_m \ll 0$,所以在空气中赤铁矿较磁铁矿更为稳定。

值得说明的是,按经验规则,$\Delta_r G_m^{\ominus} < -41.84\ kJ \cdot mol^{-1}$(或 $\Delta_r G_m^{\ominus} > 41.84\ kJ \cdot mol^{-1}$)时,可直接判明反应向右(或左)进行。据此本例题也可不必计算 $\Delta_r G_m$,而直接用 $\Delta_r G_m^{\ominus} < -41.84\ kJ \cdot mol^{-1}$,即可判断出两者的稳定性。

例4.3.8 为了除去氮气中杂质氧气,将在101 325 kPa通过600 ℃的铜粉进行脱氧,反应为

$$2Cu(s) + 0.5O_2(g) = Cu_2O(s)$$

若气流缓慢通过可使反应达到平衡,求经过纯化后在氮气中残余氧的体积百分数。已知298 K的

$$\Delta_f H_m^{\ominus}(Cu_2O) = -166.5 \text{ kJ} \cdot \text{mol}^{-1} \quad S_m^{\ominus}(Cu_2O) = 93.7 \text{ J} \cdot \text{K}^{-1} \cdot \text{mol}^{-1}$$

$$S_m^{\ominus}(Cu) = 33.5 \text{ J} \cdot \text{K}^{-1} \cdot \text{mol}^{-1} \quad S_m^{\ominus}(O_2) = 205 \text{ J} \cdot \text{K}^{-1} \cdot \text{mol}^{-1}$$

反应的 $\sum_B \nu_B c_{p,m}(B) = 2.09 \text{ J} \cdot \text{K}^{-1} \cdot \text{mol}^{-1}$,并假定其不随温度而变。

解 由已知得:$\Delta_r H_m^{\ominus}(298) = \sum_B \nu_B \Delta_f H_m^{\ominus}(B) = (-166.5 - 0 - 0) \text{kJ} \cdot \text{mol}^{-1} = -166.5 \text{ kJ} \cdot \text{mol}^{-1}$

根据基尔霍夫定律,
$$\Delta_r H_m^{\ominus}(893) = \Delta_r H_m^{\ominus}(298) + \int_{298.15}^{873.15} \sum_B \nu_B c_{p,m}(B) dT$$
$$= -166\,500 + \int_{298.15}^{873.15} 2.09 dT$$
$$= -165\,298 \text{ J} \cdot \text{mol}^{-1}$$

$$\Delta_r S_m^{\ominus}(893) = \Delta_r S_m^{\ominus}(298) + \int_{298.15}^{873.15} \sum_B \nu_B c_{p,m}(B) \frac{dT}{T}$$
$$= -75.8 + \int_{298.15}^{873.15} 2.09 \frac{dT}{T} = -73.6 \text{ J} \cdot \text{K}^{-1} \cdot \text{mol}^{-1}$$

$$\Delta_r G_m^{\ominus}(873) = \Delta_r H_m^{\ominus}(873) - 873.15 \Delta_r S_m^{\ominus}(873)$$
$$= -165\,298 - 873.15 \times (-73.6) = -101\,036 \text{ J} \cdot \text{mol}^{-1}$$

$$K_p^{\ominus}(873) = \exp\left(-\frac{\Delta_r G_m^{\ominus}(873)}{R \times 873.15}\right) = \exp\left(-\frac{-101\,036 \text{ J} \cdot \text{mol}^{-1}}{8.314 \text{ J} \cdot \text{K}^{-1} \cdot \text{mol}^{-1} \times 873.15 \text{ K}}\right) = 1.11 \times 10^6$$

因为 $K_p^{\ominus} = K_x \left(\dfrac{p}{p^{\ominus}}\right)^{\sum_B \nu_B}$

所以 $K_x = K_p^{\ominus} \left(\dfrac{p}{p^{\ominus}}\right)^{-\sum_B \nu_B} = 1.11 \times 10^6 \times \left(\dfrac{101\,325}{101\,325}\right)^{0.5} = 1.110 \times 10^6 = (x_{O_2})^{-0.5}$

即 $x_{O_2} = 8.264 \times 10^{-13}$

4.4 影响化学平衡的因素

4.4.1 温度对化学平衡的影响

由于平衡常数是温度的函数,因此同一反应的平衡常数在不同的温度下具有不同的数值。下面通过 $\Delta_r G_m^{\ominus}$ 与温度的关系导出平衡常数与温度的定量关系。

根据吉布斯-亥姆霍兹公式,温度对吉布斯函变的影响为

$$\left[\frac{\partial}{\partial T}\left(\frac{\Delta_r G_m}{T}\right)\right]_p = -\frac{\Delta_r H_m}{T^2}$$

反应物和产物都处于标准态时,上式可改写为

$$\left[\frac{\partial}{\partial T}\left(\frac{\Delta_r G_m^{\ominus}}{T}\right)\right]_p = -\frac{\Delta_r H_m^{\ominus}}{T^2} \tag{4.4.1}$$

将式(4.2.3)代入式(4.4.1),并整理可得

$$\left(\frac{\partial \ln K^{\ominus}}{\partial T}\right)_p = \frac{\Delta_r H_m^{\ominus}}{RT^2} \tag{4.4.2}$$

此式称为化学反应的等压方程,也称为 Van't Hoff(范特霍夫)方程。其表明温度对平衡常数的影响和反应热有关,即

①对吸热反应,$\Delta_r H_m^{\ominus} > 0$,$\frac{d \ln K^{\ominus}}{dT} > 0$,即温度增加,平衡常数 $K^{\ominus}$ 增大;

②对放热反应,$\Delta_r H_m^{\ominus} < 0$,$\frac{d \ln K^{\ominus}}{dT} < 0$,即温度增加,平衡常数 $K^{\ominus}$ 减小。

若 $\Delta_r H_m^{\ominus}$ 与温度无关或反应的 $\sum_B \nu_B c_{p,m}(B) \approx 0$,即可将 $\Delta_r H_m^{\ominus}$ 视为常数,将式(4.4.2)积分得

$$\ln K^{\ominus} = -\frac{\Delta_r H_m^{\ominus}}{RT} + C \tag{4.4.3}$$

或

$$\ln \frac{K^{\ominus}(T_2)}{K^{\ominus}(T_1)} = \frac{\Delta_r H_m^{\ominus}}{R}\left(\frac{1}{T_1} - \frac{1}{T_2}\right) \tag{4.4.4}$$

根据式(4.4.3)可知,$\ln K^{\ominus}$ 与 $\frac{1}{T}$ 成线性关系,即以 $\ln K^{\ominus}$ 为横坐标、$\frac{1}{T}$ 为纵坐标作图或进行线性回归,则所得直线斜率为 $-\Delta_r H_m^{\ominus}/R$,截距为积分常数 C,它与量热数据的关系可通过以下步骤获得。

由式(4.2.6)和 $\Delta_r G_m^{\ominus} = \Delta_r H_m^{\ominus} - T\Delta_r S_m^{\ominus}$ 可得

$$-\frac{\Delta_r G_m^{\ominus}}{RT} = \ln K^{\ominus} = -\frac{\Delta_r H_m^{\ominus}}{RT} + \frac{\Delta_r S_m^{\ominus}}{R} \tag{4.4.5a}$$

比较式(4.4.3)和式(4.4.5)可得:$C = \Delta_r S_m^{\ominus}/R$。

另外,式(4.4.5)也可改写为

$$\Delta_r G_m^{\ominus} = a + bT \tag{4.4.5b}$$

上式中的 a,b 常数可由已知 $\Delta_r G_m^{\ominus}$ 的数据用数学方法求得。值得注意的是:实际工程应用中常令式(4.4.5b)$\Delta_r G_m^{\ominus}$ 等于零来近似计算某反应进行的最低温度。

若反应的温度变化范围较大,且 $\sum_B \nu_B c_{P,m}(B)$ 不为零时,在求 $K^{\ominus}$ 与温度 T 的关系时应注意到 $\Delta_r H_m^{\ominus}$ 是温度的函数(用基尔霍夫定律可得出具体的表达式),即式(4.4.3)和式(4.4.4)变为

$$\ln K^{\ominus} = \frac{1}{R}\int \frac{\Delta_r H_m^{\ominus}}{T^2}dT + C \tag{4.4.6}$$

或

$$\ln \frac{K^{\ominus}(T_2)}{K^{\ominus}(T_1)} = \frac{1}{R}\int_{T_1}^{T_2} \frac{\Delta_r H_m^{\ominus}}{T^2}dT \tag{4.4.7}$$

例 4.4.1 铁在高温下常按下式反应:

$$Fe(s) + CO_2(g) = FeO(s) + CO(g)$$

测得平衡常数如下:当温度为 600 ℃,800 ℃,1 000 ℃和 1 200 ℃时 $K_p^{\ominus}$ 分别为 1.11,1.80,2.51 和 3.19。求:(1)在这段温度范围内的平均 $\Delta_r H_m^{\ominus}$;(2)导出 $\lg K_p^{\ominus} = f(T)$ 关系式;(3)1 100 ℃时的 $K_p^{\ominus}$。

解 (1)依题意,这段温度范围内 $\Delta_r H_m^\ominus$ 可视为常数,按式(4.4.3)进行线性拟合可得

$$\ln K_p^\ominus = -\frac{2\,264.28}{T/K} + 2.697\,79 , 相关系数\ r = -0.999\,9$$

即 $-\Delta_r H_m^\ominus/R = -2\,264.28$,所以 $\Delta_r H_m^\ominus = 18.82\ kJ \cdot mol^{-1}$

(2)因为 $\lg K_p^\ominus = \lg e \times \ln K_p^\ominus = 0.434\,29\ \ln K_p^\ominus$

所以 $\lg K_p^\ominus = -\dfrac{983.36}{T/K} + 1.171\,6$

(3)将 $T = (1\,100 + 273.15)K = 1\,373.15\ K$ 代入上式得

$$\lg K_p^\ominus(1\,373) = -\frac{983.36}{1\,373.15\ K/K} + 1.171\,6 = 0.455$$

即 $K_p^\ominus(1\,373) = 2.854$

例 4.4.2 计算下述反应在标准压力下,分别在 298.15 K 及 398.15 K 时的熵变各为多少?设在该温度区间内各物质的 $c_{p,m}$ 值是与温度 T 无关的常数。

$$C_2H_2(g) + 2H_2(g) = C_2H_6(g)$$

解 查附录可得

	$S_m^\ominus(B,g,T)/J \cdot K^{-1} \cdot mol^{-1}$	$c_{p,m}/J \cdot K^{-1} \cdot mol^{-1}$
$H_2(g)$	130.59	28.84
$C_2H_2(g)$	200.82	43.93
$C_2H_6(g)$	229.49	52.65

当反应在 298.15 K 下进行时:

$$\Delta_r S_m^\ominus(298\ K) = S_m^\ominus(C_2H_6,g,298) - 2S_m^\ominus(H_2,g,298) - S_m^\ominus(C_2H_2,g,298)$$
$$= (229.49 - 2 \times 130.59 - 200.82)J \cdot K^{-1} \cdot mol^{-1}$$
$$= -232.51\ J \cdot K^{-1} \cdot mol^{-1}$$

当反应在 398.15 K 下进行时:

$$\Delta_r S_m^\ominus(398\ K) = \Delta_r S_m^\ominus(298\ K) + \int_{298.15}^{398.15} \frac{\sum_B \nu_B c_{p,m}(B)}{T}dT$$
$$= \left[-232.51 + (52.65 - 2 \times 28.84 - 43.93)\ln\frac{398.15}{298.15} \right]J \cdot K^{-1} \cdot mol^{-1}$$
$$= -246.7\ J \cdot K^{-1} \cdot mol^{-1}$$

例 4.4.3 根据附录数据估算 101.325 kPa 下碳酸钙(方解石)分解制取氧化钙的分解温度,可假设 $\Delta_r H_m^\ominus$ 为常数。

解 碳酸钙的分解反应为

$$CaCO_3(s) = CaO(s) + CO_2(g)$$

由附录查得各物质的 $\Delta_f G_m^\ominus(298)$ 和 $\Delta_f H_m^\ominus(298)$,计算得反应的 $\Delta_r G_m^\ominus(298) = 130.2\ kJ \cdot mol^{-1}$, $\Delta_r H_m^\ominus(298) = 178.2\ kJ \cdot mol^{-1}$。因 $\Delta_r G_m^\ominus$ 是一个较大的正值,说明室温下此反应的 $K_p^\ominus$ 很小,碳酸钙是稳定的。但 $\Delta_r H_m^\ominus > 0$,说明随温度的升高,此反应的 $K_p^\ominus$ 增大。作为粗略估算可假设

$\Delta_r H_m^{\ominus}$ 为常数。由题给烧制石灰的条件是在 $p(环) \approx p^{\ominus} = 101.325$ kPa,因此若要石灰石开始快速分解则必须使此反应的 $p(CO_2,平衡) = p^{\ominus} = 101.325$ kPa,即 $K_p^{\ominus} = p(CO_2,平衡)/p^{\ominus} = 1$。

按式(4.4.4)

$$\ln \frac{K^{\ominus}(T_2)}{K^{\ominus}(T_1)} = \frac{\Delta_r H_m^{\ominus}}{R}\left(\frac{1}{T_1} - \frac{1}{T_2}\right)$$

已知:$T_1 = 298.15$ K 时 $\ln K_p^{\ominus}(T_1) = -\dfrac{\Delta_r G_m^{\ominus}(298)}{RT_1}$;$T_2$ 时 $\ln K_p^{\ominus}(T_2) = \ln\left(\dfrac{p_{CO_2,e}}{p^{\ominus}}\right) = 0$

所以 $-\ln K_p^{\ominus}(T_1) = \dfrac{\Delta_r H_m^{\ominus}}{R}\left(\dfrac{1}{T_1} - \dfrac{1}{T_2}\right) = \dfrac{\Delta_r G_m^{\ominus}(298)}{RT_1}$

即 $\dfrac{1}{T_2} = -\dfrac{\Delta_r G_m^{\ominus}(298)}{T_1 \Delta_r H_{m1}^{\ominus}} + \dfrac{1}{T_1} = \dfrac{1}{298.15}\left(1 - \dfrac{130.2}{178.2}\right)$,$T_2 = 1\,108$ K $(835\ ℃)$

101.325 kPa 下,石灰石的实际分解温度为 896 ℃,略高于上面计算得到的值。

例 4.4.4 导出反应:$N_2(g) + 3H_2(g) = 2NH_3(g)$ 的 $\ln K_p^{\ominus} = f(T)$ 关系式,并计算出 $K_p^{\ominus}(600\ K)$。其逆反应是钢铁制件渗氮时的一个反应,求其逆反应在 600 K 时的标准平衡常数。

解 查得有关数据

物质	$\Delta_f H_B^{\ominus}(298)$ /(kJ·mol^{-1})	$\Delta_f G_B^{\ominus}(298)$ /(kJ·mol^{-1})	$S_B^{\ominus}(298)$ /(kJ·mol^{-1}·K^{-1})	$c_{p,m}(B)$/(J·mol^{-1}·K^{-1}) = $a + bT/K + cT/K^2$		
				a	$10^3 \cdot b$	$10^6 \cdot c$
NH_3	-46.19	-16.64	192.50	26.30	33.01	-3.03
H_2	0	0	130.6	28.07	-0.83	2.008
N_2	0	0	191.5	27.86	5.26	—

反应的

$$\Delta_r H_m^{\ominus}(298) = [2 \times (-46.19) - 0 - 0] kJ \cdot mol^{-1} = -92.38\ kJ \cdot mol^{-1} \qquad (a)$$

$$\sum_B \nu_B c_{p,m}(B) = 2 \times (26.30 + 33.01 \times 10^{-3}T - 3.03 \times 10^{-6}T^2) - (27.86 + 4.26 \times 10^{-3}T) -$$

$$3 \times (28.07 - 0.83 \times 10^{-3}T + 2.008 \times 10^{-6}T^2)$$

$$= -59.47 + 64.25 \times 10^{-3}T - 12.084 \times 10^{-6}T^2 \qquad (b)$$

将式(a)和式(b)代入基尔霍夫定律可得

$$\Delta_r H_m^{\ominus}(T) = \Delta_r H_m^{\ominus}(298) + \int_{298.15}^{T} (-59.47 + 64.25 \times 10^{-3}T - 12.084 \times 10^{-6}T^2) dT$$

$$= -77\,398 - 59.47T + 32.125 \times 10^{-3}T^2 - 4.028 \times 10^{-6}T^3 \qquad (c)$$

反应的 $\Delta_r S_m^{\ominus}(298) = 2 \times (192.5) - 1 \times (191.5) - 3 \times (130.6) = -198.3\,(J \cdot mol^{-1} \cdot K^{-1})$

$$\Delta_r G_m^{\ominus}(298) = \Delta_r H_m^{\ominus}(298) - 298.15 \times \Delta_r S_m^{\ominus}(298) = -33\,257\ J \cdot mol^{-1} = -RT \ln K_p^{\ominus}(298)$$

即
$$\ln K_p^{\ominus}(298) = -13.416 \qquad (d)$$

将式(c)代入方程(5.4.3),并取 $T_1 = 298.15 \text{ K}, T_2 = T \text{ K}$ 可得

$$\ln K^{\ominus}(T) = \ln K^{\ominus}(298) + \frac{1}{R}\int_{298.15}^{T} \frac{-77\,398 - 59.47T + 32.125 \times 10^{-3}T^2 - 4.028 \times 10^{-6}T^3}{T^2}\mathrm{d}T$$

整理后得:

$$\ln K^{\ominus}(T) = 21.817 + \frac{9\,309}{T} - 7.153\ln T + 3.864 \times 10^{-3}T - 0.242\,2 \times 10^{-6}T^2$$

将 $T = 600 \text{ K}$ 代入上式可求得: $K_p^{\ominus}(600) = 2.042 \times 10^{-3}$,其逆反应的平衡常数为490。

4.4.2　压力对化学平衡的影响

对于理想气体反应, $K_p^{\ominus} = K_f^{\ominus}$,此时有

$$\ln K_p^{\ominus} = -\frac{\sum \nu_B \mu_B^{\ominus}(T)}{RT}$$

则
$$\left(\frac{\partial \ln K_p^{\ominus}}{\partial p}\right)_T = 0$$

又
$$K_p^{\ominus} = K_x \left(\frac{p}{p^{\ominus}}\right)^{\sum\limits_B \nu_B}$$

即
$$\ln K_x = \ln K_p^{\ominus} - \sum_B \nu_B \ln\left(\frac{p}{p^{\ominus}}\right)$$

当温度一定、总压变化时,上式两边对 P 求导得

$$\left(\frac{\partial \ln K_x}{\partial p}\right)_T = -\frac{\sum\limits_B \nu_B}{p} \qquad (4.4.8)$$

当 $\sum\limits_B \nu_B < 0$,即反应发生后气体的总摩尔数减少,则 $\left(\dfrac{\partial \ln K_x}{\partial p}\right)_T > 0$,表明 K_x 随压力的升高而增大,即加压时平衡右移;当 $\sum\limits_B \nu_B > 0$,即反应发生后气体的总摩尔减少,则 $\left(\dfrac{\partial \ln K_x}{\partial p}\right)_T < 0$,表明 K_x 随压力的升高而减小,即加压平衡左移;若 $\sum\limits_B \nu_B = 0$,压力对平衡无影响。总之,压力增加时平衡向体积减小的方向移动。

对于实际气体反应,在一定温度下, $K_f^{\ominus}$ 为常数,而 $K_p^{\ominus}$ 将随压力的改变而改变,具体的变化情况由 K_γ 确定。

对于凝聚相中进行的反应,若凝聚相彼此没有混合,都处于纯态,在一定温度下,压力的变化对平衡的影响不大,一般认为平衡常数与压力无关。

例4.4.5　在873 K 和101.325 kPa 下,下述反应达到平衡:
$$CO(g) + H_2O(g) \leftrightarrow CO_2(g) + H_2(g)$$
若把压力从101.325 kPa 提高到原来的500倍,求:

(1)若各气体均为理想气体,平衡有无变化?

（2）若各气体的逸度系数为$\gamma_{CO_2}=1.09,\gamma_{H_2}=1.10,\gamma_{CO}=1.23,\gamma_{H_2O(g)}=0.77$，平衡向哪个方向移动？

解 （1）理想气体系统的$K_p^{\ominus}$仅为温度的函数，且反应的$\sum\limits_B \nu_B = 0$

而

$$K_p^{\ominus} = K_x\left(\frac{p}{p^{\ominus}}\right)^{\sum\limits_B \nu_B} = K_x$$

即K_x也仅为温度的函数，所以压力增大时平衡不发生移动。

（2）对实际气体而言，$K_f^{\ominus} = K_p^{\ominus} \times K_{\gamma}$，因$K_f^{\ominus}$与压力无关，所以$K_p^{\ominus}$将随压力的变化而改变。

$$K_{\gamma} = \frac{\gamma_{CO_2}\gamma_{H_2}}{\gamma_{CO}\gamma_{H_2O}} = \frac{1.09 \times 1.10}{1.23 \times 0.77} = 1.266 > 1$$

所以$K_p^{\ominus}$将减小，即平衡向左移动。

例4.4.6 已知C（金刚石）和C（石墨）的$\Delta_f G_m^{\ominus}(298)$分别为2.87和0 kJ·mol^{-1}，又已知298.15 K及标准压力时两者的密度分别为3.613×10^3和2.260×10^3 kg·m^{-3}，试问：

（1）在298.15 K和标准压力下，石墨与金刚石何者较为稳定？

（2）在298.15 K时需要多大的压力才能使石墨转变为金刚石？

解 （1）C（石墨）= C（金刚石）

$$\Delta_f G_m^{\ominus}(298) = (2.87 - 0)\text{kJ}\cdot\text{mol}^{-1} = 2.87 \text{ kJ}\cdot\text{mol}^{-1}$$

这说明在室温下，石墨较为稳定。

$$（2）\left(\frac{\partial \Delta G_m}{\partial p}\right)_T = \Delta V_m$$

$$\Delta_r G_m(p) - \Delta_r G_m(p^{\ominus}) = \int_{p^{\ominus}}^{P} \Delta_r V_m \mathrm{d}p$$

$$= \Delta_r V_m(p - p^{\ominus})$$

$$\Delta_r G_m(p) = \Delta_r G_m(p^{\ominus}) + \Delta_r V_m(p - p^{\ominus})$$

$$= 2.87 + \left(\frac{12.011}{3.513} - \frac{12.011}{2.260}\right) \times 10^{-6} \times (p - 101.325)$$

如令$\Delta_r G_m(p) < 0$，则解得：$p > 1.52 \times 10^6$ kPa，约相当于大气压力的15 000倍，仅在高压下石墨可能转变为金刚石，这一设想现在已成为现实。

4.4.3　惰性气体对化学平衡的影响

惰性气体是指在反应系统中不参加化学反应的气体。惰性气体的存在并不影响平衡常数，但却能影响平衡组成，即使平衡组成发生移动。对于理想气体或低压气体反应，则有

$$K_p^{\ominus} = K_x\left(\frac{p}{p^{\ominus}}\right)^{\sum\limits_B \nu_B} = \frac{x_G^g x_H^h \cdots}{x_D^d x_E^e \cdots}\left(\frac{p}{p^{\ominus}}\right)^{\sum\limits_B \nu_B}$$

$$= \frac{n_G^g n_H^h \cdots}{n_D^d n_E^e \cdots}\left(\frac{p}{p^{\ominus}\sum\limits_B n_B}\right)^{\sum\limits_B \nu_B} = K_n\left(\frac{p}{p^{\ominus}\sum\limits_B n_B}\right)^{\sum\limits_B \nu_B}$$

式中, n_B 代表平衡后各组分的物质的量。增加惰性组分, 则气体物质的量 $\sum\limits_B n_B$ 增大, 对于 $\sum\limits_B \nu_B > 0$ 的反应, 则式中 K_n 增大, 故平衡向产物方向移动, 即增加惰性组分有利于气体物质的量增大的反应。可见, 通入惰性气体相当于减小系统的总压。

例 4.4.7 用体积比为 $1 : 3$ 的氮、氢混合气体, 在 $500\ ℃$、$30.4\ MPa$ 下, 进行氨的合成:

$$\frac{1}{2}NH_3(g) + \frac{3}{2}H_2(g) = NH_3(g)$$

$500\ ℃$ 时 $K_p^{\ominus} = 3.75 \times 10^{-3}$。假设为理想气体反应, 试估算下列两种情况下平衡转化率以及氨的含量。

(1) 原料气只含有 $1 : 3$ 的氮和氢气;

(2) 原料气中除含 $1 : 3$ 的氮和氢外, 还含有 10% 的惰性组分(7% 的甲烷、3% 氩)。

解 设转化率为 α, 原料气总量为 $1\ mol$

(1)

$$\frac{1}{2}NH_3(g) + \frac{3}{2}H_2(g) = NH_3(g)$$

$n_B/mol \qquad \frac{1}{4}(1-\alpha) \quad \frac{3}{4}(1-\alpha) \quad \frac{1}{2}\alpha \qquad \sum\limits_B n_B = 1 - \frac{1}{2}\alpha$

$$K_p^{\ominus} = K_n \left(\frac{p}{p^{\ominus} \sum\limits_B n_B} \right)^{\sum\limits_B \nu_B}$$

$$= \frac{\frac{1}{2}\alpha}{\left[\frac{1}{4}(1-\alpha) \right]^{0.5} \left[\frac{3}{4}(1-\alpha) \right]^{1.5}} \left(\frac{30.4}{0.1\left(1-\frac{1}{2}\alpha\right)} \right)^{-1}$$

$$= \frac{0.8\alpha\left(1 - \frac{1}{2}\alpha\right)}{91.2\sqrt{3}(1-\alpha)^2}$$

将 $K_p^{\ominus} = 3.75 \times 10^{-3}$ 代入上式, 解得 $\alpha = 0.365\ 1$

$$\text{氨所占的百分数} = \frac{\frac{1}{2}\alpha}{1 - \frac{1}{2}\alpha} = 22.33\%$$

(2) $\qquad \frac{1}{2}NH_3(g) \qquad + \qquad \frac{3}{2}H_2(g) = \qquad NH_3(g) \qquad\qquad 惰性组分$

开始 $n_B/mol \quad \frac{1}{4} \times 0.9 \qquad\qquad \frac{3}{4} \times 0.9 \qquad\qquad 0 \qquad\qquad\qquad 0.1$

平衡 $n_B/mol \quad \frac{1}{4} \times 0.9(1-\alpha) \qquad \frac{3}{4} \times 0.9(1-\alpha) \quad \frac{1}{2} \times 0.9\alpha \qquad\qquad 0.1$

$$\sum\limits_B n_B = \frac{1}{2}(2 - 0.9\alpha)$$

$$K_p^{\ominus} = \cfrac{\cfrac{1}{2} \times 0.9\alpha}{\left[\cfrac{0.9}{4}(1-\alpha)\right]^{0.5}\left[\cfrac{2.7}{4}(1-\alpha)\right]^{1.5}}\left(\cfrac{30.4}{0.1 \times \cfrac{1}{2}(2-0.9\alpha)}\right)^{-1}$$

$$= \frac{0.36\alpha(2-0.9\alpha)}{91.2 \times 0.9^2 \times \sqrt{3}(1-\alpha)^2}$$

将 $K_p^{\ominus} = 3.75 \times 10^{-3}$ 代入上式，解得 $\alpha = 0.3415$

$$氨所占的百分数 = \frac{\cfrac{0.9}{2}\alpha}{\cfrac{1}{2}(2-0.9\alpha)} = 18.16\%$$

计算表明，原料气中有 10% 惰性组分存在时，在给定条件下，使平衡气体中氨的含量减少 5.17%。

以上讨论表明，各种因素对平衡的影响都符合勒夏特列（Le Chatelier）的平衡原理：对处于在平衡状态的系统，当外界条件（温度、压力及浓度等）发生变化时，则平衡将发生移动，其移动的方向总是削弱或者反抗外界条件改变的影响。这种平衡随外界因素而发生移动的规律对生产中选择和控制最适宜条件，使反应进行到一定限度或者抑制某些不利反应过程（如腐蚀、副反应等）的进行都具有现实的意义。

4.4 公式小结

性质	方程	成立条件	正文中方程编号
Van't Hoff 方程	$\left(\cfrac{\partial \ln K^{\ominus}}{\partial T}\right)_p = \cfrac{\Delta_r H_m^{\ominus}}{RT^2}$		4.4.2
不定积分式	$\ln K^{\ominus} = -\cfrac{\Delta_r H_m^{\ominus}}{RT} + C$	$\Delta_r H_m^{\ominus}$ 与反应温度无关	4.4.3
定积分式	$\ln \cfrac{K^{\ominus}(T_2)}{K^{\ominus}(T_1)} = \cfrac{\Delta_r H_m^{\ominus}}{R}\left(\cfrac{1}{T_1} - \cfrac{1}{T_2}\right)$		4.4.4

习 题

4.1 气相反应：$2SO_3(g) = 2SO_2(g) + O_2(g)$ 在 1 000 K 时的平衡常数 $K_c^{\ominus} = 3.54 \times 10^3$，求该反应的 $K_p^{\ominus}$（1 000 K）和 $K_x^{\ominus}$（1 000 K）。

$$(K_p^{\ominus} = 2.905 \times 10^5, K_x^{\ominus} = 2.905 \times 10^5)$$

4.2 氧化钴（CoO）能被氢或 CO 还原为 Co，在 721 ℃、101.325 kPa 时，以 H_2 还原，测得平衡气相中 H_2 的百分数（体积）为 2.50%；以 CO 还原，平衡气相中 CO 的百分数为 1.92%。求此温度下反应

$$CO(g) + H_2O(g) = CO_2(g) + H_2(g)$$

的平衡常数。

$(K_p^{\ominus} = 1.31)$

4.3 已知 Ag_2O 及 ZnO 在温度 1 000 K 时的分解压分别为 240 kPa 及 15.7 kPa。问在此温度下：(1)哪一种氧化物易分解？(2)若把纯 Zn 及纯 Ag 置于大气中是否都易被氧化？(3)若把纯 Zn,Ag,ZnO 及 Ag_2O 放在一起,反应如何进行？(4)反应 $ZnO(s) + 2Ag(s) =$ $Zn(s) + Ag_2O(s)$ 的 $\Delta_r H_m = 242.09$ kJ·mol^{-1},问增加温度时,有利于哪种氧化物的分解？

$$[(1)Ag_2O;(2)ZnO;(3)Ag_2O + Zn = 2Ag + ZnO;(4)ZnO]$$

4.4 反应 $C(s) + 2H_2(g) = CH_4(g)$ 的 $\Delta_r G_m^{\ominus}(1\,000\,K) = 19\,397$ J·mol^{-1}。若参加反应的气体是由 10% CH_4,80% H_2 及 10% N_2 所组成的,求在 $T = 1\,000$ K 及 $P = 101.325$ kPa 时能否有甲烷生成。

$$(\Delta_r G_m^{\ominus} = 3.85 \text{ kJ·mol}^{-1} > 0)$$

4.5 已知下列反应的 $\Delta_r G_m^{\ominus} - T$ 的关系为：

$$Si(g) + O_2(g) = SiO_2(s) \qquad \Delta_r G_m^{\ominus}(T) = (-8.715 \times 10^5 + 181.2T/K) \text{ J·mol}^{-1}$$

$$2C(s) + O_2(g) = CO(g) \qquad \Delta_r G_m^{\ominus}(T) = (-2.234 \times 10^5 - 175.3T/K) \text{ J·mol}^{-1}$$

试通过计算判断在 1 300 K 时,标准状态下,硅能否使 CO 还原为 C。其反应如下

$$Si(s) + 2CO(g) = SiO_2(s) + 2C(s)$$

$$(\Delta_r G_m^{\ominus}(1\,300\,K) = -184.7 \text{ kJ·mol}^{-1})$$

4.6 试用附录中的数据计算 25 ℃ 时制氢反应：$CO(g) + H_2O(g) = CO_2(g) + H_2(g)$ 的 $\Delta_r G_m^{\ominus}$、$K_p^{\ominus}$、K_p 和 K_c。

$$(\Delta_r G_m^{\ominus} = -28.48 \text{ kJ·mol}^{-1}; K_p^{\ominus} = K_p = K_c = 9.8 \times 10^4)$$

4.7 设上题的 $\Delta_r S_m^{\ominus}$ 和 $\Delta_r H_m^{\ominus}$ 与温度无关,计算 200 ℃ 时的 $\Delta_r G_m^{\ominus}$。与前题结果比较,哪个温度更有利于 CO 的转化？工业上实际的温度在 200~400 ℃,这是为什么？

$$(298 \text{ K 有利于 CO 转化,考虑速度问题。})$$

4.8 试用标准吉布斯函法 25 ℃ 时反应：$3Fe(s) + 2CO(g) = Fe_3C(s) + CO_2(g)$ 的 $\Delta_r G_m^{\ominus}$ 和 $K_p^{\ominus}$。

$$(\Delta_r G_m^{\ominus} = -105.2 \text{ kJ·mol}^{-1}, K_p^{\ominus} = 2.7 \times 10^{18})$$

4.9 已知反应：$Fe_2O_3(s) + 3CO(g) = 2Fe(s) + 3CO_2(g)$ 在 100 ℃,250 ℃ 和 1 000 ℃ 时的 $K_p^{\ominus}$ 分别为 1 100,100 和 0.072 1。在 1 120 ℃ 反应：$2CO_2(g) = 2CO(g) + O_2(g)$ 的 $K_p^{\ominus} = 1.4 \times 10^{-12}$,今将 Fe_2O_3 置于 1 120 ℃ 的容器内,问容器内氧的分压应该维持多大才可防止 Fe_2O_3 还原成铁？

$$(p_{O_2} = 1.84 \times 10^{-8} \text{ Pa})$$

4.10 设 A 按下述反应分解成 B 和 C：$3A = B + C$,A,B,C 均为理想气体,在压力为 101 325 Pa、温度为 300 K 时,测得有 40% 解离,在等压下将温度升高 10 K,结果 A 解离 41%,试求其反应热。

$$(\Delta_r H_m^{\ominus} = 8.26 \text{ kJ·mol}^{-1})$$

4.11 银可能受到 H_2S 的腐蚀而发生下面的反应：$2H_2S(g) + 2Ag(s) = Ag_2S(s) +$ $H_2(g)$,今在 25 ℃ 及 101 325 Pa 下,将银放在等体积的氢和硫化氢组成的混合气体中,问：(1)是否可能发生腐蚀而生成硫化银？(2)在混合气体中硫化氢的百分数低于多少时才不致发生腐蚀？已知 25 ℃ 时 $Ag_2S(s)$ 和 $H_2S(g)$ 的标准生成吉布斯函分别为 -40.25 kJ·mol^{-1} 和

$-32.90\ kJ \cdot mol^{-1}$。

$$[(1)能;(2)y_{H_2S}<4.90\%]$$

4.12 在真空容器中放入固态的 NH_4HS,于 25 ℃下分解为 NH_3 和 H_2S,平衡时容器内的压力为 66.66 kPa。(1)当放入 NH_4HS 时容器内已有 39.99 kPa 的 H_2S,求平衡时容器中的压力;(2)容器中原有 6.666 kPa 的 NH_3,问需加多大压力的 H_2S,才能形成 NH_4HS 固体?

$$[(1)77.7\ kPa;(2)p_{H_2S}>166\ kPa]$$

4.13 在高温下水蒸气通过灼热的煤层,按下式生成水煤气:

$$C(石墨) + H_2O(g) = H_2(g) + CO(g)$$

若在 1 000 K 及 1 200 K 时,$K^{\ominus}$ 分别为 2.505 和 38.08,试计算此温度范围内的平均反应热 $\Delta_r H_m^{\ominus}$ 及在 1 100 K 时反应的标准平衡常数 $K^{\ominus}(1\ 100\ K)$。

$$(\Delta_r H_m^{\ominus} = 136\ kJ \cdot mol^{-1},K^{\ominus} = 11.0)$$

4.14 已知反应:$(CH_3)_2CHOH(g) = (CH_3)_2CO(g) + H_2(g)$ 的 $\Delta C_{p,m} = 16.72\ J \cdot K^{-1} \cdot mol^{-1}$,在 455.7 K 时的 $K_p^{\ominus} = 0.36$,在 298.15 K 时 $\Delta_r H_m^{\ominus} = 61.5\ kJ \cdot mol^{-1}$。(1)写出 $\ln K_p^{\ominus} = f(T)$ 的函数关系式;(2)求 500 K 时的 $K_p^{\ominus}$。

$$[(2)1.52]$$

4.15 设在某一温度下,有一定量的 $PCl_5(g)$ 在标准压力 $p^{\ominus}$ 下的体积为 1 dm^3,在该情况下 PCl_5 的离解度设为 50%,用计算说明下列几种情况中,PCl_5 的理解度是增大还是减小。

(1)使气体的总压力减低,直到体积增加到 2 dm^3;

(2)通入氮气,使体积增加到 2 dm^3,而压力仍为 100 kPa;

(3)通入氮气,使压力增加到 200 kPa,而体积仍维持为 1 dm^3;

(4)通入氯气,使压力增加到 200 kPa,而体积仍维持为 1 dm^3。

$$[(1)增大;(2)增大;(3)不变;(4)减少]$$

4.16 反应:$2Ca(l) + ThO_2(s) = 2CaO(s) + Th(s)$,在 1 373 K,1 473 K 时,$\Delta_r G_m^{\ominus}$ 分别为 -10.46 和 $-8.37\ kJ \cdot mol^{-1}$,试估计 $Ca(l)$ 能还原 $ThO_2(s)$ 的最高温度。

$$(1\ 874\ K)$$

4.17 试估计能否像炼铁那样,直接用碳来还原 TiO_2:$TiO_2 + C = Ti + CO_2$,已知 $CO_2(g)$ 和 $TiO_2(s)$ 标准生成吉布斯函分别为 -395.38 和 $-8\ 529\ kJ \cdot mol^{-1}$。

$$(不能)$$

4.18 $AgNO_3(s)$ 若按下式进行分解:$AgNO_3(s) = Ag(s) + NO_2(g) + 0.5O_2(g)$,试求其分解温度,所需数据请查阅附录。

$$(622\ K)$$

4.19 反应:$NaHCO_3(s) = Na_2CO_3(s) + H_2O(g) + CO_2(g)$

已知:反应的 $\Delta_r H_m$ 与温度及压力无关。试求碳酸氢钠在 110 ℃时的分解压(力),所需数据请查阅教材附录或手册。

$$(167.0\ kPa)$$

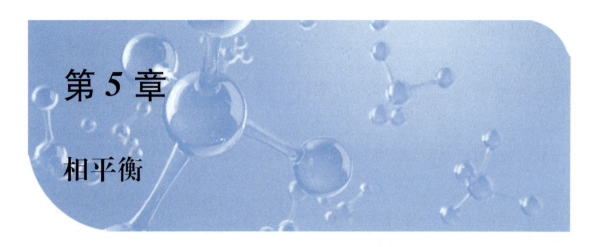

第 5 章

相平衡

多相系统平衡的研究有重要的实际意义。例如,研究金属冶炼过程中相的变化,根据相变即可研究金属的成分、结构与性能之间的关系。各种天然的或人工的熔盐系统(如水泥、陶瓷、炉渣、耐火黏土、石英岩等)、天然的盐类(如岩盐、盐湖等)以及一些工业合成品,都是重要的多相系统,开发并利用属于多相系统的天然资源,用适当的方法如溶解、蒸馏、结晶、萃取、凝结等从各种天然资源中分离出所需要的重要成分,在这些过程中都需要有关相平衡的知识。

本章首先讨论各种因素(温度、压力、组成等)对多相系统的影响,导出多相平衡系统的普遍规律——相律(Phase Rule),并用来分析和说明单组分和双组分系统的相平衡问题,然后主要介绍用几何图形来描述二组分多相平衡系统的状态变化(这种图形称为相图,Phase Diagram)及复杂相图的分析和应用。

5.1 相 律

相律是吉布斯(Gibbs)根据热力学原理导出的多相平衡系统的普遍规律,它描述了平衡系统中的相数、组分数以及影响系统性质的外界因素(如温度、压力和外力场)之间的关系。为了讨论的方便,先介绍相平衡的基础知识。

5.1.1 相平衡的基本概念

相(Phase):系统内部物理性质和化学性质完全相同的部分称为一个相,相与相之间存在明显的界面。系统达到平衡时共存相的数目,称为相数(Number of Phase),用符号 P 表示。任何气体通常均能无限混合,即系统内不论有多少种气体都只有一个相;液体按其互溶程度通常可以是一相、两相或三相共存;对于固体,一般是有一种固体便有一个相;但固态溶液(Solid Solution)是一个相。没有气相的系统称为凝聚系统。

独立组分数(Number of Independent Component):多相系统中所含有的可以独立改变其数量的物质数目,亦简称组分数,用符号 C 表示。系统中所含有的物质数目称为物种数,用符号 S 表示。在不发生化学反应时,一般有 $C = S$;发生化学反应时,对于每一个独立的化学反应,当其达到平衡时都应该满足 $\sum_B \nu_B\mu_B = 0$ 的关系(每一个化学平衡都有一个平衡常数,而平衡常数则表示了参加反应的各物质的浓度关系),如令系统中各物质之间必须满足的化学平衡关系式为 R 个,则此时 $C = S - R$;如果除了化学平衡关系式外,系统的强度因素(如同一相中的浓度)还满足 R'个附加限制条件,则 $C = S - R - R'$。例如,$NH_4Cl(s)$ 的分解反应:$NH_4Cl(s) = NH_3(g) + HCl(g)$,物种数为3,独立的化学平衡数和浓度限制条件均为1,则独立组分数为1。

自由度(Degree of Freedom):确定平衡系统的状态所需的独立的强度变量称为自由度,用符号 F 表示,这种独立可变的强度变量的数目叫作自由度数(Number of Degree of Freedom)。例如,对于单相的液态水,在一定范围内,任意改变温度,同时任意改变压力,仍能保持水为单相(液相),因此该系统有两个独立可变因素,即自由度 $F = 2$;当水与水蒸气两相平衡时,则温度和压力两个变量中只有一个是独立变动的,指定了温度就不能随意指定压力,压力只能是该温度下的平衡蒸气压,反之亦然,系统只有一个独立可变因素,即自由度 $F = 1$;当水、水蒸气和冰三相共存时,温度只能是 273.16 　　　　　　　　　　 Pa,只要温度或压力发生任何变化,都不能保持三相平衡,即自由度 $F = 0$。

5.1.2　相律的数学表达式

对于存在于 P 个相中的 C 个组分,描述　　　　　　　少需要给定多少强度因素(如温度、压力和化学势或物质的量分数等)呢?

对于任意含 C 个组分的相,要描述其状态需要温度、压力及 C 个组分的浓度,若用物质的量分数或质量百分数表示浓度时,C 个浓度之间满足加和等于1。所以描述一个相的状态需要有一个温度,一个压力,$C - 1$ 个浓度数据。对于 P 个相的系统就需 P 个变量,但这些变量并不是独立的,因为在平衡时各相中的任意一个组分的化学势必然相等,即在 P 个变量中应减去 $C(P - 1)$ 个化学势关系式。因此,相平衡时的自由度数为

$$F = P[(C - 1) + 2] - C(P - 1) = C - P + 2 \tag{5.1.1}$$

上式即为吉布斯相律(Gobbs Phase Law),表明多相系统在平衡时的独立变量为温度、压力及 $C - P$ 个浓度数据。

对于凝聚系统(由于压力的影响极小,可近似视为等压变化)或者是系统发生恒温变化,即有

$$F^* = C - P + 1 \tag{5.1.2}$$

式中,F^* 称为条件自由度。

有些系统中,除温度和压力外还要考虑外力场(如磁场、电场和重力场等)的影响,此时可用"n"代替式(5.1.1)中的"2",其中 n 表示影响系统平衡状态的外界因素的个数,相律可写成一般的形式:

$$F^* = C - P + n \tag{5.1.3}$$

例 5.1.1　确定下列系统中的相数,组分数和自由度数:(1)密闭容器中有 Na_2SO_4 饱和溶液和过量的 Na_2SO_4 晶体,在溶液的沸点下达平衡(不考虑 Na_2SO_4 的电离);(2)ZnS 在纯氧中

焙烧成 ZnO,平衡后系统中有 ZnO(s),ZnS(s),ZnSO$_4$(s),SO$_2$(g),SO$_3$(g);(3)C(s) 与 CO(g),CO$_2$(g),O$_2$(g)在 973 K 达到平衡。

解 (1)在沸点下有蒸气相存在,故 $P=3$(固体 Na$_2$SO$_4$、液态溶液及蒸气);因没有化学反应,且不考虑 Na$_2$SO$_4$ 的电离,因此组分数 $C=2$(Na$_2$SO$_4$ 和 H$_2$O);按公式(5.1.1)可得: $F=2-3+2=1$,即这个系统在平衡时,温度、压力中只有一个可以独立变动而不破坏原有的平衡关系。

(2)相数 $P=4$(ZnO 固体、ZnS 固体、ZnSO$_4$ 固体和气相),此系统共有 6 种物质,发生了如下三个独立的化学反应:

$$ZnS(s) + \frac{3}{2}O_2(g) = ZnO(s) + SO_2(g)$$

$$ZnS(s) + 2O_2(g) = ZnSO_4(s)$$

$$SO_2(g) + \frac{1}{2}O_2(g) = SO_3(g)$$

所以组分数 $C=6-3$,而自由度数 $F=3-4+2=1$。

(3)相数 $P=2$(固体碳和气相),系统中四种物质发生了如下化学反应:

$$C(s) + \frac{1}{2}O_2(g) = CO(g)$$

$$C(s) + O_2(g) = CO_2(g)$$

$$CO(g) + \frac{1}{2}O_2(g) = CO_2(g)$$

$$C(s) + CO_2(g) = 2CO(g)$$

由于上述反应中只有 2 个是独立的,所以 $C=S-R=4-2=2$;系统的条件自由度数 $F^*=2-2+1=1$。

5.2 单组分系统相平衡

对于单组分系统 $C=1$,$F=3-P$。当 $P=1$ 时,$F=2$,称为双变量平衡系统(简称双变量系统);当 $P=2$ 时,$F=1$,称为单变量系统;当 $P=3$ 时,$F=0$,称为无变量系统;单组分系统四个相不能同时共存。单组分系统的 F 最多等于 2,因此单组分系统的相平衡可以用平面图来表示。在相图中表示系统总组成的点称为"物系点";表示某一个相的组成的点称为"相点"。区别物系点和相点有利于理解当系统温度发生变化时系统中的各相量的变化情况。

单组分系统达平衡时,温度和压力只有一个是独立变化的,此时它们之间存在着函数关系——克拉佩龙方程(Clapeyron Equation)。

5.2.1 克拉佩龙方程

设在一定的压力和温度下,1 mol 某物质的相 1 和相 2 平衡共存,对于纯物质,$G_m^* = \mu^*$。

根据相平衡条件:该物质在两相中的化学势相等,则 $G_1 = G_2$。若温度由 T 变为 $T+dT$,相应的压力由 p 变为 $p+dp$ 后,两相仍呈平衡,即有:$G_1 + dG_1 = G_2 + dG_2$,所以 $dG_1 = dG_2$,根据热力学基本方程可得

$$- S_1 dT + V_1 dp = - S_2 dT + V_2 dp$$

或

$$\frac{dp}{dT} = \frac{S_2 - S_1}{V_2 - V_1} = \frac{\Delta H}{T\Delta V} \tag{5.2.1}$$

式(5.2.1)为克拉佩龙方程,它适合于单组分系统的任意两相平衡。对于熔化过程,由于大多数物质液态的体积大于其固态的,故通常有 $dp/dT > 0$,表明压力增大,熔点将升高;但个别物质如水、铁液等,其液态体积小于固态的,此时有 $dp/dT < 0$,即压力增大时熔点将会降低。

对于有气相参加的两相平衡,固体或液体的体积与气体体积相比,前两者可以忽略不计,克拉佩龙方程可进一步简化。以气液两相平衡为例,若再假定蒸气是理想气体,则有:

$$\frac{dp}{dT} = \frac{\Delta_{vap}H}{TV(g)} = \frac{\Delta_{vap}H}{T\left(\frac{nRT}{p}\right)}$$

当 n 等于 1 mol 时,上式整理后得

$$\frac{d\ln p}{dT} = \frac{\Delta_{vap}H_m}{RT^2} \tag{5.2.2}$$

上式称为克劳修斯-克拉佩龙方程式(Clausius-Clapeyron Equation),其中 $\Delta_{vap}H_m$ 是该液体的摩尔蒸发热。若 $\Delta_{vap}H_m$ 与温度无关,或因温度变化范围很小,$\Delta_{vap}H_m$ 可视为常数,积分式(5.2.2)可得

$$\ln \frac{p_2}{p_1} = \frac{\Delta_{vap}H_m}{R}\left(\frac{1}{T_1} - \frac{1}{T_2}\right) \tag{5.2.3}$$

若对式(5.2.2)作不定积分可得

$$\ln p = - \frac{\Delta_{vap}H_m}{RT} + B \tag{5.2.4a}$$

或

$$\lg p = - \frac{\Delta_{vap}H_m}{2.303RT} + B' = - \frac{A}{T} + B' \tag{5.2.4b}$$

式中常数 A,B 和 B' 可由实验求得或在有关手册中查得。当温度变化较大,ΔH_m 随温度 T 而变化,令:$\Delta_{vap}H_m = a + bT$,对式(5.2.2)作积分可得

$$\ln p = - \frac{a}{RT} + \frac{b}{R}\ln T + c \tag{5.2.5}$$

式中 a,b 和 c 要通过实验确定。

例5.2.1 西藏高原平均海拔为 4 500 m,大气压为 5.73×10^4 Pa,已知 $\ln(p/Pa) = -\frac{A}{T} + B$,式中 $A = 5\,216$,$B = 25.567$。求西藏高原上水的沸点。

解 当水蒸气的压力与大气压力相等时水便沸腾,即

$$\ln(5.73 \times 10^4) = -\frac{5\,216}{T} + 25.567$$

由此得:$T = 356.99$ K,即西藏高原上水的沸点为 84 ℃。

5.2.2　水的相图

水在常压下,可以气(水蒸气)、液(水)、固(冰)三种不同相态存在。在单变量系统中,温度和压力之间满足克拉佩龙方程,通过实验可测出这三种相两两平衡的温度和压力数据,如表5.2.1所示。将这些数据画在 p-T 图上,便可得到如图5.2.1所示的相图。

图中 OA, OB, OC 三条线分别表示冰-水、冰-水蒸气及水-水蒸气的两相平衡,根据相律,在这三条线上是两相共存,自由度为1,温度和压力只有一个可以独立改变而不致影响两相平衡。

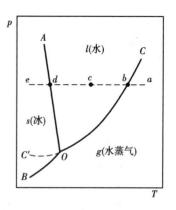

图5.2.1　水的相图

OC 线为水的饱和蒸气压曲线或蒸发曲线,表示水和水蒸气的平衡。若在恒温下对此两相平衡系统加压,或在恒压下令其降温,都可使水蒸气凝结为水;反之,恒温下减压或恒压下升温,则可使水蒸发为水蒸气。故 OC 线以上的区域为水的相区,OC 线以下的区域为水蒸气的相区。OC 线的上端止于临界点 C,因为在临界点时水与水蒸气不可区分。

OB 线为冰的饱和蒸气压曲线或升华曲线,表图示冰和水蒸气的两相平衡。OB 线以上的区域为冰的相区,OB 线以下为水蒸气相区。

表5.2.1　水的相平衡数据

温度 t / ℃	系统的饱和蒸气压 p/kPa		平衡压力 p/kPa
	水 ⟶ 水蒸气	冰 ⟶ 水蒸气	冰 ⟶ 水
−20	0.126	0.103	194.5×10^3
−15	0.191	0.165	156.0×10^3
−10	0.287	0.260	110.4×10^3
−5	0.422	0.414	59.8×10^3
0.01	0.610	0.610	0.610
20	2.338		
25	4.168		
40	7.376		
60	19.916		
80	47.343		
100	101.323		
150	476.02		
200	1 554.4		
250	3 975.4		
300	8 590.3		
350	16 532		
374	22 060		

OA 线为冰的熔点曲线,表示冰和水的平衡。OA 线的斜率为负值,说明压力增大,冰的熔点降低,这是因为冰的融化为体积减小的吸热过程,按平衡移动原理,增加压力有利于体积减小的过程进行,即有利于融化,因而冰的熔点降低,这也可由克拉佩龙方程得出。冰、水平衡时,升高温度冰融化成水,降低温度水凝固成冰,故 OA 线左侧是冰,右侧是水。

OA,OB,OC 三条线将平面图分成三个区域,这是三个不同的单相区。每个单相区表示一个双变量系统,温度和压力可以同时在一定范围内独立改变而无新相出现。

OC 线为过冷水(对于 OC 线,若降低系统的温度,则水蒸气的压力必然沿 OC 线向下移动,当温度降至 $0.01\ ℃$ 时应有冰出现,但常常可看到即使水冷至 $0.01\ ℃$ 以下仍无冰产生,这就是水的过冷现象,这种状态下的水称为过冷水)的饱和蒸气压曲线,它实际上和 OC 线是一条曲线。OC' 线落在冰的相区,说明在相应的温度、压力下冰是稳定的。由于同样温度下过冷水的饱和蒸气压大于冰的饱和蒸气压,因此过冷水的化学势大于冰的化学势,即过冷水能自发地转变成冰。过冷水与其饱和蒸气压的平衡不是稳定平衡,但它又可以在一定时间内存在,故称之为亚稳平衡。

O 点是三条线的交点,称为三相点,在该点冰、水和水蒸气三相平衡共存,此时 $p = 3$,$F = 0$。三相点的温度和压力皆由系统自定,不能任意改变。三相点的温度为 $0.01\ ℃$,压力为 $0.610\ kPa$,其偏离水的冰点,详细说明参见有关文献。

值得说明的是,OB 线的理论终点为绝对零度($0\ K$);OC 线的终点为临界点 C(温度为 $647\ K$,压力 $2.2 \times 10^7\ kPa$),超过此点则水与气不可区分;OA 线可延伸到 $-22\ ℃$、$207\ 000\ kPa$ 左右,压力再高,则水可形成六种不同晶型的冰(其密度比普通的冰要大)。

另外,其余单组分系统的气、液、固平衡相图基本类似水的相图,只是 OA 线的斜率为正,这是因为一般融化过程是体积增大的吸热过程。单组分系统的多相平衡也可以是其同素异构体之间的平衡,如纯的硫、铁,其相图如图 5.2.2 和图 5.2.3 所示。

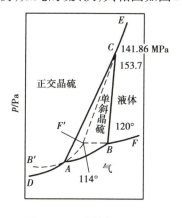

图 5.2.2 硫的相图

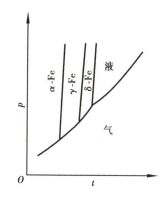

图 5.2.3 铁的相图

5.3 双组分系统的相平衡

对于双组分系统,$C = 2$,由相律 $F = 4 - P$,因此最多可以有 4 个相平衡共存,最大自由度数为 3,即描绘双组分系统的相图要用三个变量(温度、压力和组成),这样就显得很不方便,故常先固定一个变量,如指定压力不变,则只需要用平面的温度-组成图即可表示。

5.3.1 完全互溶的双液系

完全互溶的双液系是指两个纯液体组分可按任意比例相互混溶形成的系统。如苯-甲苯、苯-丙酮、氯仿-乙醚,乙醇-水、氯仿-丙酮,甲醇-氯仿、水-盐酸等系统。

(1)p-x 图

假设两个纯组分形成理想溶液。根据拉乌尔定律

$$p_A = p_A^* \times x_A \qquad (5.3.1)$$

$$p_B = p_B^* \times x_B = p_B^* \times (1 - x_A) \qquad (5.3.2)$$

式中,p_A^*、p_B^* 分别为在该温度时纯 A、纯 B 的蒸气压,x_A 和 x_B 分别为溶液中组分 A 和 B 的摩尔分数。溶液的总蒸气压为

$$
\begin{aligned}
p &= p_A + p_B \\
&= p_A^* \times x_A + p_B^* \times x_B \\
&= p_A^* \times x_A + p_B^* \times (1 - x_A) \\
&= p_B^* + (p_A^* - p_B^*)x_A \qquad (5.3.3)
\end{aligned}
$$

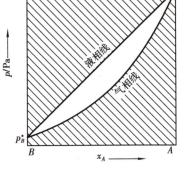

图 5.3.1 理想溶液的 p-x 图

如在定温下,以 x_A 为横坐标,以蒸气压为纵坐标,在 p-x 图上可以分别表示出分压与总压。根据式(5.3.1)、式(5.3.2)和式(5.3.3),p_A、p_B、p 与 x_A 的关系均是直线(见图5.3.1)。

(2)T-x 图

当溶液蒸气压等于外压时,溶液开始沸腾,此时的温度即为该溶液的沸点。恒压下,对不同组成的溶液,分别测定沸腾时的温度及气相和液相的组成,即可绘制出 T-x 图。常见的有三种类型,如图5.3.2、图5.3.3 所示。也可在恒温下绘制出 p-x 图,在此从略。

图 5.3.1 表明,溶液的沸点介于两纯组分的沸点之间,气相线位于液相线的右上方;沸点不同的两种液体所形成的溶液达气-液平衡时,两相的组成并不相同,沸点低的易挥发组分在气相中的相对含量大于它在液相中的相对含量。此类二组分系统可通过精馏(将某组成溶液达两相平衡的液相不断反复加热使之部分气化及气相不断冷凝,最终可同时得到两纯组分)进行分离。

通常蒸馏或精馏是在恒定压力下进行,所以二组分系统的沸点和组成关系图更为实用。T-x 图可以从 p-x 图转化得到,也可以直接用实验数据绘制,分别如图5.3.2 和图5.3.3 所示。

T-x 图可以直接从实验绘制,但如果已有了 p-x 图则也可以从 p-x 图求得。以苯和甲苯的双液系为例。设已知在不同温度下该系统的 p-x 关系,得 p-x 图如图5.3.2 的上图,图中是357 K、365 K、373 K、381 K 时,系统的总压与组成图。在该图纵坐标为标准压力 $p^\ominus$ 处作一条水平线分别交在 x_1,x_2,x_3,x_4 各点,即组成为 x_1 的溶液在381 K 时开始沸腾,组成为 x_2 的溶液在373 K 时沸腾(其余类推)。把沸点与组成的关系相应地标在下面一个图中,就得

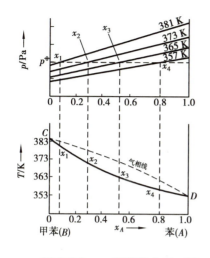

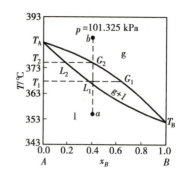

图 5.3.2 *p-x* 图转化为 *T-x* 图   图 5.3.3 理想溶液的 *T-x* 图

到了 *T-x* 图(即 *T-x* 图中的液相线),如果求出相应的气相组成,则可以得到气相线。如果物系点落在气相线和液相线所夹的梭形区中,则系统为两相,自物系点做水平线与气相线和液相线的交点就分别代表两相的组成。图中 *C*,*D* 两点分别代表纯甲苯和纯苯的沸点 384 K 和 353.3 K。这是一个典型的 *T-x* 图(图 5.3.2)。

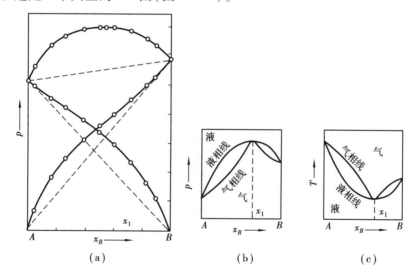

(a)   (b)   (c)

图 5.3.4 乙醇(*B*)-水(*A*)系统的 *p-x* 图和 *T-x* 图(具有最低恒沸点)

如图 5.3.4 中(a),虚线代表理想情况,实线代表实际情况。由于 p_A,p_B 偏离拉乌尔定律都很大,因而在 *p-x* 图上可形成最高点。在图(b)中同时画出了液相线和气相线。图(c)是 *T-x* 图。蒸气压高,沸点就低,因此在 *p-x* 图上有最高点者,在 *T-x* 图上就有最低点。这个最低点称为最低恒沸点。在最低恒沸点时组成为 x_1 的混合物称为最低恒沸混合物。

如图 5.3.5 所示,在 *p-x* 图上有最低点,在 *T-x* 图上则相应地有最高点,此点称为最高恒沸点。

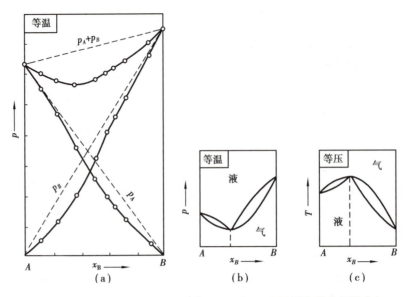

图 5.3.5　水(A)-盐酸(B)系统的 p-x 图和 T-x 图(具有最高恒沸点)

5.3.2　杠杆规则

从双组分系统的相图不但可确定在一定条件下系统中存在哪些相及各相的组成,而且还可以定量地指出两相共存的相对量,此乃杠杆规则。以图 5.3.6 所示系统为例。

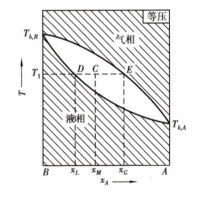

图 5.3.6　杠杆规则在图 T-x 中的应用

当系统点在 C 点时,系统的总组成为 x_M;平衡时气相点为 E,气相组成为 x_G;液相点为 D,液相组成为 x_L;以 n_G 和 n_L 分别表示气相和液相的物质的量,每个相的物质的量则等于该相中组分 A 和组分 B 的物质的量之和。现对组分 A 作物料衡算:

$$n_G \cdot x_G + n_L \cdot x_L = (n_G + n_L)x_M \tag{5.3.4}$$

整理可得

$$n_L(x_M - x_L) = n_G(x_G - x_M)$$

或

$$n_L \cdot \overline{DC} = n_G \cdot \overline{CE} \tag{5.3.5}$$

可以把图中的 DE 比作一个以 C 点为支点的杠杆,液相的物质的量乘以 DC,等于气相的物质的量乘以 CE,此关系式即为杠杆规则。如将物质的量换为质量、物质的量分数换为质量分数,式(5.3.5)仍然成立。

将二组分完全互溶系统的各种类型气液平衡相图汇总于图 5.3.7。

例 5.3.1　设有浓度(以苯的物质的量分数表示)为 $x_B = 0.70$ 的甲苯-苯溶液 300 g,在 t ℃时达气液平衡,液相的组成 $x_L = 0.57$,气相的组成 $x_G = 0.77$,求:(1)在 t ℃时气相和液相各为多少克?(2)苯在气相和液相中含量各为多少克?

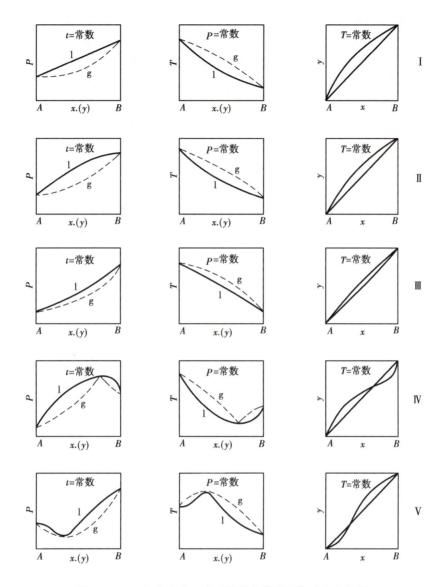

图 5.3.7　二组分完全互溶系统的各种类型气液平衡相图

解　(1)苯和甲苯的摩尔质量分别为 78.11 和 92.14 g/mol,则有

$$78.11n_B + 92.14n_A = 300 \qquad \frac{n_B}{n_A + n_B} = 0.70$$

由此可求得物系总的物质的量为 3.644 mol。

对于 B 组分(苯),根据杠杆规则可得

$$n_L \cdot (x_B - x_L) = n_G \cdot (x_G - x_B)$$

即　　　　　　$n_L \cdot (0.70 - 0.57) = (3.644 - n_L) \cdot (0.77 - 0.70)$

解得:　　　　$n_L = 1.276 \text{ mol} \qquad n_G = 2.368 \text{ mol}$

液相的质量　$m_L = 1.276 \times 0.57 \times 78.11 \text{ g} + 1.276 \times (1 - 0.57) \times 92.14 \text{ g} = 107.4 \text{ g}$

气相的质量　$m_G = 300 \text{ g} - 107.4 \text{ g} = 192.6 \text{ g}$

（2）苯在气相和液相中的含量

$$m_{L,B} = 1.276 \times 0.57 \times 78.11 \text{ g} = 56.8 \text{ g}$$
$$m_{G,B} = 2.368 \times 0.77 \times 78.11 \text{ g} = 142.4 \text{ g}$$

5.3.3　部分互溶的双液系

所谓部分互溶是指两种液体不能以任意比例混合,它们之间有一定的溶解度。如图5.3.8所示为水-C_6H_5NH双液系的溶解度图(水-苯酚、正己烷-硝基苯、水-正丁醇系统等的溶解度图与此图相似)。可见,在低温下二者部分互溶,分为两层:一层是水中饱和了苯胺(左半支),另一层是苯胺中饱和了水(右半支)。如果升高温度,则苯胺在水中的溶解度沿DAB线上升,水在苯胺中的溶解度沿EAB线上升。两层的组成逐渐接近,最后汇聚于B点。此时两层的浓度相同而成为单相溶液。在B点以上的温度,水与苯胺能以任意比例均匀混合。B点对应的温度称为会溶温度,其值越低,表明两液体间的互溶性越好,借此可用于萃取剂的选择。

常见部分互溶系统,还有水-三乙胺(具有最低会溶温度)、水-烟碱(同时具有最高和最低会溶温度)、水-乙醚(无会溶温度)。

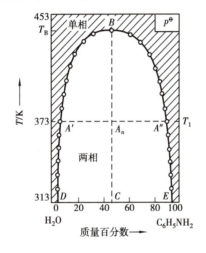

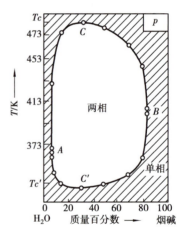

图5.3.8　水-$C_6H_5NH_2$双液系的溶解度图　　图5.3.9　水和烟碱的溶解度图

图5.3.9是水和烟碱的溶解度曲线。这一对液体有完全封闭式的溶度曲线。在最低点的温度T_c'约为334.0 K,最高点的温度T_c约为481.2 K。在T_c'以下和T_c以上,两液体能以任何比例互溶。在T_c和T_c'之间,根据不同的浓度,系统分为两层。

5.3.4　不互溶的双液系

如果两种液体彼此互相溶解的程度非常小,以致可以忽略不计,则可近似地看成不互溶。当两种不互溶的液体A,B共存时,各组分的蒸气压与单独存在时一样,混合溶液液面上总的压力等于两纯组分蒸气压之和。在这种系统中只要两种液体共存,不管其相对数量如何,系统的总蒸气压恒高于任一纯组分的蒸气压,而沸点则恒低于任一纯组分的沸点,利用该性质可以把不溶于水的高沸点液体和水一起蒸馏,使两液体在略低于水的沸点下共沸腾,以保证高沸点液体不致因温度过高而分解,从而达到提纯的目的。馏出物经冷却成为该液体和水,由于两者不互溶,所以很容易分开,如图5.3.10所示。

图 5.3.10　**两种互不相溶液体水-溴苯的蒸气压**

5.3.5　液-固平衡系统

这种类型的二组分系统,在高温下呈液态时两个组分完全互溶,成为一个液相;在低温下呈固态时则有完全不互溶、部分互溶和完全相溶之分。

(1)简单的低共熔混合物

①相图分析

液态完全互溶而固态完全不互溶的二组分液-固平衡相图是二组分凝聚系统相图中最简单的。常见的有 Bi-Cd、Bi-Sn 等系统。下面以 Bi-Cd 系统的相图(图 5.3.11)为例:图中的 a_1 点为纯 Bi 的熔点(273 ℃),液态 Bi 降至此温度时开始凝固。若在液态 Bi 中溶入 Cd(形成 Bi-Cd 液态合金),则相当于在纯溶剂中加入溶质,将会导致溶液的凝固点下降,且溶液凝固时首先析出的是纯 Bi;若继续在 Bi 中加入 Cd,所得 Bi-Cd 系统的凝固温度继续下降。将不同组成的 Bi-Cd 系统开始凝固的温度作图,就会得到 a_1c_1 线,即 Cd 在 Bi 中的溶解度曲线。同样,图中 e_1 点为纯 Cd 的熔点(323 ℃),*HE* 线为 Bi 在 Cd 中的溶解度曲线,当组成在 *HE* 线之间时的溶液凝固首先析出的是固态 Cd。a_1c_1 线和 c_1c_2 线交于 c_1 点,在这一点液态溶液凝固时将同时析出固态 Bi 和 Cd。因 c_1 点是所有不同组成的 Bi-Cd 合金中熔点最低的一个,所以称为低共熔点或共晶点,其温度为低共熔温度,相应于这一点组成的是低共熔混合物或共晶。由于两种金属同时结晶,因此得到的是微小 Bi 和 Cd 晶体的机械混合物(可从金相显微镜中观察到)。Bi-Cd 二组分系统的共晶温度为 140 ℃,共晶组成为含 Cd 40%(质量)。

在图 5.3.12 中,$a_1b_1c_1$ 线以上系统呈单一液相,自由度数 $F = 2 - 1 + 1 = 2$,即温度与组成均可在一定范围内独立变化而不影响其为液态,因此 $a_1b_1c_1$ 线称为液相线;在 140 ℃ 以下系统以两个互不相溶的固相存在(Bi 和 Cd 共存),此时 $F = 2 - 2 + 1 = 1$,只有温度可以独立变化(两个固相都是纯物质,组成不会改变),140 ℃ 线称为固相线,也可称为三相线;在液相线和固相线之间是液相与纯固相 Bi 或液相与纯固相 Cd 二相共存,$F = 2 - 2 + 1 = 1$,组成和温度只有一个可以独立改变而不致改变其共存相。

现讨论图 5.3.12 中 P 点(b_1 点的正上方)所代表系统的冷却情况:位于 P 点的液态合金,当温度降到 b_1 点时接触液相线,开始析出纯固体 Bi,进入液相与纯 Bi 二相共存区(若位于 F 点正上方的液态合金冷却首先析出的是纯固体 Cd,借此可用于金属的回收或提纯);随着 Bi 的析出,液相中 Cd 的含量相对增大,液相组成右移,其凝固温度进一步下降,即从 b_1 点到 140 ℃,系统均以固态 Bi 和组成沿 b_1c_1 线变化的液相两相共存,液相和固相 Bi 的相对量可通过杠杆规则确定;当温度降至 140 ℃时,液相组成变到 b_2 点,此时液相同时为 Bi 和 Cd 所饱和,发生共晶过程,Bi 和 Cd 同时析出,系统以液相、Bi、Cd 三相共存,此时 $F = 2 - 3 + 1 = 0$,温度和组成都不能变动,直

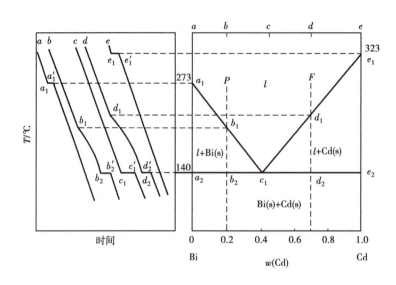

图 5.3.11 Bi-Cd 系统的步冷曲线　　图 5.3.12 Bi-Cd 系统的相图

至液相消失,只剩下 Bi 和 Cd 两个固相时:$F = 2 - 2 + 1 = 1$,温度又继续下降。

在图 5.3.12 中,P 点(位于 d_1 点以左的区域)代表的 Bi-Cd 系统,在恒温下逐步加入纯 Cd 时有:开始加入的 Cd 可溶,仍为一个液相;继续加入 Cd,当系统组成变到 d_1 点时接触到液相线,液相已对 Cd 饱和,以后继续加入 Cd 不会再溶解,而是以固相 Cd 与由 d_1 点组成所代表的饱和溶液两相共存,其相对量仍可用杠杆规则确定。

具有简单低共熔点的二元混合物系统的性质可用于工业生产。如电解 LiCl 以制备金属锂,因 LiCl 的熔点高(878 K),通常选用比 LiCl 难电解的 KCl(熔点为 1 048 K)与其混合,二者形成低共熔混合物(低共熔点组成为:KCl 质量 50%、温度 629 K),从而来降低 LiCl 的熔点,节省能源。

②热分析法

热分析法是绘制相图常用的基本方法。其原理是根据系统在冷却过程中温度随时间的变化情况来判断系统中是否发生了相变化。通常的做法是先将样品加热成液态,然后令其缓慢而均匀地冷却,记录冷却过程中系统在不同时刻的温度数据,再以温度为纵坐标,时间为横坐标,绘制温度-时间曲线,即冷却曲线(或称步冷曲线)。由若干条步冷曲线就可绘制出相图。

以 Bi-Cd 二组分系统为例:配制一系列组成不同的 Bi-Cd 合金系统,例如纯 Bi、纯 Cd 及含 Cd20%、40% 和 70%(质量)(分别对应 a,e,b,c 及 d 线)的 Bi-Cd 系统,分别加热使其熔化为液相,然后缓慢地均匀冷却,记录并绘制出步冷曲线。若系统不发生相变化,步冷曲线斜率基本不变;若有相变化,曲线的斜率将改变,因此每一条步冷曲线可代表一种系统的冷却情况,如图 5.3.11 所示。

曲线 a 为纯 Bi 的步冷曲线。纯 Bi 是单组分系统,在高于 273 ℃时以液相存在,此时 $F = 1 - 1 + 1 = 1$,有一个自由度,即温度可以变动,在均匀冷却时步冷曲线斜率基本不变;当冷至 Bi 的熔点 273 ℃时,开始析出固相 Bi,此时固液两相共存,按相律 $F = 1 - 2 + 1 = 0$,温度不变,在步冷曲线上出现水平线段(平台),直至系统全部凝固、液相消失时,温度才继续下降。对于纯 Cd,其步冷曲线(曲线 e)与纯 Bi 相似,只不过平台出现在 Cd 的熔点 323 ℃。

当含 Cd 20% 的 Bi-Cd 系统冷却时,在 200 ℃以上为液相,按相律 $F = 2 - 1 + 1 = 2$;冷至

200 ℃时接触液相线,开始有纯 Bi 析出,因凝固过程要放热,致使其温度下降缓慢,步冷曲线的斜率变小了,出现一个转折点;继续冷却时 Bi 将不断析出,液相的组成不断改变,到 140 ℃时变为共晶的组成,此时 Cd 也同时析出,在共晶过程未结束前系统以液相、Bi、Cd 三相共存,$F = 2 - 3 + 1 = 0$,温度保持不变,直至液相全部凝固时温度才会下降,含 Cd 20% 的 Bi-Cd 系统的步冷曲线如图 5.3.11 中的曲线 b。对于含 Cd 70% 的 Bi-Cd 系统,其步冷曲线的形状与此相似,都有一个转折点和一个平台,只是转折点的位置不同而已(见图 5.3.11 中的曲线 d)。

含 Cd 40% 的 Bi-Cd 系统正好是共晶组成的,在冷却过程中,温度高于 140 ℃时为液相,$F = 1$,当冷却到 140 ℃时发生共晶过程,固相 Bi 和 Cd 同时析出,$F = 0$,温度不变,步冷曲线出现平台,待所有液相全部消失后温度才继续下降。因此步冷曲线上无转折点,只有在 140 ℃时的平台,如图 5.3.11 中的曲线 c 所示。

以温度为纵坐标、组成为横坐标,将各不同组成合金的步冷曲线上所得的转折点温度和平台段温度的数据,描点绘在图上,再将各点连结起来即能绘制出相图。

由于组成接近共晶的系统在开始凝固时析出的固体很少,相应的相变潜热也很小,因此其步冷曲线上的转折点往往不明显,以致不能正确确定共晶的位置。此时可用塔曼(Tamann)三角形法确定共晶点。其原理是:若不同组成的合金熔体在同样条件下冷却,则步冷曲线上平台段的长度(即共晶析出时温度不变的停顿时间)应正比于析出的共晶量。显然,在正好共晶时,析出的共晶量最多。因此,若把不同组成合金的步冷曲线上平台段的长度,按比例画成垂直于组成坐标的直线,则应得三角形,其顶点就相当于共晶组成。

③溶解度法

对于水盐系统在温度不是很高时常采用溶解度法绘制相图。表 5.3.1 列出了不同温度下 $(NH_4)_2SO_4$ 饱和水溶液的浓度及相应的固相组成。

表 5.3.1　不同温度下 $(NH_4)_2SO_4$ 饱和水溶液的浓度

温度 T/K	$(NH_4)_2SO_4$/% 质量	平衡时的固相
267.7	16.7	冰
262.2	28.6	冰
255.2	37.5	冰
254.1	38.4	冰 + $(NH_4)_2SO_4$(固)
274.2	41.4	$(NH_4)_2SO_4$(固)
284.2	42.2	$(NH_4)_2SO_4$(固)
294.2	43.0	$(NH_4)_2SO_4$(固)
304.2	43.8	$(NH_4)_2SO_4$(固)
314.2	44.8	$(NH_4)_2SO_4$(固)
324.2	45.8	$(NH_4)_2SO_4$(固)
334.2	46.8	$(NH_4)_2SO_4$(固)
344.2	47.8	$(NH_4)_2SO_4$(固)
354.2	48.8	$(NH_4)_2SO_4$(固)
364.2	49.8	$(NH_4)_2SO_4$(固)
374.2	50.8	
382.1	51.8	

用表 5.3.1 的实验数据作图,便得图 5.3.13,图中 AN 是 $(NH_4)_2SO_4(s)$ 的饱和溶解度曲线。

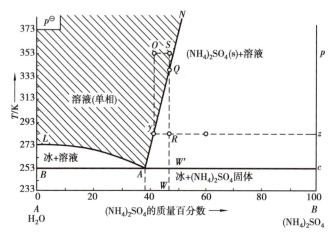

图 5.3.13 $(NH_4)_2SO_4$-H_2O 系统的相图

LA 是水的冰点下降曲线。在 A 点冰、溶液和固态 $(NH_4)_2SO_4$ 三相共存。组成在 A 点以左的溶液冷却时,首先析出的固体是冰;在 A 点以右的溶液冷却时,首先析出的固体是 $(NH_4)_2SO_4$。只有溶液组成恰好相当于 A 点时,冷却后,冰和 $(NH_4)_2SO_4(s)$ 同时析出并形成低共熔物。

类似的水盐系统有 NaCl-H_2O(低共熔点为 252.1 K),KCl-H_2O(低共熔点为 262.5 K),$CaCl_2$-H_2O(低共熔点为 218.2 K),NH_4Cl-H_2O(低共熔点为 257.8 K)。水盐系统相图可用于结晶法分离盐类;也可按照最低共熔点的组成来配冰和盐的量,而获得较低的冷冻温度。在化工生产中,经常用盐水溶液作为冷冻的循环液,就是因为以最低共熔点的浓度配制食盐水时,在 252.1 K 以上都不会结冰。

(2)形成化合物的系统

若两种物质之间发生化学反应而生成化合物(第三种物质),由组分数的概念 $C = S - R - R' = 3 - 1 = 2$,仍为二组分系统;当系统中两种物质的数量之比正好使之全部形成化合物,则除有一化学反应外,还有浓度限制条件,于是 $C = 3 - 1 - 1 = 1$,而成为单组分系统。

下面根据所形成化合物的稳定性,分两类情况加以讨论。

①形成稳定的化合物

所谓的稳定化合物是指它无论是在固态还是在液态都能存在,熔化时固态和液态有相同的组成,即它有相合的熔点。例如苯酚(A)与苯胺(B)的相图示于图 5.3.14,图中 R 点为化合物 C 的熔点。当在化合物中加入组分 A 或 B 时,都会使熔点降低。在分析此类相图时一般可以看作由两个简单低共熔混合物的相图合并而成。左边一半是化合物 C 与 A 所构成的相图,L 是 A 与化合物 C 的低共熔点;右边一半是化合物 C 与 B 所构成的相图,L' 是 B 与化合物 C 的低共熔点。

这一类二组分系统还有 Mg-Ge、Au-Fe、$CuCl_2$-KCl 等。有些盐类能形成几种水合物,例如 $FeCl_3$ 与 H_2O 能形成 $FeCl_3 \cdot 2H_2O$、$FeCl_3 \cdot 2.5H_2O$、$FeCl_3 \cdot 4.5H_2O$、$FeCl_3 \cdot 6H_2O$;$Mn(NO_3)_2$ 与能形成三水和六水化合物等,其相图都属这一类型。在冶炼过程中,炉渣中的 Al_2O_3 与 CaO

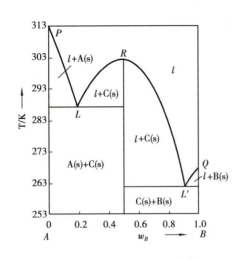

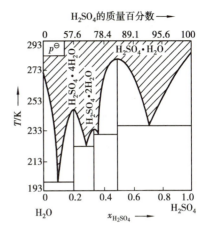

图 5.3.14 苯酚(A)-苯胺(B)系统的相图   图 5.3.15 $H_2SO_4 \cdot H_2O$ 的相图

可以形成五种稳定的化合物。H_2O 与 H_2SO_4 能形成三种稳定的化合物:$H_2SO_4 \cdot H_2O$(结晶温度为 8.1 ℃),$H_2SO_4 \cdot 2H_2O$(结晶温度为 -39.6 ℃),$H_2SO_4 \cdot 4H_2O$(结晶温度为 -24.4 ℃),其相图(图5.3.15)可看成由四个简单低共熔二组分系统的相图组成,有四个低共熔点;由其相图可以确定各种商品硫酸在不同气温下具有怎样的浓度才可以避免在运输和储藏过程中不发生冷冻结晶;通常98%的浓硫酸的结晶温度为 0.1 ℃,在冬季这种硫酸不论运输和储藏都会发生冷冻结晶,若改为92.5%的硫酸(为简单起见,简称为93%),它的凝固点约为 -35 ℃,则运输和储藏过程中一般不会发生冻结。

②形成不稳定的化合物

由两种物质 A 和 B 所生成的化合物 C 只能在固态时存在,将这种化合物加热到某一温度时,它就分解成一种固体物质(可以为 A 或 B 或另一个新的化合物)和溶液,而溶液的组成不同于固体化合物 C 的组成,因此说 C 为不稳定化合物。

以 K-Na 二组分系统为例(图5.3.16):Na 和 K 形成的金属互化物 Na_2K。这个化合物只存在于低温(7 ℃以下)。当加热到 7 ℃时,它就开始分解,产生一个液相并析出纯固态 Na。这说明此化合物很不稳定,加热不到熔点时就分解了,它只有分解温度而没有熔点,称之为有不相合熔点的化合物。又因为化合物在 7 ℃时分解出来的液相与固态化合物的组成不同,故又称为固液异组成的化合物。当组成相当于 Na_2K 液态系统(图中 Q 点)冷却时,至 B 点开始有固体 Na 晶体析出,继续冷却时,Na 不断析出,液相组成沿 BC 线移动,至 7 ℃时固体 Na 与组成相当于 C 点的液相作用,产生了固态化合物 Na_2K。因为新产生的 Na_2K 是包在先析出的固体 Na 表面上析出的,所以发生的过程称为包晶过程,也称转熔过程。

现讨论 P 点的冷却过程:P 点所代表液相冷却到液相线 BC 时析出固体 Na,步冷曲线上出现转折点;继续冷却时,系统为固态 Na 与液相(其组成沿 BC 线移动)两相共存;冷至 7 ℃时发生包晶过程,三相共存,故步冷曲线上出现平台,直至包晶过程结束,固态 Na 全部消失,只剩下液、$Na_2K(s)$两相,温度方继续下降,此时液相中不断析出化合物 Na_2K,液相组成沿液相线 CD 改变;当冷却至 -12.5 ℃时液相组成为 D,发生共晶现象,即纯固相 K 和固相 Na_2K 同时析出,此时三相共存,在步冷曲线上又出现一个平台,直至液相全部消失温度才继续下降,系统进入固相区,以纯固态 K 和 Na_2K 两相共存。

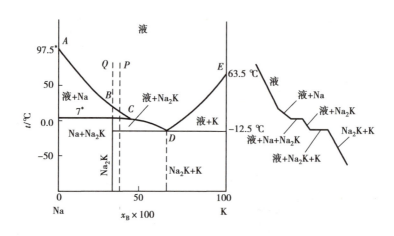

图 5.3.16　K-Na 系统相图

相图属这一类型的还有金-锑（Au-Sb₂）、氯化钾-氯化铜（KCl-CuCl₂）、二氧化硅-氧化铝（2SiO₂-3Al₂O₃）、水-氯化钠（2H₂O-NaCl）等系统。

（3）形成固溶体的系统

①完全互溶的固溶体

该系统是指二组分在固态与液态时彼此能够以任意的比例互溶而不形成化合物，并且无低共熔点。固溶体是单相多组分系统，其组成在一定范围内可变。现以 Au-Ag 的相图为例（图 5.3.17）。当组成相当于 A 点的熔化物冷却时，在 A 点开始析出组成为 B 的固溶体。液态中 Ag 的相对含量增大，当温度继续下降时，液相的组成沿 AA_1A_2

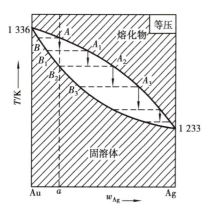

图 5.3.17　Au-Ag 系统的相图

线变化，固相的组成沿 BB_1B_2 线变化。如果冷却过程进行得相当慢，液、固两相始终保持平衡。在达到 B_2 点所对应的温度时，最后极少量的熔化物的组成为 A_2。此后继续冷却，液相消失，系统在 B_2 点所对应的温度以下进入固相区。

实际上在晶体析出时，由于在晶体内部扩散作用进行得很慢，所以较早析出来的晶体形成"枝晶"，即发生"枝晶偏析"现象。它将导致合金材料内部组织的不均匀性，而影响其性能，为了避免这一现象发生，在金属工件制造工艺过程中常采用退火处理（将固体的温度升高到接近熔化而低于熔化温度，并在此温度保持一定的时间，使固体内部各组分进行扩散趋于平衡）或淬火处理（即快速冷却，使金属内部来不及发生相变，仍能保持高温的结构状态）。

从结构的不均匀性看，枝晶偏析现象是不好的。但有时这种快速的冷却却常用来浓缩混合物中某一组分的浓度。如在图 5.3.17 中，组成为 A 点的熔液快速冷却时，液相的组成可超过 A_3 点而继续下降，使液相中含较丰富低熔点的 Ag，相对来说固相中含有较丰富的高熔点组分 Au，这种方法有时也称为分步结晶法。

属于这一类型相图的系统还有 Cu-Ni、Co-Ni、PbCl₂-PbBr₂、NH₄SCN-KSCN 等。

形成完全互溶固溶体的液固相图，除图 5.3.17 所示类型外，还有具有最低熔点和最高熔点的两类相图（图 5.3.18）。

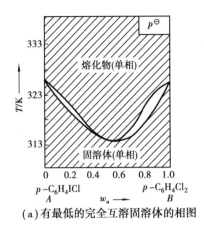

（a）有最低的完全互溶固溶体的相图

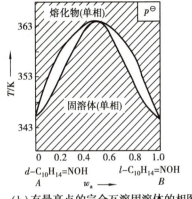

（b）有最高点的完全互溶固溶体的相图

图 5.3.18 　具有最低熔点和最高熔点的两类相图

这两类相图与具有最低恒沸点和最高恒沸点的二组分系统气-液平衡的温度-组成相图相类似。具有最低熔点的系统较多，如 HgI_2-$HgBr_2$、Cu-Mn、Cu-Au、KCl-KBr、K-Rb 等，具有最高熔点的系统较少，如 d-$C_{10}H_{14}$ ＝ NOH-l-$C_{10}H_{14}$ ＝ NOH。

② 部分互溶的固溶体

两个组分在液态中可无限互溶，而固态在一定的浓度范围内形成互不相溶的两相。这类系统中可以有两个固溶体和一个液相三相平衡共存，此时自由度数为 0，在步冷曲线上出现平台。

a. 有低共熔点的系统

以 Ag-Cu 双组分系统为例，其相图示于图 5.3.19。图中 ACB 为液相线，在 ADCEB 线以下则以固态存在，其中 ADF 是 Cu 溶于 Ag 中的溶解度曲线，ADF 线以左是 Cu 溶于 Ag 的固溶体 α 的相区；BEG 线则为 Ag 溶于 Cu 的溶解度曲线，BEG 线以右是 Ag 溶于 Cu 的固溶体 β 相区，而在 FDEG 区则为两种固溶体共存。ACD 区和 BCE 区都是液相与一种固溶体的两相共存区。在 779 ℃ 的 DCE 线上发生共晶过程，液相 C 同时析出固溶体 α 和固溶体 β。

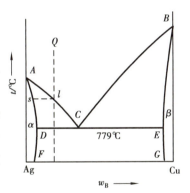

图 5.3.19 　Ag-Cu 系统相图（示意图）

当组成为 Q 点的液态合金冷却至 l 点时开始析出组成相当于 s 的固溶体 α，温度继续下降，系统固液两相共存，液相线沿 lC 线改变，固溶体组成沿 sD 线改变，两相的相对量可用杠杆规则确定。当温度降到 779 ℃ 时，液相组成达到 C 点，两种固溶体 α 和 β 同时析出，在共晶未结束之前，因三相共存，自由度为 0，温度不再下降，此时步冷曲线上应出现平台，直至液相全部消失，温度才继续下降，此时两种固溶体的组成分别沿 DF 和 EG 移动，其相对量也可用杠杆规则确定。

相图属这一类的系统还有 KNO_3-$TiNO_3$（图 5.3.20）、KNO_3-$NaNO_3$、AgCl-CuCl、Ag-Cu、Pb-Sb 等。

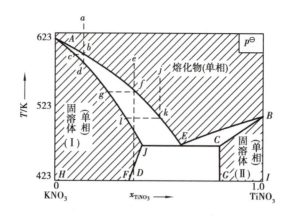

图 5.3.20　KNO$_3$-TiNO$_3$ 相图(部分互溶且有最低共熔点)

b. 有转熔温度的系统

图 5.3.21 是 Hg-Cd 系统的相图。Hg 和 Cd 也生成两种固溶体 α 和 β,图中 BCE 是固溶体 β 与熔化物的两相共存区,CDA 是固溶体 α 与熔化物的两相共存区,FDEG 是固溶体 α 和 β 的两相共存区。在 188 ℃时三相(液相 C、固溶体 α 和固溶体 β)共存,这个温度称为转熔温度。

从 Hg-Cd 系统的相图可知,为什么在镉标准电池中,镉汞齐电极的浓度为含 Cd 5% ~ 14%,在常温下此时系统处于熔化物和固溶体 α 两相平衡区,就组分 Cd 而言,它在两相中均有一定的浓度。此时,即使系统中 Cd 的总量发生微小的变化,也只不过改变两相的相对质量,而不会改变两相的浓度,因此电极电位可保持不变。

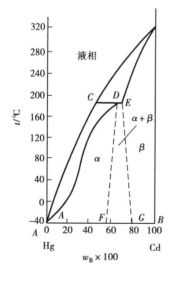

图 5.3.21　Hg-Cd 系统的相图　　图 5.3.22　区域熔炼示意图

对于一般金属而言,微量杂质元素与该金属所组成的二组分相图大都是形成部分互溶固溶体的类型。在制备高纯金属时常采用区域熔炼提纯法,其原理可用图 5.3.22 说明。图中所示为杂质 B 与金属 A 的相图一部分。杂质在固相中浓度小于其在平衡液相中的浓度,因此凝固析出的固溶体中杂质含量减少。故采用分步结晶方法,从 Q 点冷却至 M 点分离出固相 N,再将此固溶体熔化后冷却,第二次析出的固相 N,其中 B 的含量更少。重复多次,可得到高纯

金属 A。具体做法是将金属锭置于管式炉中,用可移动加热环套在管外,加热左端使熔化,再使加热环缓慢向右移,在离开左端后,左端即开始凝固,析出固相的 B 含量减少,多余的杂质 B 则扩散进入右侧熔化区域。再将加热环右移,如此逐步把杂质 B 从左端赶向右端。然后把加热环从新从左端向右移,又一次把杂质 B 赶向右端,反复多次,可在左端获得高纯金属 A(有的可高达 99.999 999%以上)。制备高纯度半导体材料如锗和硅时应用的就是此原理。

5.3 公式小结

性质	方程	成立条件	正文中方程编号
相律	$F = C - P + 2$	相平衡	5.1.1
克拉佩龙方程 (Clapeyron Equation)	$\dfrac{\mathrm{d}p}{\mathrm{d}T} = \dfrac{S_2 - S_1}{V_2 - V_1} = \dfrac{\Delta H}{T \Delta V}$	两相平衡	5.2.1
克劳修斯-克拉佩龙方程式 (Clausius-Clapeyron Equation)	$\dfrac{\mathrm{d} \ln p}{\mathrm{d}T} = \dfrac{\Delta_{vap} H_m}{R T^2}$	气-液或 气-固两相平衡	5.2.2

习 题

5.1　指出下列各系统的独立组分数、相数和自由度数。

(1)在指定压力下,固体 NaCl 和它的饱和溶液;

(2)$CaCO_3(s)$ 与其分解产物 $CaO(s)$ 和 $CO_2(g)$ 达成平衡;

(3)$NH_4HS(s)$ 与任意量的 $NH_3(g)$ 和 $H_2S(g)$ 混合达成平衡;

(4)$NH_4HS(s)$ 部分分解为 $NH_3(g)$ 和 $H_2S(g)$,达成平衡;

(5)在 101.325 kPa 下 $CHCl_3$ 溶于水与水溶于 $CHCl_3$,两个溶液平衡;

(6)气态 H_2 和 O_2 在 25 ℃下与其水溶液达成平衡。

5.2　下图为 CO_2 的平衡相图示意图,试根据该图回答下列问题:

(1)使 CO_2 在 0 ℃时液化需要加大多的压力?

(2)把钢瓶中的液体 CO_2 在空气中喷出。大部分成为气体,一部分成为固体(干冰)。为把汽化热移走,温度下降到多少度,固体 CO_2 才能形成?

(3)在空气中(101 325 Pa 下)温度为多少度可使固体 CO_2 不经液化而直接升华?

5.3　已知液态银的蒸气压与温度的关系式如下:

$$\lg(p/\mathrm{kPa}) = -(14.323 \times 10^3 \ \mathrm{K}) T^{-1} - 0.539 \lg(T/\mathrm{K}) - 0.09 \times 10^{-3} T/\mathrm{K} + 9.928$$

计算液态银在正常沸腾温度 2 147 K 下的蒸发热以及液态银的热容差(C_p)。

5.4　一个体重 50 kg 的人,穿一双冰鞋立于冰上,冰鞋面积为 2 cm²,问温度需低于摄氏零下几度,才使冰不融化,已知冰的熔化热为 334.4 kJ/kg,水的密度为 1 000 kg/m³,冰的密度为 900 kg/m³。

5.5　已知 100 ℃时水的饱和蒸气压为 101.325 kPa,市售民用高压锅内的压力可达 233 kPa,问此时水的沸点为多少? 已知水的蒸发热为 2 259.4 kJ/kg。

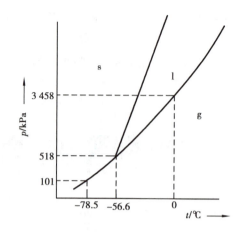

题 5.2 图

5.6　汞在 101.325 kPa 下的凝固点为 244.3 K,摩尔熔化热为 2.292 kJ/mol,摩尔体积变化为 0.517 cm³·mol⁻¹。已知汞的密度为 14.6 kg/m³,求在 10 m 高的汞柱底部汞的凝固温度。

5.7　在 101.325 kPa 时使水蒸气通入固态碘(I_2)和水(H_2O)的混合物,蒸馏进行的温度为 371.6 K,使馏出的蒸气凝结,并分析馏出物的组成。已知每 0.10 kg 水中有 0.081 9 kg 碘。试计算该温度时固态碘的蒸气压。

5.8　101.325 kPa 下水(A)-醋酸(B)系统的气-液平衡数据如下:

T/C	100	102.1	104.4	107.5	113.8	118.1
x_B	0	0.300	0.500	0.700	0.900	1.000
y_B	0	0.185	0.374	0.575	0.833	1.000

(1)画出气-液平衡的温度-组成图;

(2)从图上找出组成为 $x_B = 0.800$ 的液相的泡点;

(3)从图上找出组成为 $y_B = 0.800$ 的气相的露点;

(4)105.0 ℃时气-液平衡两相的组成是多少?

(5)9 kg 水与 30 kg 醋酸组成的系统在 105.0 ℃ 达到平衡时,气、液两相的质量各为多少千克?

$$[(2)110.2 ℃;(3)112.8 ℃;(4)y_B = 0.417, x_B = 0.544;(5)w_{(g)} = 12.31 \text{ kg}, w_{(l)} = 26.69 \text{ kg}]$$

(6)从理论上分析,用醋酸水溶液如何获得冰醋酸?

5.9　已知铅的熔点为 327 ℃,锑的熔点为 631 ℃,现制出下列六种合金,并作出步冷曲线,其转折点或平台段的温度为:

合金成分	转折点温度
5%Sb—95%Pb	296 ℃ 和 246 ℃
10%Sb—90%Pb	260 ℃ 和 246 ℃
13%Sb—87%Pb	246 ℃
20%Sb—80%Pb	280 ℃ 和 246 ℃

40% Sb—60% Pb	293 ℃和246 ℃
80% Sb—20% Pb	570 ℃和246 ℃

试绘制铅锑相图,并说明相图中各区域所存在的相和自由度数。

5.10 说明图中点、线、面的含义及为什么电解稀土熔盐时要添加 KCl 或其他氯化物 NaCl、$CaCl_2$ 等。

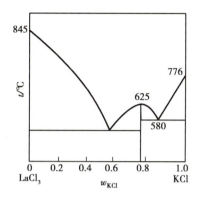

题 5.10 图

5.11 利用下列数据作出 Mg-Cu 系统的相图:$t_{熔}(Mg) = 648$ ℃,$t_{熔}(Cu) = 1\ 085$ ℃,形成两个金属间化合物,其熔点分别为 $t_{熔}(MgCu_2) = 800$ ℃,$t_{熔}(Mg_2Cu) = 580$ ℃;形成三个低共熔混合物,其组成分别含质量分数 10%、33%、65% Mg,熔点分别为 690 ℃、560 ℃和380 ℃。将一个含25%的 Mg 的样品在坩埚中于惰性气氛下加热到 800 ℃,利用相图说明当此熔体缓慢地冷却时,在 600 ℃下,是什么相处于平衡,它们的组成为多少,相对量为多少?

5.12 $NaCl$-H_2O 所形成的二组分系统,在 252 K 时有一个低共熔点,此时冰、$NaCl \cdot 2H_2O$(s)和浓度为 22.3%(质量百分数,下同)的 NaCl 水溶液平衡共存。在 264 K 时不稳定化合物($NaCl \cdot 2H_2O$)分解,生成无水 NaCl 和 27%的 NaCl 水溶液。已知无水 NaCl 在水中的溶解度受温度的影响不大(当温度升高时,溶解度略有增加)。

(1)试绘制相图,并指出各部分存在的相平衡。

(2)若有 100 g 28%的 NaCl 溶液,由 160 ℃冷到 – 10 ℃,问在此过程中最多能析出多少克 NaCl?

(13.7 g)

5.13 根据 Ag(A)-Cu(B)系统的相图回答:(1)冷却 100 g 含 70% Cu 的合金到 850 ℃时有多少固溶体析出?(2)上述合金在 850 ℃平衡时,Cu 在溶液及固溶体之间应如何分配?

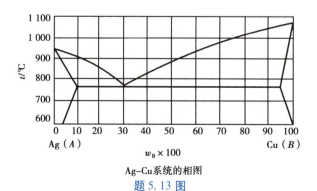

Ag–Cu系统的相图

题 5.13 图

5.14 Ni-Cu 系统从高温逐渐冷却时,得到如下数据,请画出相图,并指出各部分存在的相。

Ni 的质量百分数	0	10	40	70	100
开始结晶的温度/K	1 356	1 413	1 543	1 648	1 725
结晶终了的温度/K	1 356	1 373	1 458	1 583	1 725

(1)今有含 50% Ni 的合金,使之从 1 673 K 冷到 1 473 K,试问在什么温度开始有固体析出? 此时析出的固相的组成,最后一滴熔化物凝结时的温度是多少? 此时液态熔化物的组成?

(2)把浓度为 30% Ni 的合金 0.25 kg 冷到 1 473 K,试问 Ni 在熔化物和固溶体的数量为多少?

5.15 下图是 SiO_2-Al_2O_3 系统在高温区间的相图,本相图在耐火材料工业上具有重要意义,在高温下,SiO_2 有白硅和磷石英两种变体,AB 是这两种变体的转晶线,AB 线之上为白硅石,之下为磷石英。

$$[(1)1\ 583\ K,\ w_s=70\%\ Ni;498\ K,\ w_1=27\%\ Ni;(2)m_1(Ni)=33.9\ g,m_s(Ni)=41.1\ g]$$

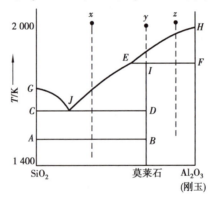

题 5.15 图

(1)指出各相区分别由哪些相组成?

(2)图中三条水平线分别代表哪些相平衡共存?

(3)画出从 x,y,z 点冷却的步冷曲线。

5.16 MnO-SiO_2 相图示意图如题 5.16 图所示:

(1)指出各区域所存在的是什么相?

(2)画出含 SiO_2 40%(质量)的系统(图中 R 点)从 1 700 ℃冷却到 1 000 ℃时的步冷曲线示意图。

注明每一阶段系统有哪些相? 发生了哪些变化? 指出自由度数为多少?

(3)含 SiO_2 10%(质量)的系统 9 kg,冷却到 1 400 ℃时,液相中含 MnO 多少?

(4)含 SiO_2 60%(质量)的合金 1 500 ℃各以哪些相存在? 计算其相对量。

$$[(3)w_{MnO}=2\ 100\ g;(4)w_1/w_2=32/5]$$

5.17 从 Pb-Zn 相图回答:

(1)含 2%(质量)Pb 的粗锌如何能去除其中的杂质? 在什么温度下进行较为适宜?

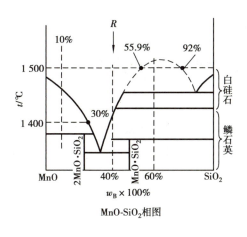

MnO-SiO$_2$相图

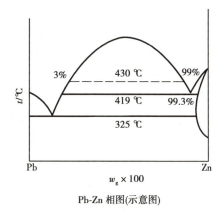

Pb-Zn 相图(示意图)

题 5.16 图　　　　　　　题 5.17 图

(2)除 Pb 能达到什么程度(即含 Pb 最低量)?

(3)将熔体缓慢冷却,使其中杂质析出称为熔析精炼。含 2%(质量)Pb 的粗锌 1 000 kg 经熔析精炼后能有多少的精炼 Zn?其中还有多少 Pb?析出的 Pb 中有多少千克 Zn?

5.18 已知下列数据,请画出 FeO-SiO$_2$ 二组分固液平衡相图(不生成固溶体):

熔点 FeO = 1 154 ℃;SiO$_2$ = 1 713 ℃;2FeO·SiO$_2$(化合物) = 1 065 ℃;FeO·SiO$_2$(化合物) = 1 500 ℃。

共晶坐标:(1)$t = 880$ ℃,$x_{SiO_2} = 0.3$;(2)$t = 900$ ℃,$x_{SiO_2} = 0.4$;(3)$t = 1 145$ ℃,$x_{SiO_2} = 0.55$。

5.19 指出附图中二组分凝聚系统相图内各相区的平衡相,指出三相线的相平衡关系。

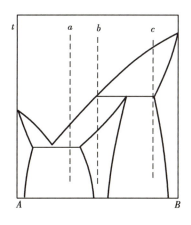

题 5.19 图

5.20 铅(熔点 600 K)和银(熔点 1 233 K)在 578 K 时形成低共熔混合物。已知铅熔化时吸热 4 858 J/mol。假设溶液是理想溶液。试计算低共熔物的组成。

5.21 在 101.325 kPa 下,CaCO$_3$(s)分解成 CaO(s) 和 CO$_2$(g),在 1 169 K 时分解平衡。(1)请画出二组分系统 CaO-CO$_2$ 在 101.325 kPa 时的等压相图;(2)标出各个相区的相态。

5.22 Mg(熔点 924 K)和 Zn(熔点 692 K)的相图具有两个低共熔点:一个为 641 K(3.2% Mg,质量百分数,下同),另一个为 620 K(49% Mg),在系统的熔点曲线上有一个最高点

863 K(15.7% Mg)。

（1）绘出 Mg 和 Zn 的 T-x 图,并说明各区中的相。

（2）分别指出含 80% Mg 和 30% Mg 的两个混合物从 973 K 降到 573 K 的步冷过程中的相变,并根据相律予以说明。

（3）绘出含 49% Mg 的熔化物的步冷曲线。

5.23 电解 LiCl 制备金属锂时,由于 LiCl 熔点高(878 K),通常选用比 LiCl 难电解的 KCl(熔点 1 048 K)与其混合。利用低共熔现象来降低 LiCl 熔点,节省能源。已知 LiCl(A)-KCl(B)物系的低共熔点组成为含 $\omega_B = 0.50$,温度为 629 K。而在 723 K 时 KCl 含量 $\omega_B = 0.43$ 时的熔化物冷却析出 LiCl(s)。而 $\omega_B = 0.63$ 时析出 KCl(s)。

（1）绘出 LiCl-KCl 的熔点组成相图。

（2）电解槽操作温度为何不能低于 629 K。

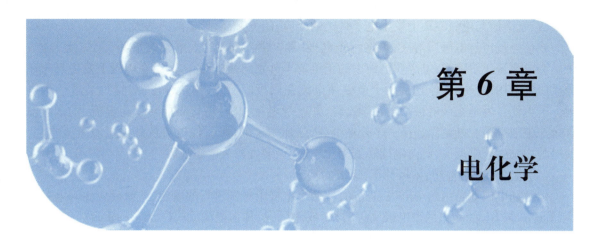

第6章

电化学

电化学是物理化学的一个重要组成部分。电化学主要是研究电能和化学能之间的相互转化及转化过程中有关规律的科学。电化学系统(Electrochemical System)是在两相或多相间存在电势差的系统。电化学系统是由电子导体和离子导体两部分组成的系统。其系统的性质不仅受温度、压力和组成的影响,而且与各相组成的带电状态有关。其中主要内容包括三个部分:①电解质溶液,介绍电解质溶液的电导、离子的电迁移现象、电解质溶液理论及电解质溶液的离子平均活度和平均活度系数等概念。②电化学系统中的热力学。电化学的热力学主要研究电化学反应平衡的规律,即电化学系统中没有电流通过时系统的性质。包括可逆电池的电动势,电动势与各热力学函数的关系;电池电动势产生的机理;以及电极电势测定应用。③电化学动力学,主要是研究电化学系统中没有电流通过时与电化学反应速率有关的规律,扼要介绍电极的极化作用与过电势以及产生极化的原因。

6.1 电化学基本概念

6.1.1 基本概念

电池(Primitive Cell)和电解池(Electrolytic Cell)的基本结构与电极、电解质和外电路组成是一致的,只是电流的方向相反。电极和电解质都是导体。根据传导载流子的不同分为两类不同导体。

(1)导体

凡能导电的物质称为导体电子导体(Electronic Conductive Body)(第一类导体),在电场的作用下依靠自由电子做定向的移动而导电。这类物质主要包括金属、石墨、某些金属化合物以及高分子电子导电聚合物等。电子导体在导电时,导体本身不发生化学变化,仅有自由电子的移动;导体发热、温度升高,导电能力下降。

离子导体(Ionic Conductive Body)(第二类导体),依靠带电离子在电场中的定向移动而导电。离子导体主要包括熔融盐、电解质水溶液等。离子导体导电时,电解质中的离子要发生化学反应,在溶液与电极界面上发生电子得失的反应;温度升高,导电能力增大。

要使电流流过电解质溶液,须将两个电极(第一类导体)放入电解质溶液(第二类导体)中。当电流流过溶液时,电解质溶液中的正负离子分别向两极移动,同时在电极上发生氧化还原反应。若用第一类导体连接两个电极使电流在两极间流过,构成外电路,这种装置称为电池。若电能自发地在两电极发生化学反应,并产生电流,此时将化学能转变为电能,则该电池称为原电池。若在外电路连接一个外加电源,施加一定的电压,使电流从外加电源流入电池,使电池中发生化学反应,此时电能转变为化学能,该装置称为电解池。

(2)电池和电解池阴、阳极及正、负极的规定

电池和电解池是由两个电极组成的,在两个电极上分别进行的氧化、还原反应称为电极反应(Electrode Reaction),两个电极反应的和(或总反应)称为电池反应(Cell Reaction)。在电极反应中的两个电极,根据电极电势的高低来分类,电极电势高的电极称为正极(Positive Electrode),电极电势低的电极称为负极(Negative Electrode)。电流总是从电池(或电源)电极电势高的电极流向电极电势低的电极。而电子流动的方向与电流流动的方向相反。根据电极的反应分类,在电化学中规定:发生氧化反应的电极称为阳极(Anode),发生还原反应的电极称为阴极(Cathode)。电极的氧化反应是失电子反应,还原反应是得电子反应。所以在电池或电解池的两电极之间,电子总是由发生氧化反应的电极流向发生还原反应的电极,而电流的流动方向与电子的流动方向相反,见表6.1.1。

表6.1.1　原电池和电解池的阴、阳极及正、负极

	原电池		电解池	
电极反应	阳极 (发生氧化反应)	阴极 (发生还原反应)	阳极 (发生氧化反应)	阴极 (发生还原反应)
电势 或电流方向	负极	正极	正极	负极

6.1.2　法拉第定律

法拉第对大量的实验进行归纳和总结,于1833年提出了一条电化学的基本定律,称为法拉第定律(Faladay's Law):当电流通过电解质溶液时,电极上发生变化的物质的量与通过的电量成正比。若将几个电解池串联,通入一定的电量后,在各个电解池的电极上发生反应的物质,其物质的量等同,预期摩尔质量成正比。换句话说,等量的电流通过不同的电解质溶液时,在各个电极上发生变化的物质数量具有相同的摩尔数。

1 mol 电子所带电量的绝对值称为法拉第常数,用 F 表示为

$$F = N_A \cdot e = 6.023 \times 10^{23} \times 1.6022 \times 10^{-19} \text{ C} \cdot \text{mol}^{-1}$$

$$= 96484.6 \text{ C} \cdot \text{mol}^{-1} \approx 96500 \text{ C} \cdot \text{mol}^{-1} \tag{6.1.1}$$

式中,N_A 为阿伏加德罗常数,e 为电子带的电荷。

若通电时溶液中的离子 M^{Z+} 在电极析出金属 M,其电极反应可表示为

$$M^{Z+} + ze = M$$

法拉第定律可表示为

$$Q = nzF \ 或 \ n = Q/zF \tag{6.1.2}$$

所析出的金属质量为

$$m = Q/zF \times M$$

式中,Q 为电极通过的电量,m 为电极上发生反应的物质质量,M 为析出金属的摩尔质量,z 为金属得失电子数或电极反应式中电子的计量系数。

例如:

①电解 $AgNO_3$ 溶液时,电极反应为 $Ag^+ + e = Ag$。若通过 964 843.6 C 的电量,阴极上析出 $Ag(M_{AgNO_3}/1) = 1 \ mol = 108 \ g$。

②若电解 $CuSO_4$ 溶液时,电极反应为 $Cu^{2+} + 2e = Cu$。若通过 964 843.6 C 的电量,阴极上析出 $Cu(M_{CuSO_4}/2) = 1/2 \ mol \times 63.546 \ g \cdot mol^{-1} = 31.773 \ g$。

法拉第定律在使用时没有限制条件,可应用于水溶液、熔融系统等电解质系统,适用于电解池和原电池的过程,是自然科学中最准确的定律之一。

6.1.3　电流效率

在实际电解时,电极上常伴有副反应或次要反应发生。例如:电镀锌时,阴极除 $Zn^{2+} + 2e = Zn$ 外,有时可能还有 $2H^+ + 2e = H_2$,这就是副反应。消耗电量,使输入的电量没有全部用于主反应。因此,由于副反应或次反应的发生,常使实际消耗的电量比按照法拉第定律计算的电量高,这个比值被称为电流效率。

电流效率 = 产出一定量的物质(按法拉第定律计算所需的电量)/实际通入的总电量 ×100%

或当通入一定电量后

电流效率 = 通入一定电量后电极上实际析出的量/根据法拉第定律计算应析出的量 ×100%

例 6.1.1　需在 $10 \times 10 \ cm^2$ 的薄铜片两面镀上 0.005 cm 厚的 Ni 层[镀液为 $Ni(NO_3)_2$],假定镀层能均匀分布,用 2.0 A 的电流强度得到上述厚度的镍层时需要通电多长时间?(设电流效率为 96.0%。已知金属镍的密度为 8.69 $g \cdot cm^{-3}$,$Ni(s)$ 的摩尔质量为 58.69 $g \cdot mol^{-1}$。)

解　电镀层中含镍的物质的量为

$$n_{Ni} = \frac{10 \times 10 \times 0.005 \times 2 \times 8.69}{58.69} mol = 0.151 \ 6 \ mol$$

电极反应为

$$Ni^{2+} + 2e \longrightarrow Ni$$

通入的电量为

$$Q = nF = 0.151 \ 6 \times 96 \ 500 \times 2 \div 0.96 \ C = 3.05 \times 10^4 \ C$$

需通电的时间为

$$t = \frac{Q}{I} = \frac{3.05 \times 10^4}{2} s = 1 \ 520 \ s = 4.24 \ h$$

在实际电化学生产中电流效率越大越高。

6.1 公式小结

性质	方程	成立条件或用途	正文中方程编号
法拉第常数	$F = N_A \cdot e$	定义	6.1.1
法拉第定律	$Q = nzF$	适用于电解和原电池体系	6.1.2

6.2 电解质溶液

电解质溶液(Electrolyte Solution)的性质主要包括两个方面:电解质溶液的热力学性质和导电性质。

在电化学中由电子导体和离子导体两部分组成电化学系统。首先讨论离子导体部分及电解质溶液部分。

电解质溶液的溶质通常可全部或部分离解成为正、负离子,在讨论这部分内容时引入离子平均强度等概念。

电解质溶液的导电性质引入电导、电导率、摩尔电导率、离子迁移数、电迁移率等概念。

6.2.1   电解质溶液的导电性质

(1)电导、电导率、摩尔电导率(Molar Conductivity)

①电导、电导率

对第一类导体,用电阻来衡量导电能力的大小。而第二类导体则用电导来衡量其导电能力的大小。

衡量电解质溶液导电能力的物理量为电导,用符号 G 表示,电导是电阻(R)的倒数,则

$$G = 1/R \tag{6.2.1}$$

电导的 SI 制单位西门子(Siemens),用 S 表示,1 S = 1 Ω^{-1}。

均匀导体在均匀电场中的电导 G 与导体的截面积 A 成正比,与导体的长度成反比,即

$$G = \kappa \cdot A/L \tag{6.2.2}$$

式中,κ 称为电导率。电导率 κ 是电阻率 ρ 的倒数,$\kappa = 1/\rho$。单位为 S $\cdot$ m^{-1}。当 $A = 1$ m^2,$L = 1$ m 时,所具有的电导称为电导率。电导率的大小与电解质的种类、溶液的浓度、温度等因子有关。

电解质溶液的电导率是两极板为单位面积,与其距离为单位长度时的溶液电导

$$G = \kappa \cdot A/L$$

$$\kappa = L/A \cdot G = K_{(L/A)} \cdot G \tag{6.2.3}$$

式中,$K_{(L/A)} = L/A$,被称为电导池常数,与电导池几何形状有关。

②摩尔电导率

电解质溶液的导电能力随浓度而改变,为了对各种不同类型或不同浓度的电解质的导电

能力进行比较,定义了摩尔电导率。将含有 1 mol 电解质的溶液置于相距为 1 m 两个平行电极之间,测得的电导被称为摩尔电导率,用 Λ_m 表示。

$$\Lambda_m = \frac{\kappa}{c} \tag{6.2.4}$$

式中,κ 为电导率,$S \cdot m^{-1}$;c 为电解质溶液的物质的量浓度,$mol \cdot m^{-3}$;所以 Λ_m 的单位为 $S \cdot m^2 \cdot mol^{-1}$。

摩尔电导率 Λ_m 与电导率 κ 之间的关系:

如上所述电解质的量为 1 mol,电解质的浓度 c,该溶液的体积为 V,因此该电解质溶液的体积与浓度的关系为

$$V = \frac{1}{c}$$

$$\Lambda_m = \kappa V = \frac{\kappa}{c}$$

应该说明的是,在使用摩尔电导率时,应注明物质的基本单元,基本单元可以是分子、原子、离子等。通常用元素符号和化学式指明基本单元。例如,在一定条件下

$$\Lambda_m(MgCl_2) = 0.025\,88\ S \cdot m^2 \cdot mol^{-1}$$
$$\Lambda_m(1/2MgCl_2) = 0.012\,94\ S \cdot m^2 \cdot mol^{-1}$$

显然有 $\Lambda_m(MgCl_2) = 2\Lambda_m(1/2MgCl_2)$。

例 6.2.1 在 25 ℃ 时,将 0.02 $mol \cdot dm^{-3}$ 的 KCl 溶液放入电解池中,测得其电阻为 82.4 Ω。若将 0.05 $mol \cdot dm^{-3}$ 的 $1/2K_2SO_4$ 溶液放入电解池,测得其电阻为 326 Ω。已知在该温度时,0.02 $mol \cdot dm^{-3}$ 的 KCl 溶液的电导率为 0.276 8 $S \cdot m^{-1}$。试求

(1)电导率常数 $K_{(L/A)}$。

(2)0.05 $mol \cdot dm^{-3}$ 的 $1/2\ K_2SO_4$ 溶液的电导率 κ。

(3)0.05 $mol \cdot dm^{-3}$ 的 $1/2\ K_2SO_4$ 溶液的摩尔电导率 Λ_m。

解 (1)$K_{(L/A)} = \kappa_{KCl} \cdot R_{KCl} = 0.276\,8\ \Omega^{-1} \cdot m^{-1} \times 82.4\ \Omega = 22.81\ m^{-1}$

(2)$\kappa_{(1/2K_2SO_4)} = K_{(L/A)} \cdot G = K_{(A/L)} \cdot 1/R = 22.81\ m^{-1} \times 1/326\ \Omega$
$$= 6.997 \times 10^{-2}\ \Omega^{-1} \cdot m^{-1}$$
$$= 6.997 \times 10^{-2}\ S \cdot m^{-1}$$

(3)$\Lambda_m(1/2K_2SO_4) = \kappa_{(1/2K_2SO_4)}/c = 6.997\,10^{-2}\ S \cdot m^{-1}/0.05 \times 10^3\ mol \cdot m^{-3}$
$$= 1.399 \times 10^{-3}\ S \cdot m^2 \cdot mol^{-1}$$

(2)电导率及摩尔电导率与浓度的关系

由图 6.2.1 可知,强酸、强碱的电导率的数值较大,其次是盐类,属强电解质;而弱电解质醋酸等为最低。电导率随电解质的浓度增大而增大,达到极值后电解质的浓度增大而减小。电解质溶液的导电能力,由两电极之间的溶液中所含离子数目、离子价态数以及离子的运动速度来决定,对于一定浓度的电解质来说,由离子数目与运动速度两个因素决定。在讨论 κ,Λ_m 随浓度变化的规律时,从浓度对以上两个因素的影响来分析。下面分别就强、弱电解质进行讨论。

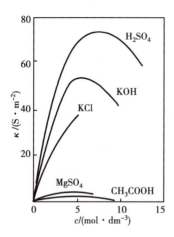

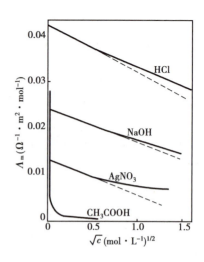

图 6.2.1　电导率 κ 与浓度的关系　　　　图 6.2.2　摩尔电导率与浓度的关系

①对强电解质,浓度越大单位体积中的离子数目越多,故 κ 低浓度范围随 c 的增大而增大,当浓度增大到一定程度时,由于离子间的相互作用增大而使离子运动速度变慢,故在高浓范围内 κ 又随 c 的增大而减小。在讨论 Λ_m 时,由于 1 mol 强电解质溶液中离子数目是不变的,浓度的变化仅影响离子的运动速度,所以 Λ_m 随 c 的增大而减小。

由图 6.2.2 可知,在极稀释的溶液范围内,强电解质的 Λ_m 与 $\sqrt{c}$ 呈直线关系,即

$$\Lambda_m = \Lambda_m^\infty - B\sqrt{c} \tag{6.2.5}$$

式中,B 为常数;Λ_m^∞ 为无限稀释时电解质的摩尔电导率,也称极限摩尔电导率。可以将直线外推至 $\sqrt{c} \to 0$ 纵坐标相交求得。

②对于弱电解质来说,溶液浓度较小,可以忽略离子间的相互作用对其运动速度的影响,而只就离子数目这一因素来进行分析导电能力与浓度的关系。弱电解质存在电离平衡,当溶液浓度增大时,电离度减小,单位体积中的离子数目随 c 的变化不大,因而随 c 的增大 κ 只有很小的改变。弱电解质的 Λ_m 随浓度减小而增大,当 $\sqrt{c} \to 0$ 时,Λ_m 急剧增加,这是因为随着浓度的下降电离度增大,从而使 1 mol 电解质电离出来的离子数目急剧增多。因而弱电解质的 Λ_m^∞ 无法用外推法求出。但可由强电解质计算(即离子独立运动定律)。

6.2.2　离子独立运动定律

科尔劳施(Kohlrausch)在研究了极稀释的电解质溶液时,发现离子彼此独立运动,每种离子对 Λ_m^∞ 的贡献不受其他离子存在的影响。将一些具有相同离子的电解质的无限稀释摩尔电导率 Λ_m^∞ 值列表:

表 6.2.1　无限稀释强电解质溶液的 Λ_m^∞ 值(25 ℃)

电解质	$\Lambda_m^\infty/(\mathrm{S \cdot m^2 \cdot mol^{-1}})$	$\Delta\Lambda_m^\infty/(\mathrm{S \cdot m^2 \cdot mol^{-1}})$
KCl	0.014 986	3.483×10^{-3}
LiCl	0.011 503	

续表

电解质	$\Lambda_m^\infty/(S \cdot m^2 \cdot mol^{-1})$	$\Delta \Lambda_m^\infty/(S \cdot m^2 \cdot mol^{-1})$
$KClO_4$	0.014 004	3.406×10^{-3}
$LiClO_4$	0.010 498	
KNO_3	0.014 50	3.49×10^{-3}
$LiNO_3$	0.011 01	
HCl	0.042 616	4.90×10^{-3}
HNO_3	0.042 13	
KCl	0.014 986	4.90×10^{-3}
KNO_3	0.014 496	
LiCl	0.011 503	4.90×10^{-3}
$LiNO_3$	0.011 01	

从表 6.2.1 中所列的资料可以看出,KCl 及 LiCl 的无限稀释摩尔电导率的差值 $\Delta \Lambda_m^\infty$ 与 KNO_3 及 $LiNO_3$ 的 $\Delta \Lambda_m^\infty$ 相同。这表明,在一定的温度下,正离子在无限稀释溶液中的导电能力与负离子无关。

同样 KCl 及 KNO_3 的 $\Delta \Lambda_m^\infty$ 与 LiCl 及 $LiNO_3$ 的 $\Delta \Lambda_m^\infty$ 也相同。这也表明在一定的温度下,负离子在无限稀释溶液中的导电能力与正离子的存在无关。

根据大量的实验事实,科尔劳施认为:在无限稀释的电解质溶液中,所有的电解质全部电离,而且离子间的一切相互作用均可忽略不计,离子彼此独立运动,互不影响。每种离子的摩尔电导率不受其他离子的影响,它们对电解质的摩尔电导率都有独立的贡献。因而电解质摩尔电导率为正、负离子的摩尔电导率之和。

对于电解质 $M_{\nu+}A_{\nu-}$ 而言,在溶液中完全电离

$$M_{\nu+}A_{\nu-} \rightarrow \nu^+ M^{Z+} + \nu^- A^{Z-}$$

ν^+, ν^- 分别表示正、负离子的化学计量系数,Z^+, Z^- 分别表示正、负离子的电荷数,而且 $\nu^+ Z^+ = \nu^- |Z^-|$。若以 Λ_m^∞ 表示电解质的极限摩尔电导率,以 $\Lambda_{m,+}^\infty$ 及 $\Lambda_{m,-}^\infty$ 分别表示正、负离子的极限摩尔电导,则有:

$$\Lambda_m^\infty = \nu_+ \Lambda_{m,+}^\infty + \nu_- \Lambda_{m,-}^\infty \tag{6.2.6}$$

该式为科尔劳施的离子独立运动规律。根据离子独立运动规律,可以应用强电解质无限稀释的摩尔电导率计算弱电解质无限稀释摩尔电导率。

例 6.2.2 已知 25 ℃时,下列溶液的极限摩尔电导率为

$$\Lambda_m^\infty(NaAc) = 91.01 \times 10^{-4} \, S \cdot m^2 \cdot mol^{-1}$$

$$\Lambda_m^\infty(HCl) = 426.16 \times 10^{-4} \, S \cdot m^2 \cdot mol^{-1}$$

$$\Lambda_m^\infty(NaCl) = 126.45 \times 10^{-4} \, S \cdot m^2 \cdot mol^{-1}$$

求 25 ℃时的 $\Lambda_m^\infty(HAc)$。

解 由离子独立运动规律可知

$$\Lambda_m^\infty(HAc) = \Lambda_{m,H^+}^\infty + \Lambda_{m,Ac^-}^\infty$$

$$\Lambda_m^\infty(\text{HCl}) = \Lambda_{m,\text{H}^+}^\infty + \Lambda_{m,\text{Cl}^-}^\infty$$

$$\Lambda_m^\infty(\text{NaCl}) = \Lambda_{m,\text{Na}^+}^\infty + \Lambda_{m,\text{Cl}^-}^\infty$$

$$\Lambda_m^\infty(\text{NaAc}) = \Lambda_{m,\text{Na}^+}^\infty + \Lambda_{m,\text{Ac}^-}^\infty$$

由 $\Lambda_m^\infty(\text{HCl}) + \Lambda_m^\infty(\text{NaAc}) - \Lambda_m^\infty(\text{NaCl}) = \Lambda_{m,\text{H}^+}^\infty + \Lambda_{m,\text{Ac}^-}^\infty = \Lambda_m^\infty(\text{HAc})$

$$= (90.01 + 426.3 - 126.5) \times 10^{-4}\ \text{S} \cdot \text{m}^2 \cdot \text{mol}^{-1}$$

$$= 390.71 \times 10^{-4}\ \text{S} \cdot \text{m}^2 \cdot \text{mol}^{-1}$$

6.2.3　离子迁移数

当电流通过电解质溶液时,电量由正、负离子共同迁移,溶液中承担导电任务的正、负离子分别向阴、阳两极移动;同时在相应的两个电极界面上发生了氧化还原反应,从而使阴阳两极附近溶液的浓度也发生变化。将离子在电场作用下引起的运动叫作离子的电迁移,即在电场的作用下,正、负离子分别向阴、阳两极进行迁移。下面以 1-1 型电解质为例,讨论离子的电迁移现象。

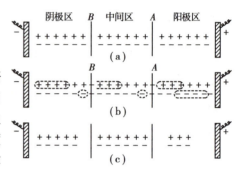

图 6.2.3　离子的电迁移现象

设想在两个惰性电极之间有两个想象的平面 AA 和 BB,将所讨论的溶液分为三个部分:阳极区、中间区和阴极区,如图 6.2.3 所示。

如果在未通电前,各部分均含有 6 mol 的电解质,图中用 + 或 − 的符号分别表示 1 mol 正离子和 1 mol 负离子。当通入 $1F$(F 为法拉第常数)电量时,由法拉第定律知,应有 4 mol 的负离子发生氧化反应(即失去电子)并在阳极析出,同时也有 4 mol 的正离子发生还原反应(即在电极上获得电子)并在阴极析出。溶液中的离子同时发生电迁移。如果正、负离子运动速度相等,在电解质溶液中与电流方向垂直的切面上通过的电量也相等。如果正、负离子运动速度不同,那么溶液中正、负离子迁移的电量也会不相同。

设正离子运动速度 v_+ 是负离子运动速度的三倍,即 $v_+ = 3v_-$,通电时,在溶液中与电流方向垂直的任一平面上将有 3 mol 的正离子及 1 mol 的负离子通过(图 6.2.3)。显然,向两个方向迁移的正、负离子的物质的量的总和恰等于通入电量的总法拉第数,即通过溶液的总电量 F 应等于溶液中正、负离子迁移电量的总和。通电完毕,中间区溶液的浓度仍然保持不变,但阳极区及阴极区的浓度发生了变化,即阴极区电解质减少 1 mol,而阳极区的电解质减少 3 mol。整个溶液仍为电中性。由此可知,阴极区内电解质减少的物质的量等于负离子迁出阴极区的物质的量;阳极区内电解质减少的物质的量等于负离子迁出阳极区的物质的量。

从上述两种假设可归纳出:

①向阴、阳两极方向迁移的正、负离子的物质量之和等于通入溶液的总电量。

$$Q_总 = Q_+ + Q_- \quad 或 \quad n_总 = n_+ + n_-$$

②$\dfrac{正离子迁出阳极区物质的量}{负离子迁出阴极区物质的量} = \dfrac{正离子迁移的电量\ Q_+}{负离子迁移的电量\ Q_-} = \dfrac{正离子的速度(v_+)}{负离子的速度(v_-)}$。

以上所讨论的是惰性电极的情况,若电极本身参加反应,则阴、阳两极溶液变化情况要复杂一些,可根据电极上的情况进行分析,但仍满足上述关系。

前已述及,电解质溶液通电时,由于正负离子的迁移速度不同,所以它们传的电量百分数也相同,把某种离子传输的电量与通过溶液的总电量之比称为离子的迁移数(Transport Numbers),用 t 表示,即

$$t_B = \frac{Q_B}{Q} \tag{6.2.7}$$

显然 $\sum Q_B = Q, \sum t_B = 1$。对于只含有各一种的正、负离子的电解质而言,正、负离子的迁移数分别用 t_+, t_- 表示为

$$t_+ = \frac{Q_+}{Q_+ + Q_-}, \qquad t_- = \frac{Q_-}{Q_+ + Q_-}$$

结合前式,可得

$$t_+ = \frac{v_+}{v_+ + v_-}, \qquad t_- = \frac{v_-}{v_+ + v_-} \tag{6.2.8}$$

显然有 $t_+ + t_- = 1$。t_+, t_- 分别表示正、负离子的迁移数。离子迁移数与正、负离子迁移速度有关,因此能影响离子迁移速度的因素,如浓度、温度等,均影响离子迁移数。虽然电场强度影响离子运动的速度,但不影响离子迁移数,因电场强度发生变化时,正负离子的速度按相同的比例变化。

6.2 公式小结

性质	方程	成立条件或说明	正文中方程编号
电导与电导率	$G = \kappa \cdot A/L$	定义	6.2.2
摩尔电导率	$\Lambda_m / S \cdot m^{-1} \cdot mol^{-1} = \kappa/c$	定义	6.2.4
Λ_m 与 电解质浓度的关系	$\Lambda_m = \Lambda_m^\infty - B\sqrt{c}$	强电解质稀溶液	6.2.5
科尔劳施的离子独立运动规律	$\Lambda_m^\infty = \nu_+ \Lambda_{m,+}^\infty + \nu_- \Lambda_{m,-}^\infty$	无限稀释的电解质溶液	6.2.6
离子迁移数	$t_B = Q_B/Q$	电解质溶液	6.2.7
正、负离子迁移数	$t_+ = \frac{V_+}{V_+ + V_-}, t_- = \frac{V_-}{V_+ + V_-}$	电解质溶液	6.2.8

6.3 电解质溶液的热力学

6.3.1 电解质的类型

(1)电解质的分类

电解质是指溶于溶剂或熔化时能形成带相反电荷的离子,从而具有导电能力的物质。电解质在溶剂(如 H_2O)中解离成正、负离子的现象称为电离。根据电解质电离度的大小,电解质分为

强电解质和弱电解质,强电解质在溶液中几乎能解离成正、负离子。如 NaCl,HCl,MgSO₄ 等在水中是强电解质。弱电解质的分子在溶液中部分解离成正、负离子,正、负离子与未解离的电解质分子间存在电离平衡。如 NH₃,CO₂,CH₃COOH 等在水中为弱电解质。强弱电解质的划分除与电解质本身性质有关外,还取决于溶剂性质。例如,CH₃COOH 在水中是弱电解质,而在溶液 NH₃ 中则全部电离,属强电解质。KI 在水中为强电解质,而在丙酮中则为弱电解质。

本节仅限于讨论电解质的水溶液,故采用强弱电解质的分类法。

(2)电解质的价型

设电解质 $M_{\nu+}A_{\nu-}$ 在溶液中电离成 M^{Z+} 和 A^{Z-} 离子

$$M_{\nu+}A_{\nu-} \rightarrow \nu_+ M^{Z+} + \nu_- A^{Z-}$$

式中,Z_+,Z_- 表示离子电荷数(Z_- 为负数),由电中性条件,$\nu_+ Z_+ = \nu_- |Z_-|$。强电解质可分为不同价型。例如:

NaNO₃	$Z_+ = 1$	$|Z_-| = 1$	称为 1-1 型电解质
BaSO₄	$Z_+ = 2$	$|Z_-| = 2$	称为 2-2 型电解质
Na₂SO₄	$Z_+ = 1$	$|Z_-| = 2$	称为 1-2 型电解质
Ba(NO₃)₂	$Z_+ = 2$	$|Z_-| = 1$	称为 2-1 型电解质

6.3.2 离子的平均活度

(1)电解质和离子的化学势

与非电解质溶液一样,电解质溶液中溶质(即电解质)和溶剂的化学势 μ_2 及 μ_1 的定义为

$$\mu_2 \equiv \left(\frac{\partial G}{\partial n_2}\right)_{T,p,n_1}$$

$$\mu_1 \equiv \left(\frac{\partial G}{\partial n_1}\right)_{T,p,n_2} \tag{6.3.1}$$

电解质溶液中正、负离子的化学势 μ_+ 及 μ_- 的定义为

$$\mu_+ \equiv \left(\frac{\partial G}{\partial n_+}\right)_{T,p,n_-}$$

$$\mu_- \equiv \left(\frac{\partial G}{\partial n_-}\right)_{T,p,n_+} \tag{6.3.2}$$

上式表明离子化学势是指在 T,p 不变,只改变某种离子物质的量,而相反电荷离子和其他物质的量都不变时,溶液吉布斯函数对该种离子物质的量的变化率。

(2)电解质和离子的活度及活度系数

在电解质溶液中,质点间有强烈的相互作用,特别是离子间的静电力是长程力,即使溶液很稀,也偏离了理想稀溶液的热力学规律。所以研究电解质溶液的热力学性质时,必须引入电解质及离子的活度和活度系数的概念。

电解质溶液中的活度的定义式,电解质及其解离的正、负离子的活度定义式为

$$\mu = \mu^{\ominus} + RT\ln a$$

$$\mu_+ = \mu_+^{\ominus} + RT\ln a_+$$

$$\mu_- = \mu_-^{\ominus} + RT\ln a_-$$

电解质的化学势应是正、负离子的化学势之和

$$\mu = \nu_+ \mu_+ + \nu_- \mu_-$$

当选择相同的标准态时有

$$\mu^{\ominus} = \nu_+ \mu_+{}^{\ominus} + \nu_- \mu_-{}^{\ominus}$$

将上述三个定义式代入 $\mu = \nu_+ \mu_+ + \nu_- \mu_-$ 可得

$$\mu^{\ominus} + RT \ln a = \nu_+ (\mu_+{}^{\ominus} + RT \ln a_+) + \nu_- (\mu_-{}^{\ominus} + RT \ln a_-)$$

$$\mu^{\ominus} + RT \ln a = \nu_+ \mu_+{}^{\ominus} + \nu_- \mu_-{}^{\ominus} + RT \ln a_+^{\nu_+} \cdot a_-^{\nu_-}$$

即为

$$a = a_+^{\nu_+} \cdot a_-^{\nu_-} \tag{6.3.3}$$

由于溶液总是电中性的,正、负离子不可能单独存在于溶液中,因此,单个离子的活度无法用实验测量,而只能测出它们的平均值,因此引入离子平均活度(Ionic Mean Activity)和平均活度系数(Ionic Mean Activity Factor)的概念。

$$a_{\pm} \equiv (a_+^{\nu_+} \cdot a_-^{\nu_-})^{1/\nu} \tag{6.3.4}$$

$$\gamma_{\pm} \equiv (\gamma_+^{\nu_+} \cdot \gamma_-^{\nu_-})^{1/\nu} \tag{6.3.5}$$

$$m_{\pm} \equiv (m_+^{\nu_+} \cdot m_-^{\nu_-})^{1/\nu} \tag{6.3.6}$$

式中 $\nu = \nu_+ + \nu_-$。

设电解质溶液的质量摩尔浓度为 m,由上述定义可得 $m_+ = \nu_+ m, m_- = \nu_- m$ 等关系,导出以下关系式:

$$a_{\pm} = (m_{\pm} / m^{\ominus}) \gamma_{\pm}$$

$$a = a_{\pm}^{(\nu_+ + \nu_-)}$$

例 6.3.1 分别求 $m = 1 \text{ mol/kg}$ 的 K_2SO_4 与 Na_3PO_4 水溶液的离子平均浓度 $m_{\pm}$。

解

$$K_2SO_4 \Longrightarrow 2K^+ + SO_4^{2-}$$

$$m \qquad\qquad m_+ = 2m \quad m_- = m$$

$$m_{\pm} = (m_+^2 \cdot m_-)^{1/3} = [(2m)^2 \cdot m]^{1/3} = 4^{1/3} m$$

$$Na_3PO_4 \Longrightarrow 3Na^+ + PO_4^{3-}$$

$$m \qquad\qquad m_+ = 3m \quad m_- = m$$

$$m_{\pm} = (m_+^3 \cdot m_-)^{1/4} = [(3m)^3 \cdot m]^{1/4} = 27^{1/4} m$$

离子平均活度系数 $\gamma_{\pm}$ 的大小,反映了由于离子间相互作用导致的电解质溶液的性质偏离理想稀溶液热力学性质的程度。

6.3.3 电解质溶液的离子强度

用各种不同的实验方法测定电解质离子平均活度系数,一般所得的结果是一致的,从图 6.3.1 可以得出 $\gamma_{\pm}$ 与 m 关系方面的一些有意义的结果。

①浓度由零开始逐渐增大时,所有电解质的 $\gamma_{\pm}$ 均随 m 的增大而减小,但经过一极小值后,又随 m 的增加而增大,因此,在该电解质的稀溶液中,活度小于实验浓度;但浓度超过一定值后,活度就可能大于实验浓度。

②对相同价态型的电解质,如 KCl 和 NaCl 或 CaCl$_2$ 和 ZnCl$_2$,在稀溶液中,只要其浓度相

同,离子的平均活度系数几乎也相同。

③对各种不同价态型的电解质,浓度相同时,正、负离子价数乘积越高,$\gamma_\pm$ 偏离 1 的程度越大。

路易斯(Lewis)根据大量实验结果提出,在稀溶液的情况下,影响电解质离子平均活度系数 $\gamma_\pm$ 的因素主要是电解质溶液的浓度和离子的价态数,而离子的价态数要比浓度的影响要大些,因此他们提出了离子强度(Ionic Strength)的概念,其定义为:

$$I = \frac{1}{2} \sum m_B Z_B^2 \qquad (6.3.7)$$

式中,m_B 为离子 B 的质量摩尔浓度,$\mathrm{mol \cdot kg^{-1}}$;$Z_B$ 为离子 B 的电荷数;I 称为离子强度。I 的 SI 单位为 $\mathrm{mol \cdot kg^{-1}}$。

设电解质溶液中只有一种电解质 $M_{\nu_+}A_{\nu_-}$ 完全电离,质量摩尔浓度为 m,即有

$$M_{\nu_+}A_{\nu_-} \rightarrow \nu_+ M^{Z+} + \nu_- A^{Z-}$$

则有 $I = 1/2(m_+ Z_+^2 + m_- Z_-^2) = 1/2(\nu_+ Z_+^2 + \nu_- Z_-^2)m$

例 6.3.2   分别计算 $m = 0.20\ \mathrm{mol/kg}$ 的 KNO_3,K_2SO_4 和 $K_4Fe(CN)_6$ 溶液的离子强度。

解 $KNO_3 \Longrightarrow K^+ NO_3^-$

$I = 1/2\left[(0.20 \times 1^2 + 0.20 \times (-1)^2\right] = 0.20\ \mathrm{mol \cdot kg^{-1}}$

$K_2SO_4 \longrightarrow 2K^+ + SO_4^{2-}$

$I = 1/2\left[(2 \times 0.20) \times 1^2 + 0.20 \times (-2)^2\right] = 0.60\ \mathrm{mol \cdot kg^{-1}}$

$K_4Fe(CN)_6 \longrightarrow 4\ K^+ + Fe(CN)_6^{4-}$

$I = 1/2\left[(4 \times 0.20) \times 1^2 + 0.20 \times (-4)^2\right] = 2\ \mathrm{mol \cdot kg^{-1}}$

图 6.3.2 表明,在稀溶液中,离子的平均活度系数的对数与离子强度的平方根呈线性关系。后来,德拜和尤格尔提出了电解质的离子互吸理论,并推导出如下关系式

$$\log \gamma_\pm = -A \mid Z_+ Z_- \mid \sqrt{I} \qquad (6.3.8)$$

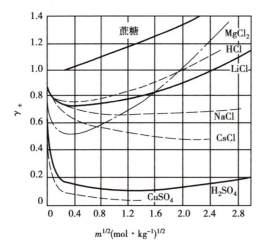

图 6.3.1   几种电解质离子平均活度系数
随浓度的变化

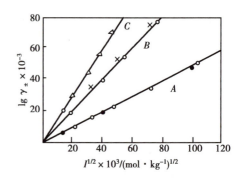

图 6.3.2   某些稀电解质溶液的 $\lg\gamma_\pm$-I 曲线
A:1-1 型 B:1-2 型 C:1-3 型

该式称为德拜-尤格尔（Debye-Huckel）极限公式，式中 A_- 为与温度和溶剂性质有关的常数，若以水作溶剂，则在 298 K 时，$A = 0.508 \text{ kg}^{1/2} \cdot \text{mol}^{1/2}$。此公式可用于计算 $I < 0.01 \text{ mol} \cdot \text{kg}^{-1}$ 很稀的电解质溶液的 $\gamma_\pm$。

6.3.4　德拜-尤格尔理论

1923 年德拜（Debye）和尤格尔（Huckel）提出了能解释稀溶液性质的强电解质离子互吸理论（Interionic Attraction Theory）。他们从强电解质完全电离以及离子间的作用等观点出发，提出一个能说明溶液中离子行为的物理模型，并建立了离子氛的概念（Ionic Atmosphere）。大意如下：溶液中正、负离子共存，由于异号离子之间的相互吸引和同号离子之间的相互排斥，使得任何一个正（负）离子附近，出现负（正）离子的机会总是比出现正（负）离子的机会多一些。平均看来，在一个离子（称为中心离子）的周围，总是有一个符号相反的平均电荷密度为 ρ 的带异号的电荷包围着，这层异号电荷的总电荷在数值上等于中心离子的电荷。统计地看，这种异号电荷是球形对称的，把这层电荷所构成的球体称为离子氛。中心离子的选择是任意的，溶液中每个离子都被电性相反的离子氛包围着，任何离子都能成为中心离子，同时又不妨碍其加入另一中心离子的离子氛。由于离子的热运动，离子在溶液中所处的位置经常发生变化，即离子氛随时拆散，然后又形成，故离子氛是瞬息万变的。

由于中心离子与离子氛的电荷大小相等，符号相反，所以将它们作为一个整体来看，是电中性的，这个整体与溶液中的其他部分之间不再存在静电作用。因此，根据球形对称的离子氛，就可以形象化地将溶液中正、负离子间的相互作用完全归结为中心离子与离子氛的静电作用。依照这个基本模型，再利用麦克斯韦（Maxwell）、波尔兹曼（Boltzmann）分布定律和泊松（Poission）方程，在一定的简化条件下，就能够导出著名的德拜-尤格尔极限公式。

6.3 公式小结

性质	方程	成立条件或用途	正文中方程编号
电解质的活度	$a = a_+^{\nu^+} \cdot a_-^{\nu^-}$	电解质 B 的活度	6.3.3
离子平均活度	$a_\pm \equiv (a_+^{\nu^+} \cdot a_-^{\nu^-})^{1/\nu}$	电解质的平均活度	6.3.4
离子平均活度系数	$\gamma_\pm \equiv (\gamma_+^{\nu^+} \cdot \gamma_-^{\nu^-})^{1/\nu}$	电解质	6.3.5
平均质量摩尔浓度	$m_\pm \equiv (m_+^{\nu^+} \cdot m_-^{\nu^-})^{1/\nu}$	电解质 B 的平均浓度	6.3.6
离子强度	$I = 1/2 \sum m_B Z_B^2$	稀溶液	6.3.7
离子的平均活度系数的与离子强度的关系（德拜-尤格尔极限公式）	$\log \gamma_\pm = -A \lvert Z_+ Z_- \rvert \sqrt{I}$	稀溶液	6.3.8

6.4 电化学系统的热力学

6.4.1 电化学系统及其相间电势差

（1）电化学系统的定义

在两相或数相间存在电势差的系统称为电化学系统。电化学系统的性质不仅由温度、压力、组成所决定，还与各相的带电状态有关。当两相接触时，其界面层的性质和本体往往会存在较大的差别。由于两相界面上的各种界面作用（包括界面上发生的电荷转移反应、带电离子、偶极子的吸附等），导致在界面两侧出现电量相等而符号相反的电荷，因而在两相之间出现相间电势。相间电势产生的原因是界面层中带电离子或偶极子的非均匀分布，并形成了界面电荷层。

在电化学系统中，常见的相间电势差有金属-溶液电势差、金属-金属电势差以及两种电解质溶液间的电势差。

（2）电化学系统中的相间电势差

①金属与溶液间的电势差

将金属（M）插入含有该金属的离子（M^{Z+}）的电解质溶液后，若金属离子的水化能较大而金属晶格能较小，则金属离子将脱离金属进入溶液（溶解），而将电子留在金属上，使金属带负电。这是由于金属晶格中的金属离子与溶液中的金属离子的化学势不相等，于是金属离子发生了相间的迁移，金属离子总是由化学势大的相向化学势小的转移。即

$$\mu_{晶格}(M^{Z+}) > \mu_{溶液}(M^{Z+})$$

那么，金属离子由金属晶格中转入溶液中，则发生：$M - Ze \rightarrow M^{Z+}$，即金属离子进入溶液，而把电子留在金属电极上，使金属电极带负电荷，而溶液带正电荷。随着金属电极上的负电荷增加它对溶液中的正离子的吸引作用增强，使金属中金属离子的溶解速率下降，当达到动态平衡时，在金属-溶液界面上形成荷电层，从而在金属与溶液之间形成双电层。

若$\mu_{晶格}(M^{Z+}) < \mu_{溶液}(M^{Z+})$，则溶液中的金属离子将转移到金属电极的金属相中去，使金属电极带正电荷，而溶液带负电荷，同样在金属-溶液的界面上形成荷电层。而在金属与溶液之间形成双电层，从而产生金属与溶液间的相间电势差，如图6.4.1所示。

②金属与金属之间的接触电势

当两种不同的金属相接触时，两相的化学势不同，相互迁入的电子数目不相等，而形成电子在金属界面两边的分布不均匀，使电子较多的一边带负电荷，另一边带正电荷，于是在金属与金属的接触界面上形成荷电层。由此而产生的电势差称为接触电势（Contact Potential）。

③液体接界电势

在两种不同的电解质溶液的接界面上，或在同一种电解质而溶液浓度不同的两种溶液的接界面，这个溶液的界面上存在电位差，称为液体接界电势或称为扩散电势。这是因为两种不同的电解质溶液或同种的电解质溶液相同而浓度不同时，电解质离子相互扩散迁移的速率不

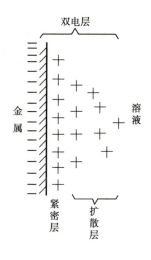

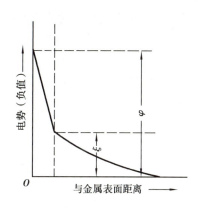

图 6.4.1 双电层结构

同,而引起正、负离子在界面两侧的分布不均,而引起接界面产生电势差。

例如,两种浓度不同的 HCl 溶液相接触,扩散过程总是从浓度大的相,向浓度小的相扩散,如图 6.4.2 所示,H^+,Cl^- 均由左向扩散,但它们的扩散速度不同 $v_{H^+} > v_{Cl^-}$,在界面两边形成一边 H^+ 过剩,另一边 Cl^- 过剩,在界面上形成双电层,产生的电势差,即为液体接界电势(Liquid-junction Potential)。

液接电势的数值一般不大,为 30 ~ 40 mV。而液体的接界电势数值不恒定,难以实验测定准确。若在电池中存在液接电势,必然影响电池的可逆性,而自发扩散过程是不可逆的。因而常用盐桥(Salt Bridge)来消除液体接界电势。

当两类不同的导体或与溶液相接触时,在相间产生电势差。而电池的电动势即是组成电池各相间(包括固—液、液—液、固—固相间)电势差的总和。

图 6.4.2 液体接界电势的形成示意图

6.4.2 可逆电池及其电动势

(1)原电池电动势的产生

原电池是能将化学能转变为电能的装置。如果化学能转变为电能是以热力学上的可逆方式进行的,则系统吉布斯函数的降低等于系统对外所做的最大非体积功(即电功),此时两电极间的电势差可达最大值,称为该电池的电动势(Electromotive Force),用 E 表示。因此有下列关系式

$$\Delta G_m(T,p) = W'_{max} = -zFE \tag{6.4.1}$$

但如果化学能以不可逆的方式转变成电能,则得不到最大功,电池两电极间的电势差 E' 将随具体工作条件而变化,且小于该电池的电动势即 $E' < E$,此时,$\Delta G_m(T,p) > -zFE'$。研究可逆电池的电动势是十分重要的,一方面,它能揭示一个反应的化学能转变成电能的最大限度是多少,从而为改善电池的性能提供依据;另一方面,在研究可逆电池电动势的同时,也为解决

热力学问题提供了电化学的手段和方法。

下面以 Daniell 电池即铜-锌电池为例说明电动势产生的原因。铜-锌电池是一个典型的原电池,如图 6.4.2 所示,该电池是将 Zn 片插入 0.1 mol·kg^{-1}的 ZnSO$_4$ 溶液中,将 Cu 片插入 0.1 mol·kg^{-3}的 CuSO$_4$ 溶液中,两种溶液之间用一个离子可以通过的多孔隔板隔开,以防止两种溶液相互混溶。当用导线将两块金属片相互连接时,导线中有电流流过。

在两块金属片及溶液的界面上将发生氧化、还原反应:

正极反应:$Cu^{2+} + 2e \rightleftharpoons Cu$(还原反应)

负极反应:$Zn - 2e \rightleftharpoons Zn^{2+}$(氧化反应)

电池的总反应为

$$Zn + Cu^{2+} \rightleftharpoons Zn^{2+} + Cu$$

同时,溶液中的离子在电场的作用下将发生定向迁移,Zn^{2+} 向铜电极迁移,SO_4^{2+} 则向锌极迁移而传输电流。由于铜电极的电势比锌电极的高,因此,在 Daniell 电池中,铜为正极,锌为负极。

原电池的电动势就是在通过电池的电流趋于零的情况下,两电极的电势差,其数值由实验确定。

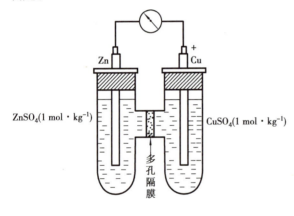

图 6.4.3　铜-锌电池示意图

(2)电池的图解表示式

铜-锌电池(图 6.4.3)可用图解表示如下:

$Zn \mid ZnSO_4(0.1\ mol·kg^{-1}) \parallel CuSO_4(0.1\ mol·kg^{-1}) \mid Cu$

阳极(负极):$Zn(s) - 2e \rightleftharpoons Zn^{2+}(a)$(氧化、失电子)

阴极(正极):$Cu^{2+}(a) + 2e \rightleftharpoons Cu(s)$(还原、得电子)

电池反应:$Zn(s) + Cu^{2+}(a) \rightleftharpoons Zn^{2+}(a) + Cu(s)$

电池图解表示式的书写应采用以下规则:

将原电池中发生氧化反应的负极写在左方,发生还原反应的正极写在右方。依次写出电池中的各种物质,并标明其状态,分别注明固、液、气等聚集状态,对气体要标明其压力,对溶液要标明其组成。以单竖线(│)表示不同物相之间的接界面,包括电极与溶液间的接界面和不同溶液间的接界面,以表示此处有电势差。用双竖线(‖)表示液体接界电势已经用盐桥消除。气体不能直接作电极,必须附在不活泼的金属上(如 Pt,Au,C 等)。电极附近的液体被电极上的气体饱和。

例①氢氧电池的电池符号为:$Pt \mid H_2(p^{\ominus}) \mid NaOH(a) \mid O_2(p^{\ominus}) \mid Pt$

阳极(负极):$H_2(g,p^{\ominus}) + 2OH^-(a) - 2e \longrightarrow 2H_2O(l)$(氧化、失电子)

阴极(正极):$1/2O_2(g,p^{\ominus}) + H_2O(l) + 2e \longrightarrow 2OH^-(a)$(还原、得电子)

电池反应:$H_2(g,p^{\ominus}) + 1/2O_2(g,p^{\ominus}) \longrightarrow H_2O(l)$

例②电池符号为:$Pt \mid H_2(p^{\ominus}) \mid HBr(a) \mid AgBr(s) \mid Ag$

阳极(负极):$1/2H_2(g,p^{\ominus}) - e \longrightarrow H^+(a)$

阴极(正极):$AgBr(s) + e \longrightarrow Ag(s) + Br^-(a)$

电池反应:$AgBr(s) + 1/2H_2(g, p^{\ominus}) + e \longrightarrow Ag(s) + Br^-(a) + H^+(a)$

(3)可逆电池的条件

在热力学意义上的可逆电池(Reversible Cell)必须具备三个条件:

①化学反应可逆:即电池在放电时进行的反应与充电时进行的反应必须互为逆反应,即电池内进行的化学反应是可逆的(或电极反应是可逆的)。

例如:电池 $Zn \mid ZnCl_2(m) \mid AgCl(s) \mid Ag$,其电动势为 E,若让其与一外电源并联即则在充、放电时,让外加电源的电动势与该电池的电动势 E 之间相差无限小,那么放电时电极和电池的反应为

负极:$1/2Zn(s) =\!=\!= 1/2Zn^{2+}(m) + e$

正极:$AgCl(s) + e =\!=\!= Ag(s) + Cl^-(m)$

电池反应为:$1/2Zn(s) + AgCl(s) =\!=\!= 1/2Zn^{2+}(m) + Ag(s) + Cl^-(m)$

而充电时的反应为

阴极　　　$1/2Zn^{2+}(m) + e =\!=\!= 1/2Zn(s)$

阳极　　　$Ag(s) + Cl^-(m) =\!=\!= AgCl(s) + e$

总反应为:　$1/2Zn^{2+}(m) + Ag(s) + Cl^-(m) =\!=\!= 1/2Zn(s) + AgCl(s)$

由上述电池和电解池的反应可知,其两个反应恰互为逆反应,而且充放电时电流均很小,所以为可逆电池。也有一些电池,充电和放电时电池的反应不同,反应不能逆转,这当然是不可逆电池(Irreversible Cell)。例如,把 Zn 及 Ag 电极插入 HCl 溶液中,则放电时的反应为:

负极(阳极):$Zn - 2e \longrightarrow Zn^{2+}$

正极(阴极):$2H^+ + 2e \longrightarrow H_2$

电池反应为:$Zn + 2H^+ \longrightarrow Zn^{2+} + H_2$

充电的反应为:

阴极:$2H^+ + 2e \longrightarrow H_2$

阳极:$2Ag + 2Cl^- - 2e \longrightarrow 2AgCl(s)$

电池反应为:$2Ag + 2H^+ + 2Cl^- \longrightarrow 2AgCl(s) + H_2$

故为不可逆电池。

②能量的转换可逆:根据热力学可逆过程的概念,只有当电池充电或放电时 E' 与 E 相差无限小,使通过电池的电流无限小时,电池才能够在接近平衡状态下进行充、放电工作。如果把放电时放出的能量全部储存起来,反过来用这些能量进行充电,恰好使系统和环境复原,也就是说能量的传递是可逆的。

③电池工作时,没有其他的不可逆过程(如扩散过程、离子迁移等)存在。如果有液接电势的电池是不可逆的,那么离子扩散过程是不可逆的,而用盐桥消除液接电势后,则可作为可逆电池。

满足上述三个条件的电池称为可逆电池,凡是不能同时满足上述三个条件的电池称为不可逆电池。可逆电池的电动势即原电池的电动势。

研究可逆电池的重要意义在于可逆电池揭示了原电池将化学能转化为电能的最高限度,还可以用可逆电池来研究电化学系统的热力学,即电化学反应的平衡规律。

(4)可逆电极的分类

因为任何电池都包括两个电极,所以电极称为半电池。至今,人们对可逆电极的分类不尽一致,一般情况下主要包括以下几类:

①第一类电极

第一类电极包括金属电极和气体电极。

a. 金属-金属离子电极,$M^{Z+} \mid M$ 电极,由金属插入含有该种金属盐溶液中构成。如 $Zn^{2+} \mid Zn, Ag^+ \mid Ag, Cu^{2+} \mid Cu$ 等。

电极反应通式为 $M^{Z+} + Ze = M$。如 $Zn^{2+} + 2e = Zn, Ag^+ + e = Ag, Cu^{2+} + 2e = Cu$ 等。

b. 气体电极,$Pt \mid X_2 \mid X^{Z-}$ 电极,由惰性电极(如 Pt、石墨等),使气体吸附在该电极上,再插入含有该气体离子的溶液中构成。气体电极中的惰性金属 Pt 并不参与反应,主要起导电作用。在这类电极中,参与电极反应的物质存在于两个相,只有一个相的界面。

如 $Pt \mid H_2 \mid H^+$(氢电极),$Pt \mid Cl_2 \mid Cl^-$(氯电极),$Pt \mid O_2 \mid OH^-$(氧电极)等。其中最重要的氢电极,电极反应为

$$H^+ + e = 1/2H_2$$

$Pt \mid Cl_2 \mid Cl^-$(氯电极),电极反应为 $1/2Cl_2 + e = Cl^-$

$Pt \mid O_2 \mid H^+$(氧电极),电极反应为 $1/2O_2 + 2e + 2H^+ = H_2O$

$Pt \mid O_2 \mid OH^-$(氧电极),电极反应为 $1/2O_2 + 2e + H_2O = 2OH^-$

②第二类电极

该类电极是指参与电极反应的物质存在于三个相中,电极有两个界面。

金属-金属微溶盐-负离子电极,用 $M, MX(s) \mid X^-$ 表示。由在金属上覆盖一层该金属的难溶盐,再浸入含有与该盐相同的负离子的溶液中构成。如 $Ag \mid AgCl(s) \mid Cl^-, Hg(l) \mid Hg_2Cl_2(s) \mid Cl^-$ 等,其中 $Hg(l) \mid Hg_2Cl_2 \mid Cl^-$ 称为甘汞电极(Calomel Electrode)。电极反应为

$$Hg_2Cl_2(s) + 2e = 2Hg + 2Cl^-$$

通式为

$$MX(s) + e = M(s) + X^-$$

③第三类电极

此类电极也称氧化还原电极(Redox Electrode),用 $M^{Z+}, M^{Z'+} \mid Pt$ 或 $A^{Z-}, A^{Z'-} \mid Pt$ 表示,由 Pt 插入含有两种价态的离子的溶液中构成(Pt 只为导体)。如 $Pt \mid Fe^{3+}(a), Fe^{2+}(a'), Pt \mid MnO_4^-(a), MnO_4^{2-}(a'), Pt \mid Fe(CN)_6^{3-}(a), Fe(CN)_6^{4-}(a'), Pt \mid Cr^{3+}, Cr_2O_7^{2-}, H^+$ 等。电极反应分别为

$$Fe^{3+}(a) + e \longrightarrow Fe^{2+}(a')$$
$$MnO_4^-(a) + e = MnO_4^{2-}(a')$$
$$Fe(CN)_6^{3-}(a) + e = Fe(CN)_6^{4-}(a')$$
$$Cr_2O_7^{2-} + 14H^+ + 6e^- = Cr^{3+} + 7H_2O$$

6.4.3 可逆电池的热力学

当电池放电时,电池做电功,电功是非体积功的一种。由吉布斯函数的定义可知,在恒温

恒压无体积功的可逆过程中, $\Delta G = W'$。电功等于可逆电池的电动势(E)与电池所输出的电量乘积。$W' = -zFE$, $\Delta G = -zFE$。可逆电池的电能源于化学反应,当电池在恒温恒压下进行可逆的化学反应时,系统自由能的减少就会全部变为电能。这个关系式是联系热力学和电化学的一个重要桥梁。由于是可逆过程,只适合于平衡态,即电池电流趋近于零的状态。

(1)电动势与反应物和产物活度之间的关系

通过测定电池的电动势,可求得化学反应的摩尔吉布斯函数, $\Delta_r G_m = -zFE$, 若电池反应中的各物质均处于标准状态($a_B = 1$),则有

$$\Delta_r G_m^{\ominus} = -zFE^{\ominus} \tag{6.4.2}$$

式中, $E^{\ominus}$是电池的标准电动势,是电池反应中各物质均处于标准状态($a_B = 1$),且无溶液接界时的电动势。

对于一个化学反应,

$$dD(a_D) + eE(a_E) = fF(a_F) + gG(a_G)$$

根据范特荷夫等温方程式:

$$\Delta_r G_m = \Delta_r G_m^{\ominus} + RT \ln \prod \frac{a_F^f \cdot a_G^g}{a_D^d \cdot a_E^e}$$

$$\Delta_r G_m = \Delta_r G_m^{\ominus} + RT \ln \prod a_B^{v_B} \tag{6.4.3}$$

将 $\Delta_r G_m$ 和 $\Delta_r G_m^{\ominus}$ 代入可得

$$E = E^{\ominus} - \frac{RT}{zF} \ln \prod a_B^{v_B} \tag{6.4.4}$$

该式称为电池反应的能斯特方程(Nernst equation),它表示在一定的温度下可逆电池的电动势与参加反应的各物质活度的关系。(注:气体组分的活度以逸度表示;纯液体或纯固体的活度为1。)式(6.4.4)中的 F 为 Faraday 常数, R 为普适气体常数, T 为热力学温度。

对于任一种电极的电势与溶液中离子活度(浓度)的关系可用能斯特方程式表示。由于电极反应都是氧化还原反应,其电极反应为

氧化态 + ze = 还原态

则电极电势可表示为

$$E_{电极} = E_{电极}^{\ominus} - \frac{RT}{zF} \ln \frac{a(还原态)}{a(氧化态)} \tag{6.4.5}$$

式中, $E^{\ominus}$为标准电极电势。

例如铜电极: $Cu^{2+}(a_{Cu^{2+}}) \mid Cu$。

电极反应为: $Cu^{2+} + 2e = Cu$

$$E(Cu^{2+}/Cu) = E^{\ominus}(Cu^{2+}/Cu) - \frac{RT}{2F} \ln \frac{a(Cu)}{a(Cu^{2+})}$$

当 $a(Cu) = 1, a(Cu^{2+}) = 1$ 时,铜电极的电极电势 $E(Cu^{2+}/Cu)$ 等于 $E^{\ominus}(Cu^{2+}/Cu)$ 的电极电势,即铜电极的标准电极电势。

若以铜电极与氢电极组成电池:

$$Pt(铂黑) \mid H_2(g, 101\,325\ Pa) \mid H^+(a_{H^+} = 1) \parallel Cu^{2+}(a_{Cu^{2+}} = 1) \mid Cu$$

电极反应为:负极 $H_2 - 2e = 2H^+$

正极 $Cu^{2+} + 2e = Cu$

电池反应为：$H_2 + Cu^{2+} = 2H^+ + Cu$

其电池的电动势应为：$E = E_{正极} - E_{负极} = E_+ - E_-$

$$E = E^{\ominus}(Cu^{2+}/Cu) - \frac{RT}{2F}\ln\frac{a(Cu)}{a(Cu^{2+})} - (E^{\ominus}_{(H+/H_2)} - \frac{RT}{2F}\ln(a^2_{H+})/(p_{H_2}/P^{\ominus}))$$

因为标准氢电极的电势为零，所以

$$E = E^{\ominus}(Cu^{2+}/Cu) - \frac{RT}{2F}\ln\frac{a(Cu)}{a(Cu^{2+})}$$

又为

$$E(Cu^{2+}/Cu) = E^{\ominus}(Cu^{2+}/Cu) - \frac{RT}{2F}\ln\frac{a(Cu)}{a(Cu^{2+})}$$

式中的 E 是该电池作为电池正极时得出的电极电势，称为还原电极电势。实际上同一个电极可以在一个电池中作正极，而在另一个电池中作负极。因此规定电极电势的值一律以还原电势为标准，不论此电极实际上用作正极或是负极。电极的还原电势反映了在该电极上发生还原反应的趋势的大小。

例如，下列电池 $Pt, H_2(g, p_1) \mid HCl(a) \mid Cl_2(g, p_2), Pt$ 的电池反应为

$$H_2(g, p_1) + Cl_2(g, p_2) \longrightarrow 2HCl(a)$$

$$E = E_+ - E_- = E^{\ominus} - \frac{RT}{2F}\ln\frac{a^2_{HCl}}{\frac{p_{H_2}}{p^{\ominus}}\frac{p_{Cl_2}}{p^{\ominus}}}$$

$$= E^{\ominus}_+ - \frac{RT}{2F}\ln\frac{a^2_{Cl-}}{a_{Cl_2}} - \left(E^{\ominus}_- - \frac{RT}{2F}\ln\frac{a_{H_2}}{a^2_{H+}}\right)$$

$$= E^{\ominus} - \frac{RT}{2F}\ln\frac{a^2_{H+}a^2_{Cl-}}{a_{Cl_2}a_{H_2}}$$

$$= E^{\ominus} - \frac{RT}{2F}\ln\frac{a^2_{HCl}}{a_{Cl_2}a_{H_2}}$$

以上按 Nernst 方程计算所得结果为平衡（可逆）电极电位或可逆电池的电动势。

例 6.4.1 计算下述电池 298 K 时的电动势：

$$Cu \mid Cu^{2+}\left(a_{Cu^{2+}} = 0.10\right) \parallel H^+\left(a_{H+} = 0.01\right) \mid H_2(0.9 \times 10^5\ Pa), Pt$$

解 该电池的电极反应为：

负极：$Cu \rightarrow Cu^{2+}(a_{Cu^{2+}}) + 2e$

正极：$2H^+(a_{H+}) + 2e \rightarrow H_2(g, p)$

$$E_{正} = E^{\ominus}_{H+/H_2} - \frac{RT}{2F}\ln\frac{p_{H_2}}{a^2_{H+}} = 0 - \frac{0.059}{2}\lg\frac{0.90}{(0.01)^2} = -0.117\ V$$

$$E_{负} = E^{\ominus}_{Cu^{2+}/Cu} - \frac{RT}{2F}\ln\frac{a_{Cu}}{a_{Cu^{2+}}} = 0.337 - \frac{0.059}{2}\lg\frac{1}{0.1} = 0.307\ V$$

电池的电动势为：$E = E_{正} - E_{负} = -0.424\ V$。

（2）标准电动势 $E^{\ominus}$ 与标准平衡常数 $K^{\ominus}$ 之间的关系

根据电池的标准电动势 $E^{\ominus}$ 与电池反应的标准吉布斯函数 $\Delta_r G_m^{\ominus}$ 的关系，即有：

$$\Delta_r G_m^{\ominus} = -zFE^{\ominus}$$

所以

$$\Delta_r G_m^{\ominus} = -RT \ln K^{\ominus}$$

合并上两式有

$$E^{\ominus} = \frac{RT}{zF} \ln K^{\ominus} \tag{6.4.6}$$

$$\ln K^{\ominus} = \frac{zFE}{RT}$$

可由标准电动势 $E^{\ominus}$ 计算出电池反应的标准平衡常数。$E^{\ominus}$ 之值也可查标准电极电位表获得。

（3）电动势与电池反应的热力学函数之间的关系

由热力学公式

$$\left(\frac{\partial \Delta G}{\partial T}\right)_p = -\Delta S_m$$

将 $\Delta G_m = -zFE$ 代入上式

$$\Delta S_m = zF\left(\frac{\partial E}{\partial T}\right)_p \tag{6.4.7}$$

式中，$\left(\frac{\partial E}{\partial T}\right)_p$ 称为电动势的温度系数，可由实验求得。又在恒温下有

$$\Delta_r G_m = \Delta_r H_m - T\Delta_r S_m$$
$$\Delta_r H_m = \Delta_r G_m + T\Delta_r S_m$$
$$\Delta_r H_m = -zFE + zFT\left(\frac{\partial E}{\partial T}\right)_p \tag{6.4.8}$$

由热力学第二定律可知，$Q_r = T\Delta_r S_m = zFT\left(\frac{\partial E}{\partial T}\right)_p$

$$\Delta_r H_m = \Delta_r G_m + Q_r \tag{6.4.9}$$

由式（6.4.9）可知，电池反应的焓变 $\Delta_r H_m$ 由两部分组成：一部分是 $\Delta_r G_m$，即电池作出的电功；另一部分是 Q_r，即电池的工作热效应。由于温度系数 $\left(\frac{\partial E}{\partial T}\right)_p$ 一般都很小，所以 $\Delta_r H_m$ 与 $\Delta_r G_m$ 相差很小，电池可将绝大部分的焓变转化为电功，而变成热的很少，因此电池的效率很高。

例 6.4.2　25 ℃时电池 $Cd \mid CdCl_2(a) \mid AgCl(s) \mid Ag$，$E = 0.675\,33\ V$，$\left(\frac{\partial E}{\partial T}\right)_p = -6.5 \times 10^{-4}\ V/K$，求该温度下反应的 $\Delta_r H_m$，$\Delta_r G_m$，$\Delta_r S_m$。

解　负极（氧化）：$Cd + 2Cl^-(a) =\!=\!= CdCl_2 + 2e$

正极（还原）：$2AgCl(s) + 2e =\!=\!= 2Ag + 2Cl^-(a)$

电池反应：$Cd + 2AgCl =\!=\!= CdCl_2 + 2Ag$

$$\Delta_r G_m = -zFE = -2\ mol \times 96\,484\ C \cdot mol^{-1} \times 0.675\,33 = -130.32\ kJ \cdot mol^{-1}$$

$$\Delta_r S_m = zF\left(\frac{\partial E}{\partial T}\right)_p$$

$$= 2 \text{ mol} \times 96\ 484 \text{ C} \cdot \text{mol}^{-1} \times (-6.5 \times 10^{-4}) \text{V} \cdot \text{K}^{-1} \cdot \text{mol}^{-1}$$
$$= -125.4 \text{ J}/(\text{K} \cdot \text{mol})$$

$$\Delta_r H_m = \Delta_r G_m + T\Delta_r S_m = -zFE + zFT\left(\frac{\partial E}{\partial T}\right)_p$$
$$= -130.32 \text{ kJ} \cdot \text{mol}^{-1} + 298.152 \text{ K} \times (-125.4) \text{J} \cdot \text{K}^{-1} \cdot \text{mol}^{-1}$$
$$= 167.71 \text{ kJ} \cdot \text{mol}^{-1}$$

注意:$\Delta_r H_m$,$\Delta_r G_m$,$\Delta_r S_m$ 数值与电池反应的化学反应方程写法有关。例如 $z = 1$,则上式的 $\Delta_r H_m$,$\Delta_r G_m$,$\Delta_r S_m$ 的数值要减半。

（4）标准氢电极

只要能够求出每个电极的电极电势,则可计算电池的电动势。但现在尚无法测得电极电势的绝对电势,为了解决这个问题,人们采用以标准氢电极作为电极电势的相对值的基准。按照国际上规定的惯例,将氢电极作为发生氧化反应的负极,待测电极作为发生还原反应的正极,这样组成的电池标准电动势,定义为待测电极在该温度下标准电极电势,用符号 $E^{\ominus}$ 表示。

标准氢电极（Standard Hydrogen Electrode）可表示为：

$$\text{Pt(铂黑)} \mid \text{H}_2(\text{g}, 100\ 000 \text{ Pa}) \mid \text{H}^+ (a_{\text{H}+} = 1)$$

电极反应为：

$$\text{H}^+ (a_{\text{H}+} = 1) + \text{e} = 1/2\text{H}_2(\text{g}, 100\ 000 \text{ Pa})$$
$$E^{\ominus}(\text{H}^+ \mid \text{H}_2) = 0$$

规定在任意温度下标准氢电极的电极电势为零。其他电极的电极电势与标准氢电极相比都有唯一确定的值,为解决问题提供了方便。

（5）任意电极的电极电势

单个的相间电势差是无法测量的,但电动势却可以测量。因此,对任意的指定电极,按照如下规定来定义其电极电势 E:以标准氢电极作阳极（负极）,以指定电极为阴极（正极）组成一个电池,该电池的电动势定义为指定电极的电极电势。

$$\text{Pt(铂黑)} \mid \text{H}_2(\text{g}, 100\ 000 \text{ Pa}) \mid \text{H}^+ (a_{\text{H}+} = 1) \mid \text{待测电极}$$

由于待测电极发生还原反应,因此得出的电极电势称为还原电极电势。其他电极的电极电势均是相对于氢电极而得到数值。

例如欲求 Cu/Cu^{2+} 的电极电势,可构成电池：

$$\text{Pt(铂黑)} \mid \text{H}_2(\text{g}, 100\ 000 \text{ Pa}) \mid \text{H}^+ (a_{\text{H}+} = 1) \parallel \text{Cu}^{2+}(a_{\text{Cu}^{2+}} = 1) \mid \text{Cu}$$

测得该电池在 298 K 时电动势为 $E^{\ominus}$ 为 0.340 2 V,故电极 Cu/Cu^{2+} 的标准电极电势 $E^{\ominus}$(Cu^{2+}/Cu) = 0.340 2 V。同理,可求 Zn/Zn^{2+} 的电极电势,

$$\text{Pt(铂黑)} \mid \text{H}_2(\text{g}, 100\ 000 \text{ Pa}) \mid \text{H}^+ (a_{\text{H}+} = 1) \parallel \text{Zn}^{2+}(a_{\text{Zn}^{2+}} = 1) \mid \text{Zn}$$

在标准状态下（298 K, 100 000 Pa）,$E^{\ominus} = -0.763$ V,所以 $E^{\ominus}(\text{Zn}^{2+}/\text{Zn}) = -0.763$ V。

298 K 时在水溶液中的标准电极电势（还原电势）见表 6.4.1。

在表中 $E^{\ominus}$ 的数值越大（正值越大）,表示电极容易得电子进行还原作用;反之,$E^{\ominus}$ 的数值越小,则表示电极容易失电子而发生氧化作用。故若将两电极组成电池时,电极电势较大的作为正极,较小的作为负极。由于标准氢电极制作复杂使用不便,因此在实验室中 $\text{Hg-Hg}_2\text{Cl}_2$,$\text{Ag-AgCl}$ 等电极作为参比电极。甘汞电极可表示为 $\text{Hg}, \text{Hg}_2\text{Cl}_2(\text{s}) \mid \text{KCl}(\text{aq})$。电极反应为：

$$\text{Hg}_2\text{Cl}_2(\text{s}) + 2\text{e} \longrightarrow 2\text{Hg} + 2\text{Cl}^-$$

$$E_{甘汞} = E_{甘汞}^{\ominus} - \frac{RT}{2F}\ln(a_{Cl^-})^2$$

表 6.4.1　298 K 时在水溶液中的标准电极电势(还原电势)

电极	电极反应	电极电势 $E^{\ominus}$/V
Li^+/Li	$Li^+ + e = Li$	-3.045
K^+/K	$K^+ + e = K$	-2.924
Ba^{2+}/Ba	$Ba^{2+} + 2e = Ba$	-2.90
Ca^{2+}/Ca	$Ca^{2+} + 2e = Ca$	-2.76
Na^+/Na	$Na^+ + e = Na$	-2.7109
Mg^{2+}/Mg	$Mg^{2+} + 2e = Mg$	-2.375
$OH^-, H_2O/H_2$	$2H_2O + 2e = H_2 + 2OH^-$	-0.8277
Zn^{2+}/Zn	$Zn^{2+} + 2e = Zn$	-0.7628
Cr^{3+}/Cr	$Cr^{3+} + 3e = Cr$	-0.74
Cd^{2+}/Cd	$Cd^{2+} + 2e = Cd$	-0.4026
Co^{2+}/Co	$Co^{2+} + 2e = Co$	-0.28
Ni^{2+}/Ni	$Ni^{2+} + 2e = Ni$	-0.23
Sn^{2+}/Sn	$Sn^{2+} + 2e = Sn$	-0.1364
Pb^{2+}/Pb	$Pb^{2+} + 2e = Pb$	-0.1263
Fe^{3+}/Fe	$Fe^{3+} + 3e = Fe$	-0.036
H^+/H_2	$2H^+ + 2e = H_2$	0.0000
Cu^{2+}/Cu	$Cu^{2+} + 2e = Cu$	$+0.3402$
$OH^-, H_2O/O_2$	$O_2 + 2H_2O + 4e = 4OH^-$	$+0.401$
Cu^+/Cu	$Cu^+ + e = Cu$	$+0.522$
I^-/I_2	$I_2 + 2e = 2I^-$	$+0.535$
Hg_2^{2+}/Hg	$Hg_2^{2+} + 2e = 2Hg$	$+0.7961$
Ag^+/Ag	$Ag^+ + e = Ag$	$+0.7996$
Hg^{2+}/Hg	$Hg^{2+} + 2e = Hg$	$+0.851$
Br^-/Br_2	$Br_2 + 2e = 2Br^-$	$+1.065$
$H^+, H_2O/O_2$	$O_2 + 4H^+ + 4e = H_2O$	$+1.229$
Cl^-/Cl_2	$Cl_2 + 2e = 2Cl^-$	$+1.3583$
Au^+/Au	$Au^+ + e = Au$	$+1.68$
F^-/F_2	$F_2 + 2e = 2F^-$	$+2.87$
$SO_4^{2-}/PbSO_4(s), Pb$	$PbSO_4(s) + 2e = Pb + SO_4^{2-}$	-0.356
$I^-/AgI(s), Ag$	$AgI(s) + e = Ag + I^-$	-0.1519
$Br^-/AgBr(s), Ag$	$AgBr(s) + e = Ag + Br^-$	$+0.0713$
$Cl^-/AgCl(s), Ag$	$AgCl(s) + e = Ag + Cl^-$	$+0.2223$
$Cr^{3+}, Cr^{2+}/Pt$	$Cr^{3+} + e = Cr^{2+}$	-0.41
$Sn^{4+}, Sn^{2+}/Pt$	$Sn^{4+} + 2e = Sn^{2+}$	$+0.15$
$Cu^{2+}, Cu^+/Pt$	$Cu^{2+} + e = Cu^+$	$+0.158$
$H^+, 醌, 氢醌/Pt$	$C_6H_4O_2 + 2H^+ + 2e = C_6H_4(OH)_2$	$+0.6995$
$Fe^{3+}, Fe^{2+}/Pt$	$Fe^{3+} + e = Fe^{2+}$	$+0.770$
$Tl^{3+}, Tl^+/Pt$	$Tl^{3+} + 2e = Tl^+$	$+1.247$
$Ce^{4+}, Ce^{2+}/Pt$	$Ce^{4+} + 2e = Ce^{2+}$	$+1.61$
$Co^{3+}, Co^{2+}/Pt$	$Co^{3+} + e = Co^{2+}$	$+1.808$

不同 KCl 浓度下甘汞电极的电极电势见表 6.4.2。

表 6.4.2　不同 KCl 浓度下甘汞电极的电极电势

KCl 溶液浓度/$(mol \cdot dm^{-3})$	25 ℃(298 K)电极电势/V	电极电势与温度的关系
0.1	0.333 8	$E = 0.333\ 8 - 7 \times 10^{-5}(t/℃ - 25)$
1.0	0.280 0	$E = 0.280\ 0 - 2.4 \times 10^{-4}(t/℃ - 25)$
饱和溶液	0.241 5	$E = 0.241\ 5 - 7.6 \times 10^{-4}(t/℃ - 25)$

6.4.4　电池电动势测定及其应用

利用电动势数据及其测量可以解决科研、生产以及其他实际问题。

（1）电动势的测定

电池电动势的测定必须在电流接近于零的条件下进行。因为电池中有电流流过时，会引起化学变化，电池中的溶液浓度会不断变化，电动势也会发生变化。此外电池本身也有内阻，用伏特计测出的电势是两极的电势差以 V 表示，有一定电流流过，有 $V = R_{外}I$，而不是电池处于平衡态时电动势 E。

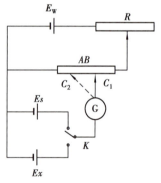

图 6.4.4　对消法测电动势示意图
E_W—工作电池的电动势；Ex—待测电池的电动势；Es—标准电池的电动势；R—可调电阻；AB—可调电阻；G—检流计；K—双向开关

根据全电路的欧姆定律，$E = (R_{外} + R_{内})I$

$R_{外}$ 为外电路上的电阻，$R_{内}$ 为内电路上的电阻。

比较以上两式　　$\dfrac{V}{E} = \dfrac{R_{外}}{R_{外} + R_{内}}$　　　　(6.4.10)

当外电路上的电阻 $R_{外}$ 很大时，则 $R_{内}$ 可以忽略不计。$V/E = 1$，$V = E$，此时 $I \rightarrow 0$。所以直接用伏特计不能测得电池的电动势。在实验室中，常采用波根多夫对消法来测定电池的电动势。波根多夫对消法使用一个方向相反，但大小相等的电动势，抵抗待测电池的电动势。

首先将 K 开关连向标准电池 Es 接入电路，调节 AB 电阻 C_1，使检流计 G 上无电流通过，使 AC_1 的电势差等于 Es。$I = Es/AC_1 = 0$。然后将 K 断开标准电池，接入待测电池，调节 AB 电阻至 C_2，使检测计 G 上无电流，表示施于 AC_2 上的电位差等于 Ex。$I = Ex/AC_2 = 0$。

所以 $Es/AC_1 = Ex/AC_2$，$Ex = (Es/AC_1) \cdot AC_2$

这样可求出待测电池的电动势。

该实验常用的标准电池是惠斯顿电池，又称为镉汞标准电池，电池为

Cd(Hg)(Cd 12.5%) | CdSO₄(饱和溶液)(CdSO₄ · 8/3H₂O) | Hg₂SO₄(s) | Hg

电池特点：电动势稳定，温度系数小。E 与 T 的关系为

$$E = [1.018\ 65 - 4.05 \times 10^{-5}(t/℃ - 20) - 9.5 \times 10^{-7}(t/℃ - 20)]V$$

（2）电动势测定的应用

根据测定的可逆电池的电动势可以求出电池反应的各种热力学参数，如 $\Delta_r H_m$，$\Delta_r G_m$，$\Delta_r S_m$ 及溶液的离子活度系数、反应的平衡常数等。

测定电池反应的 $\Delta_r H_m$、$\Delta_r G_m$、$\Delta_r S_m$。

①活度积的计算

例6.4.3 已知 AgCl 在水溶液中有 $AgCl(s) = Ag^+ + Cl^-$，

$$\varphi^{\ominus}(Ag^+/Ag) = 0.799\ 6\ V,\varphi^{\ominus}(AgCl/Ag) = 0.222\ 3\ V$$

电池为：$Ag \mid AgNO_3(a_{Ag^+}) \parallel KCl(a_{Cl^-}) \mid AgCl(s) \mid Ag$，试求反应的平衡常数及活度积。

解 负极（氧化）$Ag - e = Ag^+$，正极（还原）$AgCl(s) + e = Ag + Cl^-$

电池反应为：$AgCl(s) = Ag^+ + Cl^-$（AgCl 在水溶液中的离解平衡）

由 $E^{\ominus} = \dfrac{RT}{2F}\ln K^{\ominus}$

$$K^{\ominus} = \exp\left(\dfrac{ZF}{RT}\ln E^{\ominus}\right)$$

因为 $E^{\ominus} = \varphi^{\ominus}_{正极} - \varphi^{\ominus}_{负极} = \varphi^{\ominus}(AgCl/Ag) - \varphi^{\ominus}(Ag^+/Ag) = 0.222\ 3\ V - 0.799\ 6\ V = -0.577\ 3\ V$

$$K^{\ominus} = \exp\left[\dfrac{95\ 484 \times (-0.577\ 3)}{8.314 \times 298.15}\right] = 1.72 \times 10^{-10}$$

$K^{\ominus}_{SP} = a_{Ag^+} \cdot a_{Cl^-} = K^{\ominus} = 1.72 \times 10^{-10}$

②电解质溶液平均活度系数

例6.4.4 测得下列电池在 25 ℃时的电池电动势 $E = 0.411\ 9\ V$，求该溶液中 HCl 的平均活度系数。已知 25 ℃时，$E^{\ominus}(Cl^-/Hg_2Cl_2/Hg) = 0.268\ 3\ V$。

$$Pt \mid H_2(g,100\ kPa) \mid HCl(b = 0.075\ 03\ mol \cdot kg^{-1}) \mid Hg_2Cl_2(s) \mid Hg$$

解 电池的电极反应和电池反应为

负极反应：$1/2H_2(g,100\ kPa) - e \longrightarrow H^+$

正极反应：$1/2Hg_2Cl_2 + e \longrightarrow Hg^+ + Cl^-$

电池反应：$1/2Hg_2Cl_2 + 1/2H_2(100\ kPa) \longrightarrow Hg + H^+ + Cl^-$

$$E = E^{\ominus} - \dfrac{RT}{ZF}\ln a_{H^+Cl^-}$$

因为 $a_{\pm}^2 = a_+ a_-$

$$E = E^{\ominus} - 0.059\ 16\lg\left(\gamma_{\pm}\dfrac{m_{\pm}}{m^{\ominus}}\right)^2$$

$$E^{\ominus}(Cl^-/Hg_2Cl_2/Hg) - 0 = 0.268\ 3\ V$$

又因为 $0.411\ 9 = 0.268\ 3 - 0.059\ 16\lg(\gamma_{\pm} \times 0.075\ 03)^2$

解得 $\gamma_{\pm} = 0.82$

③pH 的测定

pH 是表示溶液酸碱度的一种标度，其定义为

$$pH = -\lg a(H^+)$$

电化学测量 pH 是一种比较精确方法。以一种只对溶液中的 H^+ 有响应的特殊玻璃膜，用它作外壳制成玻璃电极，专门用来测定溶液中 H^+ 的活度或 pH。在 298.15 K 时，以玻璃电极

与参比电极(甘汞电极)组成电池:

$$\text{玻璃电极} \mid H^+ (a) \parallel \text{甘汞电极}$$

该电池的电动势可以反映出溶液的 pH 大小,这就是常用的 pH 计。

例 6.4.5 在锌电极上 H_2 的超电势是 0.75 V,电解含 Zn^{2+} 浓度为 1×10^{-5} mol·kg^{-1} 的溶液。为了不使氢析出。问溶液中 pH 值应控制在多少为好?

解 若 $\varphi(Zn^{2+}/Zn) > \varphi(H^+/H_2)$ 时,则 Zn 析出而氢不析出,即

$$-0.763\ \text{V} + \frac{0.059\ 16\ \text{V}}{2} \lg 10^{-6} > -0.059\ 16\ \text{V} \cdot \text{pH} - 0.75\ \text{V}, \text{pH} > 2.72$$

溶液的 pH 值应控制在大于 2.72。

④电势滴定

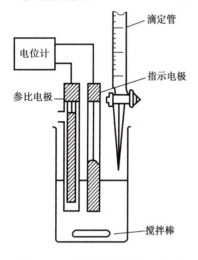

图 6.4.5 电位滴定装置示意图

在滴定分析中,常用指示剂确定滴定终点。对于有色或浑浊的系统以及没有适当指示剂的场合,应用这种方法比较困难。在酸碱滴定、氧化还原滴定、络合沉淀滴定中,某些离子的浓度随着滴定液的加入而变化,且在终点前后变化剧烈。如果在溶液中放入该离子可逆的指示电极,与一个参比电极组成电池,则可以测定电动势随滴定液加入量的变化,就可以知道离子浓度的变化,定出滴定终点,这种方法称为电势滴定。在电势滴定终点的前后,溶液中离子的浓度变化非常大,致使电动势产生突跃,以确定滴定终点。电势滴定的优点是将离子浓度的变化变为电动势变化的电信号,使滴定自动化成为可能。

$$\text{指示电极} \mid \text{被滴定溶液} \parallel \text{参比电极}$$

E-V 曲线。以电位值 E(或 pH)为纵坐标,加入的滴定剂体积 V 为横坐标,绘制电位滴定曲线[图 6.4.6(a)]。曲线的最大斜率点即为滴定终点。

$\Delta E/\Delta V$-V 曲线。以 $\Delta E/\Delta V$ 为纵坐标,加入的滴定剂体积 V 为横坐标作图[图6.4.6(b)]。该曲线(一级微熵曲线)的最高点所对应的体积即为滴定终点体积。

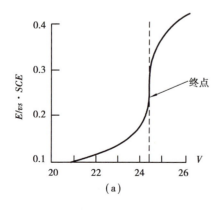

(a)

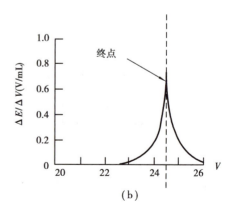

(b)

图 6.4.6 电势滴定曲线

⑤电势-pH图及其应用

A. 电位-pH图原理

电位-pH图就是以电位(相对于标准氢电极的电位)为纵坐标,以pH为横坐标的电化学相图。电位-pH图是一种电化学平衡相图。与研究相平衡时的相图类似,表示在某一电位和pH值的条件下,体系的稳定物态和平衡物态。

a. 列出有关物质的各种存在状态以及它们的标准生成自由能或标准电位值;

b. 列出各有关物质之间可能相互发生的反应方程式,并写出其平衡关系式;

c. 把这些平衡条件用图解法绘制在电位-pH图上。

B. Fe-H_2O体系的电位-pH图

由于在水溶液中H_2O,H^+和OH^-同时存在。且可能参与反应,因此在电位-pH图上同时有氢电极和氧电极两个反应平衡关系:

$$2H^+ + 2e \longrightarrow H_2 \qquad (a)$$

$$E(H^+/H_2) = -\frac{RT}{zF}\ln\frac{p(H_2)/p^\ominus}{\alpha^2(H^+)}$$

$$E(H^+/H_2) = -\frac{2.303RT}{2F}\lg\frac{p(H_2)}{p^\ominus} - \frac{2.303RT}{F}pH$$

设$T = 298.15$ K,则

$$E(H^+/H_2) = -0.0296\lg\frac{p(H_2)}{p^\ominus} - 0.05916pH$$

$$O_2 + 4H^+ + 4e \longrightarrow 2H_2O \qquad (b)$$

同理,设$T = 298.15$ K,$\varphi^\ominus(O_2/H_2O) = 1.23$ V, 则

$$E(O_2/H_2O) = 1.23 \text{ V} - 0.05916 \text{ pH} - 0.0148\lg(p_{O_2}/p^\ominus)$$

由(a)(b)两式可知,当H_2和O_2的分压保持不变时氢的电极电位和氧的电极电位均与pH呈直线关系,而且两条直线平行。

在通常情况下,$p(H_2) = p^\ominus$则有

$E(H^+/H_2) = -0.05916$ pH   图中(a)线

当$p_{O_2} = p^\ominus$时,则

$E(O_2/H_2O) = 1.23$ V $- 0.05916$ pH   图中(b)线

根据电位-pH图的绘制步骤可以绘制出Fe-H_2O体系的电位-pH图,如图所示,稳定平衡固相物质为Fe,Fe_2O_3,Fe_3O_4。图中各线所代表的反应及平衡关系式如下:

线c表示Fe转化为Fe^{2+}的反应为

$$Fe^{2+} + 2e = Fe$$

相应的电极电位表达式为:$E = -0.44 + \frac{0.05916}{2}\lg a_{Fe^{2+}}$

线f表示Fe^{2+}与Fe_2O_3的反应及相应的电极电位为

$$Fe_2O_3 + 6H^+ + 2e = 2Fe^{2+} + 3H_2O$$

$$E = -0.73 + \frac{0.05916}{2}(2\lg a_{Fe^{2+}} + 6pH)$$

线 d 表示 Fe^{2+} 与 Fe^{3+} 的反应及相应的电极电位为：

$$Fe^{3+} + 2e = Fe^{2+}$$

$$E = -0.77(a_{Fe^{3+}} = a_{Fe^{2+}})$$

线 e 表示 Fe^{2+} 与 Fe_2O_3 的反应（无电子传递）为

$$Fe^{3+} + 3H_2O = Fe_2O_3 + 6H^+$$

$$pH = 1.8(a_{Fe^{3+}} = 10^{-6} \text{ mol/dm}^3)$$

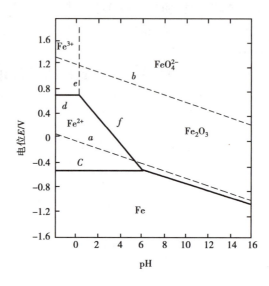

图 6.4.7　Fe-H_2O体系的部分电位-pH 图

6.4 公式小结

性质	方程	成立条件或用途	正文中方程编号
电池的电动势	$\Delta_r G_m(T,p) = -zFE$	可逆电池	6.4.1
电池的标准电动势	$\Delta_r G_m^\ominus = -zFE^\ominus$	电池反应中的各物质均处于标准状态	6.4.2
能斯特方程	$E = E^\ominus - \dfrac{RT}{zF}\ln\prod a_B^{\nu_B}$	电池反应	6.4.4
电极电势与溶液中离子活度（浓度）的关系	$E_{电极} = E_{电极}^\ominus - \dfrac{RT}{zF}\ln\dfrac{a(还原态)}{a(氧化态)}$	电极反应	6.4.5
标准电动势 $E^\ominus$ 与标准平衡常数 $K^\ominus$ 之间的关系	$E^\ominus = \dfrac{RT}{zF}\ln K^\ominus$	电池反应	6.4.6
电动势与电池反应的热力学函数之间的关系	$\Delta S_m = zF\left(\dfrac{\partial E}{\partial T}\right)_p$	电池反应	6.4.7
	$\Delta_r H_m = \Delta_r G_m + T\Delta_r S_m$	电池反应	6.4.8
	$\Delta_r H_m = \Delta_r G_m + Q_r$	可逆电池反应	6.4.9

6.5 极化与超电势

前面讨论的是可逆电池,其充放电过程均是在接近平衡的条件下进行的。但是,在电化学过程的实际应用时,如电沉积过程、电池充放电、电解等,电极上均有一定大小电流通过,使电极的平衡状态遭到破坏,电极上进行的过程将是不可逆过程,此时电极电势不同于平衡电势,即有极化作用发生。研究不可逆电极过程及其变化规律,对于电化学工业、金属腐蚀、化学电源和电化学分析等意义十分重要。

6.5.1 分解电压

现以电解为例来说明不可逆电极过程。在 H_2SO_4 溶液中放入两个铂电极,按图 6.5.1 所示的方法将这两个电极与外电源相连接。图中 A 为电流计,V 为伏特计,R 为滑线电阻。通过移动 R 上的滑块,逐渐增加外电势,记录相应的电流,并把所得的结果绘成图,就可以得到电势电流曲线(图 6.5.2)。由图可见,当外加电势很小时,几乎没有电流通过电路,而当电势增加时,电流略有增加,但这时在电极上观察不到电解现象,但当电势增加到某一数值后,电流随电势直线上升,同时两极出现气泡,说明电解反应以显著方式进行。

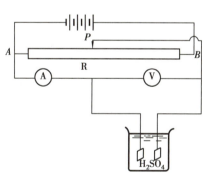

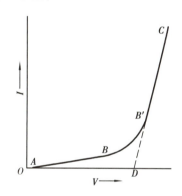

图 6.5.1 分解电势测定装置示意图　　图 6.5.2 分解电势与电流的关系曲线

图 6.5.2 沿 CB' 线延长线与横轴的交点中 D 所示的电势就是使电解质在两极连续不断地进行分解时所需的最小外加分解电势,称为分解电势(Decomposition Potential),记为 ΔE。分解电势随电极材料、电解液和温度等条件的不同而异。

电解时,电极反应为

阴极:$2H^+ + 2e \longrightarrow H_2$

阳极:$H_2O \longrightarrow 2H^+ + \frac{1}{2}O_2 + 2e$

电解反应为:$H_2O \longrightarrow \frac{1}{2}O_2 + H_2$

在两个 Pt 电极上析出的 H_2,O_2,它们与电解液构成一个原电池:

$$\text{Pt} \mid \text{H}_2(p_{\text{H}_2}) \mid \text{H}_2\text{SO}_4(m) \mid \text{O}_2(p_{\text{O}_2}) \mid \text{Pt}$$

这个电池产生一个反向电动势,与外加电势相对抗。开始时因电解产物逐渐从两极向外扩散,使其在两极的浓度略减少,故电极上仅有很小的电流通过。当达到分解电压时,电解产物的浓度最大,H_2 和 O_2 的分压达到了大气压力,因而在两极上有气泡逸出,这时反向电动势的值也达到最大值。此后,若再增大外电势,则电流直线上升。

表 6.5.1 中列出了几种电解质溶液的分解电压。表中前几个数据表明,用平滑铂片作电极时,无论是酸或碱溶液,其分解电压都很接近,这是因为它们在电解时,阳极上析出氢气,阳极上析出氧气,故实质上都是水的电解。表中的 $E_{\text{可逆}}$ 是形成反电动势的那个电池的可逆电动势,可由 Nernst 公式计算。理论上,若电解过程是在可逆条件下进行的,则只要外加电势等于这个反向电动势就可以发生电解,这个反向电动势称为理论分解电压,但实际电解过程在不可逆条件下进行,电极电势偏离了平衡值。因此,实际情况下的分解电势 $\Delta\varphi$ 大大超过了理论分解电势值 $\Delta\varphi_e$,超出的部分由下面将谈及的电极极化造成。

表 6.5.1 298 K 时,几种电解质溶液的分解电压(铂电极)

电解质	溶液 $c/(\text{mol} \cdot \text{dm}^{-3})$	电解产物	E(分解)/V	E(理论)/V
HCl	1	H_2 和 Cl_2	1.31	1.37
HNO_3	1	H_2 和 O_2	1.69	1.23
H_2SO_4	0.5	H_2 和 O_2	1.67	1.23
NaOH	1	H_2 和 O_2	1.69	1.23
CdSO_4	0.5	Cd 和 O_2	2.03	1.26
NiCl_2	0.5	Ni 和 Cl_2	1.85	1.64

6.5.2 极化与超电势

电池充放电时,若在可逆条件下进行,则电极处于平衡状态,流过电极的电流 $I=0$,这时与相对应的电势称为平衡电极电势(Equilibrium Potential)($E_I \to 0$ 或 E_e)或可逆电势(Reversible Potential);当电流通过电极时,电极偏离平衡状态,电极电势偏离其平衡电势的现象称为电极极化(作用)(Polarization)。而且,随着电极上电流的增加,电极的不可逆程度增大,电极电势 E_I 对平衡电势 E_e 的偏离 $|E_I - E_e|$ 越来越大。把电极电势偏离其平衡电势的数值称为电极的超电势或过电势(Overvoltages),用 η 表示:

$$\eta = |E_I - E_e| \tag{6.5.1}$$

当发生极化时,氧化电极的电极电势变大,而还原极的电极电势变小。实际电解时,阳极发生氧化反应,为氧化极;阴极发生还原反应,为还原极。因此,规定:阳极的超电势 $\eta_a = E_I - E_e$,阴极的超电势 $\eta_c = E_e - E_I$。下标 a,c 分别表示阳极与阴极。经过上述规定,η_a,η_c 均为正值。表 6.5.2 中列出 298 K 时,$\text{H}_2,\text{O}_2,\text{Cl}_2$ 在某些金属上的超电势。

表 6.5.2 298 K 时,H_2,O_2,Cl_2 在某些金属上的超电势

电极	电流密度/(A·m^{-2})					
	10	100	1 000	5 000	10 000	50 000
H_2(1 mol·dm^{-3} H_2SO_4 溶液)						
Ag	0.097	0.13	0.3	—	0.48	0.69
Al	0.3	0.83	1.00	—	1.29	—
Au	0.017	—	0.1	—	0.24	0.33
Fe	—	0.56	0.82	—	1.29	—
石墨	0.002	—	0.32	—	0.60	0.73
Hg	0.8	0.93	1.03	—	1.07	—
Ni	0.14	0.3	—	—	0.56	0.71
Pb	0.40	0.4	—	—	0.52	1.06
Pt(光滑的)	0.000 0	0.16	0.29	—	0.68	—
Pt(镀黑的)	0.000 0	0.030	0.041	—	0.048	0.051
Zn	0.48	0.75	1.06	—	1.23	—
O_2(1 mol·dm^{-3} KOH)						
Ag	0.58	0.73	0.98	—	1.13	—
Au	0.67	0.96	1.24	—	1.63	—
Cu	0.42	0.58	0.66	—	0.79	—
石墨	0.53	0.90	1.06	—	1.24	—
Ni	0.36	0.52	0.73	—	0.85	—
Pt(光滑的)	0.72	0.85	1.28	—	1.49	—
Pt(镀黑的)	0.40	0.52	0.64	—	0.77	—
Cl_2(饱和 NaCl 溶液)						
石墨	—	—	0.25	0.42	0.53	—
Pt(光滑的)	0.008	0.03	0.054	0.161	0.236	—
Pt(镀黑的)	0.006	—	0.026	0.05	—	—

* 摘自 Lange's: Handbook of Chemistry, 11th ed. ,6-17(1973)

6.5.3 极化曲线和超电势的测定

要测定极化曲线,可在不同的电流密度 i(流过电极的电流与电极的表面积之比)下,通过测定相应的电极电势 E 来实现。测定的装置如图 6.5.3 所示。测量阴极(研究电极)的极化

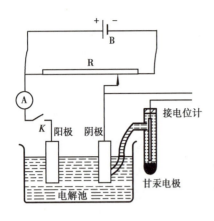

图 6.5.3　阳极极化曲线的测量

曲线时,可借助辅助阳极,用阴、阳两极安组成一电解池,调节外线路中的电阻,以改变流过电极中电流的大小。当待测电极上有电流流过时,其电势偏离平衡电势,此时可用一参比电极(如甘汞电极)与待测电池组成原电池,用电位差计测量该电池的电动势。由于甘汞电极的电动势已知,因此可求出待测电极的阴极电极电势。每改变一次电流密度,等待测电极的电极电势达稳定后就可以测出一个稳定的电势值。用同样的方法可测量阳极极化电势。

将给定的电流密度对应于测得的电极电势作图,即可得出阴、阳极极化曲线图,如图6.5.4所示。

原电池和电解池的极化曲线图如图 6.5.4 所示。

对于原电池,因其阴极是正极,阳极是负极,所以阴极电势 E_+ 高于阳极电势 E_-。电极发生极化时,由于超电势 η 的存在,$E_阳 > E_{阳,e}$,$E_阴 < E_{阴,e}$,$\Delta E > \Delta E_e$ 电池两极间的电势将随电流密度的增加而减小,即原电池做电功的本领减小。

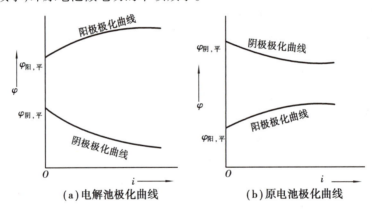

(a)电解池极化曲线　　　　　(b)原电池极化曲线

图 6.5.4　电流密度与电极电势的关系

对于电解池而言,因其阳极是正极,阴极是还原极,所以阳极的电势高于阴极电势,电极发生极化时,由于超电势的存在,电解池两极间的电势差随电流密度的增加而增大,即电解时外加的电势差要增大,即所消耗的电能就越多。即,无论是电解池或原电池,从能量的角度看,电极发生极化时都是不利的。

6.5.4　电极极化的原因

电极极化的原因是由于电极过程受阻所致,按照极化产生的原因,可将其分为电化学极化、浓差极化和电阻极化,下面主要讨论浓差极化和电化学极化。

(1)浓差极化

当电流通过电极时,由于发生电极反应,将引起电极表面离子的浓度与体相溶液浓度不同而产生的极化称为浓差极化(Concentration Polarization),与之相对应的超电势称为浓差超电势。

现以 Ag 电极为阴极发生还原反应为例讨论浓差极化情况,其电极反应:

$$Ag^+ + e \rightarrow Ag$$

当电极上无电流通过时,电极表面 Ag^+ 的浓度与溶液主体相 Ag^+ 的浓度相同,有电流通过时,若电化学反应足够快,受溶液体相的 Ag^+ 向电极表面扩散的速度限制,使得电极表面附近 Ag^+ 的浓度 c' 小于溶液体相 Ag^+ 浓度 c,即 $c' < c$,其结果好像把 Ag 电极插入一浓度较稀的溶液一样,从而阻碍了阴极还原反应的进行,若以浓度近似代替活度,则有

$$E_{c,e} = E^{\ominus}(Ag^+/Ag) + \frac{RT}{F}\ln c/c^{\ominus}$$

$$E_{c,I} = E^{\ominus}(Ag^+/Ag) + \frac{RT}{F}\ln c'/c^{\ominus}$$

可得阴极超电势

$$\eta_c = E_{c,e} - E_{c,I} = \frac{RT}{F}\ln c/c'$$

同理可分析讨论阳极极化。由此看来,浓差极化是由于离子扩散缓慢而引起的,所以一般采用升温或强烈搅拌溶液的办法来消除或减弱浓差极化。

(2)电化学极化

当电流通过电极时,因电极反应进行缓慢,而造成电极上的带电程度与平衡电极不同,从而导致电极电势偏离其平衡值的现象称为电化学极化(Electrchemical Polarization)。与之相对应的超电势叫作电化学超电势,由于电化学超电势的大小与电极反应最慢步骤的活化能的大小有关,所以电化学极化也称为活化极化(Activation Polarization)。

如 Ag^+ 在阴极还原时,若 Ag^+ 的扩散速度快,而电化学反应慢,由电源输入阴极的电子来不及消耗,即溶液中的 Ag^+ 不能马上与电极上的电子结合变成 Ag,结果造成电极上积累了过多的电子,从而使电极电势向负方向移动,引起阴极极化。在阳极的氧化过程中,当 Cl^- 扩散速度相对于 Cl^- 电化学氧化速度足够快时,可使阳极电极电势向正方向移动,从而引起阳极极化。

一般来说,电流密度较小时,浓差极化也较小,以电化学极化为主;电流密度较大时,电极表面附近离子浓度变化也较大,以浓差极化为主,金属离子在阴极上还原析出金属时,电化学超电势较低;而电极上有气体析出时,电化学超电势较高。

6.5.5 塔菲尔方程

1905 年,塔菲尔(Tafel)发现,对于一些常见的电极反应,氢超电势 η 与电流密度 i 有如下关系式:

$$\eta = a + b\lg i \qquad (6.5.2)$$

式中,i 的单位为 $A \cdot cm^{-2}$。

式(6.5.2)称塔菲尔方程(Tafel Equation),实验表明,在一定的温度下,对于确定的金属电极和溶液组成,a,b 为常数。即氢超电势与电流密度的对数呈直线关系。以 η 对 $\lg i$ 作图可得一直线,由直线的斜率可求出 b,截距可求出 a。实验表明,对不同金属,a 值差别较大,但 b

值却基本相同,约为 0.12 V(贵金属 Pt,Au,Pd 等例外)。这表明造成氢在金属电极上超电势的原因有其内在的一致性。

当电流密度 i 很小时,η 与 i 的关系符合

$$\eta = k \cdot i$$

式中,k 为常数,其值与金属本性有关。

塔菲尔公式不仅适用于氢超电势与电流密度的关系,还适用于某些别的气体,如氧在阳极上的析出,只是公式中 a,b 常数取不同的值。表 6.5.3 列出了某些金属上氢超电势的塔菲尔方程中的 a,b 常数。

表 6.5.3　293(± 2) K 时某些金属上氢超电势的塔菲尔方程中的 a,b 常数

金属	溶液组成	a/V	b/V
Pb	0.5 mol · L^{-1} H$_2$SO$_4$	1.56	0.110
Tl	0.85 mol · L^{-1} H$_2$SO$_4$	1.55	0.140
Hg	0.5 mol · L^{-1} H$_2$SO$_4$	1.415	0.113
Hg	1.0 mol · L^{-1} HCl	1.406	0.116
Zn	0.5 mol · L^{-1} H$_2$SO$_4$	1.24	0.118
Cu	1.0 mol · L^{-1} H$_2$SO$_4$	0.80	0.115
Ag	0.5 mol · L^{-1} H$_2$SO$_4$	0.95	0.116
Fe	1.0 mol · L^{-1} HCl	0.70	0.125
Ni	0.11 mol · L^{-1} NaOH	0.64	0.100
Co	1.0 mol · L^{-1} HCl	0.62	0.140
W	5.0 mol · L^{-1} HCl	0.55	0.11
Pt(光滑)	1.0 mol · L^{-1} HCl	0.10	0.13

超电势的存在从供能和耗能的角度看,无论是对原电池还是电解池都是不利的,但换一种角度看,正因为氢的超电势较高,才使某些活泼金属如 Zn,Cd,Ni 等在水溶液中先于 H$^+$ 析出而使其阴极电镀成为可能。

6.5.6　离子析出电势与超电势

电解时,如果溶液中同时有两个以上的还原反应可能在阴极上发生时,则离子的析出顺序按极化电极电势大的优先在阴极上析出。与此相反,极化电极电势小的反应优先在阳极上进行。由此可知,电解时电极反应不但与该物质的平衡电势有关,而且还与超电势有关,离子的析出电势 $\eta_{析}$ 可由下式表示:

$$E_{析} = E_e \pm \eta_{\pm} \tag{6.5.3}$$

式中,$\eta_{\pm}$ 为正负离子的超电势。

一个典型的例子是用锌电极电解锌盐的中性溶液。溶液中共存离子有 H$^+$,OH$^-$ 和盐。

当电流通过溶液时,在阴极上析出的物质是氢气还是锌？这时应用 $E_{析}$ 的大小来判断,锌盐的中性溶液中 H^+ 的活度为 10^{-7}。在 25 ℃,100 kPa 下,用能斯特方程算出氢的平衡电极电势 E_e 约为 -0.4 V,而氢在锌电极上的超电势为 0.7 V,这样氢的极化电势 $E_{析,H_2}$ 为 -1.1 V;而锌的析出电势 $E_{析,Zn^{2+}}$ 为 -0.76 V。因此在电解这个溶液时,在锌阴极上析出的是锌而不是氢。由此可见,正是由于氢在一些金属上的超电势较高,才使得应用电解法获得电化序中氢以上的金属成为可能。

6.5 公式小结

性质	方程	成立条件或用途	正文中方程编号
过电势	$\eta = \lvert E_I - E_e \rvert$	有电流通过时的电池反应	6.5.1
电极反应的氢超电势 η 与电流密度 i(塔菲尔方程)	$\eta = \alpha + b\,\lg i$	金属电极的电极反应	6.5.2
离子析出电势	$E_{析} = E_e \pm \eta_{\pm}$	电解时电极反应	6.5.3

* 6.6　电化学应用

电化学是一门重要的边缘科学,它与化学领域中的其他学科、电子学、物理学、生物学等学科有着密切的联系,有固体电化学、半导体电化学、生物电化学、有机电化学、电分析化学等众多分支。这些学科涉及能源、材料、环境以及社会生活的方方面面问题的研究和应用。电化学应用范围很广,远远超出化学领域,在国民经济的很多部门发挥巨大的作用。电化学应用的领域大致可分为：

①电化学新能源体系的开发和利用。电池、超级电容器等,例如锌锰电池、铅酸电池、镍氢电池、锂电池及锂离子电池、燃料电池、太阳能电池等。

②金属的腐蚀与防护。金属的腐蚀是指金属材料在周围的化学和电化学作用下的破坏。其中以电化学破坏更为严重。采取有效的措施能大大减少材料的破坏。例如采用电化学保护,缓蚀剂。

③电合成无机和有机物。利用电解方法,可以制取氢氧化钠、氯气、氢气、高锰酸钾、过氧化氢、二氧化锰、乙醛酸、丁二酸等。许多传统的化学制备方法在很短时间内被电化学方法所取代。

④金属的提取与精炼。主要有电冶金、熔融电解等。熔融盐电解是获取铝、钛、碱金属及碱土金属的工业主要方法。电精炼法能获得高纯度铜、银、铅、铋、镍、锡等金属。

⑤表面精饰。用电化学方法生产各种表面功能材料,合金复合材料,能满足各种用途的特殊要求。如电镀、阳极氧化、电泳涂装等。通过电镀可以在金属表面获得金属防护层或具有特殊功能的表面层。其他如电沉积非晶态合金,纳米级多层膜,以及梯度功能材料等也有广泛的开发前景。

⑥电化学分离技术。主要包括电渗析、电凝聚、电浮离等应用于工业生产或废水处理。

⑦电分析方法在工农业、环境保护、医药卫生等方面的应用。例如生物体内有细胞膜、体

物理化学

液的存在,使生物体中存在双电层与电势差,人和动物的代谢作用以及各种生理现象,处处都有电流和电位的变化产生。心电图、脑电图等则是利用电化学方法模拟反映出生物体的生理规律及其变化的实际应用。

⑧电化学在国防、航空、航天以及在国民经济中发挥着巨大的作用。随着社会的进步,社会需求的不断增长,电化学应用前景将越来越宽广。

习 题

6.1 用电流强度为 5 A 的直流电来电解稀 H_2SO_4 溶液,在 300 K、$p^\ominus$ 压力下如欲获得氧气和氢气各 1 dm^3,需分别通电多少时间? 已知在该温度下水的蒸气压力为 3 565 Pa。

6.2 当 $CuSO_4$ 溶液中通过 1 930 C 电量后,在阴极上有 0.009 mol 的 Cu 沉积出来,试求在阴极上还析出 $H_2(g)$ 的物质的量。

6.3 可逆电池的条件是什么? 两个可逆电极是否一定能组成可逆电池?

6.4 写出电解质的活度 a 与正、负离子活度的关系,什么是离子的平均活度系数 $\gamma_\pm$? 为什么要计算它?

6.5 指出下列各电极所属的类型,并写出它们的电极反应:

(1)Zn $\mid$ Zn^{2+}; (2)甘汞电极; (3)Pt $\mid$ $Fe^{3+}(a_1)$,$Fe^{2+}(a_2)$。

6.6 铅酸蓄电池的表示式为:

$$Pb(s) - PbSO_4(s) \mid H_2SO_4(m) \mid PbSO_4(s) - PbO_2(s) - Pb(s)$$

电池反应为:$PbO_2(s) + Pb(s) + 2H_2SO_4 = 2PbSO_4(s) + 2H_2O$

它是否为可逆电池?

6.7 为什么不能用普通的伏特计来测量电池的电动势?

6.8 导致电极极化的原因有哪些? 原电池和电解池的极化现象有何不同?

6.9 电极的平衡电势与析出电势有何不同? 由于超电势的存在,阴-阳极的析出电势将如何变化? 超电极的存在有何利弊?

6.10 计算下列各溶液中离子的平均摩尔质量、离子的平均活度和电解质活度。

	$m/mol \cdot dm^{-3}$	$\gamma_\pm$
$K_3Fe(CN)_6$	0.01	0.571
$CdCl_2$	0.1	0.219
H_2SO_4	0.05	0.397

($0.022\ 8$,0.13,2.86×10^{-3},0.159,$0.034\ 8$,4.22×10^{-5},$0.079\ 4$,$0.031\ 5$,3.13×10^{-5})

6.11 写出下列电池所对应的化学反应:

(1)Ag(s) - AgCl(s) $\mid$ $CuCl_2(m)$ $\mid$ Cu

(2)(Pt) $\mid$ $H_2(g)$ $\mid$ HCl(m) $\mid$ $Cl_2(g)$ $\mid$ (Pt)

(3)Cd(s) $\mid$ $CdI_2(m)$ $\mid$ AgI(s) - Ag(s)

(4)$(Pt)\mid H_2(g)\mid NaOH(m)\mid HgO(s)-Hg(l)$

(5)$Hg(l)-PbSO_4(s)\mid KCl(m_1)\parallel HCl(m_2)\mid Cl_2(g)\mid (Pt)$

(6)$Pb(s)-Hg_2Cl_2(s)\mid K_2SO_4(m_1)\parallel KCl(m_2)\mid PbCl_2(s)-Pb(s)$

6.12 写出下列电解池的电极反应和电池反应:

(1)$Cu\mid CuSO_4(m_1)\mid AgNO_3(m_2)\mid Ag$

(2)$Pt\mid H_2(p^\ominus)\mid HCl(m)\mid Cl_2(p^\ominus)\mid Pt$

(3)$Ag\mid AgCl(s)\mid KCl(m)\mid Hg_2Cl_2(s)\mid Hg$

(4)$Pt\mid H_2(p^\ominus)\mid NaOH(m)\mid HgO(s)\mid Hg$

6.13 为什么实际测得的分解电压比理论分解电压大?

6.14 已知丹尼尔电池反应如下:

$$Zn+CuSO_4(a=1)\rightarrow Cu+ZnSO_4(a=1)$$

测得该电池在 25 ℃ 及 40 ℃ 时的电动势分别为 $E_1=1.3030\ \text{V}$,$E_2=1.0961\ \text{V}$,设在上述温度范围内 $\left(\dfrac{\partial E}{\partial T}\right)_p$ 为一常数,计算该电池反应在 30 ℃ 时的 $\Delta_r G_m$、$\Delta_r H_m$、$\Delta_r S_m$ 及电池的可逆效应 Q_r。

($-212.4\ \text{kJ}\cdot\text{mol}^{-1}$;$-239.3\ \text{kJ}\cdot\text{mol}^{-1}$;$-88.78\ \text{J}\cdot\text{K}^{-1}\cdot\text{mol}$;$-26.91\ \text{kJ}\cdot\text{mol}^{-1}$)

6.15 已知 298 K 时,电池

$$Pt\mid H_2(g,0.01p^\ominus)\mid HCl(0.1\ \text{mol}\cdot\text{kg}^{-1})\mid AgCl(s)\mid Ag$$

电动势的温度系数 $(\partial E/\partial T)_p=2.40\times10^{-3}\ \text{V}\cdot\text{K}^{-1}$,$\Delta_r H_m=40.0\ \text{kJ}\cdot\text{mol}^{-1}$,$0.1\ \text{mol}\cdot\text{kg}^{-1}$ HCl 的离子的平均活度系数 $\gamma_\pm=0.7340$,$\varphi^\ominus(Ag^+/Ag)=0.7996\ \text{V}$,求 AgCl 的活度积。

(1.98×10^{-10})

6.16 铅酸蓄电池

$$Pb(s)-PbSO_4(s)\mid H_2SO_4\mid(1\ \text{mol}\cdot\text{kg}^{-1})\mid PbSO_4(s)-PbO_2(s)-Pb(s)$$

在 298 K 时 $E^\ominus=2.041\ \text{V}$,$E=1.9188\ \text{V}$:

(1)试写出电极反应和电池反应;

(2)求 $1\ \text{mol}\cdot\text{kg}^{-1}$、$H_2SO_4$ 的离子的平均活度系数及平均活度。

[(2)2.60×10^{-6}]

6.17 $Zn(s)\mid ZnCl_2(m=0.0102\ \text{mol}\cdot\text{kg}^{-1})\mid NaCl(0.01\ \text{mol}\cdot\text{kg}^{-1})\mid AgCl(s)\mid Ag$ 在 298 K 时的电动势为 $1.1566\ \text{V}$,计算 $ZnCl_2$ 在该溶液中的离子平均活度系数。

(0.779)

6.18 已知 25 ℃ 时下列电池:

$$Pt\mid H_2(g,100\ 000\ \text{Pa})\mid HCl(0.1\ \text{mol}\cdot\text{kg}^{-1})\mid AgCl(s)\mid Ag \qquad ①$$

$$Pt\mid H_2(g,100\ 000\ \text{Pa})\mid HCl(0.1\ \text{mol}\cdot\text{kg}^{-1})\mid Cl_2(g,100\ 000\ \text{Pa})\mid Pt \qquad ②$$

的 $E_1^\ominus=0.222\ \text{V}$,$E_2^\ominus=1.358\ \text{V}$,溶液的 $\gamma_\pm=0.798$。

(1)写出①和②电池的反应;

(2)求两电池的电动势;

(3)求 AgCl(s) 在 25 ℃ 时的 $\Delta_f G_m^\ominus(AgCl)$。

6.19 298 K 时,用铂电极电解 $1\ \text{mol}\cdot\text{kg}^{-1}$ 的 H_2SO_4。

(1)计算理论分解电压;

(2)若两电极面积均为 1 cm², 电解液电阻为 100 Ω, 试问当通过电流为 1 mA 时外加电压为多少? 已知氢和氧的塔菲尔公式为:

$$\eta(H_2) = 0.472\ V + 0.118\ V\ lg(i/A \cdot cm^{-2})$$

$$\eta(O_2) = 1.062\ V + 0.118\ V\ lg(i/A \cdot cm^{-2})$$

$$[(1)1.229\ V;(2)2.155\ V]$$

6.20 298 K 时, $Ag(s)\mid AgCl(s)$ 电极在 AgCl 溶液中($m = 10^{-5}\ mol \cdot kg^{-1}$)和在 NaCl 溶液中($m = 0.01\ mol \cdot kg^{-1}, \gamma_\pm = 0.889$), 电极电势的差值。

$$(0.174\ V)$$

6.21 已知某电极的电极反应为

$$H_2O_2 + 2H^+ + 2e \longrightarrow 2H_2O$$

试计算 298 K 时该电极的标准电极电势 $\varphi^\ominus$。已知水的离子积 $K_w = a(H^+)a(OH^-) = 10^{-14}$, 电极 $O_2 + 2H^+ + 2e \longrightarrow H_2O_2$ 和 $O_2 + 2H_2O + 4e \longrightarrow 4OH^-$ 的标准电极电势分别为 0.680 和 0.401 V。

$$(1.778\ V)$$

6.22 298 K 时, 电池(Pt)$\mid H_2$(100 kPa)$\mid$溶液$\mid$甘汞电极, 当溶液为磷酸缓冲液(pH = 6.86)时, $E_1 = 0.740\ 9\ V$, 当溶液为待测溶液时, $E_2 = 0.609\ 7\ V$, 求待测溶液的 pH 值。

$$(4.64)$$

6.23 欲从含少量 Cu^{2+} 的 $AgNO_3$(浓度 $1 \times 10^{-6}\ mol \cdot kg^{-1}$)废液中回收 Ag, 要求 Ag 的回收率达 99%。现以 Ag 为阴极, 石墨为阳极用电解法进行回收。问:

(1)阴极电位应控制在什么范围内?

(2)Cu^{2+} 浓度应低于多少才不致 Cu 和 Ag 同时析出?(设活度系数均以 1 计)。

$$[(1)\varphi_{阴} < 0.326\ 1\ V;(2)[Cu^{2+}] < 0.428\ mol \cdot kg^{-1}]$$

6.24 298 K、$p^\ominus$ 时, 欲通过电解一含 Zn^{2+} 溶液, 使其中 $[Zn^{2+}]$ 降至 $1 \times 10^{-4}\ mol \cdot kg^{-1}$ 时 $H_2(g)$ 仍不会析出。问该溶液的 pH 值应控制在何处为好?(已知 $H_2(g)$ 在 $Zn(s)$ 上的超电势为 0.72 V, 且与浓度无关)

$$(pH > 2.72)$$

6.25 一含有 KCl, KBr, KI 的浓度均为 0.100 0 $mol \cdot kg^{-1}$ 的溶液, 放入插有铂电极的多孔杯中。将此杯放入盛有大量 0.100 0 $mol \cdot kg^{-1}$ 的 $ZnCl_2$ 溶液及一锌电极的大容皿中, 忽略溶液接界电势, 求 298 K 时下列情况所需施加的电解电压 U。

(1)析出 99% 的碘。

(2)使 Br^- 浓度降至 0.000 1 $mol \cdot kg^{-1}$。

(3)使 Cl^- 浓度降至 0.000 1 $mol \cdot kg^{-1}$。

$$[(1)1.507\ V;(2)1.301\ V;(3)2.389\ V]$$

6.26 298 K 时, 电解含有 H_2SO_4 和 $CuSO_4$ 浓度均为 0.050 0 $mol \cdot kg^{-1}$ 的溶液, 阴极为汞, 阳极为铂。假设溶液中盐完全电离, H_2SO_4 有 35% 电离为 $2H^+$ 和 SO_4^{2-}, 有 65% 电离为 H^+ 和 HSO_4^-。若忽略过电势, 试计算:

(1)使 Cu 析出所需的最小外加电压。

(2)待 99% Cu 析出时, 欲使 Cu 继续析出, 外加电压最少要增加至多少? 假定各物质电离度不变。

（3）若在阴极上氢气的有效压力为标准压力，要继续析出氢气，所需的最小外加电压是多少？

$$[(1)0.861\ V;(2)0.938\ V;(3)1.229\ V]$$

6.27 请写出氢-氧燃料电池$(Pt)\mid H_2(g)\mid KOH(aq)\mid O_2(g)\mid (Pt)$的电池反应并估算其理论电动势数值。已知 $H_2O(l)$ 的 $\Delta_f G_m^{\ominus} = -237.4\ kJ \cdot mol^{-1}$，$H_2$ 和 O_2 的分压均为标准压力。

$$(1.23\ V)$$

第7章

化学动力学基础

将化学反应应用于生产实践要涉及两个方面的问题:一是在给定的条件下,反应进行的可能性、方向和限度,这是化学热力学研究的范畴;二是反应进行的速率和具体步骤(即反应机理),这是化学动力学所要解决的问题。化学热力学提供了化学反应的可行性判据,它能预言在给定的条件下,反应能不能发生,反应进行的程度如何。至于如何把这种可能性变为现实性,热力学的理论已经无法回答。解决反应现实性问题,则是化学动力学的任务。例如,298 K 时:

$$H_2(g) + \frac{1}{2}O_2(g) \mathop{=\!=\!=} H_2O(l) \qquad \Delta_r G_m^{\ominus} = -237.12 \ kJ \cdot mol^{-1}$$

从热力学的角度分析,氢气和氧气化合成水的趋势是很大的。实际上把氢气和氧气放在一个容器中,在很长时间都观察不到有水的生成;如果选用合适的催化剂(如金属 Pd 粉末),则氢和氧能以较快的速率化合成水。由此可见,化学热力学和化学动力学是相辅相成的;为一个化学反应寻找合适的动力学条件之前,首先应估算该条件下此反应在热力学上的可行性。若在热力学上根本不能发生,这种动力学上的探寻则是无意义的。

化学动力学的基本任务是研究各种因素(如浓度、温度、压力、催化剂、分子结构、光、溶剂等)对化学反应速率的影响。此外,化学动力学还关注化学反应实际进行时,要经历哪些反应步骤。因此,总体上说,化学动力学是一门研究化学反应速率和反应机理的学科。通过化学动力学的研究,在理论上能够阐明化学反应的机理,能够了解反应的具体过程和途径。在实际应用中,可以根据反应速率来估计反应进行到某种程度所需的时间,也可以根据影响反应速率的因素,通过控制相应的反应条件,使有利于我们的反应更快,不利于我们的反应尽可能地降低反应速率或者不反应,以满足生产和科研的需要。

7.1 化学反应速率及其动力学方程

7.1.1 化学反应速率(Chemical Reaction Rate)

化学反应速率(r)通常是用单位时间、单位体积内反应物物质的量的减少或生成物物质

的量的增加来表示,即

$$r = \frac{1}{V} \frac{d\xi}{dt} \tag{7.1.1}$$

式中,r 为化学反应速率,其单位为(浓度/时间),V 是反应系统的体积,t 为反应时间,ξ 为反应进度$\left(即\ d\xi = \frac{dn_B}{v_B} \right)$,化学计量系数 v_B 对于反应物来说,其符号为负,对于产物来说,其符号为正)。

如果反应过程中体积是恒定的,则反应速率为

$$r = \frac{1}{V} \frac{d\xi}{dt} = \frac{1}{V \cdot v_B} \frac{dn_B}{dt} = \frac{1}{v_B} \frac{d[n_B/V]}{dt} = \frac{1}{v_B} \frac{dc_B}{dt} \tag{7.1.2}$$

对于任意反应

$$dD + eE = fF + gG$$

则有

$$r = \frac{1}{v_B} \frac{dc_B}{dt}$$

$$= -\frac{1}{d} \frac{dc_D}{dt} = -\frac{1}{e} \frac{dc_E}{dt} = \frac{1}{f} \frac{dc_F}{dt} = \frac{1}{g} \frac{dc_G}{dt} \tag{7.1.3}$$

对于气相反应,由于压力比浓度容易测定,根据理想气体状态方程 $p_B = c_B RT$,可以用参加反应的各物质的分压来代替浓度,因此上式可以表示为

$$r = \frac{1}{v_B} \frac{dc_B}{dt} = \frac{1}{v_B} \frac{d(p_B/RT)}{dt} = \frac{1}{v_B} \frac{dp_B}{dt} \times \frac{1}{RT}$$

$$r' = \frac{1}{v_B} \frac{dp_B}{dt}$$

$$= -\frac{1}{d} \frac{dp_D}{dt} = -\frac{1}{e} \frac{dp_E}{dt} = \frac{1}{f} \frac{dp_F}{dt} = \frac{1}{g} \frac{dp_G}{dt} \tag{7.1.4}$$

因此,从式(7.1.4)可以看出,$r' = r \times RT$。

7.1.2 基元反应

一个化学反应,即使其化学计量方程的形式十分简单,但从微观角度来看往往都是十分复杂的,其化学计量方程并不代表反应的真正历程,而仅仅代表反应的总结果。例如下列气相反应:

①$H_2 + Br_2 \xrightarrow{\quad\quad} 2HBr$

上式并不代表一个 H_2 分子与一个 Br_2 分子直接反应生成两个 HBr 分子。实验证明,它是由下面几个简单的反应步骤组成的:

②$Br_2 + M \rightarrow 2Br \cdot + M$

③$Br \cdot + H_2 \rightarrow HBr + H \cdot$

④$H \cdot + Br_2 \rightarrow HBr + Br \cdot$

⑤$H \cdot + HBr \rightarrow H_2 + Br \cdot$

⑥Br· + Br· + M→Br$_2$ + M

式中 M 是指反应器壁或其他第三类分子,它们是惰性物质,不参与反应而只具有传递能量的作用,Br·和 H·代表溴自由基和氢自由基。

如果反应物分子经过碰撞后,在一次行为中就能完成反应,这种反应就称为基元反应。例如上述②～⑥反应都是基元反应;如果一个化学反应要经过若干个简单的反应步骤,最后才转为产物分子,这种反应称为非基元反应,例如反应①。非基元反应是多个基元反应的总和,也称为总包反应。

基元反应中所包含的反应物微观粒子(分子、原子、离子、自由基)数,称为该基元反应的反应分子数;依据反应分子数的不同,基元反应可分为单分子反应、双分子反应和三分子反应。绝大多数基元反应为双分子反应;在分解反应或异构化反应中,可能出现单分子反应;三分子反应数目很少,因为三个分子同时碰撞的机会很小,一般只出现在原子复合或自由基复合反应中。目前,在气相中尚未发现分子数大于三的反应。在液相反应中,由于溶剂分子的存在,三分子反应较多。反应分子数的概念仅适用于基元反应,对于基元反应,根据其化学计量方程即可判断其反应分子数。例如,上述反应③为双分子反应,而反应⑥为三分子反应。

7.1.3　质量作用定律

经验证明,基元反应的速率与各反应物浓度的幂指数乘积成正比,其中幂指数为各反应物的分子数,这一规律称为基元反应的质量作用定律。

例如,对于基元反应

$$dD + eE = fF + gG$$

根据质量作用定律,上述基元反应的速率方程式可表示为

$$r = -\frac{1}{e}\frac{\mathrm{d}c_E}{\mathrm{d}t} = kc_D^d c_E^e \tag{7.1.5}$$

式中 k 是比例常数,不随浓度而变,称为反应速率常数(Rate Coefficient of Reaction)。k 值的大小取决于参加反应物质的本性、溶剂性质和温度。

质量作用定律只适用于基元反应。对于总包反应,只有知其反应历程后,才能逐个运用质量作用定律,由各个基元反应的速率方程推得这个复杂反应的速率方程。例如氢和碘气相化合生成碘化氢的反应:

①H$_2$ + I$_2$ ══ 2HI

其反应机理为

②I$_2$ + M $\underset{k_{-1}}{\overset{k_1}{\rightleftharpoons}}$ 2I· + M

③H$_2$ + 2I· $\overset{k_2}{\longrightarrow}$ 2HI

根据质量作用定律,反应②正向反应的速率为

$$r_1 = k_1 c_{I_2} c_M \tag{7.1.6}$$

逆向反应速率为

$$r_{-1} = k_{-1} c_{I·}^2 c_M \tag{7.1.7}$$

反应③的速率为

$$r_2 = k_2 c_{H_2} c_{I.}^2 \tag{7.1.8}$$

实验表明,可逆反应②的速率很快,能够迅速达到平衡,即正、逆反应速率相等

$$r_1 = k_1 c_{I_2} c_M = k_{-1} c_{I.}^2 c_M = r_{-1} \tag{7.1.9}$$

整理可得:

$$c_{I.}^2 = \frac{k_1}{k_{-1}} c_{I_2} \tag{7.1.10}$$

由于反应③速率很慢,整个反应的速率取决于此步骤

$$r_{总} \approx r_2 = k_2 c_{I.}^2 c_{H_2} = \frac{k_2 k_1}{k_{-1}} c_{I_2} c_{H_2} = k_{总} c_{I_2} c_{H_2} \tag{7.1.11}$$

式中 k_1、k_{-1}、k_2 分别为各基元反应的速率常数,$k_{总}$ 为总包反应的速率常数,其数值为 $\frac{k_2 k_1}{k_{-1}}$。虽然这个反应的总反应速率表达式具有和质量作用定律相同的形式,但它并不是一个基元反应,而是一个由三个基元反应步骤组成的总包反应。

7.1 公式小结

性质	方程	成立条件或说明	正文中方程编号
反应速率的定义	$r = \frac{1}{V}\frac{d\xi}{dt} = \frac{1}{v_B}\frac{dc_B}{dt}$	恒容反应	7.1.2
	$r = \frac{1}{v_B}\frac{dp_B}{dt}$	气体,恒容反应	7.1.4
质量作用定律	$r = k c_D^d c_E^e$	基元反应:$dD + eE \rightarrow$ 产物	7.1.5

7.2 浓度对反应速率的影响

7.2.1 反应级数(Order of Reaction)

反应速率方程中,各物种浓度项幂指数的代数和称为该反应的级数,用 n 表示。对于任意反应,假如其速率方程可以采用下式表示:

$$r = k c_A^\alpha c_B^\beta \tag{7.2.1}$$

式中,α 称为对反应物 A 的分级数,β 称为对反应物 B 的分级数,反应的总级数 $n = \alpha + \beta$。

例如对于光气的合成反应

$$CO(g) + Cl_2(g) \Longrightarrow COCl_2(g)$$

实验测得其速率方程为

$$r = k c_{CO} c_{Cl_2}^{1.5}$$

则该反应对于 $CO(g)$ 来说是一级,对于 $Cl_2(g)$ 来说是 1.5 级,总反应是 2.5 级。因此,总反应级数不仅可以为整数,也可以为分数、零或者负数,甚至无法表示出来。

7.2.2 简单级数的反应

化学反应速率与许多因素有关,其主要影响因素有浓度、压力、温度、催化剂等性质。凡是反应速率只与反应物浓度有关,而且反应级数 n 是零或简单正整数的反应,统称为简单级数反应。下面讨论此类反应的速率方程式及它们的特点。

(1)零级反应

反应速率与反应物浓度的零次方成正比时,这类反应称为零级反应。例如下列反应为零级反应

$$A \xrightarrow{k} P$$

则该反应的速率可以表示为

$$r = -\frac{dc_A}{dt} = kc_A^0 = k \tag{7.2.2}$$

当反应时间从零进行到某一时刻 t 时,反应物 A 的浓度从 $c_{A,0}$ 变为 c_A,对上式积分后可得:

$$c_A = c_{A,0} - kt \tag{7.2.3}$$

当反应物 A 消耗到一半时,即浓度 c_A 变为 $0.5c_{A,0}$ 时,所需要的时间称为半衰期(half-life of reaction),用 $t_{1/2}$ 表示。由式(7.2.3)可知,其半衰期 $t_{1/2} = \dfrac{c_{A,0}}{2k}$,显然,零级反应的半衰期 $t_{1/2}$ 取决于反应物 A 的起始浓度,起始浓度越大,其半衰期越长。

零级反应的速率与反应物浓度无关,似乎不好解释,实际上的例子也不多。已知的零级反应例子常见于以反应物在固体表面吸附为前提的表面催化反应及光化学反应。如 NH_3 在钨丝表面上的催化分解反应

$$2NH_3(g) \xrightarrow{\text{钨丝}} N_2(g) + 3H_2(g)$$

反应速率只与钨丝的表面状态有关,当钨丝表面被吸附的氨气所饱和时,增加氨气的浓度也不会再增加反应速率,即具有零级反应的特征。

(2)一级反应

反应速率与反应物浓度的一次方成正比者称为一级反应。例如放射性元素的蜕变、顺丁二烯的重排反应和五氧化二氮在惰性溶剂中的分解等都是一级反应。

对于 $A \xrightarrow{k} P$,若其为一级反应,其反应速率则为

$$r = -\frac{dc_A}{dt} = kc_A \tag{7.2.4}$$

对式(7.2.4)进行定积分,可得到反应的速率方程为

$$\int_{c_{A,0}}^{c_A} -\frac{dc_A}{c_A} = \int_0^t k\,dt$$

$$\ln \frac{c_A}{c_{A,0}} = -kt \tag{7.2.5}$$

根据式(7.2.5)可知,若用反应物浓度的对数 $\ln c_A$ 对时间 t 作图将得到一条直线。直线的斜率为 $-k$(量纲是[时间$^{-1}$]),截距为 $\ln c_{A,0}$。这是一级反应的特点,也是求速率常数 k 和判断该反应是不是一级反应的一种方法。

由式(7.2.5)可知,一级反应的半衰期 $t_{1/2}=\dfrac{\ln 2}{k}$,显然,一级反应的半衰期 $t_{1/2}$ 与反应物 A 的起始浓度无关。在给定的条件下,它只决定于反应速率常数,为一定值。据此规律也可以判断一个反应是否为一级反应。

例 7.2.1 在考古研究中,测得某样品中 ^{14}C 的含量为 72%,已知 ^{14}C 放射性蜕变反应为一级反应,其放射性蜕变的半衰期为 5 730 年,试估算该样品距今有多少年?

解 对于一级反应,其半衰期为

$$t_{1/2}=\frac{\ln 2}{k}\Rightarrow k=\frac{\ln 2}{t_{1/2}}=\frac{0.693}{5\ 730y}=1.209\times10^{-4}y^{-1}$$

因此

$$t=\frac{1}{k}\ln\frac{c_{A,0}}{c_A}=\frac{10^4}{1.209y^{-1}}\times\ln\frac{1}{0.72}=2\ 717y$$

(3)二级反应

反应的速率与浓度的二次方成正比的反应叫作二级反应。例如乙烯的二聚作用、乙酸乙酯的皂化、氯酸钾的分解反应、碘化氢热分解都是二级反应。二级反应主要有以下两种通式:

① $A+B\xrightarrow{k}C+\cdots$

② $2A\xrightarrow{k'}C+\cdots$

对于上述反应①,其速率方程为

$$r=-\frac{dc_A}{dt}=kc_Ac_B \tag{7.2.6a}$$

对于反应②,其速率方程为

$$r=-\frac{1}{2}\frac{dc_A}{dt}=k'c_A^2$$

$$-\frac{dc_A}{dt}=2k'c_A^2=kc_A^2 \tag{7.2.6b}$$

对于式(7.2.6a),简单起见,假设两个物质的最初浓度相等,速率方程也得到如式(7.2.6b)相同的形式。因此,若对式(7.2.6a)和式(7.2.6b)移项作定积分

$$\int_{c_{A,0}}^{c_A}-\frac{dc_A}{c_A^2}=\int_0^t kt$$

则得

$$\frac{1}{c_A}-\frac{1}{c_{A,0}}=kt \tag{7.2.7}$$

由式(7.2.7)可知,若用 $\dfrac{1}{c_A}$ 对 t 作图,则可以得到一直线,直线的斜率为速率常数 k(量纲为[浓度$^{-1}$·时间$^{-1}$]),这是二级反应的特征,也是求速率常数 k 和确定反应是不是二级反应

的一种方法。

当反应进行一半时，即 $c_A = \frac{1}{2} c_{A,0}$ 时，代入式(7.2.7)可以得到二级反应的半衰期

$$t_{1/2} = \frac{1}{k c_{A,0}} \tag{7.2.8}$$

二级反应的半衰期与一级反应不同，它与反应物的起始浓度成反比，这也是二级反应的特点之一。

对于 $A \rightarrow C$ 反应，若其速率方程可列为

$$r = -\frac{\mathrm{d}c_A}{\mathrm{d}t} = k c_A^n$$

则通过定积分，可以获得其定积分形式的速率方程。为了便于查阅，将上述几种具有简单级数的速率方程和特征总结在表 7.2.1 中，人们常用这些特征来判别反应的级数。

表 7.2.1　简单级数反应的动力学规律

反应级数	零级反应	一级反应	二级反应
微分速率方程	$r = -\dfrac{\mathrm{d}c_A}{\mathrm{d}t} = k$	$r = -\dfrac{\mathrm{d}c_A}{\mathrm{d}t} = k c_A$	$r = -\dfrac{\mathrm{d}c_A}{\mathrm{d}t} = k c_A^2$
积分速率方程	$c_{A,0} - c_A = kt$	$\ln \dfrac{c_{A,0}}{c_A} = kt$	$\dfrac{1}{c_A} - \dfrac{1}{c_{A,0}} = kt$
浓度与时间的关系	$c_A \propto t$	$\ln c_A \propto t$	$1/c_A \propto t$
半衰期	$t_{1/2} = \dfrac{c_{A,0}}{2k}$	$t_{1/2} = \dfrac{\ln 2}{k}$	$t_{1/2} = \dfrac{1}{k c_{A,0}}$
速率常数 k 的量纲	浓度·时间$^{-1}$	时间$^{-1}$	浓度$^{-1}$·时间$^{-1}$

7.2.3　反应级数的测定

反应级数是一个重要的动力学参数，它不仅表明浓度是怎样影响反应速率的，从而通过调整浓度来控制反应速率，而且有助于探讨反应的机理，了解反应的真实过程。反应级数还可为化工生产所需反应器的设计提供必不可少的数据。反应级数的测定通常有下列几种方法。

（1）微分法

对一个简单反应

$$A \rightarrow C$$

在时间 t 时 A 的浓度为 c_A，则该反应的速率方程为

$$r = -\frac{\mathrm{d}c_A}{\mathrm{d}t} = k c_A^n \tag{7.2.9}$$

等式两边取对数后得

$$\ln r = \ln\left(-\frac{\mathrm{d}c_A}{\mathrm{d}t}\right) = \ln k + n \ln c_A \tag{7.2.10}$$

由式(7.2.10)可以看出,要求得反应级数,首先要测定不同时刻 t 时反应物的瞬间浓度 c_A,作 c_A-t 曲线,然后求出不同浓度 c_A 时各点曲线的斜率 r。再以 $\ln r$ 对 $\ln c_A$ 作图,则得一直线,该直线的斜率 n 即为反应级数。该方法适用于任何级数的反应,但是作切线可能会引入较大的误差。

(2)积分法

积分法也称为尝试法。就是看某一化学反应的 c_A 与 t 的关系适合哪种级数的动力学方程的积分式,从而确定该反应的级数。

首先假设反应是某整级数反应,然后将不同时刻 t 及与其对应的反应物的浓度代入该级数反应的定积分公式中,求反应的速率常数 k,观察其是否为一常数。若是,则反应为该假定的级数;若不是,再假设为另一个整级数反应,重复上述步骤来确定反应的级数。积分法只适用于整级数反应。

例 7.2.2 298 K 时,测定乙酸乙酯皂化反应的反应速率。反应开始时,溶液中碱和酯的浓度均为 $0.01 \ \text{mol} \cdot \text{dm}^{-3}$,每隔一定时间,用标准酸溶液滴定其中的碱含量,实验所得的结果如下表:

t /min	3	5	7	10	15	21	25
$[OH^-] \times 10^3 / (\text{mol} \cdot \text{dm}^{-3})$	7.40	6.34	5.50	4.64	3.63	2.88	2.54

(1)证明该反应是二级反应,并求出速率常数 k 值。

(2)若碱和乙酸乙酯的起始浓度均为 $0.002 \ \text{mol} \cdot \text{dm}^{-3}$,试计算该反应完成 95% 时所需的时间及该反应的半衰期为多少。

解 (1)若该反应是二级反应,以 $\dfrac{1}{c_A}$ 对 t 作图,则可以得到一直线

t /min	3	5	7	10	15	21	25
$(1/[OH^-] \times 10^{-3}) / (\text{mol}^{-1} \cdot \text{dm}^3)$	135.1	157.7	181.8	215.5	275.5	347.2	393.2

作图得一条直线,如图 7.2.1 所示,证明该反应为二级反应,斜率为 k。

$$k = \frac{(347.2 - 215.5) \ \text{mol}^{-1} \cdot \text{dm}^3}{(21 - 10) \ \text{min}} = 11.85 \ \text{mol}^{-1} \cdot \text{dm}^3 \cdot \text{min}^{-1}$$

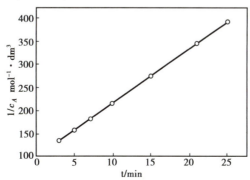

图 7.2.1 $CH_3COOC_2H_5$ 水解数据图

（2）已知

$$\frac{1}{c_A} - \frac{1}{c_{A,0}} = kt$$

$$\frac{1}{0.05c_{A,0}} - \frac{1}{c_{A,0}} = kt$$

$$t = \frac{19}{0.002 \ mol \cdot dm^{-3} \times 11.85 \ mol^{-1} \cdot dm \cdot min^{-1}} = 801.7 \ min$$

$$t_{1/2} = \frac{1}{kc_{A,0}} = \frac{1}{11.85 \ mol^{-1} \cdot dm^3 \cdot min^{-1} \times 0.02 \ mol \cdot dm^{-3}} = 42.2 \ min$$

（3）半衰期法

零级、一级、二级反应的半衰期与反应起始浓度的关系为 $t_{1/2} \propto c_{A,0}^{1-n}$，式中 n 是反应级数。如以两个不同的起始浓度 $c'_{A,0}$ 和 $c''_{A,0}$ 进行实验，则

$$\frac{t'_{1/2}}{t''_{1/2}} = \left(\frac{c'_{A,0}}{c''_{A,0}}\right)^{1-n}$$

两边取对数

$$\ln \frac{t'_{1/2}}{t''_{1/2}} = \ln \left(\frac{c'_{A,0}}{c''_{A,0}}\right)^{1-n}$$

$$n = 1 + \frac{\ln(t'_{1/2}/t''_{1/2})}{\ln(c''_{A,0}/c'_{A,0})} \qquad (7.2.11)$$

例 7.2.3　1,2-二氯丙醇与 NaOH 发生环化作用生成环氧氯丙烷的反应如下式所示：

$$ClCH_2\text{-}CHCl\text{-}CH_2OH + NaOH \longrightarrow CH_2\overset{O}{\overbrace{}}CHCH_2Cl + NaCl + H_2O$$

实验测得 1,2-二氯丙醇的 $t_{1/2}$ 和 $c_{A,0}$ 的关系如下表所示：

实验编号	反应物开始浓度/(mol·dm⁻³)		$t_{1/2}$/min
	1,2-二氯丙醇	NaOH	
1	0.475	0.475	4.80
2	0.166	0.166	12.9

求该反应的级数。

解　$n = 1 + \dfrac{\ln(t'_{1/2}/t''_{1/2})}{\ln(c''_{A,0}/c'_{A,0})} = 1 + \dfrac{\ln(4.80/12.90)}{\ln(0.166/0.475)} = 1.94 \approx 2$

该反应为二级反应。

性质	方程	成立条件或说明	正文中方程编号
零级反应 $A \xrightarrow{k} $ 产物	$r = -\dfrac{dc_A}{dt} = k$	微分方程	7.2.2
	$c_A = c_{A,0} - kt$	定积分方程	7.2.3
	$t_{1/2} = \dfrac{c_{A,0}}{2k}$	半衰期公式	
一级反应 $A \xrightarrow{k} $ 产物	$r = -\dfrac{dc_A}{dt} = kc_A$	微分方程	7.2.4
	$\ln \dfrac{c_A}{c_{A,0}} = -kt$	定积分方程	7.2.5
	$t_{1/2} = \dfrac{\ln 2}{k}$	半衰期公式	
二级反应 $A + B \xrightarrow{k} $ 产物	$r = -\dfrac{dc_A}{dt} = kc_A^2$	微分方程,A 和 B 初始 浓度相同	7.2.6b
	$\dfrac{1}{c_A} - \dfrac{1}{c_{A,0}} = kt$	定积分方程	7.2.7
	$t_{1/2} = \dfrac{1}{kc_{A,0}}$	半衰期公式	
半衰期法确定反应级数	$n = 1 + \dfrac{\ln(t'_{1/2}/t''_{1/2})}{\ln(c''_{A,0}/c'_{A,0})}$		7.2.11

7.3　温度对反应速率的影响

　　温度是影响反应速率的重要因素,相对来说,比浓度的影响更为显著。一般情况下,温度不影响反应的级数,温度对反应的速率影响主要体现在温度对速率常数的影响。1884 年范特荷夫(Van't Hoff)根据实验数据归纳出一条近似的经验规律,即反应温度每升高 10 K 反应速率增加 2～4 倍。若温度 T 时的速率常数用 k_T 表示,温度在 $T+10$ 时的速率常数为 k_{T+10},则范特荷夫规则可表示为

$$k_{T+10}/k_T = 2 \sim 4 \tag{7.3.1}$$

　　根据范特荷夫规则可以粗略地估算温度对反应速率的影响,比较准确是使用阿累尼乌斯(Arrhenius)公式。

7.3.1　阿累尼乌斯公式

　　自范特荷夫近似规则出现后,为解释这一规律,阿累尼乌斯对蔗糖在水溶液中的转化做了大量的研究工作。1889 年,阿累尼乌斯在大量实验数据的基础上,提出了著名的阿累尼乌斯公式,首次提出活化能的概念,揭示了反应速率随温度变化的规律,即温度对反应速率的指数

关系

$$k = Ae^{-\frac{E_a}{RT}}$$ (7.3.2)

式中 k 是温度 T 时的速率常数，A 是指前因子，E_a 是表观活化能（单位是 J·mol^{-1}）。

对式(7.3.2)两边取对数后得

$$\ln k = \ln A - \frac{E_a}{RT}$$ (7.3.3)

假设 A,E_a 的数值与温度 T 无关，对式(7.3.3)两边微分得

$$\frac{\mathrm{d}\ln k}{\mathrm{d}T} = \frac{E_a}{RT^2}$$ (7.3.4)

将式(7.3.4)进行定积分可得

$$\ln\frac{k_2}{k_1} = \frac{E_a}{R}\left(\frac{1}{T_1} - \frac{1}{T_2}\right)$$ (7.3.5)

若已知两个温度时的速率常数，由式(7.3.5)即可求出活化能 E_a 的数值。或者根据式(7.3.3)，以 $\ln k$ 对 $1/T$ 作图，可以得到一直线，由直线的斜率，可求得活化能为 $E_a = -R \times$ 斜率，由截距可求指前因子 A。

阿累尼乌斯公式是最常用的描述速率常数与温度依赖关系的方程式，它适用于所有的基元反应；对于许多非基元反应，阿累尼乌斯公式也可使用。然而，并不是所有的反应都符合阿累尼乌斯公式。目前，一般来说，反应速率随反应温度的变化类型如图 7.3.1 所示。

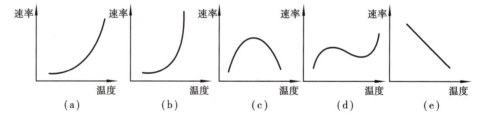

图 7.3.1　反应速率和反应温度关系的几种类型

（a）一般反应，温度升高，反应加速，符合阿累尼乌斯公式。

（b）爆炸反应，温度升高到某温度时，速率突然增大。

（c）酶催化反应，高温时，酶被破坏后失去活性。

（d）某些碳氢化合物的氧化，高温时，副反应影响增大，使情况复杂化。

（e）反常型，温度升高，反应速率下降，如 $2NO + O_2 \Longrightarrow 2NO_2$ 就属于这一类型。

其中，（a）类反应最为常见，通常所讨论的反应大多数是指这一类型的反应，而类型（b）、（c）、（d）、（e）的反应相对来说较少，它们都不符合阿累尼乌斯公式。

7.3.2　活化能 E_a

阿累尼乌斯公式揭示了反应速率与温度的指数关系，但究竟是什么因素决定着 k 的大小及其随温度变化的程度？为了解释这些问题，阿累尼乌斯提出了一个设想：即不是反应物分子之间的任何一次碰撞都能发生反应，只有那些能量足够高的分子之间的碰撞才能发生反应。

这种能发生反应的、能量高的分子称为"活化分子"。活化分子的平均能量$\overline{E}^*$比反应物分子的平均能量$\overline{E}$的超出值称为反应的活化能E_a,可由下式表示

$$E_a = \overline{E}^* - \overline{E} \tag{7.3.6}$$

图7.3.2是一个基元反应的活化能示意图。由图可知,当反应物A变成产物C时,要经过一个活化中间态B。活化物B的能量比反应物A的能量高出E_1,其为正反应的活化能,即反应物变成产物要越过的一个能量为E_1的能峰。这是因为化学反应过程是旧键破坏、新键建立的过程。为了克服新键形成前的斥力和旧键断裂前的引力,两个相撞的分子必须具有足够大的能量。如果相撞分子不具备这个最低的能量要求,就不能达到化学键新旧交替的活化状态。对于可逆反应来说,产物C须吸收E_2值的能量达到活化状态B,才能逆向生成A物质,E_2为逆向反应的活化能。ΔE为基元反应的热效应,它的数值等于正反应活化能和逆反应活化能的差值。当$E_1 < E_2$时,$\Delta E < 0$,反应为放热过程;反之,当$E_1 > E_2$时,$\Delta E > 0$,反应为吸热过程。

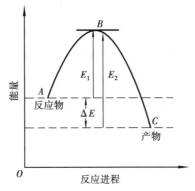

图 7.3.2 基元反应的活化能示意图

对于非基元反应(总包反应),E_a就没有一个明确的物理意义,它实际上是组成该总包反应的各基元反应活化能的特定组合。

$$H_2 + I_2 \xrightarrow{k} 2HI$$

实验测得该反应的总速率方程为

$$r = -\frac{dc_{H_2}}{dt} = kc_{H_2}c_{I_2} \qquad k = Ae^{-\frac{E_a}{RT}}$$

已知其反应历程为

①$I_2 + M \underset{k_{-1}}{\overset{k_1}{\rightleftharpoons}} 2I \cdot + M$ 快平衡

②$H_2 + 2I \cdot \xrightarrow{k_2} 2HI$ 速决步

根据质量作用定律,对于反应(1),正向反应的速率方程为

$$r_1 = k_1 c_{I_2} c_M \qquad k_1 = A_1 e^{-\frac{E_{a,1}}{RT}}$$

逆反应的速率方程为

$$r_{-1} = k_{-1} c_I^2 \cdot c_M \qquad k_{-1} = A_{-1} e^{-\frac{E_{a,-1}}{RT}}$$

对于反应②,其速率方程为

$$r_2 = -\frac{dc_{H_2}}{dt} = k_2 c_{H_2} c_I^2. \qquad k_2 = A_2 e^{-\frac{E_{a,2}}{RT}}$$

实验表明,反应①为快平衡,反应能够迅速达到平衡。当正、逆反应速率相等时,则

$$r_1 = k_1 c_{I_2} c_M = k_{-1} c_I^2 . c_M = r_{-1}$$

整理可得

$$c_I^2. = \frac{k_1}{k_{-1}} c_{I_2}$$

由于反应②为速决步,为慢反应,整个反应的速率取决于此步骤

$$r \approx r_2 = k_2 c_I^2. c_{H_2} = \frac{k_2 k_1}{k_{-1}} c_{I_2} c_{H_2} = k c_{I_2} c_{H_2}$$

根据阿累尼乌斯公式,有

$$k = \frac{k_2 k_1}{k_{-1}} = \frac{A_2 A_1}{A_{-1}} e^{-\frac{(E_{a,2} + E_{a,1} - E_{a,-1})}{RT}} = A e^{-\frac{E_a}{RT}}$$

$$A = A_2 A_1 / A_{-1}, \qquad E_a = E_{a,2} + E_{a,1} - E_{a,-1}$$

可见,在总包反应中,活化能和指前因子是各基元反应的特定组合,其没有明确的物理意义。因此,我们又把 E_a 称为该总包反应的表观活化能,A 称为表观指前因子。

例 7.3.1 某一级反应在 340 K 时完成 20% 需时 3.2 min,而在 300 K 时同样完成 20% 需时 12.6 min,试计算该反应的表观活化能。

解 对于一级反应,$\ln \frac{c_A}{c_{A_0}} = -kt$

由于反应初始浓度和反应程度都相等,因此 $k_1 t_1 = k_2 t_2$,即 $\frac{k_1}{k_2} = \frac{t_2}{t_1}$。

根据阿累尼乌斯公式,有

$$\ln \frac{k_2}{k_1} = \frac{E_a}{R} \left(\frac{1}{T_1} - \frac{1}{T_2} \right)$$

$$E_a = R \left(\frac{T_1 T_2}{T_2 - T_1} \right) \ln \frac{k_2}{k_1} = R \left(\frac{T_1 T_2}{T_2 - T_1} \right) \ln \frac{t_1}{t_2}$$

$$= 8.314 \text{ J} \cdot \text{K}^{-1} \cdot \text{mol}^{-1} \times \frac{340 \text{ K} \times 300 \text{ K}}{(300 \text{ K} - 340 \text{ K})} \ln \frac{3.20}{12.6}$$

$$= 29.06 \text{ kJ} \cdot \text{mol}^{-1}$$

7.3 公式小结

性质	方程	成立条件或说明	正文中方程编号
阿累尼乌斯公式	$k = A e^{-\frac{E_a}{RT}}$	指数式	7.3.2
	$\ln k = \ln A - \frac{E_a}{RT}$	对数式	7.3.3
	$\frac{d \ln k}{dT} = \frac{E_a}{RT^2}$	微分式	7.3.4
	$\ln \frac{k_2}{k_1} = \frac{E_a}{R} \left(\frac{1}{T_1} - \frac{1}{T_2} \right)$	定积分式	7.3.5

7.4 复合反应

前面讨论的反应主要是简单反应。而实际反应往往比较复杂,是由多个反应组合而成的。由两个或两个以上的基元反应组成的化学反应,称为复合反应。典型的复合反应主要有下面三种类型:对行反应、平行反应和连串反应。链反应是一类更加复杂的复合反应,其中可能同时包含以上三种反应。本节除了重点讨论这几类反应的特点和处理方法,同时介绍拟定复合反应的反应历程的一般方法。

7.4.1 对行反应(Opposing Reaction)

对行反应也称为对峙反应,即在同一时刻正向和逆向反应能同时进行的反应。分子内重排、异构化、酯化反应均是对行反应的典型例子。下面以最简单的 1-1 级对行反应为例来讨论其速率方程。

$$A \underset{k_{-1}}{\overset{k_1}{\rightleftharpoons}} B$$

$$
\begin{array}{lll}
t = 0 & c_{A,0} & 0 \\
t = t & c_{A,0} - c_B & c_B \\
t = t_e & c_{A,0} - c_{B,e} & c_{B,e}
\end{array}
$$

式中 $c_{A,0}$ 是物种 A 的初始浓度,c_B 是任意时间物种 B 的浓度,t_e、$c_{B,e}$ 分别代表达到平衡所需的时间和平衡时物种 B 的浓度。

对于正向反应,其速率可表示为

$$r_{正} = k_1(c_{A,0} - c_B)$$

对于逆向反应,则其速率方程为

$$r_{逆} = k_{-1} c_B$$

物质 B 净反应速率取决于正向和逆向反应速率的差值,即

$$r = \frac{\mathrm{d}c_B}{\mathrm{d}t} = r_{正} - r_{逆} = k_1(c_{A,0} - c_B) - k_{-1}c_B \tag{7.4.1}$$

对式(7.4.1)整理后积分

$$\int_0^{c_B} \frac{\mathrm{d}c_B}{k_1 c_{A,0} - (k_1 + k_{-1})c_B} = \int_0^t \mathrm{d}t$$

$$-\frac{1}{k_1 + k_{-1}} \int_0^{c_B} \frac{\mathrm{d}[k_1 c_{A,0} - (k_1 + k_{-1})c_B]}{k_1 c_{A,0} - (k_1 + k_{-1})c_B} = \int_0^t \mathrm{d}t$$

$$\ln \frac{c_{A,0}}{c_{A,0} - \frac{k_1 + k_{-1}}{k_1}c_B} = (k_1 + k_{-1})t \tag{7.4.2}$$

此式即为正、逆反应都是一级对行反应的速率方程。

当反应达到平衡时

$$k_1(c_{A,0} - c_{B,e}) = k_{-1}c_{B,e}$$

$$\frac{k_1}{k_{-1}} = K = \frac{c_{B,e}}{c_{A,0} - c_{B,e}} \qquad (7.4.3)$$

$$k_{-1} = k_1\frac{c_{A,0} - c_{B,e}}{c_{B,e}} \qquad (7.4.4)$$

其中 K 是对行反应的平衡常数。

把式(7.4.4)代入式(7.4.1)可得

$$\frac{dc_B}{dt} = k_1(c_{A,0} - c_B) - k_1\frac{c_{A,0} - c_{B,e}}{c_{B,e}} \times c_B = \frac{k_1 c_{A,0}(c_{B,e} - c_B)}{c_{B,e}} \qquad (7.4.5)$$

将式(7.4.5)进行定积分后得

$$k_1 = \frac{c_{B,e}}{tc_{A,0}}\ln\frac{c_{B,e}}{c_{B,e} - c_B} \qquad (7.4.6)$$

求出 k_1 后再代入式(7.4.4),即可求出 k_{-1},进而可以求出对行反应的平衡常数 K。

7.4.2　平行反应(Side Reaction)

反应物按照不同的途径同时进行的反应称为平行反应。平行进行的反应中,生成主要产物的反应称为主反应,其余的是副反应。平行反应在有机反应中很多,如苯酚的硝化

现在讨论平行反应中最简单的一种,即两个平行的一级反应,它的一般表示形式为

$$\begin{array}{llll} t=0 & c_{A,0} & 0 & 0 \\ t=t & c_A = c_{A,0} - c_B - c_D & c_D & c_B \end{array}$$

生成物质 B 的速率为

$$r_1 = \frac{dc_B}{dt} = k_1 c_A \qquad (7.4.7)$$

生成物质 D 的速率为

$$r_2 = \frac{\mathrm{d}c_D}{\mathrm{d}t} = k_2 c_A \tag{7.4.8}$$

因为平行反应的总速率是两个平行反应的速率之和,因此

$$r = -\frac{\mathrm{d}c_A}{\mathrm{d}t} = \frac{\mathrm{d}c_B}{\mathrm{d}t} + \frac{\mathrm{d}c_D}{\mathrm{d}t} = k_1 c_A + k_2 c_A = (k_1 + k_2) c_A \tag{7.4.9}$$

对式(7.4.9)进行定积分

$$-\int_{c_{A,0}}^{c_A} \frac{\mathrm{d}c_A}{c_A} = (k_1 + k_2) \int_0^t \mathrm{d}t$$

$$\ln \frac{c_{A,0}}{c_A} = (k_1 + k_2) t \tag{7.4.10}$$

此式表示物质 A 浓度随时间的变化关系式,它的形式与一级反应的速率方程形式相似,所不同的是速率常数换成了 $k_1 + k_2$。这表明,对于 1-1 级平行反应,对于反应物 A 来说,相当于一个以 $k_1 + k_2$ 为速率常数的一级反应。

由式(7.4.7)和式(7.4.8)之比可得

$$\frac{\mathrm{d}c_B}{\mathrm{d}c_D} = \frac{k_1}{k_2}$$

$$\frac{c_B}{c_D} = \frac{k_1}{k_2} \tag{7.4.11}$$

式(7.4.11)表明在 1-1 平行反应中产物数量之比等于其速率常数之比,即在反应过程中各产物数量之比保持恒定,这是平行反应的特征。如果希望多获得某一种产品,就要设法改变 k_1/k_2 的比值。一种方法是选择适当的催化剂,提高催化剂对某一反应的选择性以改变 k_1/k_2 的比值。另一种方法是通过改变温度来改变 k_1/k_2 的值。

根据反应物的物料平衡关系

$$c_{A,0} - c_A = c_B + c_D \tag{7.4.12}$$

同时联立式(7.4.10)、式(7.4.11)和式(7.4.12),可得生成物 B 和 D 浓度随时间的变化关系式

$$c_B = \frac{k_1 c_{A,0}}{k_1 + k_2} (1 - \mathrm{e}^{-(k_1 + k_2)t}) \tag{7.4.13a}$$

$$c_D = \frac{k_2 c_{A,0}}{k_1 + k_2} (1 - \mathrm{e}^{-(k_1 + k_2)t}) \tag{7.4.13b}$$

7.4.3 连串反应(Consecutive Reaction)

许多化学反应是经过连续几步完成的,前一步的生成物是后一步的反应物,如此连续进行,这种反应称为连串反应。例如苯的氯化

下面讨论一个各步骤皆为一级反应的连续反应

$$A \xrightarrow{k_1} B \xrightarrow{k_2} D$$

$$
\begin{aligned}
t &= 0 & c_{A,0} & & 0 & & 0 \\
t &= t & c_A & & c_B & & c_D
\end{aligned}
$$

A 的消耗速率是

$$-\frac{\mathrm{d}c_A}{\mathrm{d}t} = k_1 c_A \tag{7.4.14}$$

中间物质 B 的生成速率是 $k_1 c_A$，同时其消耗速率是 $k_2 c_B$，因此其净速率为

$$\frac{\mathrm{d}c_B}{\mathrm{d}t} = k_1 c_A - k_2 c_B \tag{7.4.15}$$

最终产物 D 的生成速率为

$$\frac{\mathrm{d}c_D}{\mathrm{d}t} = k_2 c_B \tag{7.4.16}$$

对式 (7.4.14) 积分后得

$$\ln \frac{c_{A,0}}{c_A} = k_1 t \ \text{或} \ c_A = c_{A,0} \mathrm{e}^{-k_1 t} \tag{7.4.17}$$

把式 (7.4.17) 代入式 (7.4.15)

$$\frac{\mathrm{d}c_B}{\mathrm{d}t} = k_1 c_{A,0} \mathrm{e}^{-k_1 t} - k_2 c_B \tag{7.4.18}$$

这是一个一次线性微分方程,该方程式的解为

$$c_B = \frac{k_1 c_{A,0}}{k_2 - k_1} \left(\mathrm{e}^{-k_1 t} - \mathrm{e}^{-k_2 t} \right) \tag{7.4.19}$$

根据物料平衡 $c_{A,0} = c_A + c_B + c_D$ 可得

$$c_D = c_{A,0} \left(1 - \frac{k_2}{k_2 - k_1} \mathrm{e}^{-k_1 t} + \frac{k_1}{k_2 - k_1} \mathrm{e}^{-k_2 t} \right) \tag{7.4.20}$$

以 c_A, c_B, c_D 分别与时间作图,得图 7.4.1。由图可以看出,随着反应的进行,反应物 A 的浓度不断减小,产物 D 的浓度不断增加,而中间产物 B 的浓度先升后降,当生成 B 的速率等于消耗 B 的速率时,物质 B 就会出现最大值,其极值可以通过式 (7.4.19) 对 t 微分,即 $\frac{\mathrm{d}c_B}{\mathrm{d}t} = 0$,先求出物质 B 出现最大值的时间 t_m,然后再代入式 (7.4.19) 可求得物质 B 的最大值。

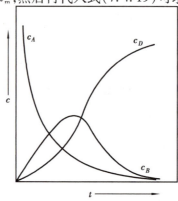

图 7.4.1　连串反应中浓度随时间变化图

7.4.4 链反应(Chain Reaction)

链反应是一类很重要的反应,工业上许多重要的工艺过程,如石油的裂解、橡胶的合成、碳氢化合物的氧化等,都与链反应有关。链反应常常需要热、光和辐射等外来条件使反应引发,使得体系中产生具有较强反应能力的活性组分(自由基和自由原子),这些活性组分相继发生一系列的连串反应,像链条一样使反应自动发展下去,因此称为链反应。根据链的传递方式的不同,可将链反应分为两种类型:直链反应(Straight Chain Reaction)和支链反应(Side Chain Reaction)。不管是直链反应还是支链反应,都是由下列三个基本步骤组成的。①链引发(Chain Initiation):即反应开始阶段,分子首先借助光、热等外因生成活性自由基的反应。在这个反应过程中需要断裂分子中的化学键,因此,它所需要的活化能与断裂的化学键所需要的能量在同一个数量级。②链传递(Chain Transfer):即自由基与反应物分子作用生成新的分子和新的自由基,若反应不受阻碍,反应不断交替而一直传递下去,直到反应物被消耗殆尽。由于自由基有较强的反应能力,故所需要的活化能一般小于40 kJ·mol^{-1}。③链终止(Chain Termination):当自由基被消除时,链反应就会终止。即当两个自由基结合生成分子,或者是与器壁碰撞而产生自由基吸收时,就会发生断链反应。

(1)直链反应

在链传递过程中,每消耗掉一个自由基和自由原子,只能产生一个自由基和自由原子的链反应称为直链反应[图7.4.2(a)]。

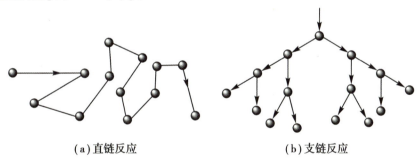

(a)直链反应　　　　　　　　　(b)支链反应

图 7.4.2　链反应类型

例如 $H_2 + Cl_2 \rightarrow 2HCl$,根据研究,有人推测其反应机理见表7.4.1。

表 7.4.1　气相合成 HCl 的反应历程

反应历程	反应步骤	$E_a/(kJ \cdot mol^{-1})$
(1) $Cl_2 + M \xrightarrow{k_1} 2Cl \cdot + M$	链的引发	242
(2) $Cl \cdot + H_2 \xrightarrow{k_2} HCl + H \cdot$		24
(3) $H \cdot + Cl_2 \xrightarrow{k_3} HCl + Cl \cdot$	链的传递	13
...		
(4) $2Cl \cdot + M \xrightarrow{k_4} Cl_2 + M$	链的终止	0

这个反应的速率可以用 HCl 的生成速率来表示,即 $\dfrac{dc_{HCl}}{dt} = k_2 c_{Cl \cdot} \times c_{H_2} + k_3 c_{H \cdot} \times c_{Cl_2}$ 这个速率方程中不但涉及反应物 H_2 和 Cl_2 的浓度,而且还涉及活性很大的自由基原子 $Cl \cdot$ 和 $H \cdot$ 的浓度。根据稳态近似法,可以得出这个 $H_2 + Cl_2 \rightarrow 2HCl$ 总包反应的速率方程为 $r = \dfrac{1}{2} \dfrac{dc_{HCl}}{dt} = k c_{Cl_2}^{1/2} \times c_{H_2}$,有关反应历程的拟定方法在下一节进行介绍。

(2)支链反应

在链传递过程中,若每消耗掉一个自由基和自由原子,能产生多个自由基和自由原子的链反应称为支链反应[图 7.4.2(b)]。例如 $2H_2 + O_2 \rightarrow 2H_2O$,根据研究,其反应机理见表 7.4.2。

表 7.4.2　氢气和氧气化合的反应历程

反应历程	反应步骤	
(1)$H_2 \longrightarrow H \cdot + H \cdot$	链的引发	
(2)$H \cdot + O_2 + H_2 \xrightarrow{k_2} H_2O + OH \cdot$ (3)$OH \cdot + H_2 \longrightarrow H_2O + H \cdot$	直链反应	链的传递
(4)$H \cdot + O_2 \longrightarrow OH \cdot + O \cdot$ (5)$O \cdot + H_2 \longrightarrow OH \cdot + H \cdot$ …	支链反应	
(6)$2H \cdot + M \longrightarrow H_2 + M$ (7)$OH \cdot + H \cdot + M \longrightarrow H_2O + M$ (8)$H \cdot + 器壁 \rightarrow 销毁$ (9)$OH \cdot + 器壁 \rightarrow 销毁$	链的终止	

由于自由基在短时间内大量增殖,反应速率因反应活性中心数量的增加而呈几何级数增加,导致失控而产生燃烧或爆炸过程。爆炸反应通常都有一定的爆炸区,当达到燃烧或爆炸的压力范围时,反应的速率由平稳而突然增加。图 7.4.3 是氢氧混合系统的爆炸界限与温度、压力的关系。当体系的总压力小于 p_1(爆炸下限)时,反应进行得平稳。当总压力位于 p_1(爆炸下限)和 p_2(爆炸上限)之间,反应加速进行而发生爆炸或者燃烧。当总压力位于 p_2 和 p_3(第三限)之间,反应速率反而变慢。而当压力超过 p_3 时,体系又会发生爆炸。人们在研究气体的燃烧反应时发现,很多可燃气都存在其特有的爆炸区(表 7.4.3),因此在使用这些气体时应该十分注意,以免发生爆炸。

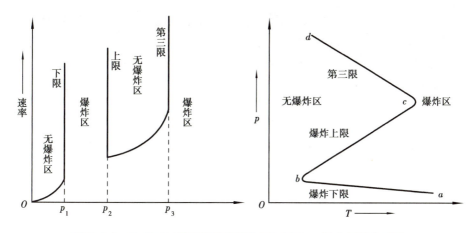

图 7.4.3　H_2 和 O_2 混合体系的爆炸区与压力 p、温度 T 的关系图

表 7.4.3　一些可燃气体在空气中的爆炸界限

可燃气体	爆炸界限（体积分数%）	可燃气体	爆炸界限（体积分数%）
H_2	4 ~ 74	C_3H_6	2 ~ 11
NH_3	13 ~ 27	C_2H_2	2.5 ~ 80
CO	12.5 ~ 74	C_6H_6	1.2 ~ 9.5
CH_4	5.3 ~ 14	C_2H_5OH	7.3 ~ 36
C_2H_6	3.2 ~ 12.5	CH_3OH	4.3 ~ 19
C_3H_8	2.4 ~ 9.5	$C_2H_5OC_2H_5$	1.9 ~ 48
C_4H_{10}	1.9 ~ 8.4	$CH_3COOC_2H_5$	2.1 ~ 8.5
C_5H_{12}	1.6 ~ 7.8	CS_2	1.3 ~ 44
C_2H_4	3.0 ~ 29		

7.4.5　拟定反应历程的基本方法*

反应机理是反应实际进行的具体过程,通过反应机理的研究,可以了解反应进行的具体过程和途径,从而找到影响反应速率的主要因素。但探索和确定反应机理是一个复杂而烦琐的工作。一般来说,探索反应机理需要下面几个步骤:①从实验确定总包反应的速率方程和表观活化能的大小;②按照了解的化学知识和物质结构的知识,拟定可能的反应机理,并进行数学处理,看所导出的速率方程和活化能数值与实验值是否一致;③从理论上或其他实验方面,尽可能多方面对所拟定的反应机理进行实验验证。

对于一个复杂的反应,推导其速率方程主要有以下三种近似方法:稳态近似法、速控步法和平衡近似法,下面分别对其进行介绍。

（1）稳态近似法（Steady-state Approximation Methods）

由于反应过程中生成的自由基或自由原子是非常活泼的,它们非常容易与其他分子或自由基发生反应,其寿命短,浓度低,故可近似地认为在达到稳定状态后,它们的浓度不再随时间而变化,这种近似方法称为稳态近似法。

例如,对于气相 H_2 和 Cl_2 生成 HCl 的反应(反应机理见表 7.4.1),这个反应的速率可以用 HCl 的生成速率来表示,即

$$\frac{dc_{HCl}}{dt} = k_2 c_{Cl \cdot} \times c_{H_2} + k_3 c_{H \cdot} \times c_{Cl_2} \tag{7.4.21}$$

这个速率方程中涉及了活性很大的自由基原子 Cl· 和 H· 的浓度,我们可以采用稳态近似法进行处理,即

$$\frac{dc_{Cl \cdot}}{dt} = 2k_1 c_{Cl_2} \times c_M - k_2 c_{Cl \cdot} \times c_{H_2} + k_3 c_{H \cdot} \times c_{Cl_2} - 2k_4 c_{Cl \cdot}^2 \times c_M = 0 \tag{7.4.22}$$

$$\frac{dc_{H \cdot}}{dt} = k_2 c_{Cl \cdot} \times c_{H_2} - k_3 c_{H \cdot} \times c_{Cl_2} = 0 \tag{7.4.23}$$

把式(7.4.23)代入式(7.4.22)得到

$$2k_1 c_{Cl_2} = 2k_4 c_{Cl \cdot}^2$$

$$c_{Cl \cdot} = \left(\frac{k_1}{k_4} c_{Cl_2} \right)^{\frac{1}{2}} \tag{7.4.24}$$

将式(7.4.23)和式(7.4.24)代入式(7.4.21)中可得

$$\frac{dc_{HCl}}{dt} = 2k_2 \left(\frac{k_1}{k_4} \right)^{\frac{1}{2}} c_{Cl_2}^{\frac{1}{2}} \times c_{H_2}$$

因此

$$r = \frac{1}{2} \frac{dc_{HCl}}{dt} = k c_{Cl_2}^{\frac{1}{2}} \times c_{H_2} \tag{7.4.25}$$

此式即为 H_2 和 Cl_2 生成 HCl 的速率方程。照上述的反应机理导出的活化能数值和反应级数基本上与实验结果相符,这表明上述机理在实验条件下基本上是合理的。

(2)平衡近似法(Equilibrium-state Approximation Methods)

假设有一连续反应

$$A \underset{k_{-1}}{\overset{k_1}{\rightleftharpoons}} B \overset{k_2}{\longrightarrow} C$$

若由 B 生成 C 的速率很慢,且由 A 和 B 之间的反应为快平衡反应,即 $k_2 \ll k_1$ 和 $k_2 \ll k_{-1}$,此时

$$k_1 \times c_A = k_{-1} \times c_B$$

$$c_B = \frac{k_1}{k_{-1}} c_A \tag{7.4.26}$$

因为

$$r = \frac{dc_C}{dt} = k_2 c_B \tag{7.4.27}$$

把式(7.4.26)代入式(7.4.27)得

$$r = \frac{dc_C}{dt} = k_2 c_B = k_2 \frac{k_1}{k_{-1}} \times c_A \tag{7.4.28}$$

$$= Kc_A$$

（3）速控步法（Rate Determining Step Methode）

在连续反应中，若其中有一步的反应速率很慢，则总的反应速率将取决于最慢的一步，这种处理方法称为速控步法。

例如反应

$$H^+ + HNO_2 + C_6H_5NH_2 \xrightarrow{\text{Br}^- \text{ 催化剂}} C_6H_5N_2^+ + 2H_2O$$

其可能的反应机理为

①$H^+ + HNO_2 \underset{k_{-1}}{\overset{k_1}{\rightleftharpoons}} H_2NO_2^+$ （快速平衡）

②$H_2NO_2^+ + Br^- \xrightarrow{k_2} ONBr + H_2O$ （慢反应）

③$ONBr + C_6H_5NH_2 \xrightarrow{k_3} C_6H_5N_2^+ + H_2O + Br^-$ （快反应）

第 2 步是总反应的控制步骤，因此总的反应速率为

$$r = k_2 c_{H_2NO_2^+} \times c_{Br^-} \tag{7.4.29}$$

中间产物 $H_2NO_2^+$ 的浓度可以从快速平衡反应①求得

$$c_{H_2NO_2^+} = \frac{k_1}{k_{-1}} c_{H^+} \times c_{HNO_2} = K c_{H^+} \times c_{HNO_2} \tag{7.4.30}$$

把式（7.4.30）代入式（7.4.29）中得

$$r = \frac{k_1 k_2}{k_{-1}} c_{H^+} \times c_{HNO_2} \times c_{Br^-} = K c_{H^+} \times c_{HNO_2} \times c_{Br^-} \tag{7.4.31}$$

从上例可以看出，在一个含有对峙反应的连续反应中，如果存在速控步，则总的反应速率及表观速率常数仅取决于速控步及其以前的平衡过程，与速控步以后的各快速反应无关。

例 7.4.1　N_2O_5 分解反应为 $N_2O_5 \longrightarrow 2NO_2 + 0.5O_2$，其反应机理如下

$$N_2O_5 \underset{k_{-1}}{\overset{k_1}{\rightleftharpoons}} NO_2 + NO_3 \tag{a}$$

$$NO_2 + NO_3 \xrightarrow{k_2} NO + O_2 + NO_2 \tag{b}$$

$$NO + NO_3 \xrightarrow{k_3} 2NO_2 \tag{c}$$

（1）当用 O_2 的生成速率表示反应的速率时，试用稳态近似法证明

$$r_1 = \frac{k_1 k_2}{k_{-1} + 2k_2} c_{N_2O_5};$$

（2）设反应（b）为速控步，反应（a）为快平衡，用平衡假设写出反应的速率表示式 r_2；

（3）在什么情况下，$r_1 = r_2$；

（4）在 298 K 时，N_2O_5 分解的半衰期为 342 min，求表观速率常数和分解 80% 所需要的时间。

解　（1）用 O_2 的生成速率所表示的速率方程为

$$r_1 = \frac{dc_{O_2}}{dt} = k_2 c_{NO_2} \times c_{NO_3}$$

i

其中 NO_3 和 NO 是活泼中间产物,可以对它们采用稳态近似,即

$$\frac{dc_{NO_3}}{dt} = k_1 c_{N_2O_5} - k_{-1} c_{NO_2} \times c_{NO_3} - k_2 c_{NO_2} \times c_{NO_3} - k_3 c_{NO} \times c_{NO_3} = 0 \qquad \text{ii}$$

$$\frac{dc_{NO}}{dt} = k_2 c_{NO_2} c_{NO_3} - k_3 c_{NO} c_{NO_3} = 0 \qquad \text{iii}$$

将 iii 式代入 ii 式,整理得

$$c_{NO_3} = \frac{k_1 c_{N_2O_5}}{(2k_2 + k_{-1}) c_{NO_2}} \qquad \text{iv}$$

将 iv 式代入 i 式,得

$$r_1 = \frac{k_1 k_2}{k_{-1} + 2k_2} c_{N_2O_5}$$

即为所证。

(2)第(ii)步为速控步,第(i)步为快平衡,所以

$$r_2 = \frac{dc_{O_2}}{dt} = k_2 c_{NO_2} \times c_{NO_3} \qquad \text{v}$$

中间产物 NO_3 的浓度可用平衡假设求得

$$K = \frac{k_1}{k_{-1}} = \frac{c_{NO_2} c_{NO_3}}{c_{N_2O_5}}$$

$$c_{NO_3} = \frac{k_1 c_{N_2O_5}}{k_{-1} c_{NO_2}} \qquad \text{vi}$$

将 vi 式代入 v 式可得

$$r_2 = \frac{k_1 k_2}{k_{-1}} c_{N_2O_5} \qquad \text{vii}$$

(3)要使 $r_1 = r_2$,则必须有

$$\frac{k_1 k_2}{2k_2 + k_{-1}} = \frac{k_1 k_2}{k_{-1}} \qquad \text{viii}$$

当反应的第(ii)步为慢步骤,k_2 很小,第(i)步为快平衡,$k_{-1} \gg 2k_2$,这时这两种处理方法可得相同的结果。

(4)因为此反应为一级反应,因此

$$k = \frac{\ln 2}{t_{1/2}} = \frac{0.693}{342 \text{ min}} = 2.02 \times 10^{-3} \text{ min}^{-1}$$

$$\ln \frac{c_0}{c} = kt \Rightarrow \ln \frac{1}{1 - 0.8} = 2.02 \times 10^{-3} t$$

$$t = 797 \text{ min}$$

7.4 公式小结

性质	方程	成立条件或说明	正文中方程编号
对行反应 $A \underset{k_{-1}}{\overset{k_1}{\rightleftharpoons}} B$	$r = k_1(c_{A,0} - c_B) - k_{-1}c_B$	速率方程	7.4.1
	$\ln \dfrac{c_{A,0}}{c_{A,0} - \dfrac{k_1 + k_{-1}}{k_1}c_B} = (k_1 + k_{-1})t$	浓度-时间方程	7.4.2
平行反应 $D \overset{k_2}{\longleftarrow} A \overset{k_1}{\longrightarrow} B$	$r = k_1 c_A + k_2 c_A$	速率方程	7.4.9
	$\ln \dfrac{c_{A,0}}{c_A} = (k_1 + k_2)t$	浓度-时间方程	7.4.10
	$\dfrac{c_B}{c_D} = \dfrac{k_1}{k_2}$	产物比值	7.4.11
连串反应 $A \overset{k_1}{\longrightarrow} B \overset{k_2}{\longrightarrow} D$	$\ln \dfrac{c_{A,0}}{c_A} = k_1 t$		7.4.17
	$c_B = \dfrac{k_1 c_{A,0}}{k_2 - k_1}(\mathrm{e}^{-k_1 t} - \mathrm{e}^{-k_2 t})$		7.4.19
稳态近似法	$\dfrac{\mathrm{d}c}{\mathrm{d}t} = 0$	稳态时,活泼中间产物浓度不随时间而变化	

7.5 催化反应动力学

催化剂(Catalyst)是现代工业的支柱,80% 以上的工业过程都需要催化剂,目前催化剂已经广泛应用到化工、制药、农药、涂料等工业领域中。熟知的合成氨反应、SO_2 合成 SO_3、合成橡胶、高分子的聚合反应都离不开催化剂。在有机体内时刻进行的新陈代谢,如蛋白质、碳水化合物和脂肪的分解作用也基本上都是生物酶的催化作用。

在反应系统中加入少量某种物质,可使反应速率明显改变,而所加物质在反应前后的量及化学性质都没有改变,则称这种物质为催化剂。催化剂所起的改变反应速率的作用称为催化作用(Catalysis)。

7.5.1 催化反应的基本原理

经研究表明,催化剂能加快反应速率,主要是因为催化剂参加了反应,使反应物形成活化能较低的不稳定中间物,然后再由中间物进一步反应生成产物,改变了反应历程,降低了反应的表观活化能的缘故。催化反应活化能和反应历程如图 7.5.1 所示。

若催化剂 K 能加速反应 $A + B \overset{K}{\longrightarrow} AB$,假设其机理分为下面两个步骤:

① $A + K \underset{k_2}{\overset{k_1}{\rightleftharpoons}} AK$(中间化合物)

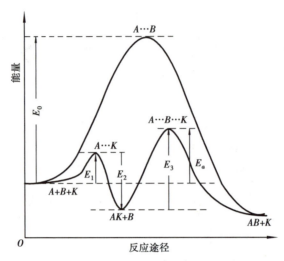

图 7.5.1　催化反应活化能和反应历程

$②AK + B \xrightarrow{k_3} AB + K$

若第一个反应能很快达到平衡,则从反应①可得

$$k_1 c_A c_K = k_2 c_{AK} \text{或} \quad c_{AK} = \frac{k_1}{k_2} c_K c_A$$

假如第二步是整个反应的速率控制步骤,则

$$r = k_3 c_{AK} c_B = k_3 \frac{k_1}{k_2} c_B c_A c_K = k c_B c_A c_K$$

式中,k 称为表观速率常数,$k = k_3 k_1 / k_2$。

上述各基元反应的速率常数可用阿累尼乌斯公式表示为

$$k = \frac{k_1 k_3}{k_2} = \frac{A_1 A_3}{A_2} e^{-\left(\frac{E_1 + E_3 - E_2}{RT}\right)}$$

故此催化反应的表观活化能 $E_a = E_1 + E_3 - E_2$,能峰的示意图如图 7.5.1 所示。图中非催化反应要克服一个比较高的能垒(E_0),而在催化剂的存在下,反应的途径改变,反应只需要克服两个比较小的能垒(E_1 和 E_3)就可以生成产物 AB。由于催化反应的活化能 E_1 和 E_3 远小于非催化反应 E_0,因而使得反应速率加速。表 7.5.1 列出一些反应在有催化剂与无催化剂存在的活化能。

表 7.5.1　催化剂对活化能的影响

反应	催化剂	$E_a / (\text{kJ} \cdot \text{mol}^{-1})$	
		无催化剂	有催化剂
$2SO_2 + O_2 \longrightarrow 2SO_3$	Pt	251.0	62.76
$3H_2 + N_2 \longrightarrow 2NH_3$	Fe—Al$_2$O$_3$—K$_2$O	334.7	167.4
$2HI \longrightarrow H_2 + I_2$	Au	184.1	104.6
$2H_2O_2 \longrightarrow 2H_2O + O_2$	转化酶	152	54.4
$2N_2O \longrightarrow 2N_2 + O_2$	Au	244.8	121.3

活化能的降低对于反应速率的影响是很大的。表 7.5.1 中 SO_2 在温度为 723 K 氧化为 SO_3,在没有催化剂时的活化能为 251.0 kJ·mol^{-1},若以 Pt 为催化剂,活化能降为 62.76 kJ·mol^{-1},则根据阿累尼乌斯公式

$$\frac{k_{催}}{k_{非}} = \frac{Ae^{-\left(\frac{62.76 \times 10^3}{RT}\right)}}{A'e^{-\left(\frac{251.0 \times 10^3}{RT}\right)}}$$

假定催化反应和非催化反应的指前因子相等,则

$$\frac{k_{催}}{k_{非}} = 4 \times 10^{14}$$

7.5.2 催化反应的基本特征

①催化剂在反应前后,其化学性质没有发生变化,但其会参与反应,与反应物生成了某种不稳定的中间化合物。因此,反应前后催化剂的物理形态常常会发生变化,表现在外观改变、晶形消失、沉淀硬结等方面。例如,氯酸钾催化分解时常用到二氧化锰催化剂,经过反应后,二氧化锰晶形会发生改变。催化剂在反应过程中参与生成某种中间产物,但由于在生成产物的步骤中会再生出来,因而在总的化学计量方程式中并不出现。

②催化剂改变了反应的途径,降低了反应的活化能。同一始终态的催化反应和非催化反应,反应的热力学函数都具有相同的数值。催化剂的加入并不能改变反应的始终态,仅仅是改变反应的途径和活化能。加入催化剂后,反应的新途径与原途径同时进行。新途径降低了反应的活化能,是反应速率显著提高的主要原因。

③催化剂不影响化学平衡,它只能缩短达到平衡的时间,而不能改变反应的平衡状态。也就是说,催化剂不能改变反应的 $\Delta_r G_m^{\ominus}$ 和平衡常数 K,不能实现该条件下热力学上不能进行的反应。在相同的条件下,催化剂会同等程度地提高正向和逆向的反应速率。因此,对正向反应的优良催化剂必定为逆向反应的优良催化剂。这个性质为实验寻找催化剂的研究工作提供了很大方便。若某些反应正反应的条件比较苛刻,可以从逆反应寻找它的催化剂。例如采用 CO 和 H_2 为原料合成 CH_3OH 是一个很有经济价值的反应,但其研究需要在高压下进行,实验条件要麻烦得多。在常压下寻找甲醇分解反应的催化剂,就可以作为高压下合成甲醇的催化剂。

④催化剂具有特殊的选择性。催化剂的选择性是指反应物(如反应物 A)沿某一途径进行的程度,选择性(S)的定义式为

$$S = \frac{生成目的产物所消耗的 A 组分量}{已转化的 A 组分总量} \times 100\%$$

例如,用 Ag 作催化剂氧化乙烯生产环氧乙烷时,在一定条件下,如果消耗的乙烯中有 60% 转化为环氧乙烷,而有 40% 转化为其他副产品,则在此条件下 Ag 催化剂对环氧乙烷的选择性为 60%。

由于不同性质的催化剂只能加速特定类型的化学反应过程,因此当同一反应物可能有许多平行反应发生时,常常利用催化剂的高选择性来加快预期产物的生成速率,而使副反应得不到相应的加速,从而获得希望的主要产物。

例如,乙醇蒸气的分解,依催化剂及反应条件的不同,将得到不同的产物:

a. $C_2H_5OH \xrightarrow[473 \sim 523 \ K]{Cu} CH_3CHO + H_2$

b. $C_2H_5OH \xrightarrow[623 \sim 633 \ K]{Al_2O_3} C_2H_4 + H_2O$

c. $2C_2H_5OH \xrightarrow[413 \ K]{浓 H_2SO_4} (C_2H_5)_2O + H_2O$

d. $C_2H_5OH \xrightarrow{ZnO} 丁二烯$

7.5.3　催化反应的类型*

根据反应物、产物和催化剂相态的差异,催化反应通常分为均相催化、多相催化和酶催化。若催化剂和被催化的系统都处在同一相中(气相或液相),则称为均相催化,如醇和酸在 H_2SO_4 作用下生成酯;如果它们不处在同一相中,则称为多相催化,如氮气与氢气在 Fe 催化剂作用下合成氨;酶是一种特殊的生物催化剂,是一种质点直径介于 $10 \sim 100$ nm 的蛋白质,因此酶催化可看作介于均相与多相催化之间的反应类型。

(1)均相催化反应(Homogenous Catalysis)

均相催化反应中最常见的是液相催化反应。在液相催化反应中,历史上对酸碱催化(Acid-base Catalysis)研究的较多,下面介绍一下该催化过程。

酸碱催化的主要特征就是生成离子型的中间物。对于酸催化反应,反应物 S 接受质子 H^+ 首先形成质子化物 SH^+,然后不稳定的 SH^+ 再与反应物 R 反应放出 H^+ 而生成产物。

例如　在 H^+ 存在下,乙醇和乙酸的酯化反应机理为

$$CH_3CH_2OH + H^+ \longrightarrow CH_3CH_2\overset{+}{O}H_2$$

$$CH_3CH_2\overset{+}{O}H_2 + CH_3COOH \longrightarrow CH_3COOC_2H_5 + H_2O + H^+$$

而对于碱催化,其机理一般是碱催化剂首先接受反应物的质子,然后生成中间物,碱复原。例如在醋酸根存在的溶液中,硝基胺的水解机理为

$$NH_2NO_2 + CH_3COO^- \longrightarrow NHNO_2^- + CH_3COOH$$

$$NHNO_2^- \longrightarrow N_2O + OH^-$$

$$CH_3COOH + OH^- \longrightarrow CH_3COO^- + H_2O$$

酸碱催化的实质是质子的转移,因此一些有质子转移的反应,如水合和脱水、酯化和水解、烷基化与脱烷基等反应,往往都可以采用酸碱催化。

络合催化是另一类常见的催化反应体系,又称为配位催化。其催化作用是通过催化剂和反应基团直接形成中间络合物而使反应基团活化,从而加快反应速率。络合催化剂一般是过渡金属的络合物或过渡金属(有 d 电子空轨道)的有机络合物,反应物大多是具有孤对电子或 p 键的烯烃与炔烃。络合催化是均相催化的主流,自从 20 世纪 50 年代齐格勒-纳塔催化剂出现以来,以过渡金属络合物为基础的催化剂已在催化加氢、脱氢、水合、羰基化和异构化等得到广泛的应用。因此,络合催化被认为是一个极有前途的催化领域。

络合催化的机理一般可以表示为

式中,M 代表中心金属离子,Y 代表配体,X 代表反应物分子。

首先反应物分子与配位不饱和的络合物直接配合,然后反应物分子 X 转移插入相邻的 M-Y 键中,形成 M-X-Y 键,插入反应使得空位恢复,然后又可重新进行络合和插入反应。

例如 乙烯在 $PdCl_2$ 和 $CuCl_2$ 水溶液中氧化为乙醛,已实现工业化。这一反应可表示为

①$C_2H_4 + PdCl_2 + H_2O \longrightarrow CH_3CHO + Pd + 2HCl$

②$2CuCl_2 + Pd \longrightarrow 2CuCl + PdCl_2$

③$2CuCl + 2HCl + \frac{1}{2}O_2 \longrightarrow 2CuCl_2 + H_2O$

总反应式为

$$C_2H_4 + \frac{1}{2}O_2 \longrightarrow CH_3CHO$$

研究发现 HCl 在中等浓度时,该反应的动力学方程为

$$-\frac{d[C_2H_4]}{dt} = k\frac{[Pd(\text{II})][C_2H_4]}{[H^+][Cl^-]^2}$$

这一反应的机理可能是 $PdCl_2$ 和氯离子形成 $[PdCl_4]^{2-}$,它能强烈地吸引乙烯生成 $[C_2H_4PdCl_3]^-$ 离子,然后该离子和水作用,发生配位体的置换,最后经过分子内部重排生成乙醛。

①$[PdCl_4]^{2-} + C_2H_4 \rightleftharpoons [C_2H_4PdCl_3]^- + Cl^-$

②$[C_2H_4PdCl_3]^- + H_2O \rightleftharpoons [PdCl_2(H_2O)C_2H_4] + Cl^-$

③$[PdCl_2(H_2O)C_2H_4] + H_2O \rightleftharpoons [PdCl_2(OH)C_2H_4]^- + H_3O^+$

④

配位催化具有较高的活性、选择性以及反应条件温和等优点,这是因为催化剂以分子状态存在,有效浓度远远超过分散度较低的固体催化剂。其缺点就是催化剂与反应混合物不易分离导致回收困难。因此,如何实现均相催化位点的多相化,是值得进一步研究的方向。

(2)多相催化反应(Heterogeneous Catalysis)

多相催化也称复相催化,主要是用固体催化剂催化气相反应或催化液相反应,其中气-固

相催化反应在化学工业中尤为常见。这里主要讨论气-固相催化反应。如果催化反应在固体催化剂的表面进行,则反应物分子须首先吸附到催化剂的表面上,才能在催化剂表面发生催化反应。而要使反应继续进行,必须不断地将吸附在催化剂表面的产物解吸,释放扩散出去。所以一般多相催化反应的进行都要经历下列七个步骤:

①反应物分子由体相向催化剂外表面的扩散(外扩散);

②反应物分子由外表面扩散到催化剂内表面(内扩散);

③反应物分子吸附到催化剂表面;

④反应物分子在催化剂表面进行反应,生成产物;

⑤产物从催化剂表面解吸;

⑥产物从催化剂内表面向外表面扩散(内扩散);

⑦产物从外表面离开催化剂(外扩散)。

这七个步骤是连串步骤,其中①、②、⑥、⑦是物理扩散过程,③、⑤是吸附和脱附过程,④是固体表面反应过程。显然以上各步都影响催化反应的速率,若各步速率相差很大,则最慢的一步就决定了总反应速率。如果扩散过程的速率最慢,则为扩散控制的气-固相催化反应,即可通过增大气体流速和减小催化剂颗粒,提高扩散速度使催化反应加快。如果表面反应最慢,则为表面反应控制的气-固相催化反应,即可通过提高催化剂活性使催化反应加快。由于表面反应、扩散以及吸附,它们各自遵循不同的规律,因而不同的控制步骤所得到的速率方程是不同的。以下讨论表面反应为控制步骤的气-固相催化反应的速率方程。

若一种气体在催化剂表面发生反应 $A \to B$,其机理为

吸附-脱附平衡 $\quad A + S \underset{k_{-1}}{\overset{k_1}{\rightleftharpoons}} A \cdots S \qquad$ (快)

表面反应 $\quad A \cdots S \overset{k_2}{\longrightarrow} B \cdots S \qquad$ (慢)

吸附-脱附平衡 $\quad B \cdots S \underset{k_{-3}}{\overset{k_3}{\rightleftharpoons}} B + S \qquad$ (快)

式中 S 表示催化剂上的活性中心,$A \cdots S$ 和 $B \cdots S$ 表示吸附在活性中心上的 A,B 分子。因为过程为表面控制反应,所以过程的总速率等于最慢的表面反应速率。根据质量作用定律,对于单分子而言,反应速率应正比于该分子 A 对表面的覆盖度 θ_A

$$-\frac{\mathrm{d}p_A}{\mathrm{d}t} = k_2 \theta_A \qquad (7.5.1)$$

气体 A 在活性中心 S 上的吸附速率与气体 A 的压力 p_A 成正比,同时只有当气体碰撞到空白表面部分时才可能被吸附,因此又与 $(1-\theta_A)$ 成正比,所以吸附速率为 r_a 为

$$r_a = k_1 p_A (1 - \theta_A) \qquad (7.5.2)$$

而被吸附的分子脱离表面重新回到气相中解吸速率与 θ_A 成正比,即解吸速率 r_d 为

$$r_d = k_{-1} \theta_A \qquad (7.5.3)$$

由于反应物 A 在活性中心 S 上的吸附和脱附很快达到平衡,吸附速率等于解吸速率,所以

$$k_1 p_A (1 - \theta_A) = k_{-1} \theta_A \qquad (7.5.4)$$

即

$$\theta_A = \frac{k_1 p_A}{k_{-1} + k_1 p_A} \qquad (7.5.5)$$

如令 $k = \dfrac{k_1}{k_{-1}}$，则得

$$\theta_A = \frac{kp_A}{1 + kp_A} \tag{7.5.6}$$

把式(7.5.6)代入式(7.5.1)得

$$-\frac{\mathrm{d}p_A}{\mathrm{d}t} = k_2 \frac{kp_A}{1 + kp_A} \tag{7.5.7}$$

根据式(7.5.7)，讨论以下几种情况：

①若反应物 A 的吸附能力很弱，即 $kp_A \ll 1$，则式(7.5.7)可简化为

$$-\frac{\mathrm{d}p_A}{\mathrm{d}t} = k_2 \frac{kp_A}{1 + kp_A} = k'p_A \tag{7.5.8}$$

显然它为一级反应。

②若反应物 A 吸附能力很强，即 $kp_A \gg 1$，则式(7.5.7)可简化为

$$-\frac{\mathrm{d}p_A}{\mathrm{d}t} = k_2 \frac{kp_A}{1 + kp_A} = k' \tag{7.5.9}$$

显然反应速率与压力无关，为零级反应。

③若反应物 A 吸附能力介于强弱之间，则式(7.5.7)可近似改写为：

$$-\frac{\mathrm{d}p_A}{\mathrm{d}t} = k_2 \frac{kp_A}{1 + kp_A} = k'p_A^n \, (0 < n < 1) \tag{7.5.10}$$

为分数级反应。例如 SbH_3 在 Sb 表面上的解离反应为0.6级。

（3）酶催化反应（Enzyme Catalysis）

酶是由活细胞合成的具有催化功能的物质，又称为生物催化剂。生物体内一切生化反应都需要酶的催化才能进行，其性能远远超过人造催化剂。可以说，没有酶的催化作用就没有生命现象。酶催化有如下显著的特点：

①具有高效性。生物酶的催化效率非常高，相比一般的无机和有机催化剂可高出数亿倍，甚至上万亿倍。例如一个过氧化氢分解酶分子，能在一秒内分解十万个过氧化氢分子。而石油裂解使用的硅酸铝分子筛催化剂，大约 4 s 才能分解一个烃分子。

②具有高度的选择性。一种酶通常只对一种反应具有催化效果，而对其他反应则不具有活性。例如脲酶只对尿素分解转化为二氧化碳和氨的反应有活性。

③所需条件比较温和，一般常温常压下即可进行。例如合成氨工业需要高温(770 K)高压(30 MPa)，且需要特殊设备；而豆科植物根部的固氮生物酶，就能在常温常压下固定空气中的氮，而且催化固氮效率非常高。

④历程比较复杂，系统的 pH 值、温度对酶催化的速率影响较大。由于酶是一种蛋白质，过高的温度会使其变性而失去催化能力，因此酶催化反应一般需要在室温或稍高于室温的范围内进行，温度过高或者温度过低都会使反应速率减小。同时，由于蛋白质可形成两性离子，酶催化反应也对溶液的 pH 值很敏感，pH 过大或过小都会减低酶的催化性能。

酶催化的反应机理比较复杂，目前多采用米恰利-门顿（Michaelis-Menten）提出的机理，即认为酶 E 与反应物 S 结合形成中间络合物 ES，然后 ES 再进一步分解为生成物 P，并且释放出酶 E。

a. $E + S \underset{k_{-1}}{\overset{k}{\rightleftharpoons}} ES$ （快）

b. $ES \overset{k_2}{\longrightarrow} P + E$ （慢）

反应的动力学方程为：

$$r = k_2 c_{E,0} c_S / (K_M + c_S) \qquad (7.5.11)$$

式中，$c_{E,0}$ 为酶的总浓度，c_S 为反应物的浓度，K_M 为米氏常数，$K_M = (k_2 + k_{-1})/k_1$。

由式(7.5.11)可知，当反应物浓度较低时，即 $K_M \gg c_S$，$r = \dfrac{k_2}{K_M} c_{E,0} \cdot c_S$，反应对于反应物 S 来说，呈现一级反应规律；当反应物浓度 c_S 极大时，$K_M \ll c_S$，$r = k_2 \cdot c_{E,0}$，反应速率与酶的总浓度成正比，对于反应物来说，是零级反应。

当反应物浓度趋于 ∞ 时，反应速率趋于极大值，即 $r_m = k_2 \cdot c_{E,0}$，代入式(7.5.11)，得

$$r = k_2 c_{E,0} c_S / (K_M + c_S) = r_m \cdot \dfrac{c_S}{K_M + c_S}$$

即

$$\dfrac{r}{r_m} = \dfrac{c_S}{K_M + c_S} \qquad (7.5.12)$$

当 $r = \dfrac{1}{2} r_m$ 时，得 $K_M = c_S$，反应物 S 的浓度刚好等于米氏常数 K_M。

对式(7.5.12)进行重排，可得下式

$$\dfrac{1}{r} = \dfrac{K_M}{r_m} \cdot \dfrac{1}{c_S} + \dfrac{1}{r_m} \qquad (7.5.13)$$

对于式(7.5.13)，$\dfrac{1}{r}$ 和 $\dfrac{1}{c_S}$ 存在线性关系。若以 $\dfrac{1}{r}$ 对 $\dfrac{1}{c_S}$ 作图，可以从直线的斜率得到 $\dfrac{K_M}{r_m}$ 的数值，而从直线的截距得到 $\dfrac{1}{r_m}$，联立方程后，可以求出 K_M 和 r_m 的数值。

7.5 公式小结

性质	方程	成立条件或说明	正文中方程编号
表面催化反应 $A \longrightarrow B$	$\theta_A = \dfrac{kp_A}{1 + kp_A}$	吸附等温式，覆盖度与 压强的关系	7.5.6
酶催化	$\dfrac{r}{r_m} = \dfrac{c_S}{K_M + c_S}$		7.5.12
	$\dfrac{1}{r} = \dfrac{K_M}{r_m} \cdot \dfrac{1}{c_S} + \dfrac{1}{r_m}$		7.5.13

习 题

7.1 请根据质量作用定律写出下列基元反应的反应速率表示式(用式中各反应物和产

物分别进行表示）：

$(1) A + B \xrightarrow{k} 2P$

$(2) 2A + B \xrightarrow{k} 2P$

$(3) A + 2B \xrightarrow{k} P + 2S$

$(4) 2A + M \xrightarrow{k} P + M$

7.2 若均相反应 $aA + bB = yY + zZ$ 有简单级数，k_A，k_B 表示反应物 A 和 B 的消耗速率常数，k_Y，k_Z 表示产物 Y 和 Z 的生成速率常数。则这几个速率常数之间应有什么关系？

7.3 放射性同位素钚进行 β 放射，14 天后，同位素活性降低 6.85%。求此同位素的半衰期。

(135.9 天)

7.4 反应 $R \to P$ 的速率常数为 6.93 $\min^{-1}$。求 R 的浓度从 1.00 $mol \cdot dm^{-3}$ 减少至 0.5 $mol \cdot dm^{-3}$ 所需要的时间。

(0.1 min)

7.5 某总包反应的速率常数 k 与其各基元反应的速率常数 k_i 的关系为 $k = k_1 \left(\dfrac{2k_2}{k_4} \right)^{\frac{2}{3}}$，试求该反应的表观活化能 E_a^{app} 与各基元反应活化能 $E_{a,i}$ 的关系。

$$\left(E_a^{app} = E_{a,1} + \frac{2}{3} E_{a,2} - \frac{2}{3} E_{a,4} \right)$$

7.6 某反应的活化能 $E_a = 250$ kJ $\cdot mol^{-1}$。当反应温度由 300 K 升至 310 K 时，其速率常数 k 会升高多少倍？

(25.36)

7.7 某反应的温度从 290 K 提高到 300 K 时反应速率增大一倍。试求该反应的活化能。

(50 kJ $\cdot mol^{-1}$)

7.8 某一级化学反应 $R \to P$ 在 298 K 时的速率常数 $k = (2.303/3\ 600) s^{-1}$。已知 R 的初始浓度 $c_0 = 1$ $mol \cdot dm^{-3}$，求该反应的初速率 r_0、半衰期 $t_{1/2}$ 和反应进行到 1 h 时的反应速率 r_1。

(6.4×10^{-4} $mol \cdot dm^{-3} \cdot s^{-1}$, 1 083.3 s, 6.4×10^{-5} $mol \cdot dm^{-3} \cdot s^{-1}$)

7.9 已知气相反应 $A \longrightarrow B + C$，其半衰期与 A 的初始压力 $p_{A,0}$ 无关。500 K 时将 0.012 2 mol 的 A 引入 0.76 dm^3 的真空容器中，经 1 000 s 后，测得该系统总压为 $p_{总} = 119\ 990$ Pa。试计算该反应的速率常数 k 和半衰期 $t_{1/2}$。

($k = 1.6 \times 10^{-3}$ s^{-1}, $t_{1/2} = 433$ s)

7.10 在某密闭真空容器中充入物质 A，在某温度中发生如下分解反应：$A(g) \longrightarrow B(g) + C(g)$，设反应能进行到底。设某次实验中 $p_{A,0} = 48\ 396$ Pa，反应进行到 242 s，1 140 s 时 $p_{总}$ 分别为 66 261 Pa 和 85 993 Pa。试证明该反应为二级，并求出速率常数 k 和半衰期 $t_{1/2}$。

($k = 5 \times 10^{-8}$ $Pa^{-1} \cdot s^{-1}$, $t_{1/2} = 413$ s)

7.11 气相反应 $SO_2Cl_2 \longrightarrow SO_2 + Cl_2$ 是一级反应，在 593 K 时其速率常数为 2.2×10^{-5} s^{-1}。如果在此温度下加热 90 min，SO_2Cl_2 的分解率将是多少？

(11.3%)

7.12 已知 $CO(CH_2COOH)_2$ 在水溶液中的分解反应速率常数在 60 ℃ 和 10 ℃ 时分别为 $5.484 \times 10^{-2} s^{-1}$ 和 $1.080 \times 10^{-4} s^{-1}$,求反应活化能 E_a 及 30 ℃ 时反应进行 1 000 s 的转化率。

$(E_a = 97\ 730\ J \cdot mol^{-1}; \alpha = 0.812)$

7.13 已知某药物分解 30% 即告失效。此药物溶液的初始浓度为 $5.0\ mg \cdot cm^{-3}$,20 个月后浓度变为 $4.2\ mg \cdot cm^{-3}$。若此分解反应为一级反应,应在标签上注明使用的有效期为多少?此药物的半衰期是多少?

$($有效期 40.8 月$; t_{1/2} = 79.3$ 月$)$

7.14 已知 HAc 的分解反应为一级反应,r/s^{-1} 与 T/K 的关系为:

$$\ln k = 27.726 - 1.735 \times 10^4 / T$$

若使反应在 600 s 内转化率为 90 %,温度应控制为多少?

$(T = 521.20\ K)$

7.15 $A \underset{k_{-1}}{\overset{k_1}{\rightleftarrows}} B$ 为正逆方向都为一级的可逆反应,已知其速率常数 k 和平衡常数 K 与温度 T 的关系式分别为

$$\lg(k_1/s^{-1}) = -\frac{2\ 000}{T/K} + 4.0$$

$$\lg K = \frac{2\ 000}{T/K} - 4.0 \qquad 其中\ K = k_1/k_{-1}$$

反应开始时,A 的初始浓度 $c_{A,0} = 0.5\ mol \cdot dm^{-3}$,$B$ 的初始浓度 $c_{A,0} = 0.05\ mol \cdot dm^{-3}$,试计算:

(1)逆反应的活化能;

(2)400 K 时,反应 10 s 后,A 和 B 的浓度;

(3)400 K 时,反应达到平衡时,A 和 B 的浓度。

$[(1)76.59\ kJ \cdot mol^{-1}; (2)c_A = 0.2\ mol \cdot dm^{-3}, c_B = 0.35\ mol \cdot dm^{-3};$
$(3)c_A = 0.05\ mol \cdot dm^{-3}, c_B = 0.5\ mol \cdot dm^{-3}]$

7.16 反应物 A 同时生成主产物 B 及副产物 C,反应均为一级

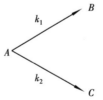

已知 $k_1 = 1.2 \times 10^3 e^{(-90\ kJ \cdot mol^{-1}/RT)}$,$k_2 = 8.9 e^{(-80\ kJ \cdot mol^{-1}/RT)}$。

试回答:

(1)使 B 含量大于 90 % 及大于 95 % 时,各需要的温度 T_1 和 T_2;

(2)可否得到含 B 为 99.5 % 之产品。

$[(1)T_1 = 444\ K, T_2 = 614\ K; (2)可以]$

*7.17 气相反应 $H_2(g) + Br_2(g) \longrightarrow 2HBr$,其反应历程为

(1)$Br_2 + M \xrightarrow{k_1} 2Br \cdot + M$

(2)$Br \cdot + H_2 \xrightarrow{k_2} HBr + H \cdot$

$(3)\,\mathrm{H} \cdot \; + \mathrm{Br}_2 \xrightarrow{\;k_3\;} \mathrm{HBr} + \mathrm{Br} \cdot$

$(4)\,\mathrm{H} \cdot \; + \mathrm{HBr} \xrightarrow{\;k_4\;} \mathrm{H}_2 + \mathrm{Br} \cdot$

$(5)\,\mathrm{Br} \cdot \; + \mathrm{Br} \cdot \; + \mathrm{M} \xrightarrow{\;k_5\;} \mathrm{Br}_2 + \mathrm{M}$

若 $\dfrac{\mathrm{d}c_{\mathrm{HBr}}}{\mathrm{d}t} = \dfrac{k c_{\mathrm{H}_2} c_{\mathrm{Br}_2}^{1/2}}{1 + k' \dfrac{c_{\mathrm{HBr}}}{c_{\mathrm{Br}_2}}}$，试用稳态近似法推导 HBr 生成的速率方程。

*7.18　反应 $\mathrm{OCl}^- + \mathrm{I}^- \Longrightarrow \mathrm{OI}^- + \mathrm{OH}^-$ 的可能机理如下

$(1)\,\mathrm{OCl}^- + \mathrm{H}_2\mathrm{O} \underset{k_{-1}}{\overset{k_1}{\rightleftharpoons}} \mathrm{HOCl} + \mathrm{OH}^- \qquad\qquad$ 快平衡，$E_{a,1}, E_{a,-1}$

$(2)\,\mathrm{HOCl} + \mathrm{I}^- \xrightarrow{\;k_2\;} \mathrm{HOI} + \mathrm{Cl}^- \qquad\qquad\quad$ 速控步，$E_{a,2}$

$(3)\,\mathrm{OH}^- + \mathrm{HOI} \xrightarrow{\;k_3\;} \mathrm{H}_2\mathrm{O} + \mathrm{OI}^- \qquad\qquad$ 快反应，$E_{a,3}$

试推导出反应的速率方程，并求表观活化能与各基元反应活化能之间的关系。

$$\left[\; k = \frac{k_1 k_2 c_{\mathrm{H}_2\mathrm{O}}}{k_{-1} c_{\mathrm{OH}^-}}, \; E_a = E_{a,1} + E_{a,2} - E_{a,-1} \;\right]$$

7.19　催化反应和非催化反应相比，催化反应有什么特点？某一反应在一定条件下的平衡转化率为 25.3%，当有某催化反应存在时，反应速率增加了 20 倍。若保持其他条件不变，问转化率为多少？催化剂能加速反应速率的本质是什么？

*7.20　某酶催化反应的机理可表示为

$$E + S \underset{k_{-1}}{\overset{k_1}{\rightleftharpoons}} ES \xrightarrow{\;k_2\;} E + P$$

式中，E 为酶催化剂，S 为反应物，已知反应物 S 的起始浓度和酶 E 的起始浓度分别为 $c_{S,0}$ 和 $c_{E,0}$，且 $c_{S,0} \gg c_{E,0}$。

(1)试导出用 c_S 和 c_E 表示的反应起始速率表达式：

$$r = \frac{\mathrm{d}c_P}{\mathrm{d}t}$$

(2)令 $r_m = k_2 c_{E,0}$，米氏常数 $K_M = \dfrac{k_2 + k_{-1}}{k_1}$，根据下列实验数据求 r_m 和 K_M 的值。

$c_{S,0} \times 10^3 / (\mathrm{mol \cdot dm^{-3}})$	10	2	1	0.5	0.33
$r \times 10^6 / (\mathrm{mol \cdot dm^{-3} \cdot s^{-1}})$	1.17	0.99	0.79	0.62	0.5

$$\left[\; (1)\, r = \frac{k_1 k_2 c_{E,0} c_{S,0}}{k_{-1} + k_2 + k_1 c_{S,0}};\; (2)\, r_m = 1.22 \times 10^{-6}\ \mathrm{mol \cdot dm^{-3}}, K_M = 4.88 \times 10^{-5}\ \mathrm{mol \cdot dm^{-3}} \;\right]$$

第 *8* 章

表面现象及胶体化学

多相系统的各相之间存在着接触面。密切接触的两相之间的过渡区(约几个分子的厚度)称为界面(Interface)。界面共有五种类型:气-液、液-液、液-固、气-固、固-固界面。通常将气-液、气-固界面称为表面(Surface)。但实际上界面和表面不是严格区分的,习惯上也把其他界面统称为表面。

与存在界面有关的各种物理现象和化学现象统称为表面现象(Surface Phenomena)。表面现象是自然界中普遍存在的基本现象,在生活、生产和科研中会经常遇到。例如,汞在清洁的玻璃表面上会自动缩成微小球形液滴,水在玻璃毛细管中会自动上升,固体表面会自动地吸附其他物质,天然棉不易被水润湿而脱脂棉则易被润湿,微小液滴更易于蒸发等。

表面现象产生的原因是由于表面层分子与相内的分子存在着力场上的差异,因而使表面分子具有特殊性。通常在一般的化学反应中较少注意到表面现象,但在研究化学反应中的多相催化作用,超细粉体材料,胶体系统和乳状液等方面时,系统的分散度很大,就必须考虑表面层分子的特殊性和由此产生的表面现象。

近年来,由于现代科学技术的迅速发展,对于物质表面现象的研究日益深入,已经逐渐发展成为一门独立的学科——表面科学。这门学科涉及许多应用领域,在石油科学、环境科学、材料科学、分析化学、催化化学、生物化学等学科中都直接利用了表面的特性。可以说,从体相研究向表面相研究发展是 21 世纪物理化学的发展趋势之一。

8.1 表面张力

8.1.1 分散度和比表面

把物质分散成细小微粒的粒度,称为分散度(Dispersity)。通常用比表面(Specific Surface)来表示物质的分散度。其定义为:单位体积的物质所具有的表面积,即

$$A_V = \frac{A}{V} \qquad (8.1.1a)$$

式中,A 代表物质所具有的总表面积,V 代表体积,A_V 的量纲为 m^{-1}。

对于多孔性的固体如活性炭、硅胶、分子筛等吸附剂,它们不仅有外表面,还有内表面,这时外表面对于内表面而言通常是微不足道的。在这种情况下,比表面常以单位质量物质所具有的表面积来表示,即

$$A_m = \frac{A}{m} \tag{8.1.1b}$$

式中,A 代表物质的总表面积,m 代表质量,A_m 的量纲为 $m^2 \cdot kg^{-1}$。

高度分散的物质系统具有巨大的表面积。例如将边长为 10^{-2} m 的立方体物质颗粒分割成边长为 10^{-9} m 的小立方体微粒时,其总表面积和体积表面将增加一千万倍(表 8.1.1)。高度分散具有巨大表面积的物质系统,往往产生明显的表面效应,因此必须充分考虑表面效应对系统性质的影响。

表 8.1.1 1 cm^3 立方体分散为小立方体时系统的总表面积及体积表面的变化

立方体边长 l/m	粒子数	总表面积 A_s/m^2	体积表面 A_V/m^{-1}
10^{-2}	1	6×10^{-4}	6×10^2
10^{-3}	10^3	6×10^{-3}	6×10^3
10^{-4}	10^6	6×10^{-2}	6×10^4
10^{-5}	10^9	6×10^{-1}	6×10^5
10^{-6}	10^{12}	6×10^0	6×10^6
10^{-7}	10^{15}	6×10^1	6×10^7
10^{-8}	10^{18}	6×10^2	6×10^8
10^{-9}	10^{21}	6×10^3	6×10^9

8.1.2 表面张力

由于界面层两侧不同相中分子间作用力不同,界面层中的分子处于一种不对称的力场之中,受力不均匀。以某纯液体与其饱和蒸汽的两相界面为例,如图 8.1.1 所示。液体的内部分子受周围分子的吸引力是对称的,各个方向的引力彼此抵消,总的受力效果是合力为零。但处于表面层的分子受周围分子的引力是不均匀的,不对称的,气相分子由于密度很小,对液体表面分子的引力远远小于液体表面层分子受液相内部分子的引力,故液体表面层分子所受合力不为零,而是受到一个指向液体内部的拉力 F 的作用,力图把表面分子拉入液体内部,因而表现出液体表面有自动收缩的趋势。界面上不对称力场的存在,使得界面层分子有自

图 8.1.1 界面层分子与体相分子受力情况示意图

发与外来分子发生化学或物理结合的趋势,借以补偿力场的不对称性。

由于液体表面层中的分子受到一个指向体相的拉力,若将体相中的分子移到液体表面以扩大液体的表面积,则必须由环境对系统做功,这种为扩大液体表面所做的功称为表面功(Surface Work)。表面功是一种非体积功(W')。在可逆的条件下,环境对系统做的表面功($\delta W'$)与系统增加的表面积 dA 成正比,即

$$\delta W_r' = \gamma \mathrm{d}A \tag{8.1.2}$$

式中比例系数 γ 为增加液体单位表面积时环境对系统所做的功。因 γ 的单位是 $\mathrm{J \cdot m^{-2}} = \mathrm{N \cdot m \cdot m^{-2}} = \mathrm{N \cdot m^{-1}}$，即作用在表面单位长度上的力，故又称 γ 为表面张力（Surface Tension）。

如图 8.1.2 所示，在一金属框上有可以滑动的金属丝，将此丝固定后蘸上一层肥皂膜，这时若放松金属丝，该丝就会在液膜的表面张力作用下自动右移，即导致液膜面积缩小。若施加作用力 F 对抗表面张力 γ 使金属丝左移 $\mathrm{d}l$，则液面增加 $\mathrm{d}A = 2L\mathrm{d}l$（注意有正、反两个表面），对系统做功 $\delta W_r' = F\mathrm{d}l = \gamma \mathrm{d}A = \gamma 2L\mathrm{d}l$。所以有

$$\gamma = \frac{F}{2L} \tag{8.1.3}$$

由此可见，表面张力是垂直作用于表面上单位长度的收缩力，其作用的结果使液体表面积缩小，其方向是与液面平行（图 8.1.2 的平液面）或相切（8.1.3 的弯曲液面），并指向液体。

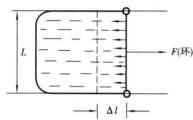

图 8.1.2　表面张力实验示意图　　　　图 8.1.3　球形液面的表面张力

由热力学基本方程 $\mathrm{d}G = -S\mathrm{d}T + V\mathrm{d}p + \gamma \mathrm{d}A + \sum \mu_B \mathrm{d}n_B$ 可知，若体系在恒温恒压、无化学变化的条件下可逆地扩展表面 $\mathrm{d}A$，则

$$\mathrm{d}G_{T \cdot p \cdot n_B} = \gamma \mathrm{d}A \tag{8.1.4a}$$

$\mathrm{d}G_{T \cdot p \cdot n_B} < 0$ 的过程是自发过程。所以恒温、恒压下凡使 A 变小（表面收缩）或使 γ 下降（吸附外来分子）的过程都会自发进行，这是产生表面现象的热力学原因。

由式（8.1.4a）可得

$$\gamma = \left(\frac{\partial G}{\partial A} \right)_{T \cdot p \cdot n_B} \tag{8.1.4b}$$

式（8.1.4b）表明，γ 等于在恒温、恒压、恒组成下，增大单位表面积时系统吉布斯函数增加。因此，γ 又称为单位表面吉布斯函数，简称比表面吉布斯函数。

8.1.3　影响表面张力的因素

表面张力决定于界面的性质，因此，影响物质性质的因素对表面张力均有影响。

（1）分子间力的影响

表面张力与物质的本性和与所接触相的性质有关（表 8.1.2）。液体或固体中的分子间的相互作用力或化学键力越大，表面张力越大。一般来说，有

γ（金属键）$>\gamma$（离子键）$>\gamma$（极性共价键）$>\gamma$（非极性共价键）

同一种物质与不同性质的其他物质接触时,表面层中分子所处力场也不同,导致表面(界面)张力出现明显差异。一般液-液界面张力介于两种纯液体表面张力之间。

固态物质也存在表面张力。构成固体的物质粒子间的作用力远大于液体,所以固态物质一般要比液态物质具有更大的表面张力。

表8.1.2 某些液体、固体的表面张力和液-液界面张力

物质	$\gamma \times 10^3/(N \cdot m^{-1})$	T/K	物质	$\gamma \times 10^3/(N \cdot m^{-1})$	T/K
水(液)	72.75	293	W(固)	2 900	2 000
乙醇(液)	22.75	293	Fe(固)	2 150	1 673
苯(液)	28.88	293	Fe(液)	1 880	1 808
丙酮(液)	23.7	293	Hg(液)	485	293
正辛醇(液/水)	8.5	293	Hg(液/水)	415	293
正辛酮(液)	27.5	293	KCl(固)	110	298
正己烷(液/水)	51.1	293	MgO(固)	1 200	298
正己烷(液)	18.4	293	CaF_2(固)	450	78
正辛烷(液/水)	50.8	293	He(液)	0.308	2.5
正辛烷(液)	21.8	293	Xe(液)	18.6	163

(2)温度的影响

同一物质的表面张力因温度不同而异,当温度升高时物质的体积膨胀,分子间的距离增加,分子之间的相互作用减弱,所以当温度升高时,大多数物质的表面张力都是逐渐减小的(表8.1.3),在相当大的温度范围内,两者近似呈线性关系。例如 CCl_4,在 0~270 ℃ 内,表面张力与温度的关系几乎是一条直线。当温度趋近于临界温度时,气-液界面趋于消失,任何物质的表面张力 γ 皆趋近于零。但也有少数物质,例如 Cd、Cu 及其合金、钢液及某些硅酸盐等液态物质的表面张力却随着温度的升高而增加,这些反常现象目前还没有一致的解释。

表8.1.3 不同温度下液体表面张力 $\gamma \times 10^3/(N \cdot m^{-1})$

液体	0 ℃	20 ℃	40 ℃	60 ℃	80 ℃	100 ℃
水	75.64	72.75	69.56	66.18	62.61	58.85
乙醇	24.05	22.27	20.60	19.01	—	—
甲醇	24.5	22.6	20.9	—	—	15.7
四氯化碳	—	26.8	24.3	21.9	—	—
丙酮	26.2	23.7	21.2	18.6	16.2	—
甲苯	30.74	28.43	26.13	23.81	21.53	13.39
苯	31.6	28.9	26.3	23.7	21.3	—

（3）压力的影响

表面张力一般随压力增加而下降。这是由于随压力增加,气相密度增大,同时气体分子更多地被液面吸附,并且气体在液体中溶解度也增大,以上三种效果均使 γ 下降。

8.1 公式小结

性质	方程	成立条件或说明	正文中方程编号
表面功	$\delta W_r' = \gamma dA$	恒温、恒压和可逆条件下,环境对系统做的表面功与系统增加的表面积成正比	8.1.2
表面吉布斯函数的定义	$\gamma = \left(\dfrac{\partial G}{\partial A}\right)_{T,p,n_B}$	恒温、恒压、恒组成下,增加单位表面积时系统吉布斯函数的增加	8.1.4b

8.2 润湿现象

固体表面上的气体（或液体）被液体（或另一种液体）取代的现象被称为润湿现象（Wetting Phenomenon）。其热力学定义为:固体与液体接触后系统的吉布斯函数减小（$\Delta G < 0$）的现象。

润湿现象是表面现象的重要内容之一。

8.2.1 润湿的分类

按润湿的程度一般可将润湿分为三种类型:黏附润湿（Adhesion Wetting）、浸渍润湿（Dipping Wetting）、铺展润湿（Spreading Wetting）。其区别在于被取代的界面不同,因而界面吉布斯函数 γ 的变化也不同,如图 8.2.1 所示。

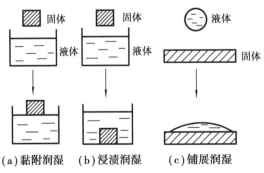

（a）黏附润湿　（b）浸渍润湿　（c）铺展润湿

图 8.2.1　润湿的三种形式

设被取代的界面为单位面积,单位界面吉布斯函数分别为 $\gamma_{(s/g)}$、$\gamma_{(l/g)}$ 及 $\gamma_{(s/l)}$,则系统在恒温恒压下三种润湿过程吉布斯函数的变化分别为

$$\Delta G_{a,w} = \gamma_{(s/l)} - [\gamma_{(s/g)} + \gamma_{(l/g)}] \tag{8.2.1}$$

$$\Delta G_{d,w} = \gamma_{(s/l)} - \gamma_{(s/g)} \tag{8.2.2}$$

$$\Delta G_{s,w} = [\gamma_{(s/l)} + \gamma_{(l/g)}] - \gamma_{(s/g)} \tag{8.2.3}$$

下标"a,w""d,w""s,w"分别表示黏附润湿、浸渍润湿和铺展润湿。利用式(8.2.1)~式(8.2.3)可以判断恒温、恒压下三种润湿能否自发进行。例如,若 $\gamma_{(s/g)} > [\gamma_{(s/l)} + \gamma_{(l/g)}]$,则 $\Delta G_{s,w} < 0$,液体可自行铺展在固体表面上。由式(8.2.1)~式(8.2.3)还可以看出,对于指定系统有:

$$-\Delta G_{s,w} < -\Delta G_{d,w} < -\Delta G_{a,w}$$

因此对于指定系统,在恒温恒压下,若能发生铺展润湿,必能进行浸渍润湿,更易进行黏附润湿。

定义 s 为铺展系数(Spreading Coefficient):

$$s \xlongequal{\text{def}} \gamma_{(s/g)} - [\gamma_{(s/l)} + \gamma_{(l/g)}] \tag{8.2.4}$$

显然,若 $s > 0$,则液体可自行铺展于固体表面。两种液体接触后能否铺展,同样可用 s 来判断。

8.2.2　接触角

液体在固体表面上的润湿程度还可用接触角来描述,如图8.2.2所示。

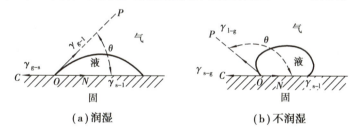

（a）润湿　　　　　　　（b）不润湿

图8.2.2　接触角与各界面张力的关系

由接触点 O 沿液-气界面作的切线 OP 与固-液界面 ON 间的夹角 θ 称为接触角(Contact Angle)。当液体对固体润湿达平衡时,则在 O 点处必有

$$\gamma_{(s/g)} = \gamma_{(s/l)} + \gamma_{(l/g)} \cos\theta \tag{8.2.5a}$$

或

$$\cos\theta = \frac{\gamma_{(s/g)} - \gamma_{(s/l)}}{\gamma_{(l/g)}} \tag{8.2.5b}$$

此式称为杨氏方程。由方程可知,在一定的 T,p 下:

①当 $\theta = 90°$ 时,$\cos\theta = 0$,$\gamma_{(s/g)} = \gamma_{(s/l)}$,液体覆盖(润湿)固体表面时的 $\Delta G = 0$,系统处于润湿与不润湿的分界线。

②当 $\theta > 90°$ 时,$\cos\theta < 0$,$\gamma_{(s/g)} < \gamma_{(s/l)}$,假如此时仍维持 $\theta = 90°$(这是不可能的),则液体覆盖单位面积的固体表面时的吉布斯函数变化

$$\Delta G = \gamma_{(s/l)} - \gamma_{(s/g)} > 0 \tag{8.2.6}$$

此过程不可能进行,而液体趋于缩小固-液界面,所以 $\theta > 90°$ 时则称为不润湿。

③当 $\theta < 90°$ 时,$\cos\theta > 0$,$\gamma_{(s/g)} > \gamma_{(s/l)}$,假定此时仍维持 $\theta = 90°$,液体覆盖单位面积的固体

表面时

$$\Delta G = \gamma_{(s/l)} - \gamma_{(s/g)} < 0 \qquad (8.2.7)$$

此过程有自动进行的推动力,液体趋于自动扩大固-液界面,所以实际的 $\theta < 90°$,则称为润湿。

将杨氏方程分别代入式(8.2.1)、式(8.2.2)、式(8.2.3)可得

$$-\Delta G_{a \cdot w} = \gamma_{(s/g)} - \gamma_{(s/l)} + \gamma_{(g/l)} = \gamma_{(g/l)}(\cos\theta + 1)$$

$$-\Delta G_{d \cdot w} = \gamma_{(s/g)} - \gamma_{(s/l)} = \gamma_{(g/l)}\cos\theta$$

$$-\Delta G_{s \cdot w} = \gamma_{(s/g)} - \gamma_{(s/l)} - \gamma_{(g/l)} = \gamma_{(g/l)}(\cos\theta - 1)$$

由上述三式可知:当 $90° < \theta < 180°$ 时

$$-\Delta G_{a \cdot w} = \gamma_{(g/l)}(\cos\theta + 1) > 0$$

这时将一滴液体滴在光滑的固体水平面上,如图8.2.2(b)所示,液滴呈扁球状,液固接触面的大小不再改变,即只能发生沾湿。

当 $0° < \theta < 90°$ 时

$$-\Delta G_{d \cdot w} = \gamma_{(g/l)}\cos\theta > 0$$

这时若将一滴液体滴在光滑的固体水平面上,液滴将迅速扩展而成凸透镜形,如图8.2.2(a)所示,相同数量液体在固-液接触面要比沾湿的大得多,即发生润湿。

由上述三式还可以看出,若已知 $\gamma_{(s/g)}$、$\gamma_{(s/l)}$ 及 $\gamma_{(g/l)}$,则可判断润湿的类型。由于 $\gamma_{(s/g)}$ 及 $\gamma_{(s/l)}$ 难以测定,所以,在杨氏方程适用的条件下,只需测出 θ 及 $\gamma_{(g/l)}$,即可鉴别润湿的类型。故接触角 θ 是衡量系统表面润湿性能的一个很有用的物理量。

润湿作用有广泛的实际应用。如在喷洒农药、机械润滑、矿物浮选、注水采油、金属焊接、防水工程、油漆、印染及洗涤等方面的技术皆与润湿理论有密切的关系。

例 8.2.1 氧化铝瓷件上需要披银,当烧到 1 000 ℃ 时,液态银能否润湿氧化铝瓷件表面?已知 1 000 ℃ 时 $\gamma_{s-g}(Al_2O_3) = 1 \times 10^{-3}\ N \cdot m^{-1}$;$\gamma_{l-g}(Ag) = 0.92 \times 10^{-3}\ N \cdot m^{-1}$;$\gamma_{l-s}(Ag - Al_2O_3) = 1.77 \times 10^{-3}\ N \cdot m^{-1}$。

解 方法(1) 根据式(8.2.5b)

$$\cos\theta = \frac{\gamma_{(s/g)} - \gamma_{(s/l)}}{\gamma_{(l/g)}} = \frac{(1 \times 10^{-3} - 1.77 \times 10^{-3})N \cdot m^{-1}}{0.92 \times 10^{-3}\ N \cdot m^{-1}} = -0.837$$

$$\theta = 147° > 90°$$

所以,不润湿。

方法(2) 根据式(8.2.4)

$$s = \gamma_{(s/g)} - \gamma_{(s/l)} - \gamma_{(l/g)}$$
$$= (1 - 1.77 - 0.92) \times 10^{-3}\ N \cdot m^{-1}$$
$$= -1.69 \times 10^{-3}\ N \cdot m^{-1} < 0$$

所以,不润湿。

各种接触面的表面张力 γ 值可以通过手册查找。

8.2 公式小结

性质	方程	成立条件或说明	正文中方程编号
黏附润湿吉布斯函数的变化	$\Delta G_{a,w} = \gamma_{(s/l)} - \left[\gamma_{(s/g)} + \gamma_{(l/g)}\right]$	恒温、恒压下，恒组成	8.2.1
浸渍润湿吉布斯函数的变化	$\Delta G_{d,w} = \gamma_{(s/l)} - \gamma_{(s/g)}$	恒温、恒压下，恒组成	8.2.2
铺展润湿吉布斯函数的变化	$\Delta G_{s,w} = \left[\gamma_{(s/l)} + \gamma_{(l/g)}\right] - \gamma_{(s/g)}$	恒温、恒压下，恒组成	8.2.3
铺展系数	$s = \gamma_{(s/g)} - \left[\gamma_{(s/l)} + \gamma_{(l/g)}\right]$		8.2.4
接触角计算（杨氏方程）	$\cos\theta = \dfrac{\gamma_{(s/g)} - \gamma_{(s/l)}}{\gamma_{(l/g)}}$		8.2.5b

8.3 毛细现象

8.3.1 弯曲液面的附加压力

在一定的外压下，水平液面下的液体所承受的压力就等于外压 $p(外)$，而弯曲液面下的液体，不仅要承受外压 $p(外)$，而且还要受到弯曲液面的附加压力 Δp 的影响。

弯曲液面为什么会产生附加压力？弯曲液面下的液体与水平液面的情况不同，结合图8.3.1进行分析，图(a)、(b)和(c)分别为平液面和球形弯曲液面，p_g 为大气压力，p_l 为弯曲液面内的液体所承受的压力。在凸液面(b)上任取一个小截面 ABC，沿截面周界线以外的表面对周界线有表面张力的作用。表面张力的作用点在周界线上，其方向垂直于周界线，而且与液滴的表面相切。周界线上表面张力的合力在截面垂直的方向上的分量并不为零，对截面下的液体产生压力的作用，使弯曲液面下的液体所承受的压力 p_l 大于液面外大气的压力 p_g。弯曲液面内外的压力差，称为附加压力(Excess Pressure)，即

$$\Delta p = p_l - p_g \tag{8.3.1}$$

为了导出弯曲液面的附加压力 Δp 与弯曲液面曲率半径 r 之间的关系，假设有一半径为 r 的圆球形液滴，通过球的中心画一截面，如图8.3.2所示，沿着截面周界线两边的液面对周界线皆有表面张力的作用。图中只画出了周界线下边的液面对周界线的作用，若不考虑液体静压力的影响，则沿截面周界线上表面张力的合力 F，就等于垂直作用于截面上的力，所以

$$F = 2\pi r\gamma$$

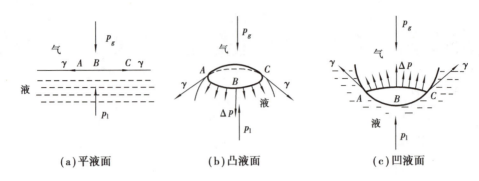

（a）平液面　　　　**（b）凸液面**　　　　**（c）凹液面**

图 8.3.1　弯曲液面的附加压力

垂直作用于单位截面积上的力,即为附加压力:

$$\Delta p = p_1 - p_g = F/(\pi r^2) = 2\pi r\gamma/(\pi r^2)$$

故得拉普拉斯方程:

$$\Delta p = 2\gamma/r \qquad (8.3.2a)$$

可想而知,若将一滴液滴切成两半,由于表面张力的作用,必然会立即变成两个小液滴,绝不会像切开西瓜那样形成两个半球形。图中箭头的方向仅表示作用于截面界线上的 γ 及其合力 F 的方向,而附加压力 Δp 却永远指向弯曲液面曲率半径的中心。

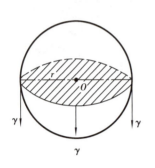

图 8.3.2　圆球形液滴的附加压力

由式(8.3.2)可知:

对于凸液面:$r>0,\Delta p = (p_1-p_g)>0,\Delta p$ 为正值,指向液体中心;

对于凹液面:$r<0,\Delta p = (p_1-p_g)<0,\Delta p$ 为负值,指向气泡中心;

对于水平液面:$r\to\infty,\Delta p = 0$。

式(8.3.2a)只适用于曲率半径 r 为定值的小液滴或液体中小气泡的附加压力的计算。对于泡沫的附加压力,因其有内外两个气-液界面,故拉普拉斯方程应为

$$\Delta p = 4\gamma/r \qquad (8.3.2b)$$

Δp 的大小与弯曲液面的曲率半径 r 成反比,其方向指向曲率半径的中心。弯曲液面的曲率半径越小,其表面效应越明显,而毛细管现象则是弯曲液面具有附加压力的必然结果。

8.3.2　毛细现象

把一支半径一定的毛细管垂直地插入某液体中,会发生液面沿毛细管上升(或下降)的现象,称为毛细管现象(Capillary Phenomenon)。若液体能润湿管壁,即 $\theta<90°$,管内液面将呈凹形,此时液体在毛细管中上升,如图 8.3.3(a)所示;反之,若液体不能润湿管壁,即 $\theta>90°$,管内液面将呈凸形,此时液体在毛细管中下降,如图 8.3.3(b)所示。

产生毛细管现象的原因是毛细管内的弯曲液面存在附加压力 Δp。以毛细管上升为例,由于管内凹液面所产生的附加压力 Δp 指向大气,使得管内凹液面下的液体承受的压力小于管外水平液面下的液体所承受的压力,故液体被压入管内,直到上升的液柱产生的静压力 ρgh 等于 Δp 时,达到力的平衡状态,即

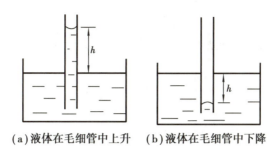

(a) 液体在毛细管中上升　(b) 液体在毛细管中下降

图 8.3.3　毛细管现象示意图

$$\rho g h = |\Delta p| = \frac{2\gamma}{|r|} \qquad (8.3.3)$$

由图 8.3.4 可以看出,接触角 θ 与毛细管半径 R 及弯曲液面的曲率半径 r 间的关系为

$$\cos \theta = \frac{R}{|r|}$$

将此式代入式(8.3.3),可得到液体在毛细管内上升(或下降)的高度计算公式

$$h = \frac{2\gamma \cos \theta}{\rho g R} \qquad (8.3.4)$$

式中,γ 为液体表面张力,ρ 为液体密度,g 为重力加速度。

图 8.3.4　毛细管半径 R 与液面曲率半径 r 的关系

综上所述,表面张力的存在是弯曲液面产生附加压力的根本原因,而毛细管现象则是弯曲液面具有附加压力的必然结果。

8.3 公式小结

性质	方程	成立条件或说明	正文中方程编号
拉普拉斯方程	$\Delta p = 2\gamma/r$	弯曲表面附加压力	8.3.2a
液体在毛细管内上升(或下降)的高度	$h = \dfrac{2\gamma \cos \theta}{\rho g R}$		8.3.4

8.4　亚稳状态和新相的生成

8.4.1　弯曲液面的饱和蒸气压

在一定的温度和外压下,平液面的纯液体有一定的饱和蒸气压。此时蒸气压只与物质的本性、温度及外压有关。而弯曲液面的纯液体的蒸气压不仅与物质的本性、温度及外压有关,还与液面的弯曲程度(曲率半径 r 的大小)有关。其定量关系推导如下:

恒温下,将 1 mol 液体(平液面)分散为半径为 r 的小液滴,如下图所示,可按两条途径

进行

$$1\ mol\ 饱和蒸气(p) \xrightarrow[\Delta G_2]{②} 1\ mol\ 饱和蒸气(p_r)$$

①$\Big\uparrow \Delta G_1$ $\qquad\qquad\qquad$ $\Delta G_3 \Big\downarrow$③

$$1\ mol\ 液体(p, 平液面) \xrightarrow[b]{\Delta G_b} 1\ mol\ 小液滴(p+\Delta p, r)$$

途径 a 分为三步：蒸发—变压—凝结。

①为 1 mol 平面液体，在恒温恒压下可逆蒸发为饱和蒸气，p 为平面液体的饱和蒸气压，$\Delta G_1 = 0$。

②为恒温变压过程；设蒸气为理想气体，压力由 p 变至 p_r，即半径为 r 的小液滴的饱和蒸气压，此过程的吉布斯函变

$$\Delta G_2 = \int_p^{p_r} V_m dp = RT \ln(p_r/p)$$

③为恒温恒压可逆相变过程；压力为 p_r 的饱和蒸气变为半径为 r 的小液滴，此过程的 ΔG_3 为：

$$\Delta G_3 = W_f' = \gamma(A_s - A_0)$$

其中 A_s 和 A_0 分别为小液滴和平面液体的表面积；若 $A_s \gg A_0$，则

$$\Delta G_3 \approx \gamma A_s$$

途径 b 为直接一步：物质直接转移

1 mol 压力为 p 的平液面液体，直接被分散成半径为 r 的小液滴，由于附加压力的作用，此分散过程实为恒温变压过程，小液滴内的液体所承受的压力应为 $(p+\Delta p)$，附加压力 $\Delta p = 2\gamma/r$。同时由于表面能的增大，其数值约等于 γA_s。若忽略压力对液体体积的影响，则

$$\Delta G_b = \gamma A_s + \int_p^{p_r} V_m(l) dp = \gamma A_s + V_m(l) \cdot \Delta p$$
$$= \gamma A_s + 2\gamma V_m(l)/r$$

上式中 $V_m(l)$ 为液体的摩尔体积。若已知液体的密度 ρ 及摩尔质量 M，则 $V_m(l) = M/\rho$。故

$$\Delta G_b = 2\gamma M/(\rho r) + \gamma A_s$$

因始终态相同，故 $\Delta G_a = \Delta G_1 + \Delta G_2 + \Delta G_3 = \Delta G_b$，所以

$$RT \ln \frac{p_r}{p} = \frac{2\gamma M}{\rho r} \tag{8.4.1}$$

上式称为开尔文(Kelvin)公式。对于在一定温度下的某液态物质而言，式中的 T, M, γ 及 ρ 皆为定值，可见 p_r 只是 r 的函数。表 8.4.1 是以纯水的小液滴和小气泡为例的计算结果。

表 8.4.1　298.15 K 下小液滴和小气泡半径与蒸气压的关系

r/m	10^{-5}	10^{-6}	10^{-7}	10^{-8}	10^{-9}
p_r/p(小液滴)	1.000 1	1.001	1.011	1.114	2.937
p_r/p(小气泡)	0.999 9	0.998 9	0.989 7	0.897 7	0.340 5

对于凸液面:例如小液滴,$r>0$,$\ln(p_r/p)>0$,则 $p_r>p$,即小液滴(或凸液面)的饱和蒸气压大于平液面的饱和蒸气压。

对于凹液面:例如气泡内,$r<0$,则 $p_r<p$,即凹液面的饱和蒸气压恒小于平液面的饱和蒸气压。

因此,由开尔文公式可知:p_r(凸液面)$>p_r$(平液面)$>p_r$(凹液面),且曲率半径 $|r|$ 越小,偏离程度越大,如图 8.4.1 所示。

8.4.2 亚稳状态和新相的生成

在通常情况下,表面效应是可以忽略不计的。但在蒸气的冷凝、液体的凝固和溶液中溶质的结晶等过程中,由于最初生成的新相颗粒是极其微小的,其比表面和表面吉布斯函数都很大,系统处于不稳定状态。因此,在系统中要产生一个新相是比较困难的。由于新相难以生成,而引起各种过饱和现象(Supersaturated Phenomeon)。例如,蒸气的过饱和现象,液体的过冷或过热现象,以及溶液的过饱和现象等。

(1)过饱和蒸气(Supersaturated Vapor)

在一定温度下,当某气体的分压大于其饱和蒸气压时,气体将自发凝结或凝固。但当气体非常纯净时,往往其分压大于饱和蒸气压仍不能凝结,形成过饱和蒸气。新形成的凝聚相是极其微小的,根据开尔文公式,微小液滴的蒸气压大于该物质的正常蒸气压,如图 8.4.2 所示。若蒸气过饱和程度不高,对微小液滴还未达到饱和状态时,微小液滴既不可能产生,也不可能存在。这种按照相平衡的条件,应当凝结而未凝结的蒸气,称为过饱和蒸气。例如在 0 ℃ 附近,水蒸气有时要达到平衡蒸气压的 5 倍,才开始自动凝结。其他蒸气,如甲醇、乙醇及乙酸乙酯等也有类似的情况。

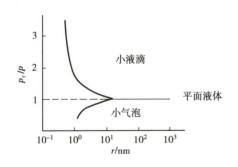

图 8.4.1 表面曲率半径对水的蒸气压的影响　　图 8.4.2 产生蒸气过饱和现象示意图

当蒸气中有灰尘存在或容器的内表面粗糙时,这些物质可以成为蒸气的凝结中心,使液滴核心易于生成及长大,在蒸气的过饱和程度较小的情况下,蒸气就可以开始凝结。人工降雨的原理,就是当云层中的水蒸气达到饱和或过饱和的状态时,在云层中用飞机喷撒微小的 AgI 颗粒,此时 AgI 颗粒就成为水的凝结中心,使新相(水滴)生成时所需的过饱和程度大大降低,云层中的水蒸气就容易凝结成水滴而降落。

(2)过热液体(Surperheated Liquid)

如果在液体中没有可提供新相种子(气泡)的物质存在时,液体在沸腾温度时将难以沸

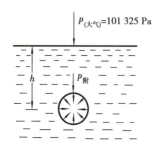

$p_{(大气)}=101\ 325\ Pa$

图 8.4.3　产生过热液体示意图

腾。这主要是因为液体在沸腾时,不仅在液体表面上进行汽化,而且在液体内部要自动地生成极微小的气泡(新相)。但是凹液面的附加压力将使气泡难以形成。如图 8.4.3 所示,在 101 325 Pa、373.15 K 的纯水中,在离液面 0.01 m 的深处,假设存在一个半径为 10^{-7} m 的小气泡。此时,纯水的表面张力为 58.9×10^{-3} N·m^{-1},密度为 958.4 kg·m^{-3},则由开尔文公式得

$$\ln \frac{p_r}{p} = \frac{2\gamma M}{RT\rho r}$$

$$\ln \frac{p_r}{101.325} = \frac{2 \times 58.9 \times 10^{-3}\ N \cdot m^{-1} \times 18.015 \times 10^{-3}\ kg \cdot mol^{-1}}{8.314\ J \cdot K^{-1} \cdot mol^{-1} \times 373.15\ K \times 958.4\ kg \cdot m^{-3} \times (-1 \times 10^{-7})m}$$

$$p_r = 100.6\ kPa$$

故小气泡内水蒸气的压力为:$p_r = 100.6$ kPa

凹液面对小气泡的附加压力:$\Delta p = \dfrac{2\gamma}{r} = \dfrac{2 \times 58.9 \times 10^{-3}\ N \cdot m^{-1}}{1 \times 10^{-7}\ m} = 1.178 \times 10^3$ kPa

小气泡所受的静压力:$p(静) = \rho g h = 0.094$ kPa

所以,小气泡存在时需要反抗的压力

$$p_g = p(大气) + p(静) + \Delta p = (101.325 + 0.094 + 1.178 \times 10^3)kPa = 1.28 \times 10^3\ kPa$$

通过以上计算可知,小气泡内水的蒸气压力远小于小气泡存在时需要克服的压力,所以小气泡是不可能存在的。若要使小气泡存在,必须继续加热,使小气泡内水蒸气的压力等于或超过它应当克服的压力时,小气泡才可能产生,液体才开始沸腾,此时液体的温度必然高于该液体的正常沸点。这种按照相平衡的条件,应当沸腾而不沸腾的液体,称为过热液体。上述计算表明,凹液面上的附加压力是造成液体过热的主要原因。在科学实验中,为了防止液体的过热现象,常在液体中投入一些素烧瓷片或毛细管等物质。因为这些多孔性物质的孔中储存有气体,加热时这些气体成为新相种子,因而绕过了产生极微小气泡的困难阶段,使液体的过热程度大大降低。

(3)过冷液体(Supercooled Liquid)

在一定温度下,微小晶体的饱和蒸气压恒大于普通晶体的饱和蒸气压是液体产生过冷现象的主要原因。以下通过图 8.4.4 来说明。图中 CD 线为平面液体的蒸气压曲线。AO 为普通晶体的饱和蒸气压曲线。由于微小晶体的饱和蒸气压恒大于普通晶体的饱和蒸气压,故微小晶体的饱和蒸气压曲线 BD 一定在 AO 线的上边。O 点和 D 点对应的温度 $t_熔$ 和 t',分别为普通晶体和微小晶体的熔点。

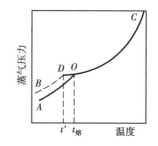

图 8.4.4　产生过冷液体示意图

当液体冷却时,其饱和蒸气压沿 CD 曲线下降到 O 点,这时与普通晶体的蒸气压相等,按照相平衡条件,应当有晶体析出,但由于新生成的晶粒(新相)极微小,其熔点较低,此时对微小晶体尚未达到饱和状态,所以不会有微小晶体析出。温度必须继续下降到正常熔点以下如 D 点,液体才能达到微小晶体的饱和状态而开始凝固。这种按照相平衡的条件,应当凝固而未

凝固的液体,称为过冷液体。例如纯净的水,有时可冷却到 $-40\ ℃$,仍呈液态而不结冰。在过冷的液体中,若投放小晶体作为新相种子,则能使液体迅速凝固成晶体。

(4)过饱和溶液(Supersaturated Solution)

开尔文公式也可应用于溶液,晶体的溶解度与颗粒大小有关。可以证明,对于半径分别为 r(微小晶体)和 R(普通尺寸晶体)的晶体颗粒,其相应的溶解度 s_1 和 s_2 之间有如下的关系

$$\ln\frac{s_1}{s_2} = \frac{2\gamma M}{RT\rho}\left(\frac{1}{r} - \frac{1}{R}\right) \tag{8.4.2}$$

该公式也为开尔文公式。将溶液进行恒温蒸发时,溶质的浓度逐渐加大,达到普通晶体溶质的饱和浓度时,对微小晶体的溶质却仍未达到饱和状态,不可能有微小晶体析出。为了使微小晶体能自动生成,需要将溶液进一步蒸发,达到一定的过饱和程度,晶体才可能不断地析出。这种按照相平衡的条件,应当有晶体析出而未析出的溶液,称为过饱和溶液。

上述各种过饱和状态下的系统都不是处于真正的平衡状态,从热力学的观点来讲都是不稳定的,常被称为亚稳(或介安)状态(Metastable State)。虽然如此,这种状态往往却能维持相当长的时间不变。亚稳状态之所以能存在,与新相种子难以生成有很大的关系。

8.4 公式小结

性质	方程	成立条件或说明	正文中方程编号
开尔文(Kelvin)公式	$RT\ln\frac{p_r}{p} = \frac{2\gamma M}{\rho r}$		8.4.1
	$\ln\frac{s_1}{s_2} = \frac{2\gamma M}{RT\rho}\left(\frac{1}{r} - \frac{1}{R}\right)$	饱和溶液中颗粒大小和溶解度关系式	8.4.2

8.5 固体表面上的吸附作用

8.5.1 固体表面上的吸附作用

一块磨得平滑如镜的金属表面,从原子尺度看仍是十分粗糙的。固体表面的这种不均匀性,导致固体表面处于力场不平衡的状态,表面层具有过剩的表面能。为使表面能降低,固体表面会自发地捕获气相或液相中的物质粒子,使其不平衡的力场得到某种程度上的补偿。这种在任意两相之间的界面层中,某物质的浓度能自动地发生变化的现象叫作吸附(Adsorption)。具有吸附能力的物质叫作吸附剂(Adsorbent),被吸附的物质称为吸附质(Adsorbate)。

8.5.2 物理吸附与化学吸附

按吸附作用力性质的不同。可将吸附区分为物理吸附(Physisorption)和化学吸附(Chemisorption)。它们的主要区别见表8.5.1。

表 8.5.1　物理吸附与化学吸附的区别

性质	物理吸附	化学吸附
吸附力	范德华力	化学键力
吸附分子层	多分子层或单分子层	单分子层
吸附温度	低	高
吸附热	小,近于液化热($8 \sim 30 \ kJ \cdot mol^{-1}$)	大,近于反应热($40 \sim 400 \ kJ \cdot mol^{-1}$)
吸附速率	快	慢
吸附选择性	无	有
吸附平衡	易达到	不易达到

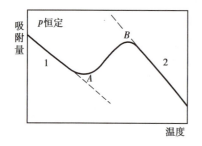

图 8.5.1　钯对 CO 的吸附等压线
1—物理吸附;2—化学吸附

应该指出,这两类吸附可以相伴发生,例如氧在金属 W 上的吸附同时有三种情况:有的氧是以原子状态被吸附的,这是纯粹的化学吸附;有的氧是以分子状态被吸附的,这是纯粹的物理吸附;还有一些氧分子被物理吸附在已吸附的氧原子上。由此可见物理吸附和化学吸附可以相伴发生,因此,考虑吸附问题时,必须充分注意它的错综复杂性。通常在低温时主要发生物理吸附,高温时主要发生化学吸附。如图 8.5.1 中金属 Pd 对 CO 的吸附,过程 1 为物理吸附,过程 2 为化学吸附,而曲线 1 和曲线 2 之间为物理吸附逐渐转为化学吸附的过渡区。

还应指出,不论是物理吸附或是化学吸附,吸附作用一定是放热过程,亦即 $\Delta_{ads}H_m$(吸附热)总是负值。这是不难理解的,因按照热力学公式,$\Delta G = \Delta H - T\Delta S$,由于吸附过程是自发过程,所以,$\Delta G < 0$,而气体分子被吸附后,必然比气态时混乱度要小,故 $\Delta S < 0$。所以 ΔH 一定是负值,$\Delta_{ads}H_m$ 是研究吸附现象很重要的一项参数,人们经常将 $\Delta_{ads}H_m$ 数值的大小作为吸附强度的一种度量。

8.5.3　吸附曲线

气体分子被固体表面吸附为正向过程,被吸附的分子从固体表面上脱离,称为解吸(Dissorption),为逆向过程。在一定条件下,吸附速率与解吸速率相等时,达吸附平衡,这时被单位质量吸附剂所吸附的气体的数量,称为气体在该固体表面上的吸附量(Adsorption Quantity),用符号 Γ 表示:

$$\Gamma = \frac{n}{m} \tag{8.5.1}$$

式中　m 为吸附剂的质量,kg;

n 为被吸附物质的数量,mol。

气体的吸附量与温度及该气体的平衡压力有关,一般可表示为

$$\Gamma = f(T, p)$$

式中有三个变量,为了便于研究三者之间的关系,通常固定其中的一个变量,测定其他两个变量间的关系,结果用吸附曲线来表示。等温下,描述吸附量与吸附平衡压力间关系的曲线,称为吸附等温线(Adsorption Isotherm);等压下,描述吸附量与吸附温度间关系的曲线,称为吸附等压线(Adsorption Isobar);吸附量恒定时,描述吸附平衡压力与温度间关系的曲线,称为吸附等量线(Adsorption Isostere)。上述三种吸附曲线是互相联系的,从一组某一类型的吸附曲线可作出其他两种吸附曲线。常用的是吸附等温线,从实验中可以归纳出其大致有五种类型,如图8.5.2所示。

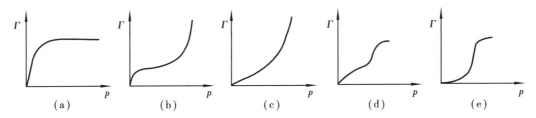

图8.5.2 几种类型的吸附等温线

图8.5.2中第(a)种类型吸附等温线最常见,研究得也较深入。

8.5.4 兰格缪尔单分子层吸附等温式

1916年兰格缪尔(Langmuir)从动力学观点出发,提出了固体对气体的吸附理论,称为单分子层吸附理论(Theory of Adsorption of Unimolecular Layer),其基本假设如下:

①固体表面对气体的吸附是单分子层的(即固体表面上每个吸附位只能吸附一个分子,气体分子只有碰撞到固体的空白表面上才能被吸附)。

②固体表面是均匀的(即表面上所有部位的吸附能力相同)。

③被吸附的气体分子间无相互作用力(即吸附或解吸的难易与邻近有无吸附态分子无关)。

④吸附平衡是动态平衡(即达吸附平衡时,吸附和解吸过程同时进行,且速率相同)。

以上假设即作为理论模型,把复杂的实际问题作了简化处理,便于进一步定量地理论推导。

以k_a和k_d分别代表吸附与解吸速率系数,A代表气体分子,M代表固体表面,则吸附过程可表示为

$$A + M \underset{k_b}{\overset{k_a}{\rightleftharpoons}} A - M$$

设θ为固体表面被覆盖的分数,称为表面覆盖率(Coverage of Surface),即

$$\theta = \frac{\text{被吸附质覆盖的固体表面积}}{\text{固体总的表面积}}$$

则$(1 - \theta)$代表固体空白表面积的分数,即空白率。

依据吸附模型,吸附速率v_a应正比于气体的压力p及空白表面分数$(1 - \theta)$,解吸速率v_d应正比于表面覆盖度θ,即

$$v_a = k_a(1-\theta)p$$
$$v_d = k_d\theta$$

当吸附达平衡时,$v_a = v_d$,所以

$$k_a(1-\theta)p = k_d\theta$$

解出得

$$\theta = \frac{k_a p}{k_d + k_a p} \tag{8.5.2}$$

令 $b = \dfrac{k_a}{k_d}$,称为吸附平衡常数(Equilibriam Constant of Adsorption),其值与吸附剂、吸附质的本性及温度有关,它的大小反映了吸附的强弱。将其代入式(8.5.2)得

$$\theta = \frac{bp}{1+bp} \tag{8.5.3}$$

此式称为兰格缪尔吸附等温式(Langmuir Adsorption Isotherm)。

若以 Γ_∞ 表示单分子层饱和吸附时的吸附量,Γ 表示压力为 p 时的实际吸附量,则表面覆盖率 $\theta = \dfrac{\Gamma}{\Gamma_\infty}$,兰格缪尔吸附等温式可写为

$$\Gamma = \Gamma_\infty \frac{bp}{1+bp} \tag{8.5.4}$$

下面讨论公式的两种极限情况:

①当压力很低或吸附较弱时,$bp \ll 1$,得

$$\Gamma = bp\Gamma_\infty$$

即覆盖率与压力成正比,它说明了图 8.5.2(a)中的开始直线段。

②当压力很高或吸附较强时,$bp \gg 1$,得

$$\Gamma = \Gamma_\infty$$

说明表面已全部被覆盖,吸附达到饱和状态,吸附量达最大值,图 8.5.2(a)中水平线段就反映了这种情况。

式(8.5.4)还可改写为

$$\frac{p}{\Gamma} = \frac{1}{b\Gamma_\infty} + \frac{p}{\Gamma_\infty} \tag{8.5.5}$$

由式(8.5.5)可知,若以 p/Γ 对 p 作图,可得一直线,由直线的斜率 $1/\Gamma_\infty$ 及截距 $1/b\Gamma_\infty$,可求得 b 与 Γ_∞。

例 8.5.1 用活性炭吸附 $CHCl_3$ 时,0 ℃时最大吸附量(盖满一层)为 93.8 dm^3/kg。已知该温度下 $CHCl_3$ 的分压力为 1.34×10^4 Pa 时的平衡吸附量为 82.5 dm^3/kg,试计算:

(1)兰格缪尔吸附等温式中的常数 b;

(2)0 ℃,$CHCl_3$ 分压力为 6.67×10^3 Pa 下,吸附平衡时的吸附量。

解 (1)由

$$\theta = \frac{\Gamma}{\Gamma_\infty}$$

$$\Gamma = \frac{\Gamma_\infty bp}{1 + bp}$$

即

$$b = \frac{\Gamma}{(\Gamma_\infty - \Gamma)p} = \frac{82.5 \ dm^3 \cdot kg^{-1}}{(93.8 - 82.5)dm^3 \cdot kg^{-1} \times 1.34 \times 10^4 \ Pa} = 5.45 \times 10^{-4} \ Pa^{-1}$$

$$(2) \Gamma = \frac{93.8 \ dm^3 \cdot kg^{-1} \times 5.45 \times 10^{-4} \ Pa^{-1} \times 6.67 \times 10^3 \ Pa}{1 + 5.34 \times 10^{-4} \ Pa^{-1} \times 6.67 \times 10^3 \ Pa} = 73.6 \ dm^3 \cdot kg^{-1}$$

兰格缪尔等温式只符合图 8.5.2(a)的等温线,这说明实际情况比基本假设要复杂得多。兰格缪尔假设固体表面是均匀的,而实际上固体表面是很不均匀的,各处的吸附能力是不同的,即吸附系数不是常数,这样即使是在压力很低的范围内,Γ 与 p 仍不成直线关系。他又假定吸附层是单分子层,以及被吸附的分子相互之间无作用力,这就必然得出当压力很高时吸附量与气体压力无关的结论,而实际上在低温或高压下,吸附也可以是多分子层的,这就使吸附量在相当大的压力范围内并不接近于一个常数。因此,兰格缪尔吸附等温式是一个理想的吸附公式,在应用于实际系统时,常会出现偏差。但它仍不失为吸附理论中一个重要的基本公式,对吸附理论的发展起到奠基的作用。多分子层吸附理论就是在这个基础上发展起来的。

8.5.5　BET 多分子吸附等温式 *

1938 年布龙瑙尔(Brunauer)、爱梅特(Emmett)和特勒尔(Teller)三人在兰格缪尔单分子层吸附理论基础上提出多分子层吸附理论(Theory of Adsorption of Polymolecular Layer),简称 BET 理论。该理论采纳了兰格缪尔的下列假设:固体表面是均匀的,被吸附的气体分子间

第四层
第三层
第二层
第一层
表面

图 8.5.3　多分子吸附示意图

无相互作用力,吸附与脱附建立起动态平衡。所不同的是 BET 理论假设吸附靠分子间力,表面与第一层吸附是靠该种分子同固体的分子间力,第二层吸附、第三层吸附……之间是靠该种分子本身的分子间力,由此形成多层吸附。并且还认为,第一层吸附未满前其他层的吸附就可开始,如图 8.5.3 所示。由 BET 理论导出的结果是:

$$\frac{p}{V(p^* - p)} = \frac{1}{V_\infty C} + \frac{C - 1}{V_\infty C} \cdot \frac{p}{p^*} \tag{8.5.6}$$

此式称为 BET 多分子层吸附等温式。

式中　V 为 T, p 下质量为 m 的吸附剂吸附达平衡时,吸附气体的体积;

V_∞ 为 T, p 下质量为 m 的吸附剂盖满一层时,吸附气体的体积;

p^* 为被吸附气体在温度 T 时呈液体时的饱和蒸气压;

C 为与吸附第一层气体的吸附热及该气体的液化热有关的常数。

对于在一定温度 T 下的指定吸附系统,C 和 V_∞ 皆为常数。由式(8.5.6)可见,若以 $\dfrac{p}{V(p^* - p)}$ 对 $\dfrac{p}{p^*}$ 作图应得一直线,其

$$\begin{cases} 斜率 = \dfrac{C-1}{V_\infty C} \\[3mm] 截距 = \dfrac{1}{V_\infty C} \end{cases}$$

解得

$$V_\infty = \frac{1}{截距 + 斜率} \tag{8.5.7}$$

由所得的 V_∞ 可算出单位质量的固体表面铺满单分子层时所需的分子个数。若已知每个分子所占的面积,则可算出固体的质量表面。公式如下:

$$A_m = \frac{V_\infty(STP)}{V_m(STP)m} \times L \times \sigma \tag{8.5.8}$$

式中,L 为阿伏加德罗常量;m 为吸附剂的质量;$V_m(STP)$ 为在标况下气体的摩尔体积 $(22.414 \times 10^{-3})\mathrm{m^3/mol}$;$V_\infty$ 为质量 m 的吸附剂在 T,P 下吸满一层时气体的体积再换算成 STP 下的体积;σ 为每个吸附分子所占的面积。

测定时,常用的吸附质是 N_2,其截面积 $\sigma = 16.2 \times 10^{-20}\ \mathrm{m^2}$。

8.5 公式小结

性质	方程	成立条件或说明	正文中方程编号
	$\theta = \dfrac{bp}{1+bp}$		8.5.3
兰格缪尔吸附等温式	$\Gamma = \Gamma_\infty \times \dfrac{bp}{1+bp}$		8.5.4
	$\dfrac{p}{\Gamma} = \dfrac{1}{b\Gamma_\infty} + \dfrac{p}{\Gamma_\infty}$		8.5.5
BET 多分子层吸附等温式	$\dfrac{p}{V(p^*-p)} = \dfrac{1}{V_\infty C} + \dfrac{C-1}{V_\infty C} \cdot \dfrac{p}{p^*}$	二常数公式	8.5.6

8.6 溶液表面的吸附

8.6.1 溶液的表面张力

纯液体在一定温度时具有一定的表面张力。纯水是单组分系统,在一定温度下,其表面张力 γ 也具有定值。对于溶液就不同了,加入溶质后,水溶液的 γ 值就会发生改变。例如,在一小烧杯中盛放自来水,中间置一根火柴,因为在纯水中火柴受两边表面张力的作用处于平衡状态,如图 8.6.1 所示。若在火柴的左边沿着烧杯壁小心缓慢滴加两滴乙醇,可以观察到火柴随即向右移动,说明乙醇水溶液的表面张力小于纯水。实验发现,在纯水中加入任何一种溶质后,都要引起水的表面张力发生变化,而且随溶质浓度的增加变化程度也不同。由研究结果知道,表面张力随溶质浓度而变化的规律主要有三种情况(图 8.6.2):第一种情况是水溶液的表面张力随溶质浓度的增加而升高,且近于直线上升(Ⅰ线);第二种情况是水溶液的表面张力随溶质浓度增加而降低(Ⅱ线);第三种情况是,向水中加入少量的溶质时,将引起溶液的表面张力急剧下降,至某一浓度后,溶液的表面张力几乎不再随溶液浓度的增大而变化(Ⅲ线)。

从大量实验事实知道可以把溶质按上述情况分为三类:

Ⅰ类:NaCl、Na_2SO_4、NH_4Cl、KNO_3、KOH 等无机化合物,及含有多个羟基(—OH)的有机物如:蔗糖、甘油、葡萄糖等。

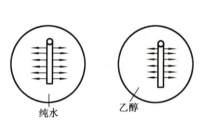

图 8.6.1　溶液表面张力降低示意图

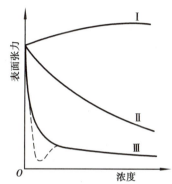

图 8.6.2　溶液浓度与表面张力的关系

Ⅱ类:醇、醛、酸、酯等绝大部分有机化合物。

Ⅲ类:属于此类的化合物可以表示为 RX,其中 R 代表含有 10 个及 10 个以上碳原子的烷基;而 X 则代表极性基团,一般可以是—OH、—COOH、—CN、—$CONH_2$、—COOR′,也可以是离子基团,如—SO_3^-、—NH_3^+、—COO^- 等。

8.6.2　表面活性物质

通常把能显著降低液体表面张力的物质称为表面活性物质,又叫表面活性剂(Surface Active Agent)。

(1)表面活性物质的分类

表面活性物质可以从用途、物理性质或化学结构等方面进行分类,最常用的是按化学结构来分类,大体上可分为离子型和非离子型两大类。当表面活性物质溶于水时,凡能电离生成离子的,称为离子型表面活性物质;凡在水中不能电离的,就称为非离子型表面活性物质。而离子型的按其在水溶液中具有表面活性作用的离子的电性,还可再分。具体分类和举例,如图8.6.3 所示。

此种分类便于正确选用表面活性物质。若某表面活性物质是阴离子型的,它一般不能和阳离子型的物质混合使用,否则就会产生沉淀等不良后果。

(2)表面活性物质的结构

溶质在界面层中比在体相中相对富集或贫乏的现象称为溶液表面的吸附,前者叫作正吸附(Positive Adsorption),后者叫作负吸附(Negative Adsorption)。实验证明,表面活性物质在水溶液中呈正吸附,而表面惰性物质呈负吸附,物质的表面活性与其结构特性有关。

表面活性物质的分子具有两亲结构,如图8.6.4 所示。分子的一端是亲水的极性基,例如,醇类:$[CH_3—(CH_2)_n—OH]$、酸类:$[CH_3—(CH_2)_n—COOH]$、胺类:$[CH_3—(CH_2)_n—NH_2]$等分子中的—OH,—COOH,—NH$_2$都是极性的,能够吸引极性的水分子,因此是亲水基;另一端是亲油的非极性基,如 R—,⬡— 等,是非极性的,不仅不能吸引水分子,还将遭到水分子的排斥,因而是憎水(亲油)基。具有两亲结构的分子称为两亲分子。

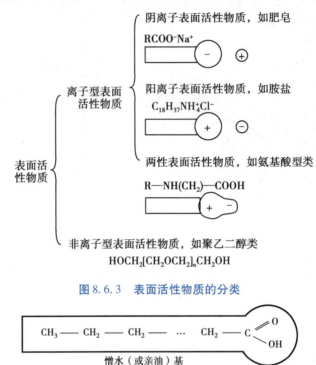

图 8.6.3　表面活性物质的分类

图 8.6.4　表面活性分子的两亲结构

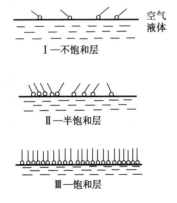

图 8.6.5　表面活性分子在液面上的定向排列

基于结构的特点,表面活性分子在溶液表面上是有一定的取向。分子的亲水基指向极性溶剂,而亲油基则伸向表面的另一侧的空气中。当在纯水中溶入表面活性物质后,在液面上,部分水分子就被这类分子所代替,在其中所形成的定向排列减轻了原来表面受力不平衡的程度,从而减小了表面吉布斯函数值,降低了表面张力。显然,如果表面分子的亲油基愈长,在表面积聚愈多,吸附量就愈大,同时使溶液表面吉布斯函数和表面张力降低愈多,也就是该物质的表面活性愈大。

当开始向水中加入少量表面活性物质后,由于浓度很稀,表面活性分子的碳氢链大致平躺在表面上,但两亲分子受到水分子的吸引和排斥,故虽为平躺也还是有一定的取向(图 8.6.5 中不饱和层)。随着浓度增大,吸附量增多,分子相互挤压,碳氢链便斜向空气(图 8.6.5 中半饱和层)。随着浓度继续增大,分子则垂直规则排列如栅栏。溶液的全部表面均匀为表面活性分子占据,并形成一层单分子膜(图8.6.5饱和层)。

(3)临界胶束浓度

为什么在表面活性物质的浓度极稀时,稍微增加其浓度就可使溶液的表面张力急剧降低?为什么当表面活性物质的浓度超过某一数值之后,溶液的表面张力又几乎不随浓度的增加而变化? 这些问题可以借助图8.6.6进行解释。

图8.6.6(a)表示当表面活性物质的浓度很稀时,表面活性物质的分子在溶液本体和表面层中分布的情况。在这种情况下,若稍微增加表面活性物质的浓度,表面活性物质一部分分子将自动地聚集于表面层,使水和空气的接触面减小,溶液的表面张力急剧降低。表面活性物质的分子在表面层中不一定都是直立的,也可能是东倒西歪而使非极性的基团翘出水面;另一部分则分散在水中,有的以单分子的形式存在,有的则三三两两相互接触,把憎水性的基团靠拢在一起,形成简单的聚集体。这相当于图8.6.2中曲线Ⅲ急剧下降的部分。

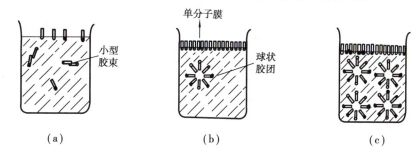

图8.6.6　表面活性物质的分子在溶液本体及表面层中的分布

(a)稀溶液　(b)开始形成胶束的溶液　(c)大于临界胶束浓度的溶液

图8.6.2(Ⅲ)表示表面活性物质的浓度足够大时,达到饱和状态,液面上刚刚挤满一层定向排列的表面活性物质的分子,形成单分子膜。在溶液本体则形成具有一定形状的胶束(Micelle),它是由几十个或几百个表面活性物质的分子排列成憎水基团向里、亲水基团向外的多分子聚集体。胶束中表面活性物质分子的亲水性基团与水分子相接触;而非极性基则被包在胶束中,几乎完全脱离了与水分子的接触。因此,胶束在水溶液中可以比较稳定地存在。这相当于图8.6.2中曲线Ⅲ的转折处。胶束的形状可以是球状、棒状、层状或偏椭圆状,图8.6.6(b)中胶束为球状。形成一定形状的胶束所需表面活性物质的最低浓度,称为临界胶束浓度(Critical Micelle Concentration),以CMC表示。实验证明,CMC不是一个确定的数值,而常表现为一个窄的浓度范围。例如离子型表面活性物质的CMC一般在 $10^{-3} \sim 10^{-2}$ mol/dm^3。

图8.6.6(c)是超临界胶束浓度的情况。这时液面上早已形成紧密、定向排列的单分子膜,达到饱和状态。若再增加表面活性物质的浓度,只能增加胶束的个数(也有可能使每个胶束所包含的分子数增多)。由于胶束是亲水性的,它不具有表面活性,不能使表面张力进一步降低,这相当于图8.6.2中曲线Ⅲ上的平缓部分。

胶束的存在已被X射线衍射图谱及光散射实验所证实。临界胶束浓度和在液面上开始形成饱和吸附层所对应的浓度范围是一致的。在这个窄小的浓度范围前后,不仅溶液的表面张力发生明显的变化,其他物理性质,如电导率、渗透压、蒸气压、光学性质、去污能力及增溶能力等均发生很大的变化,如图8.6.7所示。

由图 8.6.7 可知,表面活性物质的浓度略大于 CMC 时,溶液的表面张力、渗透压及去污能力等几乎不随浓度的变化而改变,但增溶作用、电导率等却随着浓度的增加而急剧增加。某些有机化合物难溶于水,但可溶于表面活性物质浓度大于 CMC 的水溶液中。

(4)表面活性剂的应用

由于表面活性物质能显著地降低水的表面张力,因而表现出许多对实际工作有重要意义的性能,有着广泛的应用。主要有润湿作用、渗透作用、乳化作用、分散作用、增溶作用、发泡作用、消泡作用和洗涤作用等。

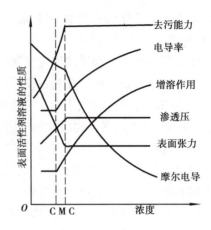

图 8.6.7　表面活性剂溶液的性质与浓度关系示意图

8.6.3　吉布斯吸附公式 *

由吉布斯(Gibbs)用热力学的方法推导出,在一定温度下,溶液的浓度、表面张力和吸附量之间有定量关系式,即著名的吉布斯吸附等温式:

$$\Gamma = -\frac{c}{RT}\frac{d\gamma}{dc} \tag{8.6.1}$$

式中　c 为溶质在溶液本体中的平衡浓度;

　　　γ 为溶液的表面张力;

　　　Γ 为溶质的表面过剩,其定义为:在单位面积的表面层中,所含溶质的物质的量与同量溶剂在溶液本体中所含溶质物质的量的差值。

由式(8.6.1)可知,在一定温度下,当溶液的表面张力随浓度的变化率 $d\gamma/dc < 0$ 时,$\Gamma > 0$,表明凡是增大浓度能使溶液表面张力减小的溶质,在表面层必然发生正吸附;当 $d\gamma/dc > 0$ 时,$\Gamma < 0$,表明凡增大浓度能使溶液表面张力增大的溶质,在溶液的表面层必然发生负吸附;当 $d\gamma/dc = 0$ 时,$\Gamma = 0$,则说明此时无吸附作用。

若用吉布斯吸附等温式计算某溶质的吸附量,必须预先知道 $d\gamma/dc$ 的大小。为求得 $d\gamma/dc$ 值,在一定温度下,先测出不同浓度 c 时的表面张力 γ,以 γ 对 c 作图,再求出 $\gamma\text{-}c$ 曲线上各指定浓度 c 的斜率,即为该浓度 c 时 $d\gamma/dc$ 的数值。

8.6 公式小结

性质	方程	成立条件或说明	正文中方程编号
吉布斯吸附公式	$\Gamma = -\dfrac{c}{RT}\dfrac{d\gamma}{dc}$		8.6.1

8.7 胶体系统的制备

8.7.1 分散系统的分类

一种或几种物质分散在另一种物质中所构成的系统叫分散系统(Dispersed System)。

被分散的物质叫分散质(Dispersed Matter)或分散相(Dispersed Phase),起分散作用的物质叫作分散介质(Dispersed Medium)。

分散系统可分为:

均相分散系统的分散质通常叫溶质(Solute),分散介质通常叫溶剂(Solvent),这样的分散系统也叫溶液(Solution),例如小分子溶液、大分子溶液、电解质溶液;对溶质、溶剂不加区分的均相分散系统称之为混合物(Mixture)。小分子溶液、电解质溶液的分散质及分散介质的质点的大小的数量级为 10^{-9} m 以下,且透明、不发生散射现象,溶质扩散速度快,是热力学稳定系统;大分子溶液,分散质点的线尺寸在 $10^{-9} \sim 10^{-6}$ m,扩散慢,但也是热力学稳定系统。

分散质的质点大小在 $10^{-9} \sim 10^{-6}$ m 的分散系统称之为胶体分散系统(Colloid Dispersed System);分散质的质点大小超过 10^{-6} m 的分散系统则称为粗分散系统(Coarse Dispersed System)。

按 IUPAC 关于胶体分散系统的定义,认为分散质可以是一种也可以是多种物质,可以是由许许多多的原子或分子(通常是 $10^3 \sim 10^9$ 个)组成的粒子,也可以是一个大分子,只要它们至少有一维空间尺寸(即线尺寸)在 $10^{-9} \sim 10^{-6}$ m 并分散于分散介质之中,即构成胶体分散系统。按此定义,胶体分散系统应包括:溶胶(Colloid or Sol)、缔合胶体(Associated Colloid,也叫胶体电解质)及大分子溶液(Maromolecule Solution)。溶胶粒子一般是许多原子或分子聚集成的,粒子的三维空间尺寸均在 $10^{-9} \sim 10^{-6}$ m,它分散于另一相分散介质之中,粒子与分散介质间存在相的界面。溶胶的主要特征表现为高度分散性、多相性及热力学不稳定性,也叫憎液胶体(Lyophobic Colloid)。缔合胶体通常是由结构中含有非极性的碳氢链部分和较小的极性基团(通常能电离)的电解质分子(如离子型表面活性剂分子)缔合而成,通常称为胶束(Micelle),胶束可以是球状、层状及棒状等,其三维空间尺寸也在 $10^{-9} \sim 10^{-6}$ m,其溶于分散介质之中,形成高度分散的、均匀的、热力学稳定系统。大分子溶液是一维空间尺寸(线尺寸)达到 $10^{-9} \sim 10^{-6}$ m 的大分子(蛋白质分子、高聚物分子等),溶于分散介质之中,成为高度分散的、均相的、热力学稳定系统。大分子溶液在性质上与溶胶有某些相似之处(如扩散慢、不能通过半透膜),所以亦称为亲液胶体(Lyophilic Colloid),也作为胶体分散系统研究的对象。

粗分散系统包括乳状液(Emulsion)、泡沫(Foam)、悬浮液(Suspension)及悬浮体(Suspended Matter)等,它们在性质上及研究方法上与胶体分散系统有许多相似之处,故列入同一章讨论。

胶体分散系统和粗分散系统在生物界和非生物界都普遍存在,在实际生活和生产中均有重要应用,如在化工、石油、冶金、印染、涂料、塑料、纤维、橡胶、洗涤剂、化妆品、牙膏等生产部门,以及在医学、生物学、土壤学、气象学、地质学、水文学、环境科学及材料科学等领域都涉及胶体的有关知识。

8.7.2 溶胶的制备与纯化

溶胶的制备方法主要有两大类,如图 8.7.1 所示。

(1)凝聚法(Coagulatory Method)

由分子(或原子、离子)的分散状态凝聚成胶体分散状态的制备方法称为凝聚法。包括物理凝聚法、化学凝聚法、更换溶剂法等方法。

(2)分散法(Dispersed Method)

由粗分散系统的物料分散成胶体分散状态的制备方法称为分散法。包括研磨法、电弧法及超声波分散法。

(3)溶胶的纯化

未经纯化的溶胶往往含有很多电解质或其他杂质。少量的电解质可以使溶胶质点因吸附离子而带电,因而对于稳定溶胶是必要的。过量的电解质对溶胶的稳定反而有害。因此,溶胶制得后需经纯化处理。

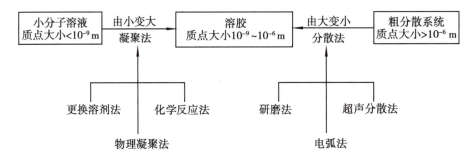

图 8.7.1 胶体制备方法分类

最常用的纯化方法是渗析,它利用溶胶质点不能通过半透膜,而离子或小分子能透过膜的性质,将多余的电解质或小分子化合物等杂质从溶胶中除去。为了加快渗析作用,可加大渗析面积,适当提高渗析温度或加外电场。在外电场的作用下,可加速正、负离子定向渗透的速率,大大加快渗析的速率,这种方法叫作电渗析。

纯化溶胶的另一种方法是超过滤法。超过滤是用孔径极小而孔数极多的膜片作为滤膜,利用压差使溶胶流经超过滤器。这时,溶胶质点与介质分开,杂质透过滤膜而除掉。

8.8　胶体系统的性质

8.8.1　胶体系统的光学性质

胶体系统的光学性质是其高度分散性和多相不均匀性特点的反映。通过对胶体系统光学性质的研究,不仅可以了解胶体系统表现出的光学现象,还可以帮助研究胶体粒子的大小,形状及其运动规律。

（1）丁达尔效应

由于溶胶的光学不均匀性,当一束波长大于溶胶分散相粒子尺寸的入射光照射到溶胶系统,可发生散射现象（Scattering Phenomena）——丁达尔 （Tyndall effect）效应,示意图如图8.8.1所示。

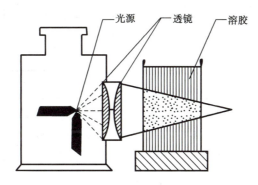

图8.8.1　丁达尔效应

丁达尔效应的实质是溶胶对光的散射作用的表现,它是溶胶的重要性质之一。

散射光的强度可用瑞利（Rayleigh L W）公式表示:

$$I = \frac{9\pi^2 v^2 n}{2\lambda_0^4 l^2}\left(\frac{n_2^2 - n_0^2}{n_2^2 + 2n_0^2}\right)^2 (1 + \cos^2\theta)I_0 \tag{8.8.1}$$

式中,I 为散射光强度,λ_0 为入射光波长;v 为分散相单个粒子的体积;n 为体积粒子数($n \stackrel{\text{def}}{=\!=} N/V$,$N$ 为体积 V 中的粒子数);l 为观察者与散射中心的距离;n_2,n_0 分别为分散相及分散介质的折射率;θ 为散射角;I_0 为入射光的强度。

式(8.8.1)表明,散射光强度与 λ_0^4 成反比。当分散相和分散介质折射率相差越显著,即 $(n_2^2 - n_0^2)$ 差值越大,则 I 越强。同时,入射光波长越短,散射越强。因此当用白光照射时,从侧面观察到的散射光呈蓝紫色,而透射光呈橙红色。此外,散射光强度也与粒子的体积平方 v^2 及体积粒子数 n 均成正比。

用丁达尔效应可鉴别小分子溶液、大分子溶液和溶胶。小分子溶液无丁达尔效应,大分子溶液丁达尔效应微弱,而溶胶丁达尔效应强烈。

（2）超显微镜与溶胶粒子大小的近似测定

高度分散的溶胶从外观上看是完全透明的,用普通显微镜不能看到胶体粒子的存在,这主要是因为普通显微镜是在入射光的反方向上观察,散射角 $\theta = 180°$,这时的散射光受到透射光强烈的干扰,而且又是在光亮的背景上观察,这如同白天看星星,一无所见。根据丁达尔效应设计出的超显微镜,可看到胶体粒子的存在及运动。其光程图如图 8.8.2 所示,图中 A 为发生弧光的电极;B 和 D 为聚光用的两个凸透镜;C 为可以调节的缝隙;E 为聚光的一对物镜;F 为样品容器;G 为观察用的显微镜。超显微镜与普通显微镜的主要区别是强光源照射,在与入射光垂直的方向上及黑暗视野的条件下观察。这样可以看到一个个闪闪发亮、不断移动的光点,这恰似黑夜观天可见满天星斗闪烁。应当指出,在超显微镜下看到的并非粒子本身的大小,而是其散射光,而散射光的影像要比胶体粒子的投影大数倍之多。

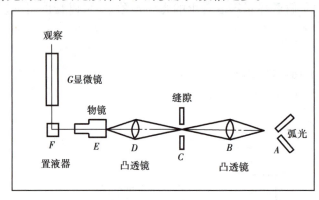

图 8.8.2　超显微镜的光程图

　　虽然超显微镜看不到胶体粒子的形状与大小,但可用它来估算胶体粒子的平均大小。由缝隙的调节可以得到光束的高度及宽度,再结合样品的厚度,即可算出发生散射光的溶胶的体积。将溶胶稀释到超显微镜下可直接地数出粒子的个数,即可得到粒子的数浓度 C。再假设粒子为圆球形,其半径为 r,粒子的密度为 ρ,则每个粒子的质量 m 可用下式表示:

$$m = (4/3)\pi r^3 \rho \tag{8.8.2}$$

设 ρ_B 为每单位体积的溶胶中所含分散相的质量,则每个胶体粒子的质量为 ρ_B/C,粒子的半径可用下式计算:

$$r = \left(\frac{3\rho_B}{4\pi\rho C}\right)^{1/3} \tag{8.8.3}$$

这里所说的粒子,实际上是指胶核。电子显微镜下可能观测到粒子的大小与形状,许多溶胶的电子显微镜照片表明,胶体粒子可以是大小不等、形状各异,而不一定都是球形的。

8.8.2　溶胶的运动性质

　　(1)布朗运动

1827 年植物学家布朗(Brown)在显微镜下,看到了悬浮于水中的花粉粒子处于不停息的、无规则的运动状态。此后发现凡是线度小于 4×10^{-6} m 的粒子,在分散介质中皆呈现这种运动。由于这种现象是布朗首先发现的,故称为布朗运动(Brown Movement)。

　　在分散系统中,分散介质的分子皆处于无规则的热运动状态,它们从四面八方连续不断地撞击分散相的粒子。对于粗分散的粒子来说,在某一瞬间可能遭受数以千万次的撞击,从统计的观点来看,各个方向上所受撞击的概率应当相等,合力为零,所以不能发生位移。即使是在某一方向上遭到较多次数的撞击,因其质量太大,难以发生位移,而无布朗运动。对于接近或达到胶体大小的粒子,与粗分散的粒子相比较,它们所受到的撞击次数要少得多。在各个方向上所遭受的撞击力,完全相互抵消的概率甚小。某一瞬间,粒子从某一方向得到冲量便可以发生位移,即布朗运动。如图8.8.3(a)所示。图8.8.3(b)是每隔相等的时间,在超显微镜下观察一个粒子运动的情况,它是空间运动在平面上的投影,可近似地描绘胶体粒子的无序运动。由此可见,布朗运动是分子热运动的必然结果,是胶体粒子的热运动。

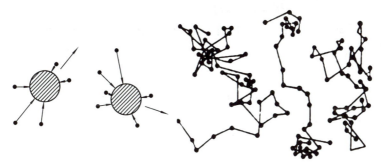

(a)胶粒受介质分子冲击示意图　　(b)超显微镜下胶粒的布朗运动

图8.8.3　布朗运动示意图

超显微镜是研究布朗运动的强有力的实验工具。用超显微镜可以观察到溶胶粒子在分散介质中不断地做不规则的"之"字形连续运动。研究发现,粒子越小,则布朗运动越激烈,且运动的激烈程度不随时间而变,但随温度的升高而增加。

1905年爱因斯坦(Einstein)提出有关布朗运动的理论。他假设布朗运动和分子热运动完全类似,其运动的平均动能亦等于$\frac{3}{2}kT$。爱因斯坦还进一步利用概率论和分子运动论的有关概念,假定粒子为球形的,得到爱因斯坦-布朗运动的公式:

$$\bar{x} = \left(\frac{RTt}{3L\pi\eta r}\right)^{1/2} \tag{8.8.4}$$

式中,$\bar{x}$为在观察时间t内粒子沿x轴方向的平均位移;r为粒子半径;η为介质黏度;L为阿伏加德罗常数。

爱因斯坦关于布朗运动的理论说明了布朗运动的实质就是质点的热运动。反过来,布朗运动也成为分子热运动强有力的实验证明。

用超显微镜还可观察到溶胶粒子的涨落现象(Fluctuation Phenomenon),即在较大的体积范围内观察溶胶的粒子分布是均匀的,而在有限的小体积元中观察发现,溶胶粒子的数目时而多,时而少。这种现象是布朗运动的结果。

(2)扩散*

在有浓度梯度存在时,物质粒子因热运动而发生宏观上的定向迁移的现象,称为扩散(Diffusion)。产生扩散现象的主要原因是物质粒子的热运动(或布朗运动)。扩散过程的推动力是浓度梯度,而粒子的无序热运动则无须任何推动力。根据分子热运动的原理可知,系统中任何粒子的平动能$\varepsilon(平)=m\bar{u}^2/2$,其中$m$及$\bar{u}$分别为粒子的质量及均方根速度。对于非均相系统,分散相每个粒子的质量,要比分散介质每个分子的质量大千万倍,因此,分散相粒子的平动速率远远小于一般分子的平动速率,也就是说分散相粒子扩散的速率远小于一般分子的平动速率。一般以扩散系数 D(Diffusion Coefficient)的大小来衡量扩散速率。表 8.8.1 给出不同半径金溶胶的扩散系数 D,可以看到粒子愈小,扩散系数愈大,粒子的扩散能力也愈强。对于球形粒子的稀溶液,且为单级分散(即粒子大小一定),有

$$\bar{x}^2 = \frac{RTt}{3L\pi r\eta} = \frac{RT}{6L\pi r\eta} \cdot 2t = 2Dt$$

所以
$$D = \bar{x}^2 / (2t) \tag{8.8.5}$$

此式给出测定扩散系数 D 的一种方法,即在一定时间间隔 t 内,观测出粒子的平均位移 $\bar{x}$,就可求出 D 值。D 的量纲为 m^2/s。

表 8.8.1　18 ℃时金溶胶的扩散系数

粒子的半径 r/nm	$D \times 10^9 / (m^2 \cdot s^{-1})$
1	0.213
10	0.021 3
100	0.002 13

测出扩散系数 D、介质的黏度 η 和分散相的密度 ρ,可用下式来计算球形溶胶粒子的摩尔质量:

$$M = \frac{4}{3}\pi r^3 \rho L = \frac{\rho}{162(L\pi)^2}\left(\frac{RT}{D\eta}\right)^3 \tag{8.8.6}$$

(3)沉降与沉降平衡*

多相分散系统中的物质粒子由于自身的重力作用而下沉的过程,称为沉降(Sedimentation)。

分散相在分散介质中的沉降速度由式(8.8.8)表示:

$$\frac{dx}{dt} = \frac{2r^2(\rho_B - \rho_0)g}{9\eta} \tag{8.8.7}$$

式中,$\frac{dx}{dt}$ 为沉降速度;r 为分散相粒子半径;ρ_B,ρ_0 分别为分散相及分散介质的密度;g 为重力加速度;η 为分散介质的黏度。

分散相粒子本身的重力使粒子沉降,而介质的黏度及布朗运动引起的扩散作用阻止粒子下沉,两种作用相当时达到平衡,称为沉降平衡(Sedimental Equilibrium)。

可应用沉降平衡原理,计算系统中体积粒子数的高度分布:

$$\ln\frac{n_2}{n_1} = \frac{M_B g}{RT}\left(1 - \frac{\rho_B}{\rho_0}\right)(h_2 - h_1) \tag{8.8.8}$$

式中,n_1、n_2 分别为高度 h_1、h_2 处的体积粒子数;ρ_B,ρ_0 分别为分散相(粒子)及分散介质的密度;M_B 为粒子的摩尔质量;g 为重力加速度。

由式(8.8.8)可知,粒子的摩尔质量越大,则其平衡体积粒子数随高度的降低亦越大。还应该指出,式(8.8.8)所表示的是沉降已达平衡后的情况,对于粒子不太小的分散系统通常沉

降较快,可以较快地达到平衡。而高度分散的系统中的粒子则沉降缓慢,往往需较长时间才能达到平衡。

分散系统中粒子沉降速率的测定及沉降平衡原理,在生产及科研中均有重要应用,如化工过程中的过滤操作,河水中泥沙的沉降分析等。

8.8.3 溶胶的电学性质

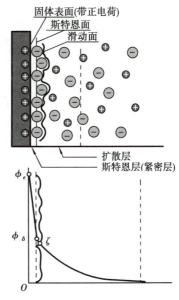

(1)带电界面的双电层结构

大多数固体物质与极性介质接触后,在界面上会带电(电荷可能来源于离子吸附、固体物质的电离、离子溶解),从而形成双电层(Double-Electric Layer)。

关于双电层结构,按照斯特恩(Stern)模型,如图 8.8.4 所示。

若固体表面带正电荷,则双电层的溶液一侧由两层组成,第一层为吸附在固体表面的水化反离子层(与固体表面所带电荷相反),称为斯特恩层(Stern Layer),因水化反离子与固体表面紧密靠近,又称为紧密层(Closed Layer),其厚度近似于水化反离子的直径,用 δ 表示;第二层为扩散层(Diffuse Layer),它是自第一层(紧密层)边界开始至溶

图 8.8.4 双电层的斯特恩模型

液本体由多渐少扩散分布的过剩水化反离子层。由斯特恩层中水化反离子中心线所形成的假想面称为斯特恩面(Stern Section);在外加电场作用下,带着紧密层的固体颗粒与扩散层间作相对移动,其间的界面称为滑动面(Movable Section)。

由固体表面至溶液本体间的电势差 ϕ_e 叫热力学电势(Thermodynamic Potential);由斯特恩面至溶液本体间的电势差 ϕ_δ 叫斯特恩电势(Stern Potential);而由滑动面至溶液本体间的电势差叫 ζ 电势,亦叫动电电势(Moving Potential)。

(2)溶胶的胶团结构

溶胶中的分散相与分散介质之间存在着界面。因此,按扩散双电层理论,可以设想出溶胶的胶团结构。

以 KI 溶液滴加到 $AgNO_3$ 溶液(部分过量)中形成的 AgI 溶胶为例,其胶团结构可用图 8.8.5 表示。

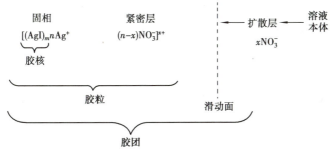

图 8.8.5 胶团的结构($AgNO_3$ 为稳定剂)

如图 8.8.5 所示,包括胶核与紧密层在内的胶粒是带电的,胶粒与分散介质(包括扩散层和溶液本体)间存在着滑动面(Moving Area),滑动面两侧的胶粒与介质之间作着相对运动。扩散层带的电荷与胶粒带电的符号相反,整个溶胶是电中性的。

如图 8.8.5 所示的胶团结构,也可表示成图 8.8.6。

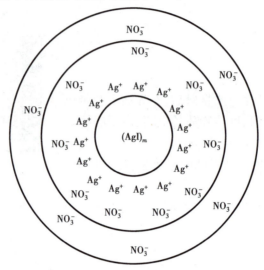

图 8.8.6　碘化银胶团结构示意图

($AgNO_3$ 为稳定剂)

此时,胶团结构应表示为

$$\{ (AgI)_m nAg^+ \cdot (n - x)NO_3^- \}^{x+} \cdot xNO_3^-$$

在书写上述胶团结构时,应注意电量平衡,即每个胶团应当是电中性的。

(3)电动现象

溶胶是一个高度分散的非均相系统,分散相的固体粒子与分散介质之间存在着明显的界面,实验发现,在外电场的作用下,固、液两相可发生相对运动;另一方面,在外力的作用下,迫使固、液两相进行相对移动时,又可产生电势差。这两类相反的过程,皆与电势差的大小及两相的相对移动有关,故称为电动现象(Electrokinetic Phenomena)。

电泳(Electrophoresis):在外加电场作用下,带电的分散相粒子在分散介质中定向移动的现象称为电泳,如图 8.8.7 所示。外加电势梯度越大,胶粒带电荷越多,胶粒越小,介质的黏度越小,则电泳速度越大。

溶胶的电泳现象证明了胶粒是带电的,实验还证明,若在溶胶中加入电解质,则对电泳会有显著影响。随溶胶中外加电解质的增加,电泳速度常会降低至零(等电点),甚至改变胶粒的电泳方向,即外加电解质可以改变胶粒带电的符号。

利用电泳现象可以进行分析鉴定或分离操作。例如,对于生物胶体,常用纸上电泳方法对其成分加以鉴定;再如,利用电泳分离人体血液中的血蛋白、球蛋白和纤维蛋白原等。

电渗(Electroosmosis):在外加电场作用下,分散介质(由过剩反离子所携带)通过多孔膜或极细的毛细管移动的现象称为电渗,如图 8.8.8 所示。

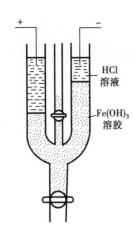

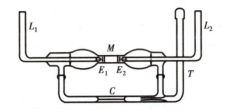

图8.8.7　电泳测定装置示意图　　　　图8.8.8　电渗测定装置示意图

和电泳一样,溶胶中外加电解质对电渗速度的影响也很显著,随电解质的增加,电渗速度降低,甚至会改变液体流动的方向。通过测定液体的电渗速度可求出溶胶胶粒与介质之间的总电势。

流动电势(Flow Potential):在外加压力下,迫使液体流经相对静止的固体表面(如多孔膜)而产生的电势称为流动电势,它是电渗的逆现象,如图8.8.9所示。流动电势的大小与介质的电导率成反比。碳氢化合物的电导通常比水溶液要小好几个数量级,这样在泵送此类液体时,产生的流动电势相当可观,高压下极易产生火花,加上这类液体易燃,因此必须采取相应的防护措施,以消除由于流动电势的存在而造成的危险。例如,在泵送汽油时规定必须接地,而且常加入油溶性电解质,以增加介质的电导,降低或消除流动电势。

沉降电势(Sedimentation Potential):固体粒子或液滴在分散介质中沉降使流体的表面层与底层之间产生的电势差称为沉降电势,如图8.8.10所示,它是电泳的逆现象。

与流动电势的存在一样,沉降电势的存在也需引起充分的重视。例如,贮油罐中的油中常含有水滴,由于油的电导率很小,水滴的沉降常形成很高的沉降电势,甚至达到危险的程度。常采用加入有机电解质的办法增加介质的电导,从而降低或消除沉降电势。

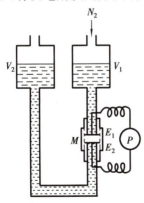

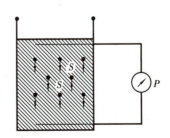

图8.8.9　流动电势测定装置示意图　　　　图8.8.10　沉降电势测定装置示意图

8.8 公式小结

性质	方程	成立条件或说明	正文中方程编号
爱因斯坦-布朗运动位移公式	$\bar{x} = \left(\dfrac{RTt}{3L\pi\eta r} \right)^{1/2}$		8.8.4
球形粒子的扩散系数	$D = \bar{x}^2 / (2t)$		8.8.5
沉降平衡时粒子数的高度分布公式	$\ln \dfrac{n_2}{n_1} = \dfrac{M_B g}{RT} \left(1 - \dfrac{\rho_B}{\rho_0} \right)(h_2 - h_1)$		8.8.9

8.9 胶体系统的稳定与聚沉

8.9.1 溶胶的稳定

溶胶中的分散相微粒互相聚结、颗粒变大,进而发生沉淀的现象,称为聚沉(Coagulation)。

溶胶是高度分散的,多相的热力学不稳定系统,因此,溶胶中的分散相粒子——胶粒不能长时间地稳定分布在分散介质中,迟早要发生聚沉,这叫作溶胶的聚结不稳定性。但有些溶胶却能在相当长的时间范围内稳定地存在。例如法拉第所制成的红色金溶胶,静置数十年后才聚沉于管壁上。溶胶能够相对稳定地存在的性质,叫作溶胶的动力学稳定性(Kinetic Stabilization)。

8.9.2 溶胶的聚沉

(1)电解质对聚沉的影响

少量电解质的存在对溶胶起稳定作用,过量电解质的存在对溶胶起破坏作用,使溶胶发生聚沉。

使一定量溶胶在一定时间内完全聚沉所需最小电解质的物质的量浓度,称为电解质对溶胶的聚沉值(Coagulation Value)。

反离子(Antiionic)对溶胶的聚沉起主要作用,聚沉值与反离子价数有关;聚沉值比例为 $100 : 1.6 : 0.14 = \dfrac{1}{1^6} : \dfrac{1}{2^6} : \dfrac{1}{3^6}$,即聚沉值与反离子价数的 6 次方成反比。这叫舒尔采(Schulze)-哈迪(Hardy)规则。反离子起聚沉作用的机理是:

①反离子浓度越高,则进入 Stern 层的反离子越多,从而降低了 ϕ_δ,而 $\phi_\delta \approx \zeta$ 电势,即降低扩散层重叠时的斥力;

②反离子价数越高,则扩散层的厚度越薄,降低扩散层重叠时产生的斥力越显著。

应当指出,上述比例关系仅可作为一种粗略的估计,而不能作为严格的定量计算的依据,并且有许多反常现象,如 H^+ 虽为一价离子,却有很强的聚沉能力(即聚沉值的倒数)。

对于同价离子来说,聚沉能力也各不相同。如同价正离子,由于正离子的水化能力很强,而且离子半径越小,水化能力越强。所以水化层愈厚,被吸附的能力愈小,使其进入斯特恩层的数量减少,而使聚沉值增大;对于同价的负离子,由于负离子的水化能力很弱,所以负离子的半径越小,吸附能力越强,聚沉浓度越小。根据上述原则,某些一价正、负离子,对带相反电荷胶体粒子的聚沉能力大小的顺序,可排列为

$$H^+ > Cs^+ > Rb^+ > NH_4^+ > K^+ > Na^+ > Li^+$$

$$F^- > Cl^- > Br^- > NO_3^- > I^- > SCN^- > OH^-$$

这种将带有相同电荷的离子,按聚沉能力大小排列的顺序,称为感胶离子序。

同号离子对聚沉亦有影响,这是由于同号离子与胶粒的强烈范德华力而吸附,从而改变了胶粒的表面性能,降低了反离子的聚沉能力。

例 8.9.1 将浓度为 $0.04\ mol/dm^3$ 的 $KI(aq)$ 与 $0.10\ mol/dm^3$ 的 $AgNO_3(aq)$ 等体积混合后得到 AgI 水溶胶,试分析下述电解质对所得 AgI 溶胶的聚沉能力的强弱顺序如何?为什么?

$(1)Ca(NO_3)_2$;$(2)K_2SO_4$;$(3)Al_2(SO_4)_3$。

解 由于 $AgNO_3$ 过量,故形成的 AgI 胶粒带正电荷为正溶胶,能引起它聚沉的反离子为负离子。所以 K_2SO_4 和 $Al_2(SO_4)_3$ 的聚沉能力均大于 $Ca(NO_3)_2$。由于和溶胶具有同样电荷的离子能削弱反离子的聚沉能力,且价态高的比价态低的削弱作用更强,故 K_2SO_4 的聚沉能力大于 $Al_2(SO_4)_3$,综上所述,聚沉能力顺序为

$$K_2SO_4 > Al_2(SO_4)_3 > Ca(NO_2)_2$$

(2)高聚物分子对聚沉的影响

在溶胶中加入一定量高聚物分子可使溶胶稳定,也可使溶胶聚沉。其聚沉作用如下:

①搭桥效应(Bridging Effect)

一个长碳链的高聚物分子,可以同时吸附在许多分散相的微粒上,如图 8.9.1(a)所示。高聚物分子起到搭桥的作用,把许多个胶粒联结起来,形成较大的聚集体而聚沉。

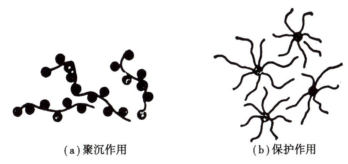

(a)聚沉作用　　　　　　　(b)保护作用

图 8.9.1 高分子化合物对溶胶聚沉和保护作用示意图

②脱水效应(Dehydration Effect)

高聚物分子对水有更强的亲合力,其水化作用大大强于胶粒的水化作用,加入少量高聚物会夺去胶粒的水化外壳,使胶粒失去水化外壳的保护作用而聚沉。

③电中和效应(Electoric Neutralization Effect)

离子型的高聚物分子吸附在带电的胶粒上,可以中和分散相粒子的表面电荷,使粒子间的斥力势能降低,从而导致溶胶聚沉。

若在溶胶中加入较多的高聚物分子,许多个高聚物分子的一端吸附在同一个分散相粒子

的表面上,如图 8.9.1(b)所示,或者是许多个高分子线团环绕在胶体粒子的周围,形成水化外壳,将分散相粒子完全包围起来,对溶胶则起到保护作用。

(3)溶胶的相互聚沉

将两种电性相反的溶胶相互混合时,即能发生聚沉作用,这样的聚沉称为相互聚沉。它与电解质不同的特点,在于聚沉的条件比较严格。只有在一种溶胶的总电量恰可中和另一种的异号电荷总量的情况下,才能完全聚沉,如不符合这一条件,聚沉就不能完全或不发生。氢氧化铁胶体(带正电)与硫化亚砷胶体(带负电)混合后,可发生相互聚沉(表 8.9.1)。

表 8.9.1　氢氧化铁与硫化亚砷两种溶胶的相互聚沉

混合量		观察记录	混合后粒子带电性
Fe(OH)₃ 溶胶	As₂S₃ 溶胶		
9	1	无变化	+
8	2	放置适当时间后微带混浊	+
7	3	立即混浊,发生沉淀	+
5	5	立即沉淀,但不完全	+
3	7	几乎完全沉淀	不带电
2	8	立即沉淀,但不完全	-
1	9	立即沉淀,但不完全	-
0.2	9.8	只现混浊,但不沉淀	-

污水净化也是以相互聚沉现象为基础的。天然水含有的悬浮性粒子及胶体粒子大多数是带负电的,为了使它们聚沉下来,可加入明矾,因为明矾水解产生带正电的 $Al(OH)_3$ 溶胶,它和悬浮体粒子相互作用而聚沉。再加上 $Al(OH)_3$ 絮状物的吸附作用,使污物清除,达到净化目的。

又如一种墨水加在另一种墨水中往往产生沉淀,也是相互聚沉的例子。

8.10　粗分散系统*

8.10.1　乳状液

一种或几种液体以液珠形式分散在另一种与其不互溶(或部分互溶)液体中所形成的分散系统称为乳状液(Emulsion)。

乳状液中的分散相粒子大小一般在 10^{-6} m 以上,用普通显微镜可以观察到,因此它不属于胶体分散系统而属于粗分散系统。在自然界,生产以及日常生活中都经常会接触到乳状液,例如开采石油时从油井中喷出的含水原油、橡胶树割淌出的乳胶、洗发香波、洗面奶、配制成的农药乳剂以及牛奶等,都是乳状液。

(1)乳状液的类型

乳状液主要分为油包水型乳状液(Water in Oil Emulsion,以符号 W/O 表示)和水包油型乳状液(Oil in Water Emulsion,以符号 O/W 表示)两种类型,其示意图如图 8.10.1 所示。

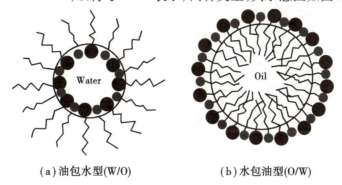

(a)油包水型(W/O)　　　　　　　(b)水包油型(O/W)

图 8.10.1　乳状液类型示意图

通常把形成的乳状液中的不互溶的两个液相分成内相与外相。如水分散在油中形成的油包水型,水是内相为不连续相,油是外相为连续相;而油分散在水中的乳状液,油是内相为不连续相,而水是外相为连续相。要确定某一乳状液属于何种类型,可用稀释、染色、电导测定等方法。乳状液可被与其外相相同的液体所稀释,例如牛奶可被水所稀释,所以其外相为水,故牛奶为水包油型乳状液。又如,水包油型的乳状液较之油包水型的乳状液的电导高,因此测定乳状液的电导可鉴别其类型。

(2)乳化剂

乳状液具有聚结不稳定性,必须有乳化剂(Emulsifying Agent)存在才能稳定。乳化剂能使乳状液比较稳定地存在的作用,称为乳化作用(Emulsification Action)。常用的乳化剂多为表面活性物质,此外,某些天然物质和粉末状固体也常用作乳化剂。

乳化剂之所以能使乳状液稳定存在,主要是由于以下原因。

①降低表面张力

将一种液体分散在与其互不相溶的另一种液体中,这必然会导致系统相界面面积的增加,表面吉布斯函数增大,这是分散系统不稳定的根源。加入少量的表面活性剂,在两相之间的界面层产生正吸附,明显地降低表面张力,使系统的表面吉布斯函数降低,稳定性增加。

②在分散相周围形成坚固的保护膜

乳化过程也可理解为分散相液滴表面的成膜过程,界面膜的厚度,特别是膜的强度和韧性,对乳状液的稳定性起着举足轻重的作用。例如水溶性的十六烷基磺酸钠与等量的油溶性的乳化剂异辛甾烯醇所组成的混合乳化剂,可形成带负电荷的 O/W 型乳状液。这是由于十六烷基磺酸钠在界面层中电离,而 Na^+ 又向水中扩散的结果。两种乳化剂皆定向地排列在油—水界面层中,形成比较牢固的界面膜,而且分散相的油滴皆带有负电荷,当两油滴互相靠近时,产生静电斥力,而更有利于乳状液的稳定。

③形成扩散双电层

离子型表面活性剂在水中电离,一般说来正离子在水中的溶解度大于负离子的,因此水带正电荷、油带负电荷。在 W/O 型乳状液中,分散相水滴带正电荷,分散介质油则带负电荷;而在 O/W 型乳状液中,分散相油滴带负电荷。乳化剂负离子,定向地吸附在油—水界面层中,带电的一端皆指向水,反离子则呈扩散状分布,即形成扩散双电层,它一般都具有较大的热力学电势及较厚的双电层,使乳状液处于较为稳定的状态。

(3)乳状液的转型与破坏

W/O 和 O/W 两种类型的乳状液,在一定外界条件下可相互转化变型。例如,用氯化硅粉末作乳化剂可形成 O/W 型乳状液,但加入一定量的炭黑作乳化剂可使其转化 W/O 型。

把形成的乳状液破坏,即使其内外相分离(分层)的过程叫作破乳(Demulsification)。在许多情况下都需要破乳,例如含油污水中的乳化油的去除和净化。又如油井中喷出原油中含有水,原油以 W/O 型乳状液形式存在,而这种含水原油会严重地腐蚀石油设备。要除去原油中的水,必须想法破坏石油乳状液。乳状液的破坏问题比较复杂,目前还没有有效的普遍性规律,都是视具体情况再决定采用什么办法,现有的破乳方法主要有:

①絮凝法:对稀乳状液而言,例如含油污水中的乳化油油滴表面带负电,双电层起稳定作用,加入电解质降低 ζ 电势,使其聚结。常加入 $Al_2(SO_4)_3$ 作絮凝剂,使小油珠成为较大的油滴,再用浮选法来除去油滴,从而达到净水目的。

②高电压法:石油中除水就用此法,在高电压作用下,油中的水滴质点极化,一端带正电,一端带负电,彼此联结成链,最后变成大液滴,在重力作用下即能分离。目前不少国家都已采用此法。

③化学破坏法:用皂类作稳定剂时,加入盐酸使弱的脂肪酸析出,于是乳状液分层,常见的例子是加酸破坏橡胶汁得到橡胶。

④吸附膜的破坏:可以用加压力的办法,以使乳状液通过吸附剂层,如活性炭、硅胶、白土等,吸附乳化剂使吸附膜受到破坏以致聚结而分层。

⑤离心分离法:利用离心机产生的机械力使乳状液分层。

此外还可用加热法即升高温度以降低乳化剂的吸附性,减小系统的黏度,增加液滴相互碰撞的机会,以达到破乳的作用。也可用机械搅拌法来破坏保护膜,使乳状液破乳。

乳状液在工农业生产和日常生活中有着广泛的应用。例如在使用农药的过程中,为了节省药量、提高药效,常将农药配成乳状液使用;又如液体肥料的使用,也可先配成乳状液后喷洒在农作物的叶子上,以节省肥料,提高肥效;再如,可在柴油中加入 7% ~ 15% 的水,在乳化剂存在下用超声波使其形成乳状液,作为车用柴油可提高燃烧值10%,且减少大气污染;此外,乳化聚合法制备高分子化合物,油脂在人体内的输送和消化均与乳状液的形成有关,许多食品、饮料和化妆品也都制成乳状液的形式。

8.10.2　泡沫

气体分散在液体或固体中所形成的分散系统称为泡沫(Foam)。前者为液体泡沫,后者为固体泡沫。气泡的大小一般在 10^{-6} m 以上,肉眼可见,故泡沫属粗分散系统。

在生产中有时利用泡沫的存在,如灭火剂、饮料、啤酒、泡沫合金、泡沫浮选、泡沫玻璃、泡沫塑料、泡沫金属(航天材料)等。有时需要消除泡沫,如化工生产、造纸及印染等生产过程中泡沫的存在影响操作,如溢锅、汽塔及涂层中起泡等则需利用消泡剂加以消除。

(1)泡沫的生成

泡沫的生成分为物理法、化学法和加入起泡剂法。

物理法:常用的有送气法(鼓泡)、溶解度降低法、加热沸腾法等。

化学法:通常利用加热分解产生气体的反应起泡,如小苏打(NaHCO_3)的加热分解。

加入起泡剂法:纯液体不能形成稳定的泡沫,要得到稳定的泡沫也必须加入第三种物质,此即为起(发)泡剂。多数起泡剂是表面活性物质。一般好的乳化剂例如肥皂、蛋白质等也都是很好的起泡剂。其作用原理与乳化剂相同。起泡剂可分为

①皂类(包括合成洗涤剂在内):如油酸三乙醇胺等;

②蛋白质类:如牛血、马血、明胶等;

③固体粉末类:如石墨等。

(2)泡沫的稳定与破坏

泡沫稳定存在的时间称为泡沫的寿命。泡沫的寿命长短与起泡剂的性质、温度、压力、介质的黏度等因素有关。

泡沫的破坏即为消泡。用来消除泡沫的物质叫作消泡剂。消泡的原则是消除泡沫的稳定因素。

破坏泡沫的方法通常用机械方法和化学方法,属于机械方法的如搅拌,改变温度,改变压力等。化学方法通常加入消泡剂如 C_5—C_8 的醇或醚,例如戊醇、庚醇等。一种解释为其表面活性大能顶走原来的起泡物质,但因本身链短不能形成坚固的膜,泡沫就破了。另一种解释是消泡剂分子附着在气泡沫的表面上,可使其局部表面张力降低,因此泡沫就发生不均匀现象而破裂。

8.10.3 悬浮液和悬浮体

不溶性固体粒子分散在液体中所形成的分散系统称为悬浮液(Suspension)。悬浮液中的分散相粒度,通常其三维线度均在 10^{-6} m 以上。由于其颗粒较大,不存在布朗运动,不可能产生扩散和渗透现象,在自身重力下易于沉降。通常利用沉降分析法测定悬浮液体中分散相的高度分布,例如测定黄河水不同区段的泥沙分布。

悬浮液的光学性质也与溶胶不同,其散射光的强度十分微弱。悬浮液虽属于粗分散系统,但仍具有很大的相界面,能选择性地吸附溶液中的某些离子而带电。某些高聚物分子对悬浮液也有保护作用。这些都是使悬浮液在一定时间内稳定存在的原因。

当固体粒子的三维线度均在 10^{-6} m 以上,分散在气体中所形成的系统称为悬浮体(Suspended Matter)。例如沙尘暴就是悬浮体。我国北方某些省区由于天然植被遭到破坏,致使土地沙漠化,从而在特定气候条件下形成沙尘暴。因此,必须大力保护和治理生态环境,退耕还草、还林,治沙固沙。

习 题

8.1 在 293.15 K 及 101.325 kPa 下,把半径为 1×10^{-3} m 的汞滴分散成半径为 1×10^{-9} m 的小汞滴,试求此过程系统的表面吉布斯函数变 ΔG。已知 293.15 K 汞的表面张力为 0.470 N·m^{-1}。

(5.906 J)

8.2 293.15 K 时,乙醚-水、乙醚-汞及水-汞的界面张力分别为 0.010 7、0.379 及 0.375 N·m^{-1},若在乙醚与汞的界面上滴一滴水,试求其接触角。

($\theta = 68.05°$)

8.3 293.15 K 时,水的饱和蒸气压为 2.337 kPa,密度为 998.3 kg·m^{-3},表面张力为 72.75×10^{-3} N·m^{-1},试求半径为 10^{-9} m 的小水滴在 293.15 K 时的饱和蒸气压。

(6.865 kPa)

8.4 已知 100 ℃时水的表面张力 $\gamma = 58.9×10^{-3}$ N·m^{-1},$\Delta_{vap}H_m^* = 40\,658$ J·mol^{-1},试计算在 101 325 Pa 下,在水中产生半径为 5×10^{-7} m 的水蒸气泡所需的温度。

(411 K)

8.5 在 20 ℃,将半径 $r = 1.20×10^{-4}$ m,完全被水润湿($\cos\theta = 1$)的毛细管插入水中,试求管内水面上升的高度。

(0.124 m)

8.6 在正常沸点时,水中含有直径为 0.01 mm 的空气泡,问需过热多少度才能使这样的水开始沸腾?已知水在 100 ℃时的表面张力为 0.058 9 N·m^{-1},摩尔气化焓 $\Delta_{vap}H_m^* = 40.67$ kJ·mol^{-1}。

(6 ℃)

8.7 20 ℃时,水的表面张力为 0.072 7 N·m^{-1},水银的表面张力为 0.483 N·m^{-1},水银和水的界面张力为 0.415 N·m^{-1}。请分别用接触角 θ 及铺展系数 s 的计算结果判断:
(1)水能否在水银表面上铺展?
(2)水银能否在水面上铺展?

[(1)能;(2)不能]

8.8 已知在 273.15 K 时,用活性炭吸附 CHCl$_3$,其饱和吸附量为 93.8 dm^3·kg^{-1},若 CHCl$_3$ 的分压力为 13.375 kPa,其平衡吸附量为 82.5 dm^3·kg^{-1}。求:
(1)兰格缪尔吸附等温式中的 b 值;
(2)CHCl$_3$ 的分压为 6.667 2 kPa 时,平衡吸附量为多少?

[(1)$b = 0.545\,9$ kPa^{-1};(2)$\Gamma = 73.58$ dm^3·kg^{-1}]

8.9 在 77.2 K 时,用微球型硅酸铝催化剂吸附 N$_2$。在不同的平衡压力下,测得每千克催化剂吸附的 N$_2$ 在标准状况下的体积数据如下:

p/kPa	8.699 3	13.639	22.112	29.924	38.910
V/(dm^3·kg^{-1})	115.58	126.3	150.69	166.38	184.42

已知 77.2 K 时 N$_2$ 的饱和蒸气压为 99.125 kPa,每个 N$_2$ 分子的截面积 $A_m = 16.2×10^{-20}$ m^2。试用 BET 公式计算该催化剂的比表面。

(5.2×10^5 m^2·kg^{-1})

8.10 298.15 K 时,将少量的某表面活性物质溶解在水中,当溶液的表面吸附达到平衡后,实验测得该溶液的浓度为 0.20 mol·m^{-3}。用一很薄的刀片快速地刮去已知面积的该溶液的表面薄层,测得在表面薄层中活性物质的吸附量为 3×10^{-6} mol·m^{-2}。已知 298.15 K 时

纯水的表面张力为 72×10^{-3} N·m^{-1}。假设在很稀的浓度范围内,溶液的表面张力与溶液的浓度呈线性关系,试计算上述溶液的表面张力。

$(64.56 \times 10^{-3}$ N·m$^{-1})$

8.11 某溶胶中粒子的平均直径为 42×10^{-8} m,假设此溶胶的黏度和纯水相同,25 ℃时,$\eta = 0.001$ Pa·s,试计算 25 时在 1 s 内由于布朗运动,粒子沿 x 轴方向的平均位移。

$(1.44 \times 10^{-5}$ m$)$

8.12 有一金溶胶,胶粒半径为 3×10^{-8} m,在重力场中达沉降平衡后,在某一高度处单位体积中有 166 个粒子,试计算比该高度低 10^{-4} m 处的体积粒子数为多少?(已知金的体积质量 $\rho_B = 19\ 300$ kg·m^{-3},介质的体积质量为 $1\ 000$ kg·m^{-3})

$(n_2 = 272$ m$^{-3})$

8.13 $NaNO_3$,$Mg(NO_3)_2$,$Al(NO_3)_3$ 对 AgI 水溶胶的聚沉值分别为 140 mol·dm^{-3},2.60 mol·dm^{-3},0.067 mol·dm^{-3},试判断该溶胶是正溶胶还是负溶胶?

(负溶胶)

8.14 在三支各盛有 0.02 dm^3 Fe(OH)$_3$ 溶胶的试管中,分别加入 0.021 dm^3 的 1.0 mol·dm^{-3} NaCl 溶液;0.012 5 dm^3 的 0.005 mol·dm^{-3} Na$_2$SO$_4$ 溶液;0.007 4 dm^3 的 0.003 3 mol·dm^{-3} Na$_3$PO$_4$ 溶液,溶胶开始发生聚沉。试计算各电解质的聚沉值,计算它们的聚沉能力之比。制备上述 Fe(OH)$_3$ 溶胶时,是用稍过量的 $FeCl_3$ 与 H_2O 作用制成的,溶液中的一部分 Fe(OH)$_3$ 溶胶如下反应:

$$Fe(OH)_3 + HCl = FeOCl + 2H_2O$$

$$FeOCl = FeO^+ + Cl^-$$

试写出其胶团的结构式,并标出胶核、胶粒和胶团。

$(NaCl:0.512$ mol·dm^{-3};Na$_2$SO$_4$:4.31×10^{-3} mol·dm^{-3};Na$_3$PO$_4$,8.91×10^{-4} mol·dm^{-3};聚沉能力之比:1∶119∶575$)$

附　录

附表 1　物理化学中常用的物理常数

阿伏加德罗常数	$N_A = 6.022\ 045(31) \times 10^{23}\ \mathrm{mol}^{-1}$
真空中光速	$c = 2.997\ 924\ 58(1) \times 10^8\ \mathrm{m \cdot s}^{-1}$
电子质量	$m = 9.119\ 534(47) \times 10^{31}\ \mathrm{kg}$
电子电荷	$e = 1.602\ 189\ 2(46) \times 10^{13}\ \mathrm{C}$
法拉第常数	$F = N_A \cdot e = 9.648\ 456(27) \times 10^4\ \mathrm{C \cdot mol}^{-1}$
	$\quad = 23\ 060.4\ \mathrm{cal \cdot V}^{-1} \cdot \mathrm{mol}^{-1}$
	$\quad = 91.511\ 0\ \mathrm{BUT \cdot V}^{-1} \cdot \mathrm{mol}^{-1}$
普朗克常数	$h = 6.526\ 176(36) \times 10^{-34}\ \mathrm{J \cdot s}$
波尔兹曼常数	$k = 1.380\ 662(44) \times 10^{-23}\ \mathrm{J \cdot K}^{-1}$
摩尔气体常数	$R = N_A k = 8.314\ 41(26)\ \mathrm{J \cdot K}^{-1} \cdot \mathrm{mol}^{-1}$
标准大气压	$p_0 = 1.013\ 25(0) \times 10^5\ \mathrm{Pa} = 101\ 325\ \mathrm{N \cdot m}^{-2}$
标准理想气体摩尔体积	$V_0 = 22.413\ 83(70) \times 10^{-3}\ \mathrm{m}^3 \cdot \mathrm{mol}^{-1}$
绝对零度	$-273.15\ ℃$

注:括号内数值为最后位数的估计误差。

附表 2　各种能量单位之间的关系

单位	焦耳/J	大气压·升 /(atm·L)	热化学卡 /$\mathrm{cal_{th}}$	国际蒸气表卡 /$\mathrm{cal_{IT}}$
焦耳	1	$9.809\ 23 \times 10^{-6}$	0.239 006	0.238 846
大气压·升/(atm·L)	101.325	1	24.217 3	24.201 1
热化学卡/$\mathrm{cal_{th}}$	4.184	$4.129\ 29 \times 10^{-2}$	1	0.999 331
国际蒸气表卡/$\mathrm{cal_{IT}}$	4.186 8	$4.132\ 05 \times 10^{-2}$	1.000 67	1

注:气体常数:R =8.314 焦耳·摩尔$^{-1}$·开$^{-1}$(J·mol^{-1}·K^{-1})=1.987 卡·摩尔$^{-1}$·开$^{-1}$(cal·mol^{-1}·K^{-1})

$\quad$ =0.082 06 大气压·升·摩尔$^{-1}$·开$^{-1}$(atm·L·mol^{-1}·K^{-1})。

附表 3　某些物质的临界常数

物质	分子式	临界温度 $t_c/℃$	临界压力 $P_c/(10^5 Pa)$	临界密度 $\rho_c/(10^{-3} kg \cdot m^{-1})$
氯	Cl_2	144	77.1	0.573
溴	Br_2	311	103	1.18
氦	He	−267.9	2.29	0.069 3
氢	H_2	−239.9	12.97	0.031 0
氖	Ne	−228.7	27.2	0.481
氧	O_2	−118.4	50.8	0.41
臭氧	O_3	−21.1	54.5	0.537
水	H_2O	374.2	221.1	0.32
氮	N_2	−147.0	33.98	0.311
一氧化氮	NO	−93	65	0.52
二氧化氮	NO_2	158	101	0.56
氨	NH_3	132.3	112.7	0.235
一氧化碳	CO	−140	34.9	0.301
二氧化碳	CO_2	31.0	73.8	0.468
二氧化硫	SO_2	157.5	78.8	0.524
空气		−140.6	37.7	0.313
甲烷	CH_4	−82.1	46.4	0.162
乙烷	C_2H_6	32.3	48.8	0.203
丙烷	$C_2H_5CH_3$	96.8	42.5	0.220
乙烯	C_2H_4	9.2	50.7	0.227
丙烯	$CH_3CH=CH_2$	91.8	46.2	0.233
α-丁烯	$CH_2=CHC_2H_5$	146.4	40.2	0.234
β-丁烯	$CH_3CH=CHCH_3$	157	42	0.238
异丁烯	$(CH_3)_2C=CH_2$	144.7	40.0	0.235

附表4　常见气体的范德华常数

物质	$a/(Pa \cdot m^6 \cdot mol^{-2})$	$b/(10^{-3} \cdot mol^{-1})$
氧	0.137 8	0.038 03
氮	0.140 8	0.039 13
一氧化氮	0.135 8	0.027 89
二氧化氮	0.535 4	0.044 24
氨	0.422 5	0.037 07
氢	0.024 76	0.026 61
溴化氢	0.451 0	0.044 31
氯化氢	0.371 6	0.040 81
硫化氢	0.449 0	0.042 87
氯	0.657 9	0.056 22
氦	0.003 457	0.023 70
氩	0.136 3	0.032 19
水	0.553 6	0.030 49
二氧化硫	0.364 0	0.042 67
甲烷	0.228 3	0.042 78
乙烷	0.556 2	0.063 86
丙烷	0.877 9	0.084 45
乙烯	0.448 0	0.051 36
丙烯	0.850 8	0.082 72

附表 5 某些物质的标准生成热(298 K)、标准熵(298 K)、标准生成吉布斯函数(298 K)和摩尔恒压热容

$$C_{P,m}(B) = a + bT + c'T^{-2} \text{ 或 } C_{P,m}(B) = a + bT + cT^2 + dT^3$$

物 质	$\dfrac{\Delta_f H_B^{\ominus}}{\text{kJ·mol}^{-1}}$	$\dfrac{S_B^{\ominus}}{\text{J·K}^{-1}\text{·mol}^{-1}}$	$\dfrac{\Delta_f G_B^{\ominus}}{\text{kJ·mol}^{-1}}$	$C_{P,m}=\varphi(T)$ 的系数			$\dfrac{C_{P,m}(B,298\text{ K})}{\text{J·K}^{-1}\text{·mol}^{-1}}$	温度范围 T/K
				$\dfrac{a}{\text{J·mol}^{-1}\text{·K}^{-1}}$	$\dfrac{b/10^{-3}}{\text{J·mol}^{-1}\text{·K}^{-2}}$	$\dfrac{c'/10^{5}}{\text{J·mol}^{-1}\text{·K}}$		
I 单质								
Ag(晶)	0	42.69	0	23.97	5.28	-0.25	25.48	273~1 234
Al(晶)	0	28.31	0	20.67	12.39	—	24.34	298~933
Br$_2$(液)	0	152.3	0	—	—	—	75.71	298
Br$_2$(气)	30.92	245.35	3.142	37.20	0.71	-1.19	36.0	298~1 500
C(金刚石)	1.897	2.38	2.866	9.12	13.22	-6.19	6.07	298~1 200
C(石墨)	0	5.74	0	17.15	4.27	-8.79	8.53	298~2 300
Ca-α	0	41.62	0	22.2	13.9	—	26.28	273~713
Cl(气)	121.3	165.09	105.36	23.14	-0.67	-0.96	21.84	298~2 000
Cl$_2$(气)	0	223.0	0	36.69	1.05	-2.52	33.84	273~1 500
Co-α	0	30.04	0	21.38	14.31	-0.88	24.6	298~650
Cr(晶)	0	23.76	0	24.43	9.87	-3.68	23.35	298~1 823
Cu(晶)	0	33.30	0	22.64	6.28	—	24.51	298~1 356
F$_2$(气)	0	202.9	0	34.69	1.84	-3.35	31.32	273~2 000
Fe-α	0	27.15	0	19.25	21.0	—	25.23	298~700
H(气)	217.9	114.6	203.3	—	—	—	20.79	

热 容

物质								温度范围/K
H₂(气)	0	130.6	0	27.28	3.26	0.502	28.83	298~3 000
Hg(液)	0	76.1	0	—	—	—	27.82	298
Hg(气)	60.83	174.9	31.8	—	—	—	20.79	—
I₂(晶)	0	116.73	0	40.12	49.79	—	54.44	298~387
I₂(气)	62.24	260.58	16.37	37.40	0.59	-0.71	36.9	298~3 000
Mg(晶)	0	32.55	0	22.3	10.64	-0.42	24.8	298~923
Mn-α	0	31.76	0	23.85	14.14	-1.59	26.32	298~1 000
N₂(气)	0	191.5	0	27.87	4.27	—	29.10	298~2 500
Na(晶)	0	51.42	0	20.92	22.43	—	28.22	298~371
Ni-α	0	29.86	0	16.99	29.46	—	26.05	298~630
O(气)	247.4	160.95	230.09	—	—	—	21.90	298
O₂(气)	0	205.03	0	31.46	3.39	-3.77	29.36	298~3 000
O₃(气)	142.3	238.8	163.43	47.03	8.03	-9.04	29.20	298~1 000
P(白)	0	44.35	0	—	—	—	23.22	273~317
P(赤)	-18.41	22.8	8.4	19.83	16.32	—	20.83	298~800
P₂(气)	141.5	218.1	0	35.86	1.15	-3.69	31.92	273~2 000
Pb(晶)	0	64.9	0	23.93	8.70	—	26.82	273~600
S(单斜)	0.30	32.55	0.096	14.90	29.08	—	23.64	368~392
S(斜方)	0	31.88	0	14.98	26.11	—	22.60	273~368
S₂(气)	129.1	227.7	80.96	36.11	1.09	-3.52	32.47	273~200
Zn(晶)	0	41.59	0	22.38	10.04	—	25.48	273~693

续表

物 质	$\dfrac{\Delta_f H_B^{\ominus}}{\text{kJ} \cdot \text{mol}^{-1}}$	$\dfrac{S_B^{\ominus}}{\text{J} \cdot \text{K}^{-1} \cdot \text{mol}^{-1}}$	$\dfrac{\Delta_f G_B^{\ominus}}{\text{kJ} \cdot \text{mol}^{-1}}$	热 容				温度范围 T/K
				$C_{P,m} = \varphi(T)$ 的系数			$\dfrac{C_{P,m}(B, 298\ \text{K})}{\text{J} \cdot \text{K}^{-1} \cdot \text{mol}^{-1}}$	
				$\dfrac{a}{\text{J} \cdot \text{mol}^{-1} \cdot \text{K}^{-1}}$	$\dfrac{b/10^{-3}}{\text{J} \cdot \text{mol}^{-1} \cdot \text{K}^{-2}}$	$\dfrac{c'/10^{5}}{\text{J} \cdot \text{mol}^{-1} \cdot \text{K}}$		
II 无机化合物								
$AgCl$（晶）	-126.8	96.07	-109.72	62.26	4.18	-11.30	50.78	273~725
Ag_2O（晶）	-30.56	121.7	-10.820	55.48	29.46	—	65.56	298~500
Al_2O_3（刚玉）	-1 675	50.94	-1 576.4	114.56	12.89	-34.31	79.0	298~1 800
$BaCl_2$（晶）	-859.8	125.5	-810.9	71.13	13.97	—	75.3	273~1 198
$BaSO_4$（晶）	-1 465	131.8	-1 353.1	141.4	—	-35.27	101.8	273~1 300
CO（气）	-110.5	197.4	-137.27	28.41	4.10	-0.46	29.15	298~2 500
CO_2（气）	-393.51	213.6	-394.38	44.14	9.04	-8.53	37.13	293~2 500
$COCl_2$（气）	-223.0	289.2	-210.5	67.16	12.11	-9.03	60.67	298~1 000
CS_2（液）	87.8	151.0	65.06	—	—	—	75.65	298
CS_2（气）	115.3	237.8	63.6	52.09	6.69	-7.53	45.65	298~1 800
CaC_2-α	-62.7	70.3	-67.8	68.62	11.88	-8.66	62.34	298~720
$CaCO_3$（方解石）	-1 206	92.9	-1 128.8	104.5	21.92	-25.94	81.85	298~1 200
$CaCl_2$（晶）	-785.8	113.8	-750.2	71.88	12.72	-2.5	72.61	298~1 055
CaO（晶）	-635.1	39.7	-604.2	49.63	4.52	-6.95	42.80	298~1 800
$Ca(OH)_2$（晶）	-986.2	83.4	-896.76	150.2	12.0	-19.0	87.5	298~600
$CuSO_4$（无水）	-1 424	106.7	-320.3	70.21	98.74	—	99.66	299~1 400
$CuCl$（晶）	-134.7	91.6	-118.8	43.9	40.6	—	56.1	273~695
$CuCl_2$（晶）	-205.9	113	-149.0	64.52	50.21	—	79.5	273~773
$CuSO_4$（晶）	-771.1	113.3	-661.9	78.53	71.96	—	100.0	298~900
Cu_2O（晶）	-167.36	93.93	-142.3	62.34	23.85	—	63.64	298~1 200
FeO（晶）	-263.68	58.79	-244.3	52.80	6.24	-3.19	48.12	298~1 600
Fe_2O_3（晶）	-821.32	89.96		97.74	72.13	-12.89	103.70	298~1 000

$FeSO_4$（晶）	−92 257	107.53	—	—	—	—	100.54	293
HBr（气）	−35.98	198.40	−53.22	26.15	5.86	1.09	29.16	298～1 600
HCN（气）	130.54	201.79	−120.1	39.37	11.30	−6.02	35.90	298～2 500
HCl（气）	−92.30	186.70	−95.265	26.53	4.60	1.09	29.16	298～2 000
HNO_3（液）	−173.0	156.16	−79.91	—	—	—	109.87	300
HNO_3（气）	−133.90	266.39	−73.60	—	—	—	58.58	300
HF（气）	−268.61	173.51	−270.7	27.70	2.93	—	29.16	298～2 000
HI（气）	25.94	206.30	1.30	26.32	5.94	0.92	29.16	298～1 000
H_2O（气）	−241.84	188.74	−228.59	30.00	10.71	0.33	33.56	298～2 500
H_2O（液）	−285.84	69.96	−237.191	—	—	—	75.31	298
H_2O（晶）	−291.85	39.33	−234.09	0.197	140.16	—	—	≤273
H_2O_2（液）	−187.02	105.86	−118.11	53.60	117.15	—	88.41	298～1 800
H_2S（气）	−20.15	205.64	−33.020	29.37	15.40	—	33.93	298～1 800
H_2SO_4（液）	−811.30	156.90	−286.6	—	—	—	137.57	298
H_3PO_4（液）	−1 271.94	200.83	−1 138	—	—	—	106.10	298
H_3PO_4（晶）	−1 283.65	176.15	−1 139.7	—	—	—	—	—
KCl（晶）	−435.85	82.68	−408.32	41.38	21.76	3.22	51.49	298～1 000
$KClO_3$（晶）	−391.20	142.97	289.91	—	—	—	100.25	298～371
KI（晶）	−327.61	104.35	−322.91	50.63	8.16	—	55.06	273～955
$KMnO_4$（晶）	−813.37	171.71	−713.8	—	—	—	119.25	287～318
$MgCO_3$（晶）	−1 096.21	65.69	−1 029.3	77.91	57.74	−17.41	75.52	298～750

续表

II 无机化合物

物质	$\dfrac{\Delta_f H_B^\ominus}{\text{kJ}\cdot\text{mol}^{-1}}$	$\dfrac{S_B^\ominus}{\text{J}\cdot\text{K}^{-1}\cdot\text{mol}^{-1}}$	$\dfrac{\Delta_f G_B^\ominus}{\text{kJ}\cdot\text{mol}^{-1}}$	$\dfrac{a}{\text{J}\cdot\text{mol}^{-1}\cdot\text{K}^{-1}}$	$\dfrac{b/10^{-3}}{\text{J}\cdot\text{mol}^{-1}\cdot\text{K}^{-2}}$	$\dfrac{c'/10^{5}}{\text{J}\cdot\text{mol}^{-1}\cdot\text{K}}$	$\dfrac{C_{P,m}(B,298\text{ K})}{\text{J}\cdot\text{K}^{-1}\cdot\text{mol}^{-1}}$	温度范围 T/K
$MgCl_2$(晶)	-641.83	89.54	-552.33	79.08	5.94	-8.62	71.03	298~900
MgO(晶)	-601.24	26.94	-569.57	42.59	7.28	-6.19	37.41	298~1100
$MgSO_4\cdot6H_2O$(晶)	-3083	352.0	-466.1	—	—	—	348.1	298
MnO_2(晶)	-519.65	53.14	-16.636	69.45	10.21	-16.23	54.02	273~773
NH_3(气)	-46.19	192.50	—	29.80	24.45	-1.67	35.65	298~1800
NH_3(液)	-69.87	—	-203.89	—	—	—	80.75	298
NH_4Cl-β	-315.39	94.56	90.37	49.37	133.89	—	84.10	298~458
NO(气)	90.37	210.62	51.84	29.58	3.85	-0.59	29.00	298~2500
NO_2(气)	33.89	240.45	103.60	42.93	8.54	-6.74	37.11	298~2000
N_2O(气)	81.55	220.0	98.28	45.69	8.62	-8.53	38.71	298~200
N_2O_4(气)	9.37	304.3	110.5	83.89	39.75	-14.9	78.99	298~1000
N_2O_5(气)	12.8	—	—	—	—	—	—	—
$NaNO_3$-α	-466.5	116.3	-365.9	25.69	225.94	—	93.05	298~550
$NaOH$-α	-426.6	64.18	—	7.34	125.0	13.38	59.66	298~566
$NiSO_4$(晶)	-889.1	97.1	-310.37	125.9	41.58	—	138.3	298~1200
SO_2(晶)	-296.9	248.1	-370.37	42.55	12.55	-5.65	39.87	298~1800
SO_3(晶)	-395.2	256.23	-805.0	57.32	26.86	-13.05	50.63	298~1200
SiO_2(石英-α)	-859.3	42.09	—	46.94	34.31	-11.3	44.48	298~848
SiO_2(石英-β)	—	—	-318.19	60.29	8.12	—	—	848~1573
ZnO(晶)	-349.0	43.5	-871.57	48.99	5.10	-9.12	40.25	273~1573
$SnSO_4$(晶)	-978.2	124.6		71.42	87.08	—	97.35	298~100

物质									
烃类									
CH_4（气）甲烷	-74.85	186.19	-50.794	17.45	60.46	1.117	-7.20	35.79	293~1500
C_2H_2（气）乙炔	226.75	200.8	209.20	23.45	85.77	-58.34	15.87	43.93	298~1500
C_2H_4（气）乙烯	52.28	219.4	68.124	4.196	154.59	-81.09	16.82	43.63	298~1500
C_2H_6（气）乙烷	-84.67	229.5	-32.886	4.494	182.26	-74.86	10.8	52.70	298~1500
C_3H_6（气）丙烯	20.41	226.9	62.718	3.305	235.86	-117.6	22.68	63.89	98~1500
C_3H_8（气）丙烷	-103.9	269.9	-23.489	-4.80	307.3	-160.16	32.75	73.51	298~1500
C_4H_8（气）1-丁烯	1.17	307.4	71.50	2.54	344.9	-191.28	41.66	89.33	298~1500
C_4H_8（气）顺-2-丁烯	-5.70	300.8	65.86	-2.72	307.1	-111.3	—	78.91	98~1500
C_4H_8（气）反-2-丁烯	-10.05	206.5	62.97	8.38	307.54	-148.26	27.28	87.82	298~1500
C_4H_8（气）2-甲基丙烯	-13.99	293.6	58.07	7.08	321.63	-166.07	33.50	89.12	298~1500
C_4H_{10}（气）正丁烷	-124.7	310.0	-17.15	0.469	385.38	-198.88	39.97	97.78	98~1500
C_6H_6（气）苯	82.93	269.2	129.658	-33.90	471.87	-298.34	70.84	81.67	298~1500
C_6H_6（液）苯	49.04	173.2	124.50	59.50	255.02	—	—	136.1	281~353
C_7H_8（气）甲苯	50.00	319.7	114.15	-33.88	557.0	-348.4	79.87	103.8	298~1500
C_7H_8（液）甲苯	8.08	219	122.20	—	—	—	—	166	298
C_8H_{10}（气）邻二甲苯	19.0	352.8	122.08	-14.81	291.1	-339.6	74.70	133.3	298~1500
C_8H_{10}（液）邻二甲苯	-24.4	246.0	110.33	—	—	—	—	188.8	298
C_8H_{10}（气）间二甲苯	17.24	357.2	118.85	-27.38	620.9	-363.9	81.33	127.6	298~1500
C_8H_{10}（液）间二甲苯	-25.42	252.2	107.65	—	—	—	—	183.2	298
C_8H_{10}（气）对二甲苯	17.95	352.4	121.14	-25.92	609.7	-350.6	76.88	126.9	298~1500
C_8H_{10}（液）对二甲苯	-24.34	247.4	110.08	—	—	—	—	183.8	298
C_8H_{18}（气）正辛烷	-208.4	463.7	16.53	6.91	741.9	397.3	82.64	194.9	298~1500
$C_{10}H_8$（晶）萘	75.44	167.4	198.36	—	—	—	—	165.7	298
其他有机化合物									
CH_2O（气）甲醛	-115.9	218.8	-110.0	18.82	58.38	-15.61	—	35.34	298~1500
CH_2O_2（液）甲酸	-422.8	129.0	-346.0	—	—	—	—	99.0	298
CH_2O_2（气）甲酸	-376.7	251.6	-335.72	19.4	122.8	-47.5	—	48.7	298~1000
CH_4O（液）甲醇	-238.7	126.7	-166.23	—	—	—	—	81.6	298
CH_4O（气）甲醇	-201.2	239.7	-161.88	15.28	105.2	-31.04	—	43.9	298~1000
$C_2H_2O_4$（晶）草酸	-826.8	120.1	—	—	—	—	—	109	298

续表

Ⅲ 有机化合物

物 质	$\dfrac{\Delta_f H_B^\ominus}{\text{kJ·mol}^{-1}}$	$\dfrac{S_B^\ominus}{\text{J·K}^{-1}·\text{mol}^{-1}}$	$\dfrac{\Delta_f G_B^\ominus}{\text{kJ·mol}^{-1}}$	热容 $C_{P,m}=\varphi(T)$ 的系数				$\dfrac{C_{P,m}(B,298\text{ K})}{\text{J·K}^{-1}·\text{mol}^{-1}}$	温度范围 T/K
				a	$b/10^{-3}$	$c/10^{-6}$	$d/10^{-9}$		
C_2H_4O（气）乙醛	-166.0	264.2	-133.7	13.00	153.5	-53.7	—	54.64	298~1 000
C_2H_4O（气）环氧乙烷	-51.0	243.7	—	-9.60	232.1	-140.5	32.90	48.5	298~1 000
$C_2H_4O_2$（液）乙酸	-484.9	159.8	-392.5	—	—	—	—	123.4	298
$C_2H_4O_2$（气）乙酸	-437.4	282.5	-381.6	5.56	243.5	-151.9	36.8	66.5	298~1 000
C_2H_6O（液）乙醇	-277.6	160.7	-174.77	—	—	—	—	111.4	298
C_2H_6O（气）乙醇	-235.3	282.0	-168.62	19.07	212.7	108.6	21.9	73.6	298~1 500
C_2H_6O（气）乙醚	-252.2	342.7	—	—	—	—	—	65.94	298
C_3H_6O（液）丙酮	-247.7	200	-155.44	—	—	—	—	125	298
C_3H_6O（气）丙酮	-216.4	294.9	-152.30	22.47	201.8	-63.5	—	74.9	298~1 500
$C_4H_8O_2$（液）乙酸乙酯	-469.5	259	-315.5	—	—	—	—	170	298
C_6H_6O（晶）酚	-162.8	142	-40.75	—	—	—	—	134.7	298
$C_6H_4O_2$（晶）醌	-186.8	—		—	—	—	—	146.8	298
$CHCl_3$（液）氯仿	-131.8	202.9		—	—	—	—	116.3	298
$CHCl_3$（气）氯仿	-100.4	295.6	-71.5	81.38	16.0	-18.7*	—	65.7	298~1 000
CCl_4（液）四氯化碳	-139.3	214.4		—	—	—	—	131.7	298
CCl_4（气）四氯化碳	-106.7	309.7	-68.6	97.65	9.62	-15.06*	—	83.4	298~1 000
C_5H_5N（液）吡啶	99.95	177.9		—	—	—	—	132.7	298
C_5H_5N（气）吡啶	140.2	282.8		38.60	479.5	-326.6	83.1	78.12	298~1 500
C_6H_7N（液）苯胺	29.7	192		—	—	—	—	191	298
C_6H_7N（气）苯胺	82.4	301	153.2	—	—	—	—	—	—

* 此值为方程 $C_{P,m}=a+bT+\dfrac{c'}{T}$ 中的 $c'/10^5$。

附表 6　某些有机化合物的标准燃烧焓(298 K)

化合物	$\Delta_c H_B/(kJ \cdot mol^{-1})$
烃	
CH_4(气)甲烷	−890.31
C_2H_2(气)乙炔	−1 299.63
C_2H_4(气)乙烯	−1 410.97
C_2H_6(气)乙烷	−1 559.88
C_3H_6(气)丙烯	−2 058.53
C_3H_8(气)丙烷	−2 220.03
C_4H_{10}(气)正-丁烷	−2 873.38
C_4H_{10}(气)异-丁烷	−2 871.69
C_5H_{12}(气)戊烷	−3 536.15
正-$C_nH_{2n}+2$(气)	$-242.291 - 658.742n$
正-$C_nH_{2n}+2$(液)$n = 5 \sim 20$	$-240.287 - 653.804$
正-$C_nH_{2n}+2$(晶)	$-91.63 - 656.89n$
C_6H_6(液)苯	−3 301.59
C_6H_{12}(液)环己烷	−3 919.91
C_7H_8(液)甲苯	−3 910.28
C_8H_{10}(液)对-二甲苯	−4 552.86
$C_{10}H_8$(晶)萘	−5 156.78
$C_{14}H_{10}$(晶)菲	−7 098.87
醇	
CH_3OH(液)甲醇	−726.64
C_2H_5OH(液)乙醇	−1 366.91
$CH_2OH—CH_2OH$(液)乙二醇	−1 192.86
$CH_2OH—CHOH—CH_2OH$(液)丙三醇	−1 664.40
C_6H_5OH(晶)苯酚	−3 063
醛、酮、醚	
HCHO(气)甲醛	−563.58
CH_3CHO(气)乙醛	−1 192.4
CH_3COCH_3(液)丙酮	−1 789.8
$CH_3COOC_2H_5$(液)乙酸乙酯	−2 254.21
$C_2H_5OC_2H_5$(液)乙醚	−2 730.9
酸	
HCOOH(液)甲酸	−256.48
CH_3COOH(液)乙酸	−873.8
$(COOH)_2$(晶)草酸	−246.0

续表

化合物	$\Delta_c H_B/(kJ \cdot mol^{-1})$
C_6H_5COOH(晶)苯甲酸	$-3\ 227.5$
$C_{17}H_{35}COOH$(晶)硬脂酸	$-11\ 274.6$
卤代衍生物	
CCl_4(液)四氯化碳	-156.1
$CHCl_3$(液)氯仿	-373.2
CH_3Cl(气)氯甲烷	-689.1^{**}
C_6H_5Cl(液)氯苯	$-3\ 140.9^{**}$
含硫化合物	
COS(气)硫化碳	-553.4
CS_2(液)二硫化碳	$-1\ 076$
含氮化合物	
C_2N_2(气)氰	$-1\ 087.8$
$CO(NH_2)_2$(晶)尿素	-634.3
$C_6H_5NO_2$(液)硝基苯	$-3\ 091.2$
$C_6H_5NH_2$(液)苯胺	$-3\ 396.2$
其他	
$C_6H_{12}O_6$(晶)葡萄糖	$-2\ 315.8$
$C_{12}H_{22}O_{11}$(晶)蔗糖	$-5\ 651$
$C_{10}H_{16}O$(晶)樟脑	$-5\ 903.6$

附表7 某些物质的熔点、沸点、转变点、熔化热、蒸发热及转变热

物质	熔点 /K	沸点 /K	转变点 /K	$\Delta_{fug}H_m/$ $(kJ \cdot mol^{-1})$	$\Delta_{rap}H_m/$ $(kJ \cdot mol^{-1})$	$\Delta_{rrs}H_m$ $/(kJ \cdot mol^{-1})$	附注
$Ag(s)$	1 233.95	2 420.15	—	11.09	257.7	—	
$Al(s)$	932.15	2 723.15	—	10.5	290.8	—	
$As(s)$	升华	895.15	—	—	28.6(升华)	—	
$Ca(s)$	1 116.15	1 756.15	737.15	8.4	150.6	0.25	
$Cd(s)$	594.15	1 038.15	—	6.40	100.0	—	
$Co(s)$	1 768.15	3 203.15	703.15	15.48		0.46	$\alpha \to \beta$
$Cr(s)$	2 130.15	2 963.15	—	20.9	341.8	—	
$Cu(s)$	1 356.15	2 843.15	—	13.0	306.7	—	

续表

物质	熔点/K	沸点/K	转变点/K	$\Delta_{fug}H_m$/$(kJ \cdot mol^{-1})$	$\Delta_{rap}H_m$/$(kJ \cdot mol^{-1})$	$\Delta_{rrs}H_m$/$(kJ \cdot mol^{-1})$	附注
Fe(s)	1 809.15	3 343.15	1 187.15;1 664.15	13.77	340.2	5.10;0.67;0.84	α, δ, γ
Mg(s)	923.15	1 378.15	—	8.8	127.6	—	
Mn(s)	1 517.15	1 333.15	993.15;1 363.15;1 409.15	14.6	220.5	2.22;2.22;1.8	α, β, γ, δ
Mo(s)	2 893.15	4 923.15	—	35.6	589.9	—	
Ni(s)	1 728.15	3 193.15	631.15	17.2	374.9	0.59	
Pb(s)	600.15	2 013.15	4.81	177.8	—	—	
Sb(s)	904.15	1 713.15	—	20.08	195.25	—	
Si(s)	1 683.15	3 553.15	—	50.6	383.3	-	
Sn(s)	505.15	2 896.15	286.15	7.07	286.2	2.09	
Ta(s)	3 269.15	5 698.15	—	31.38	782.41	—	
Ti(s)	1 940.15	3 558.15	1 155.15	14.6	425.5	3.35	α, β
W(s)	3 603.15	5 828.15	—	33.86	730.94	—	
Zn(s)	692.15	1 180.15	—	7.28	114.2	—	

注:摘自 Kubaschewski O, Alcock C B. Metallurgical Thermochemistry, 5thed., 1979(按 1 cal = 4.184 J 换算得,略去误差范围),表中如无所需数据,可查此原著。

附表8 某些物质的凝固点降低常数和沸点升高常数

(1)凝固点降低常数 K_f

溶剂	$t_f/℃$	$K_f/(K \cdot kg \cdot mol^{-1})$
苯胺	−6	5.87
苯	5.5	5.1
水	0	1.85
1.4-二氧乙环	1.2	4.7
樟脑	178.4	39.7
对-二甲苯	13.2	4.3
甲酸	8.4	2.77
萘	80.1	6.9
硝基苯	5.7	6.9

续表

溶剂	$t_f/℃$	$K_f/(K \cdot kg \cdot mol^{-1})$
氮苯(吡啶)	−42	4.97
硫酸	10.5	6.17
对-甲苯胺	43	5.2
醋酸	16.65	9.3
苯酚	41	7.3
环己烷	6.5	20.2
四氯化碳	−23	29.8
溴化乙烯	—	—
干的	9.98	12.5
湿的	8	11.8

(2)沸点升高常数 K_b

溶剂	$t_f/℃$	$K_f/(K \cdot kg \cdot mol^{-1})$
苯胺	184.4	3.69
丙酮	56	1.5
苯	80.2	2.57
水	100	0.516
醋酸甲酯	57.0	2.06
甲醇	64.7	0.84
硝基苯	210.9	5.27
氮苯(吡啶)	115.4	2.69
二硫化碳	46.3	2.29
二氧化硫(SO_2)	−10	1.45
醋酸	118.4	3.1
苯酚	181.2	3.60
氯仿	61.2	3.83
本氯化碳	76.7	5.3
醋酸乙酯	77.2	2.79
溴化乙烯	131.5	6.43
乙醇	78.3	约1.0
乙醚	34.5	约2.0

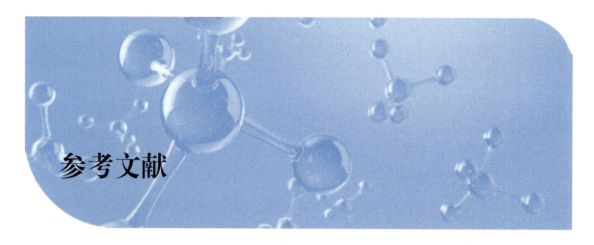

参考文献

[1] 傅献彩,侯文华. 物理化学:上册[M]. 6 版. 北京:高等教育出版社,2022.

[2] 傅献彩,侯文华. 物理化学:下册[M]. 6 版. 北京:高等教育出版社,2022.

[3] PETER A. 物理化学[M]. 11 版. 北京:高等教育出版社, 2021.

[4] 刘俊吉. 物理化学:上册[M]. 5 版. 北京:高等教育出版社,2017.

[5] 刘俊吉. 物理化学:下册[M]. 5 版. 北京:高等教育出版社,2017.

[6] 朱志昂,阮文娟,郭东升. 物理化学[M]. 7 版. 北京:科学出版社, 2023.

[7] 王竹溪. 热力学[M]. 2 版. 北京:北京大学出版社, 2014.

[8] 印永嘉,奚正楷,张树永. 物理化学简明教程[M]. 北京:高等教育出版社, 2007.

[9] 孙德坤. 负热力学温度[J]. 大学化学, 2001, 16(3):16-20.

[10] 苏文煅. 热力学基本关系式的建立及其应用条件[J]. 化学通报, 1985, 48(3): 47-50.

[11] 姚天扬. 热力学标准态[J]. 大学化学, 1995, 10(2):18-22.

[12] SATTAR S. Thermodynamics of mixing real gases[J]. Journal of Chemical Education, 2000, 77(10):1361.

[13] 理科化学教材编审委员会物理化学编审小组. 物理化学教学文集[M]. 北京:高等教育出版社,1986.

[14] 蒋洁, 杜军, 李军. 一"碳"究竟:一氧化碳热力学函数性质研究:推荐一个物理化学实验[J]. 当代化工研究, 2023(6):142-144.

[15] 钱慧琳,冉金玲,何安帮,等. 二氧化碳-甲烷干气重整反应及其积炭控制的热力学分析[J].低碳化学与化工, 2023, 48(5):55-61.

[16] 杜军,张骞,范兴,等. 面向"强基固本"的教学研究与探索——热力学第二定律与熵增原理的拓展教学[J].当代教育实践与教学研究,2024,(11),105-108.

[17] 朱志昂. 关于"化学平衡"教学中的几个问题[J]. 化学通报, 1987, 50(7):38-41.

[18] 刘士荣,杨爱云. 关于化学反应等温式的几个问题[J]. 化学通报, 1988, 51(7):50-51.

[19] MACDONALD J J. Equilibria and $\Delta G\emptyset$ [J]. Journal of Chemical Education, 1990, 67(9):745.

[20] 印永嘉,袁云龙. 关于相律中自由度的概念[J]. 大学化学, 1989, 4(1):39-40.

［21］高正虹，崔志娱. 用相律分析固体物质分解反应的同时平衡［J］. 大学化学，2001，16（2）：50-52.

［22］KILDAHL N K. Journey around a phase diagram［J］. Journal of Chemical Education，1994，71（12）：1052.

［23］张琪，杜军，李军. 从统计热力学角度理解重要的热力学概念［J］. 化学教育（中英文），2023，44（6）：109-113.

［24］贾世忠，刘谊. 电解质的活度系数、饱和溶解热与溶解度［J］. 大学化学，1996，11（4）：51-54.

［25］陈晓洪. 电解质水溶液热力学性质计算［J］. 大学化学，1994，9（2）：33-35.

［26］杨家振，孙柏，宋彭生. 离子缔合作用［J］. 化学通报，1995，58（5）：62-64.

［27］张树永，牛林，努丽燕娜. 可逆电极分类刍议［J］. 大学化学，2003，18（3）：50-53.

［28］FEINER A S，MCEVOY A J. The Nernst equation［J］. Journal of Chemical Education，1994，71（6）：493.

［29］王毓明，王坚. 高能电池：当代化学电源［J］. 大学化学，2000，15（5）：29-32.

［30］全海涛，董辉，孙昌璞. 介观统计热力学理论与实验［J］. 物理学报，2023，72（23）：36-53.

［31］理科化学教材编审委员会物理化学编审小组. 物理化学教学文集［M］. 北京：高等教育出版社，1986.

［32］凌晨，张树永. 催化剂相关概念的辨析［J］. 大学化学，2021，36（2）：227-232.

［33］沈钟，赵振国，王果庭. 胶体与表面化学［M］. 3版. 北京：化学工业出版社，2004.

［34］朱珴瑶. 表面与表面自由能［J］. 大学化学，1987，2（4）：23-25.

［35］张树永，李金林，范楼珍，等. 高等学校化学类专业物理化学相关教学内容与教学要求建议（2020版）［J］. 大学化学，2021，36（1）：3-12.

［36］SUTHAR K J，JOSHIPURA M H. The integrative approach of learning chemical engineering thermodynamics by using simulation-based exercises［J］. Education for Chemical Engineers，2023，45：122-129.

［37］DEVOE H. A comparison of local and global formulations of thermodynamics［J］. Journal of Chemical Education，2013，90（5）：591-597.

［38］CILIBERTO S. Experiments in stochastic thermodynamics：Short history and perspectives［J］. Physical Review X，2017，7（2）：021051.

［39］QIAO Y，SHANG Z R. On the second law of thermodynamics：A global flow spontaneously induced by a locally nonchaotic energy barrier［J］. Physica A：Statistical Mechanics and Its Applications，2024，647：129828.

［40］KAUFMAN R，LEFF H S. Interdependence of the First and Second Laws of Thermodynamics［J］. The Physics Teacher，2022，60（6）：501-503.

［41］BRANDÃO F，HORODECKI M，NG N，et al. The second laws of quantum thermodynamics［J］. Proceedings of the National Academy of Sciences of the United States of America，2015，112（11）：3275-3279.

［42］GOVIND RAJAN A. Pedagogical approach to microcanonical statistical mechanics via consistency with the combined first and second law of thermodynamics for a nonideal fluid［J］. Journal of Chemical Education, 2024, 101(6): 2448-2457.

［43］SMITH B. Using rubber-elastic material-ideal gas analogies to teach introductory thermodynamics. Part Ⅱ: The laws of thermodynamics［J］. Journal of Chemical Education, 2002, 79(12): 1453.

［44］JOHARI G P. Entropy, enthalpy and volume of perfect crystals at limiting high pressure and the third law of thermodynamics［J］. Thermochimica Acta, 2021, 698(103):178891.

［45］LAUGHLIN D E, SOFFA W A. The Third Law of Thermodynamics: Phase equilibria and phase diagrams at low temperatures［J］. Acta Materialia, 2018, 145: 49-61.